U0255973

高铁地震学引论

李幼铭　宁杰远　陈文超　等编著

化学工业出版社

·北京·

内容简介

本书是一部研究高铁地震学震源机理、地震波传播规律及应用的著作。书中分为震源表达、高铁地震信号特征分析及应用、记录资料成像与反演、广义弹性波方程及应用、观测系统等部分，集合了跨部门多单位近 4 年的研究成果，对高铁地震学的方方面面进行了详细的介绍。书中相关研究成果有助于保证高铁安全行驶，推动地下介质结构探测等技术的发展，对高铁领域的研发创新具有重要意义。

图书在版编目（CIP）数据

高铁地震学引论/李幼铭等编著．—北京：化学

工业出版社，2024.7

ISBN 978-7-122-45496-6

Ⅰ．①高…　Ⅱ．①李…　Ⅲ．①高铁–地震学–研究

Ⅳ．①P315

中国国家版本馆 CIP 数据核字（2024）第 080709 号

责任编辑：邵轶然　　　　　　　装帧设计：王　婧

责任校对：刘　一

出版发行：化学工业出版社（北京市东城区青年湖南街 13 号　邮政编码 100011）

印　　装：盛大（天津）印刷有限公司

880mm×1230mm　1/16　印张 23¼　字数 559 千字　2024 年 10 月北京第 1 版第 1 次印刷

购书咨询：010-64518888　　　　　　售后服务：010-64518899

网　　址：http://www.cip.com.cn

序

  高铁列车系统的建设是中国实现工业与科技现代化的成功标志之一，也是中国人民的骄傲。高铁列车的行驶震动了大地，在地壳中创造出一种全新的地震波场。地球在进行某种地质作用的时候，一定会发出一些信息，通知有关的存在做出响应。聪明的人会利用这些信息及时进行创新。本书的作者们针对高铁列车的行驶进行了浅层地质构造成像和工程监测的研究，把时代的前进与地球科技的发展结合起来，为人类社会的可持续发展做贡献，值得我们认真学习。

  当然，科技创新从来没有平坦大道可走，在研究高铁列车激发地震波的传播规律和应用前景的过程中，必须进行概念创新、模式创新和理论创新。高铁列车激发的地震波在人造固体、疏松土壤和结晶岩石等不同属性和尺度的介质中传播，局部的变形机制复杂多变，传统的牛顿力学和连续介质力学都不能体现这种复杂多变的属性。本书的作者们根据地面、地下介质和高架桥桩基相互作用的实际情况，发展了广义连续介质力学理论，推导出广义波动方程，其中的精彩之处，请读者们细心品味。

  莱布尼兹（1646-1716）说："世界上人的精神和物质存在着相互作用，有时会像两只钟一样相互校准到同一时间，这时科学理论就诞生了。"面对高铁地震波场的新问题，对于作者们是否已经把科学思维和客观实际校准到同步，还必须经过检验。但是，他们走出的这关键一步，让我们看到了光明的前景！

杨文采（中国科学院院士）

二〇二一年十月十八日

前　言

2017 年 11 月中旬，第二次地学人工智能全国会议期间，李幼铭研究员邀请与会代表探讨当前地震波的重要科研命题，他建议大家考虑选择"高铁列车的运行安全问题"。这一关乎民生安全的重大科研选题，获得了大家的一致认同，于是大家共同商议，于 2018 年 1 月，由西安交通大学承办一次高铁地震专题讨论会。此次会议共邀请中国科学院地质地球物理研究所、同济大学、北京大学、长安大学等 20 余家单位的青年学者，会上大家各抒己见，针对高铁地震的震源特征、传播机理、数据处理方案，特别是潜在的浅、中、深三级应用前景，展开了集中而又深入的讨论。继而，2018 年，西安交通大学又连续承办了三次高铁地震专题讨论会。与此同时，李幼铭研究员也组织了热烈的线上讨论，吸引了包括沙特阿拉伯国家石油公司（后文简称"沙特阿美"）在内的同行专家的广泛关注和积极参与，极大地推动了高铁地震相关的基础理论研究。同年，李幼铭研究员正式提出并阐述了"高铁地震学"的名称及内涵，并决定成立以全国 20 余家单位研究组为成员的"高铁地震学联合研究组"。2018 年春节前夕，北京大学宁杰远教授课题组将在深圳采集到的高铁地震数据逐一分享给"高铁地震学联合研究组"的各单位相关课题组，以供数据分析和研究，极大地推动了相关研究工作的开展。2018 年 11 月，北京大学联合西安交通大学召开了"全国高铁地震学专题研讨会"，与会代表普遍认为高铁震源重复性强、分布范围广，是一种新型优质震源，尤其适于地下介质演化的监测。从此，"高铁地震学"一词以全国学术会议的形式推向学术界，在学术层面上有力地推动了国内"高铁地震学"的研究。2018 年 12 月，沙特阿美北京研发中心在陕西实地采集了七条高铁线路的高铁地震数据，并做了详细研究；2019 年 8 月，北京大学又在举办"国际勘探地球物理学家学会（SEG）专题研讨会"期间，在斯坦福中心和中关新园举行了"高铁地震学"专题报告会；同年，李幼铭研究员受《地球物理学报》编委会之托，汇总了高铁地震学联合研究组已取得的成果，在《地球物理学报》上以研究专栏形式集中发表。从此，高铁地震学在全国范围内被地球物理领域的专家学者接受和认同。

《高铁地震学引论》是国内外第一本研究高铁地震震源机理、地震波传播规律及应用的科学著作，书中集合跨部门多单位近 4 年研究的成果，涉及以下内容。

第一部分　震源表达

第一章　在固定源格林函数的基础上推导了移动点源的格林函数，并利用线性叠加原理进一步导出相应于移动点源组合和移动线源的格林函数。

第二章　阐述了行进在平地和高架桥上的高速列车震源属性与数学表达。

第二部分　高铁地震信号特征分析及应用

第三章　提出了基于挤压时频变换的高铁地震信号分析及列车运行状态参数估计方法。

第四章　提出了一种高铁震源地震信号的稀疏化建模，进而实现从接收数据中分离出窄频带高铁震源地震信号及宽频带背景信号。

第五章　从时域、频域对高架桥模式的高铁地震波场进行分析，充分挖掘了其中的稳定特征，并推广到二维的台阵上，结合其随时间的变化提出了四维地频图的概念。

第六章　介绍在雄安地区进行高铁地震数据采集时的地震仪布设，相应地给出了数据分析结果。

第三部分　记录资料成像与反演

第七章　推导了基于高铁震源函数的全波形反演，通过模型数据验证了利用高铁信号实现近地表监测的合理性。最后利用实际采集的高铁地震信号进行了近地表速度建模试算。

第八章　研究了地震干涉法用于高铁地震数据时存在的多源串扰问题。

第九章　推导了平地和高架桥两种情况下的高铁地震波场解析解，首次从理论上证明了桥墩在探测地球深部结构中的关键作用；分析了高铁地震波场中可用干涉法提取的波场类型，首次从实测高铁地震波场中成功提取出了面波和面波散射，并将其应用于近地表成像和反演。

第十章　研究了高铁地震信号的特征，并提出了一套适用于此信号的时间域成像方法。

第十一章　研究并在实际资料上验证了高铁地震波场中有效面波信号的提取方法，进而利用循环神经网络对高铁地震信号进行实时反演，获得了浅层剪切波的速度结构。

第十二章　分析了分布式光纤声波传感（DAS）设备记录的高铁地震信号的基本特征，研究并建立了基于DAS数据的高铁地震信号面波的干涉提取方法与浅层横波速度反演方法。

第四部分　广义弹性波方程及应用

第十三章　在第二章基础上，考虑到高铁列车这一特殊移动震源的复杂性，以及聚焦于高铁地震波传播过程中和介质的相互作用，本章提出在广义连续介质力学框架下推导出两种广义弹性波方程，用于对高铁地震波进行数值模拟，并开展与高铁实际记录比对的分析。

第十四章　给出地震波传播尺度效应的定义，并应用于广义弹性波方程进行尺度效应分析。在处理高铁震源这一类复杂震源所产生的复杂地震波时，通过设置表征介质平均颗粒直径的特征尺度参数模型，研究介质微结构非连续性对高铁地震波的具体影响。

第十五章　针对广义连续介质力学框架下的介质结构信息提取方法的必要性，提出由构建多层介质特征尺度参数模型进行全卷积神经网络下的反演验证途径，可实现由地震记录中直接获得介质特征尺度参数，从而为应用于高铁地震记录的应用奠定基础。

第五部分　观测系统

第十六章　重点介绍六分量地震仪（三分量平动+三分量旋转），尤其是当前引起地震学界广泛关注的旋转分量及其科学意义。

第十七章　详细介绍了应用前景广泛的分布式光纤测量系统工作原理。

需要特别指出的是，北京化工大学的王之洋教授给出了在广义连续介质力学框架下的"广义弹性波方程"的全面推导，并将其用于高铁地震波场数值模拟，取得了良好的应用效果。这一全新理论框架下的广义弹性波方程也必将在其他领域产生深远的影响。

基于高铁地震学研究在全国的有序开展和高铁运行安全等国家重大需求，2021年3月，中华人民共和国科学技术部发布了"变革性技术关键科学问题"重点专项申报指南，其中"高铁地震学研究"被列为第29项研究课题。该项目的正式立项也标志着由李幼铭研究员倡导的"高铁地震学"研究获得了国家的认同及支持，相关研究成果必将推动地下介质结构探测及监测等变革性技术的发展，进而为高铁安全运行保驾护航，满足国家重大需求。

陈文超（西安交通大学教授）

二〇二二年三月六日

目　录

第一部分　震源表达

第一章　移动线源与格林函数（陈景波，王浩，王之洋，李幼铭）………………………… 2

第二章　高架桥系统下的高铁地震波激发过程研究（王之洋，陈朝蒲，白文磊，李幼铭）………… 16

第二部分　高铁地震信号特征分析及应用

第三章　高铁震源地震信号的时频域特征分析（王晓凯，陈文超，温景充，宁杰远，李嘉琪）…… 36

第四章　复杂环境下高铁震源地震信号提取方法（王晓凯，陈建友，陈文超，蒋一然，鲍铁钊，
宁杰远）…………………………………………………………………………………… 50

第五章　四维地频图及其应用（蒋一然，鲍铁钊，李幼铭，刘磊，宁杰远）………………… 64

第六章　雄安高铁地震观测台阵及波场分析（温景充，石永祥，鲍铁钊，李幼铭，伍晗，
包乾宗，宁杰远）………………………………………………………………………… 104

第三部分　记录资料成像与反演

第七章　高铁地震信号全波形反演（胡光辉，孙思宇，李幼铭）…………………………… 120

第八章　高铁地震数据干涉成像技术（张唤兰，王保利，宁杰远，李幼铭）………………… 154

第九章　高铁地震波场特征及其对干涉成像的影响（刘玉金，骆毅，刘璐，李幼铭）……… 172

第十章　高铁地震信号的时间域成像方法研究（刘璐，骆毅）……………………………… 192

第十一章　利用循环神经网络的高铁地震信号实时反演（刘璐，刘玉金，骆毅）…………… 204

第十二章　分布式光纤高铁地震面波提取与速度反演（邵婕，王一博，钟世超，姚艺，
郑忆康）…………………………………………………………………………………… 220

第四部分　广义弹性波方程及应用

第十三章　广义弹性波方程及在高铁地震学中的应用（王之洋，白文磊，陈朝蒲，李幼铭）…… 232

第十四章　广义连续介质力学框架下高铁地震波的尺度效应（王之洋，白文磊，陈朝蒲，

　　　　　李幼铭）·· 266

第十五章　介质特征尺度参数反演（朱孟权，李幼铭，王之洋，张成方）····························· 286

第五部分　观测系统

第十六章　地震旋转量观测与六分量地震仪（操玉文，陈彦钧，朱兰鑫，阳春霞，曾卫益，

　　　　　张丁凡，李正斌）·· 308

第十七章　分布式光纤振动传感在铁路行业的应用（SIGL Thomas，杨峰）···························· 344

附录　利用开源网络的搭建说明 ·· 357

后记 ··· 362

第一部分　震源表达

第一章
移动线源与格林函数

陈景波[1]，王浩[1]，王之洋[2]，李幼铭[1]

1. 中国科学院地质与地球物理研究所，中国科学院油气资源研究院重点实验室，北京，100029
2. 北京化工大学，北京，100029

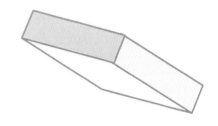

▎摘要▎

　　高速铁路列车（后文简称"高铁列车"）可以看作是一个移动的线源，因此，求解三维弹性波方程相应于移动线源的格林函数是高铁地震学理论研究的出发点。移动点源是移动线源的基础。笔者首先利用固定点源和移动点源的关系，从固定点源的格林函数出发，推导并证明三维弹性波方程移动点源的格林函数。在此基础上，利用线性叠加原理，分别得出相应于移动点源组合和移动线源的格林函数。这些格林函数适用于没有桥墩的情况。当高铁列车在有桥墩（包括高架桥）支持的高速铁路上行驶时，由于桥墩的作用，格林函数发生变化，因此笔者进一步推导了结合桥墩作用的格林函数。基于所得到的移动源格林函数和抽象的数学模型，笔者计算了高铁列车产生的理论震波图。

引言

H. 兰姆（H. Lamb，1904）首先研究了半空间一个点力产生的扰动的传播，随后众多学者进行了大量研究和探索（Nakano，1925；Sakai，1934；Cagniard，1939；De Hoop，1960；Chapman，1972；Johnson，1974；Kuhn，1985）。这些研究构成了固定源地震学的一个重要组成部分。基于 Cagniard-de Hoop 方法，L. R. 约翰逊（L. R. Johnson，1974）用一致的符号表达了兰姆问题的格林函数，其公式适合于数值计算。他还得出了格林函数关于震源坐标和检波器坐标的空间导数的公式。兰姆问题处理的是均匀半空间三维弹性波方程关于一个固定点源的格林函数。

最近，随着高铁地震学的创立（曹健和陈景波，2019；刘磊和蒋一然，2019；王晓凯等，2019a，2019b；张固澜等，2019；张唤兰等，2019），笔者需要研究三维弹性波方程关于移动源的格林函数，作为高铁地震学理论研究的出发点。固定点源的格林函数是移动点源的格林函数的基础。因此，笔者首先简要介绍均匀半空间三维弹性波方程关于固定点源的格林函数，然后导出和证明关于移动点源的格林函数。在此基础上，利用线性叠加原理，分别得出相应于移动点源组合和移动线源的格林函数。

笔者利用所得到的格林函数计算移动源产生的地震波场。如果以车厢为单位，那么高铁列车可以看作是移动点源的组合；如果以整个列车为单位，那么高铁列车可以看作是一个移动的线源。笔者的计算主要基于移动点源的组合，对于移动线源的数值计算，其原理与移动点源的组合相同，也要离散成相隔非常近的点源的组合，计算量比较大。

当高铁列车在没有桥墩支持的高速铁路上行驶时，列车属于一个连续的移动源，对应的格林函数包含一个关于源移动距离的无穷积分，在实际计算中，对于给定的时间，此积分变为有限积分。当高铁列车在有桥墩（包括高架桥）支持的高速铁路上行驶时，列车通过桥墩的作用产生地震波，属于一个间断的移动源，相应的格林函数不再包括关于源移动距离的积分，变为具有不同激发时间的固定源格林函数的组合。而列车的移动点源组合或移动线源的性质体现在震源的时间函数上。

移动点源的格林函数是其他移动源解析解的基础，通过褶积运算，就可以得到三维弹性波方程关于其他移动源的解析解。笔者以移动高斯源组合为例，分别计算高铁列车在有桥墩和没有桥墩的情况下产生的理论震波图；以抽象的数学模型为基础，为随后的具体模型的研究提供对比基础。

1.1 固定点源的格林函数

均匀半空间三维弹性波方程（Johnson，1974）可以表示为

$$\rho \frac{\partial^2}{\partial t^2} \boldsymbol{u}(x,y,z,t) - \mu \nabla^2 \boldsymbol{u}(x,y,z,t) - (\lambda + \mu) \nabla [\nabla \cdot \boldsymbol{u}(x,y,z,t)] = \boldsymbol{f}(x,y,z,t) \tag{1-1}$$

其中 $\boldsymbol{u}$ 是位移向量，∇ 是哈密顿算子，ρ 是密度，λ 和 μ 是拉梅参数，$\boldsymbol{f}$ 为体力。

式（1-1）在 $z=0$ 处满足自由表面边界条件

$$\frac{\partial}{\partial z} u(x,y,z,t) + \frac{\partial}{\partial x} w(x,y,z,t) = 0 \tag{1-2}$$

$$\frac{\partial}{\partial z} v(x,y,z,t) + \frac{\partial}{\partial y} w(x,y,z,t) = 0 \tag{1-3}$$

$$\lambda \left[\frac{\partial}{\partial x} u(x,y,z,t) + \frac{\partial}{\partial y} v(x,y,z,t) \right] + (\lambda + 2\mu) \frac{\partial}{\partial z} w(x,y,z,t) = 0 \tag{1-4}$$

其中 u、v 和 w 分别为 $\boldsymbol{u}$ 在 x、y 和 z 方向上的分量。

考虑一个固定点源

$$\boldsymbol{f}(x,y,z,t) = \boldsymbol{f}_0 \delta(x-x')\delta(y-y')\delta(z-z')\delta(t-t') \tag{1-5}$$

其中 $\boldsymbol{f}_0$ 为一个常向量，(x',y',z') 为源的坐标，t' 为时间延迟。

将式（1-1）至式（1-5）的解表示为

$$\boldsymbol{u}(x,y,z,t) = \boldsymbol{G}_{fs}(x,y,z,t;x',y',z',t';\boldsymbol{f}_0) \tag{1-6}$$

我们称 $\boldsymbol{G}_{fs}(x,y,z,t;x',y',z',t';\boldsymbol{f}_0)$ 为相应于固定点源的格林函数。

为完备起见，给出格林函数的表达式。首先考虑如下情形：源点在 (x',y',z') 处，而检波点在 $(x,y,0)$ 处。引进两个角：θ 和 ϕ。这里 θ 为 z 轴与源点和检波点连线之间的夹角，ϕ 为 x 轴与两点 $(x,y,0)$ 和 $(x',y',0)$ 连线之间的夹角。

按照 L. R. 约翰逊（Johnson，1974）所述理论，格林函数可以表示为

$$\boldsymbol{G}_{fs}(x,y,0,t;x',y',z',t';\boldsymbol{f}_0) = \frac{1}{\pi^2 \mu r} \frac{\partial}{\partial t} \int_0^{\sqrt{\left(\frac{t-t'}{r}\right)^2 - \frac{1}{\alpha^2}}} H\left(t-t'-\frac{r}{\alpha}\right) \mathcal{R} \left[\frac{\eta_\alpha \boldsymbol{M}(q,p,0,t-t',z')\boldsymbol{f}_0}{\sigma \sqrt{\left(\frac{t-t'}{r}\right)^2 - \frac{1}{\alpha^2} - p^2}} \right] \mathrm{d}p$$

$$+\frac{1}{\pi^2\mu r}\frac{\partial}{\partial t}\int_0^{p_2}H(t-t'-t_2)\mathcal{R}\left[\frac{\eta_\beta\boldsymbol{N}(q,p,0,t-t',z')\boldsymbol{f}_0}{\sigma\sqrt{\left(\dfrac{t-t'}{r}\right)^2-\dfrac{1}{\beta^2}-p^2}}\right]\mathrm{d}p \tag{1-7}$$

这里 $H(t)$ 是赫维赛德函数，$\mathcal{R}$ 表示一个复数的实部，其他参数的表达式如下。

$$\alpha=\sqrt{\frac{\lambda+2\mu}{\rho}},\quad \beta=\sqrt{\frac{\mu}{\rho}},\quad r=\sqrt{(x-x')^2+(y-y')^2+z'^2}$$

$$q=\begin{cases}-\dfrac{t-t'}{r}\sin\theta+i\sqrt{\left(\dfrac{t-t'}{r}\right)^2-\dfrac{1}{\alpha^2}-p^2}\cos\theta & [\text{对于式(1-7)中的第一个积分}]\\[4mm]-\dfrac{t-t'}{r}\sin\theta+i\sqrt{\left(\dfrac{t-t'}{r}\right)^2-\dfrac{1}{\beta^2}-p^2}\cos\theta & [\text{对于式(1-7)中的第二个积分}]\end{cases}$$

$$\eta_\alpha=\sqrt{\frac{1}{\alpha^2}+p^2-q^2},\quad \eta_\beta=\sqrt{\frac{1}{\beta^2}+p^2-q^2},\quad \gamma=\eta_\beta^2+p^2-q^2$$

$$\sigma=\gamma^2+4\eta_\alpha\eta_\beta(q^2-p^2),\quad \xi=\gamma-4\eta_\alpha\eta_\beta$$

$$p_2=\begin{cases}\sqrt{\left(\dfrac{t-t'}{r}\right)^2-\dfrac{1}{\beta^2}}, & \sin\theta\leqslant\dfrac{\beta}{\alpha}\\[6mm]\sqrt{\left(\dfrac{\dfrac{t-t'}{r}-\sqrt{\dfrac{1}{\beta^2}-\dfrac{1}{\alpha^2}}\cos\theta}{\sin\theta}\right)^2-\dfrac{1}{\alpha^2}}, & \sin\theta>\dfrac{\beta}{\alpha}\end{cases}$$

$$t_2=\begin{cases}\dfrac{r}{\beta}, & \sin\theta\leqslant\dfrac{\beta}{\alpha}\\[4mm]\dfrac{r}{\alpha}\sin\theta+r\sqrt{\dfrac{1}{\beta^2}-\dfrac{1}{\alpha^2}}\cos\theta, & \sin\theta>\dfrac{\beta}{\alpha}\end{cases}$$

$$M(q,p,0,t-t',z')=\begin{bmatrix}2\eta_\beta[(q^2+p^2)\cos^2\phi-p^2] & 2\eta_\beta(q^2+p^2)\sin\phi\cos\phi & 2q\eta_\alpha\eta_\beta\cos\phi\\2\eta_\beta(q^2+p^2)\sin\phi\cos\phi & 2\eta_\beta[(q^2+p^2)\sin^2\phi-p^2] & 2q\eta_\alpha\eta_\beta\sin\phi\\q\gamma\cos\phi & q\gamma\sin\phi & \eta_\alpha\gamma\end{bmatrix}$$

$$N(q,p,0,t-t',z')=\begin{bmatrix}\dfrac{1}{\eta_\beta}\{\eta_\beta^2\gamma-\xi[(q^2+p^2)\sin^2\phi-p^2]\} & \dfrac{1}{\eta_\beta}(q^2+p^2)\xi\sin\phi\cos\phi & -q\gamma\cos\phi\\[4mm]\dfrac{1}{\eta_\beta}(q^2+p^2)\xi\sin\phi\cos\phi & \dfrac{1}{\eta_\beta}\{\eta_\beta^2\gamma-\xi[(q^2+p^2)\cos^2\phi-p^2]\} & -q\gamma\sin\phi\\[4mm]-2q\eta_\alpha\eta_\beta\cos\phi & -2q\eta_\alpha\eta_\beta\sin\phi & 2\eta_\alpha(q^2-p^2)\end{bmatrix}$$

表达式（1-7）给出了源在地下、检波器在地表的格林函数。当源在地表而检波器在地下时，笔者利用互易性原理，得到相应的格林函数为

$$g_{ij}(x,y,z,t;x',y',0,t')=g_{ji}(x',y',0,t;x,y,z,t') \tag{1-8}$$

这里 g_{ij} 为相应于源处第 j 方向上的单位力在检波器处产生的第 i 方向的位移（Johnson，1974）。

1.2 移动点源的格林函数

不失一般性，笔者考虑一个沿 x 正方向移动的点源为

$$f(x,y,z,t)=f_0\delta\left(t-\frac{x-x_0}{v}\right)\delta(y)\delta(z) \tag{1-9}$$

这里 v 是点源的移动速度，$t\geqslant 0$，而 x_0 是点源初始点的 x 坐标（图 1-1）。

将式（1-1）在式（1-9）情况下的解表示为

$$u(x,y,z,t)=G_{ms}(x,y,z,t;x_0,v) \tag{1-10}$$

我们称 $G_{ms}(x,y,z,t;x_0,v)$ 为相应于式（1-9）的格林函数。基于固定点源的格林函数，可得到

$$G_{ms}(x,y,z,t;x_0,v)=\int_0^\infty G_{fs}\left(x,y,z,t;x+\eta,0,0,\frac{\eta}{v};f_0\right)\mathrm{d}\eta \tag{1-11}$$

这里 η 为点源的移动距离（图 1-1），而 G_{fs} 为格林函数。

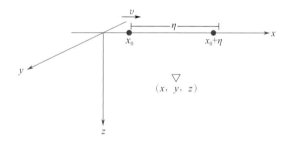

图 1-1 沿 x 轴正方向移动的一个点源

红色的圆代表移动的点源，而红色的倒三角形表示检波器。在 x_0 处开始，点源以速度 v 向右移动

现在证明式（1-11）。引进线性算子

$$\mathcal{L}=\rho\frac{\partial^2}{\partial t^2}-\mu\nabla^2-(\lambda+\mu)\nabla\nabla\cdot \tag{1-12}$$

可以把式（1-1）改写为

$$\mathcal{L}u(x,y,z,t)=f(x,y,z,t) \tag{1-13}$$

令 $\mathcal{L}$ 作用在 $G_{ms}(x,y,z,t;x_0,v)$ 上，可得

$$\begin{aligned}
\mathcal{L}G_{ms}(x,y,z,t;x_0,v)&=\int_0^\infty \mathcal{L}G_{fs}\left(x,y,z,t;x_0+\eta,0,0,\frac{\eta}{v};f_0\right)\mathrm{d}\eta\\
&=\int_0^\infty f_0\delta\left[x-(x_0+\eta)\right]\delta(y)\delta(z)\delta\left(t-\frac{\eta}{v}\right)\mathrm{d}\eta\\
&=\int_0^\infty f_0\delta\left[\eta-(x-x_0)\right]\delta(y)\delta(z)\delta\left(t-\frac{\eta}{v}\right)\mathrm{d}\eta
\end{aligned} \tag{1-14}$$

注意到式（1-14）中的被积函数当 $\eta<0$ 时为 0，从而可得

$$\mathcal{L}\boldsymbol{G}_{ms}(x,y,z,t;x_0,v) = \int_0^\infty \boldsymbol{f}_0\delta[\,\eta-(x-x_0)\,]\delta(y)\delta(z)\delta\left(t-\frac{\eta}{v}\right)\mathrm{d}\eta$$

$$= \int_{-\infty}^\infty \boldsymbol{f}_0\delta[\,\eta-(x-x_0)\,]\delta(y)\delta(z)\delta\left(t-\frac{\eta}{v}\right)\mathrm{d}\eta \qquad (1\text{-}15)$$

$$= \boldsymbol{f}_0\delta\left(t-\frac{x-x_0}{v}\right)\delta(y)\delta(z)$$

这样，笔者完成了证明（Chen and Cao，2020）。

1.3　移动点源组合和线源的格林函数

考虑沿 x 轴正向移动的 M 个点源构成的组合为

$$\boldsymbol{f}(x,y,z,t) = \sum_{i=1}^M \boldsymbol{f}_0\delta\left(t-\frac{x-x_i}{v}\right)\delta(y)\delta(z) \qquad (1\text{-}16)$$

这里 M 个点源以相同的速度 v 同时沿 x 轴正向移动，其中 x_i（$i=1,2,\cdots,M$）为 M 个点源的起始坐标，如图 1-2 所示。

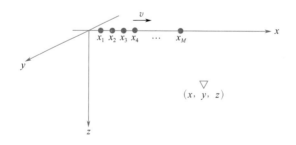

图 1-2　点源组合模型

M 个点源以相同的速度 v 同时沿 x 轴正向移动，其中 $x_i(i=1,2,\cdots,M)$ 为 M 个点源的起始坐标。红色的圆代表移动的点源，而红色的倒三角形表示检波器

由于算子 $\mathcal{L}$ 的线性，可以得到方程（1-1）在移动点源组合（1-16）情况下的格林函数，即

$$\boldsymbol{G}_{ms}(x,y,z,t;x_1,x_2,\cdots,x_M,v) = \sum_{i=1}^M \int_0^\infty \boldsymbol{G}_{fs}\left(x,y,z,t;x_i+\eta,0,0,\frac{\eta}{v};f_0\right)\mathrm{d}\eta \qquad (1\text{-}17)$$

进一步，可以考虑线源

$$f(x,y,z,t) = \int_{\xi_0}^{\xi_0+L} f_0 \delta\left(t - \frac{x-\xi}{v}\right)\delta(y)\delta(z)\,d\xi \qquad (1\text{-}18)$$

其中，ξ_0 为长度 L 的线源在起始位置时尾部的坐标，如图 1-3 所示。

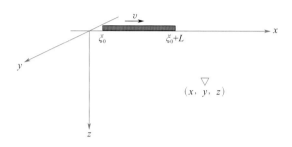

图 1-3 线源模型

红色的矩形表示移动线源，ξ_0 为长度 L 的线源在起始位置时尾部的坐标。而红色的倒三角形表示检波器

同样，笔者可以得到式（1-1）在式（1-18）情况下的格林函数为

$$G_{ms}(x,y,z,t;\xi_0,L,v) = \int_{\xi_0}^{\xi_0+L}\int_0^{\infty} G_{fs}\left(x,y,z,t;\xi+\eta,0,0,\frac{\eta}{v};f_0\right)d\eta\,d\xi \qquad (1\text{-}19)$$

如果以车厢为单位，那么高铁列车可以看作是点源的组合，笔者应用式（1-17）计算理论震波图；如果以整个列车为单位，那么高铁列车可以看作是一个线源，笔者应用式（1-19）计算理论震波图。

1.4 结合桥墩作用的格林函数

当高铁列车在有桥墩（包括高架桥）支持的高速铁路上行驶时，由于桥墩的作用，格林函数发生变化。图 1-4 和图 1-5 分别为移动点源组合和移动线源的桥墩模型。桥墩和 x 轴交于点 $x_1, x_2, \cdots, x_N$，高铁列车通过桥墩时在这些交点处激发地震波。这里，笔者只考虑在地表处激发地震波的情况。后面将结合具体的桥墩模型，考虑在地下激发地震波的情况。

桥墩模型的点源为

$$f(x,y,z,t) = \sum_{j=1}^{N} f_0 \tilde{\delta}\left(t - \frac{x_j - x_1}{v}\right)\delta(x-x_j)\delta(y)\delta(z) \qquad (1\text{-}20)$$

对于由 M 个点源组成的点源组合，假设点源等间距排列，间距为 l_c，那么

$$\tilde{\delta}(t) = \sum_{i=1}^{M} \delta\left[t - \frac{(i-1)l_c}{v}\right] \qquad (1\text{-}21)$$

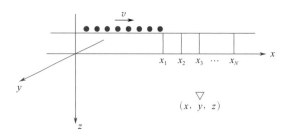

图1-4　点源组合的桥墩模型
桥墩和 x 轴交于点 $x_i(i=1,2,\cdots,N)$

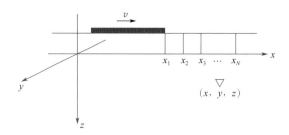

图1-5　线源的桥墩模型
桥墩和 x 轴交于点 $x_i(i=1,2,\cdots,N)$

相应的格林函数为

$$u(x,y,z,t)=\sum_{j=1}^{N}\sum_{i=1}^{M}\boldsymbol{G}_{fs}\left[x,y,z,t;x_j,0,0,\frac{x_j-x_1}{v}+\frac{(i-1)l_c}{v};\boldsymbol{f}_0\right] \quad (1\text{-}22)$$

而对于长度为 L 的线源来说，有

$$\tilde{\delta}(t)=\int_0^L\delta\left(t-\frac{\xi}{v}\right)\mathrm{d}\xi \quad (1\text{-}23)$$

相应的格林函数为

$$u(x,y,z,t)=\sum_{j=1}^{N}\int_0^L\boldsymbol{G}_{fs}\left(x,y,z,t;x_j,0,0,\frac{x_j-x_1}{v}+\frac{\xi}{v};\boldsymbol{f}_0\right)\mathrm{d}\xi \quad (1\text{-}24)$$

1.5　移动点源格林函数的应用

移动点源的格林函数是其他移动源的基础。笔者考虑一个高斯函数（Virieux，1986）：

$$g(t) = \mathrm{e}^{-a(t-t_0)^2} \tag{1-25}$$

这里参数 a 确定频率范围，而 $t_0 = 10/\sqrt{2}\,a$。

在下面的理论震波图的计算中，参数 $a = 2000$。图 1-6 显示了高斯函数。

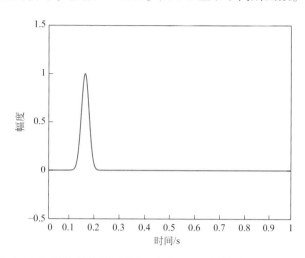

图 1-6　高斯函数（其中 $a = 2000$）

考虑沿 x 轴正向移动的一个高斯源

$$\boldsymbol{f}(x,y,z,t) = \boldsymbol{f}_0 g\left(t - \frac{x-x_0}{v}\right)\delta(y)\delta(z) \tag{1-26}$$

基于移动点源的格林函数，式（1-1）在式（1-26）的情况下的解为

$$\begin{aligned}
\boldsymbol{u}(x,y,z,t) &= \boldsymbol{G}_{ms}(x,y,z,t;x_0,v) * g(t) \\
&= \int_0^\infty \boldsymbol{G}_{fs}\left(x,y,z,t;x_0+\eta,0,0,\frac{\eta}{v};\boldsymbol{f}_0\right) * g(t)\,\mathrm{d}\eta
\end{aligned} \tag{1-27}$$

这里符号 $*$ 表示关于时间的褶积运算。

对于给定的时间 t，式（1-27）中的被积函数当 $\eta > vt$ 时为 0，有

$$\begin{aligned}
\boldsymbol{u}(x,y,z,t) &= \int_0^\infty \boldsymbol{G}_{fs}\left(x,y,z,t;x_0+\eta,0,0,\frac{\eta}{v};\boldsymbol{f}_0\right) * g(t)\,\mathrm{d}\eta \\
&= \int_0^{vt} \boldsymbol{G}_{fs}\left(x,y,z,t;x_0+\eta,0,0,\frac{\eta}{v};\boldsymbol{f}_0\right) * g(t)\,\mathrm{d}\eta
\end{aligned} \tag{1-28}$$

现在，再考虑高斯源组合

$$\boldsymbol{f}(x,y,z,t) = \sum_{i=1}^M \boldsymbol{f}_0 g\left(t - \frac{x-x_i}{v}\right)\delta(y)\delta(z) \tag{1-29}$$

式（1-1）在式（1-29）情况下的解为

$$\boldsymbol{u}(x,y,z,t) = \sum_{i=1}^M \int_0^{vt} \boldsymbol{G}_{fs}\left(x,y,z,t;x_i+\eta,0,0,\frac{\eta}{v};\boldsymbol{f}_0\right) * g(t)\,\mathrm{d}\eta \tag{1-30}$$

进而可以考虑高斯线源

$$\boldsymbol{f}(x,y,z,t) = \int_{\xi_0}^{\xi_0+L} \boldsymbol{f}_0 g\left(t - \frac{x-\xi}{v}\right) \delta(y)\delta(z)\mathrm{d}\xi \tag{1-31}$$

式（1-1）在式（1-31）情况下的格林函数为

$$\boldsymbol{G}_{ms}(x,y,z,t;x_0,x_L,v) = \int_{\xi_0}^{\xi_0+L} \int_{0}^{\infty} \boldsymbol{G}_{fs}\left(x,y,z,t;\xi+\eta,0,0,\frac{\eta}{v};\boldsymbol{f}_0\right) * g(t)\mathrm{d}\eta\mathrm{d}\xi \tag{1-32}$$

现在利用式（1-30）计算移动源组合产生的理论震波图。半空间的 P 波速度、S 波速度和密度分别为 3000m/s、1732m/s 和 2500kg/m³。图 1-7 显示了在 1100m、500m、2m 处记录到的垂直位移。其中 $M=8$，$x_i = 100+(i-1)\times24\mathrm{m}$（$i=1,2,\cdots,8$），$v=100\mathrm{m/s}$，而 $\boldsymbol{f}_0 = [0,0,1]^\mathrm{T}$。震波图可以看作是 8 个移动高斯源产生的震波图的叠加，这是在没有桥墩时的理论地震图。

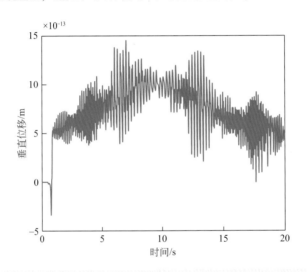

图 1-7　用式（1-30）计算的在没有桥墩情况下的理论震波图

现在考虑桥墩的作用。在高斯源的情况下，桥墩模型的源为

$$\boldsymbol{f}(x,y,z,t) = \sum_{j=1}^{N} \boldsymbol{f}_0 \tilde{g}\left(t - \frac{x_j-x_1}{v}\right)\delta(x-x_j)\delta(y)\delta(z) \tag{1-33}$$

对于由 M 个点源组成的点源组合，假设点源等间距排列，间距为 l_c，那么

$$\tilde{g}_1(t) = \sum_{i=1}^{M} g\left[t - \frac{(i-1)l_c}{v}\right] \tag{1-34}$$

相应的格林函数为

$$\boldsymbol{u}(x,y,z,t) = \sum_{j=1}^{N} \boldsymbol{G}_{fs}\left(x,y,z,t;x_j,0,0,\frac{x_j-x_1}{v};\boldsymbol{f}_0\right) * \tilde{g}_1(t) \tag{1-35}$$

而对于长度为 L 的线源来说，可有

$$\tilde{g}_2(t) = \int_0^L g\left(t - \frac{\xi}{v}\right)\mathrm{d}\xi \tag{1-36}$$

相应的格林函数为

$$\boldsymbol{u}(x,y,z,t) = \sum_{j=1}^{N} \boldsymbol{G}_{fs}\left(x,y,z,t;x_j,0,0,\frac{x_j-x_1}{v};\boldsymbol{f}_0\right) * \tilde{g}_2(t) \tag{1-37}$$

现在利用式（1-35）计算在有桥墩情况下的理论地震图。其中 $M=8$，$l_c=24$，$N=55$，$x_j=248+(j-1)\times32\mathrm{m}$（$j=1,2,\cdots,55$），$v=100\mathrm{m/s}$，$\boldsymbol{f}_0=[\,0,0,1\,]^{\mathrm{T}}$。图 1-8 显示了在 1100m、500m、2m 处记录到的垂直位移。

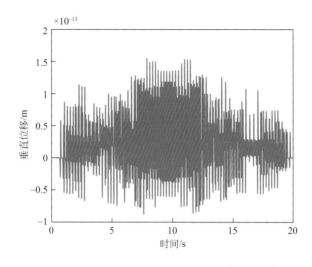

图 1-8　用式（1-35）计算的在有桥墩情况下的理论震波图

最后利用式（1-37）计算一个线源在有桥墩情况下的理论震波图。其中 $L=168\mathrm{m}$，$N=55$，$x_j=248+(j-1)\times32\mathrm{m}$（$j=1,2,\cdots,55$），$v=100\mathrm{m/s}$，$\boldsymbol{f}_0=[\,0,0,1\,]^{\mathrm{T}}$。图 1-9 显示了在 1100m、500m、2m 处记录到的垂直位移。

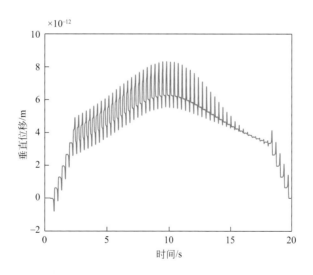

图 1-9　用式（1-37）计算的在有桥墩情况下的理论震波图

通过对比图 1-7、图 1-8 和图 1-9，可以看到在有桥墩和没有桥墩的情况下，理论震波图具有不同的波形特征。移动源的格林函数还可以用于理论分析。由于全空间的格林函数相对简单，曹健和陈景波基于全空间的移动线源的格林函数进行了理论分析（曹健和陈景波，2019）。但对于半空间的格林函数，由于其表达式非常复杂，直接进行理论分析有一定难度，需要结合数值计算来进行。

1.6　结论

利用固定源与移动源之间的关系，可得三维弹性波方程相应于移动线源的格林函数。这种形式的格林函数的一个优点就是，可以让笔者直接利用关于固定源的已知结论来研究移动源产生的地震波。笔者基于所得到的格林函数，分别计算了有桥墩和没有桥墩情况下的地震波场，发现了二者的不同特征。

中文参考文献

曹健，陈景波 . 2019. 移动线源的 Green 函数求解及辐射能量分析：高铁地震信号简化建模 . 地球物理学报 . 62（6）：2303-2312.

刘磊，蒋一然 . 2019. 大量高铁地震事件的属性体提取与特性分析 . 地球物理学报 . 62（6）：2313-2320.

王晓凯，陈文超，温景充，等 . 2019a. 高铁震源地震信号的挤压时频分析应用 . 地球物理学报 . 62（6）：2328-2335.

王晓凯，陈建友，陈文超，等 . 2019b. 高铁震源地震信号的稀疏化建模 . 地球物理学报 . 62（6）：2336-2343.

张固澜，何承杰，李勇，等 . 2019. 高铁地震震源子波时间函数及验证 . 地球物理学报 . 62（6）：2344-2354.

张唤兰，王保利，宁杰远 . 2019. 高铁地震数据干涉成像技术初探 . 地球物理学报 . 62（6）：2321-2327.

附英文参考文献

Cagniard L. 1939. Réflexion et Réfraction des Ondes Séismiques Progressives. Gauthier-Villars，Paris.

Chapman C H. 1972. Lamb's problem and comments on the paper "On leaking modes" by Usha Gupta. Pure and Applied Geophysics，94：233-247.

Chen J B，Cao J. 2020. Green's function for three-dimensional elastic wave equation with a moving point source on the free surface with applications. Geophysical Prospecting, 68（4）：1281-1290.

Hoop A T D. 1960. Modification of Cagniard's method for solving seismic pulse problems. Applied Science Research，B8：349-356.

Johnson L R. 1974. Green's function for Lamb's problems. Geophysical Journal of Royal Astronomical Society，37：99-131.

Kuhn M J. 1985. A numerical study of Lamb's problem. Geophysical Prospecting，33：1103-1137.

Lamb H. 1904. On the propagation of tremors over the surface of an elastic solid. Philosophical Transactions of the Royal Society of London. Series A，Containing Papers of a Mathematic or Physical Character，203：1-42.

Nakano H. 1925. On Rayleigh waves. Japanese Journal of Astronomy and Geophysics，2：233-326.

Sakai T. 1934. On the propagation of tremors over the plane surface of an elastic solid produced by an internal source. Geophysical Magazine，8：1-71.

Virieux J E. 1986. P-SV wave propagation in heterogeneous media：Velocity-stress finite-difference method. Geophysics，51：888-901.

第二章
高架桥系统下的高铁地震波激发过程研究

王之洋[1, 3, 4]，陈朝蒲[1, 3, 4]，白文磊[1, 3, 4]，李幼铭[2, 3, 4]

1. 北京化工大学，北京，100029

2. 中国科学院地质与地球物理研究所，中国科学院油气资源研究院重点实验室，北京，100029

3. 高铁地震学联合研究组，北京，100029

4. 非对称性弹性波动方程联合研究组，北京，100029

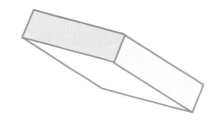

|摘要|

　　高铁列车在大部分时间里是行驶在高架桥上的，而当高铁列车通过高架桥时，其激发和传播地震波的机制与通过地面时是不同的。为了更好地利用高铁列车这一移动震源进行浅层地质构造成像和反演以及开展工程防护研究，就需要重点研究高架桥系统下高铁列车激发和传播地震波的规律，即高架桥系统下的高铁列车通过效应。笔者参考和谐号CRH5型电力动车组的参数，给出了高架桥系统下的高铁列车荷载模型，同时结合河北省定兴县高铁线路上的高架桥的实际情况以及周边区域地质条件，构建了简化高架桥模型。在此基础上，笔者阐述了高铁列车通过高架桥激发地震波的机制，得出高铁列车震源时间函数，并对高架桥系统下的高铁列车激发地震波进行有限差分数值模拟以及格林函数的推导。笔者借助"虚拟点震源""分级点火"概念，简化地表介质和高架桥桩基础的相互作用，给出高架桥系统下高铁列车行驶时激发和传播地震波的规律。

| 引言 |

随着高铁建设的大范围铺开，针对高铁的研究不断涌现（Metrikine and Popp，1999；Sheng，et al.，1999，2003，2006，2015；Wu and Thompson，2000；Takemiya，2003；Takemiya and Bian，2005，2007；Lombaert，et al.，2006；Auersch，2008；Xia，et al.，2009；Gao，et al.，2019；Cao and Chen，2019；Liu and Jiang，2019；Wang，et al.，2019a，2019b；Zhang，et al.，2019a，2019b；Chen and Cao，2020；Wang，et al.，2020）。相比于传统的"绿皮火车"以及动车，无论是从环境科学还是从工程防护的角度，研究和评估由高铁列车通过所激发和传播的地震波都是极为重要的。其原因是，高铁列车在大部分时间里是行驶在高架桥上的。而当高铁列车驶过高架桥时，其激发和传播地震波的机制与行驶在地面上的高铁列车是不同的（Wang，et al.，2020）。为了更好地利用高铁列车这一移动震源进行浅层地质构造成像和反演以及开展工程防护研究，就需要重点研究高架桥系统下高铁列车激发和传播地震波的规律，即高架桥系统下的高铁列车地震波效应，其激发地震波的机制主要与地面介质和高架桥桩基础相互作用有紧密的关系。

笔者认为，研究高架桥系统下的高铁列车地震波效应时，更需要关注地面以下高架桥的桥墩与周边岩土介质的相互作用，故而认为高铁地震震源不仅分布在高架桥与地面接触的地表，还分布在地下，且随深度变化，震源的强度也会发生改变。于是，研究高架桥系统下高铁列车激发和传播地震波的规律，不仅要构建地面介质和高架桥桩基础相互作用的机制模型，还要构建地下介质的模型；数值模拟结果表明，地下介质是均匀的还是分层的，是否考虑介质内微孔缝隙结构，都使得所激发出来的地震波在波型和能量分布上存在显著差异。如果只将高架桥视为简单地置放在地面上的一个装置，而不去关注高架桥地面以下部分与岩土介质的相互作用以及岩土介质的具体参数，则合成地震记录与实际记录的相关性并不高。对高架桥系统下的高铁列车地震波效应的研究，尽管目前尚处于起步阶段，却已有若干关键性的认识。首先，当高铁列车驶过高架桥时，会产生一种特殊的振动频率，从而触发结构传播的波动（Fryba，2001；Kwark，et al.，2004）。笔者认为当高铁列车以300km/h的运行速度驶过桥墩跨度为28m的高架桥时，特定频率的地震波被激发。其次，视高铁列车和高架桥为一种双梁系统时，地震波是通过地面介质和高架桥桩基础的相互作用而激发的，且这种相互作用又受到高架桥整体结构惯性的影响（Takemiya and Bian，2007）。

为便于阐述，文中将地面介质和高架桥桩基础相互作用激发地震波的机制简化为几种情况的综合作用。地面介质和高架桥桩基础相互作用激发地震波的机制可以简化为以下四种情况的综合作用。

1. 将桩基础的地下部分抽象为随深度衰减的若干等间隔虚拟延时激发点震源。

2. 高铁列车通过时，高架桥桥墩受到了巨大的横向和垂向荷载作用，且传递给桩基础，继而传递给岩土介质，发生相互作用激发地震波。因此，每一个虚拟点震源中皆包含有横向和垂向的振动。

3. 因岩土介质微结构/微缺陷相互作用必产生有不均匀性效应（第十三章和第十四章中详细阐述）。

4. 高架桥桩基础周围岩土（重固结土或岩石）受到围压和剪切作用时，将产生变形局部化现象（在第十三章和第十四章中详细阐述）。

最后，将桩基础的地下部分作为抽象成的等间隔虚拟点震源，且以"分级点火"作为激发形式。这里的"分级点火"有两个含义：首先，不仅激发时间出现延迟，且随桩插入地下深度的增加，点震源的强度会出现衰减；其次，激发地震波的震源类型应该是一种爆炸震源。而非飞机起降的震源，这与在地面系统下是不一样的。"分级点火"的激发形式，说明高架桥系统下高铁激发地震波的问题不单单是移动震源激发地震波的问题，更应是一种类似于延迟激发的线性叠加。另外，高架桥的桥墩在高铁列车快速经过时出现了一种振荡运动，且激发了周围岩土（重固结土或岩石）的变形局部化现象，更适合运用广义连续介质力学理论描述，这将在第十三章和第十四章中详细阐述（Wang, et al., 2020）。

本章参考和谐号 CRH5 型电力动车组的参数构建了高铁列车荷载模型，并结合实际工区的地质情况给出了简化的高架桥模型。在此基础上，通过研究高架桥系统下高铁地震波的激发机制推导高铁震源时间函数，给出高铁激发地震波场的格林函数解，并开展高铁地震波有限差分数值模拟。文中引入"分级点火"与"虚拟点震源"的概念，旨在简化高铁地震波激发过程的建模，以便更好地阐明高铁地震波的激发和传播规律。

2.1 高架桥系统概述

上文中已说明，当高铁列车驶过高架桥时，其激发和传播地震波的机制与行驶在地面时不完全相同，于是，文中将高铁列车的地震波效应研究划分为以下两个不同的类别。

（1）高铁列车通过地面（没有高架桥）时，称之为地面系统下的高铁列车地震波效应。

该系统包括高铁列车车厢、转向架、轮组对、铁轨、轨枕、地面介质状态等元素，其所激发地震波的机制，主要与车厢—轮组对—轨道—地面介质之间的相互作用有关。

（2）高铁列车通过高架桥，称之为高架桥系统下的高铁列车地震波效应。

高架桥系统在地面系统已有的组成元素上，还包括高架桥、桥墩、桩基础等元素，激发地震波的机制主要与车厢—轮组对—轨道—高架桥—桥墩—桩基础—地面介质的相互作用有关。

相比于地面系统下的高铁列车地震波效应，高架桥系统下的高铁列车地震波效应更多地考虑了高铁列车、高架桥（包括桥墩、桩基础等构造）及与地面介质之间的动态和静态相互作用。

为了描述高铁列车通过高架桥激发地震波机制，笔者构建了两个模型，分别是高架桥系统下的高铁列车荷载模型以及简化的高架桥模型。其中高架桥系统下的高铁列车荷载模型，包含高铁列车车厢、轮组对、铁轨、桥墩等元素，借以描述高铁列车轮组对与高架桥桥墩的相互作用。简化的高架桥模型包含高架桥桥墩、桩基础、地面介质状态等元素，描述高架桥桥墩桩基础与地面介质之间的相互作用。基于上述两个模型，文中得以具体阐述高架桥系统下的高铁激发地震波的机制，并经推导给出了相对应的震源时间函数和格林函数。

2.2 高架桥系统下的高铁列车荷载模型

和谐号 CRH5 型电力动车组是我国在融合、吸收国外先进技术的基础上，以掌握核心技术为目标，以产、学、研为一体所打造的我国铁路自主品牌的系列高速动车组，是高铁干线和区际铁路间的主要高铁列车型号，也是我国未来铁路蓝图规划中的重要组成部分。因此，笔者以和谐号 CRH5 型电力动车组为模板，给出高铁列车荷载模型。

CRH5 型动车组一般为八辆编组，分为两个相对独立的动力单元，一个单元由三辆动车和一辆拖车组成，另一个单元由两辆动车和两辆拖车组成。CRH5 型动车组首尾车辆设有司机室，可以双向驾驶。该动车组可由 2 列 8 辆短编组连挂成 1 列 16 辆长编组运营。CRH5 型动车组的牵引功率为 5500kw，列车总长度为 211.5m，总重量为 451t。头车车辆长度为 27.6m，中间车辆长度为 25m，车辆宽度为 3.2m，车体高度为 4.27m，车辆定距为 19m，轨距为 1.435m；每节车厢包含前后两个转向架，每个转向架包含两组轮组对，转向架前后轮组对固定轴距为 2.7m，每个转向架最大轴重为 17t。

首先，为了给出地面系统下的高铁列车荷载模型，如图 2-1 所示，不考虑轮组对-轨道、轨道-轨枕-地面介质的动态相互作用以及实际的轨道属性，而仅将 CRH5 型动车组视为 N 节车厢前后转向架上的一系列轮组对荷载 G_{n1}、G_{n2} 的线性组合，以运行速度 c 沿 x 轴正向行驶。其中，L 为车厢长度，a 为每个转向架的前后轮轴间距，b 为前后转向架的中心间距，即车厢定距，G_{n1}、G_{n2} 为每节车厢前后转向架上的轮组对荷载。空载情况下，忽略车厢因素，$G_{n1} = G_{n2} = 170\text{kN}$，显然也可以在考虑高铁实际载客量后，将每个车厢的轮组对荷载设置为不同的值。

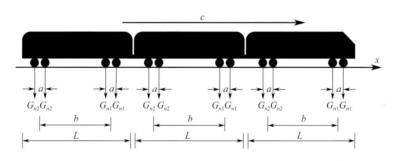

图 2-1　地面系统下的高铁列车荷载模型

为研究地面系统下的高铁列车激发地震波的机制，文中将之简化为车厢前后转向架上的 4 组轮组对，依次对地面的施加准静态力的作用，从而激发地震波，也就是说将高铁列车每节车厢的前后 4 组轮组对视作移动的点震源，以速度 c 行驶 t 时刻后所激发的地震波，当是移动点源线性叠加的结果，此时可以给出地面系统下的高铁列车激发地震波的震源时间函数：

$$f(x,y,z,t) = \sum_{n=1}^{N} \left[\begin{array}{l} G_{n1}\delta\left(x-ct+\sum_{i=0}^{n-1} L_i\right) \\[2mm] +G_{n1}\delta\left(x-ct+\sum_{i=0}^{n-1} L_i+a\right) \\[2mm] +G_{n2}\delta\left(x-ct+\sum_{i=0}^{n-1} L_i+a+b\right) \\[2mm] +G_{n2}\delta\left(x-ct+\sum_{i=0}^{n-1} L_i+2a+b\right) \end{array} \right] g(t)\delta(y)\delta(z) \tag{2-1}$$

式中，$t \geq 0$，$\delta(\cdot)$ 为狄拉克 δ 函数，$g(t)$ 为激发地震波的震源类型（其决定了时域和频域的地震波响应特征），f_0 是高铁列车的固有振动频率。

式（2-1）所示的震源时间函数表明，当高铁列车在地面行驶时，其所激发的地震波记录等效于 $4 * N$ 个移动的点震源激发的地震记录。

接下来，给出高架桥系统下的高铁列车荷载模型，见图 2-2。其中，L_B 为高架桥跨度。当高铁列车驶过高架桥时，N 节车厢前后转向架上的轮组对荷载 G_{n1}、G_{n2} 依次施加在高架桥的每个桥墩上，继而由桥墩底部的桩基础传递到岩土层，通过桩基础与地面介质的相互作用激发地震波。在该高铁列车荷载模型中，不考虑轮组对-轨道以及轨道-高架桥的动态相互作用以及实际的轨道属性，高架桥的每一个桩基础仅承受高铁列车通过时所产生的准静态力作用。

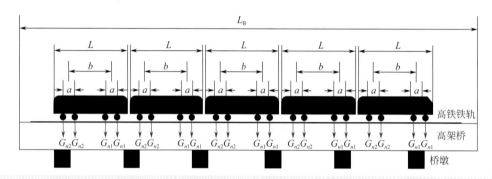

图 2-2　高架桥系统下的高铁列车荷载模型

假设高铁列车以恒定的运行速度 c 驶过高架桥，首先考虑单个桥墩的情况，此时高铁列车通过单个桥墩时所激发地震波的震源时间函数可表示为

$$f(x,y,z,t) = \sum_{n=1}^{N} \begin{bmatrix} G_{n1}g\left(t - \dfrac{L}{c}(n-1)\right) \\ + G_{n1}g\left(t - \dfrac{L}{c}(n-1) - \dfrac{a}{c}\right) \\ + G_{n2}g\left(t - \dfrac{L}{c}(n-1) - \dfrac{a+b}{c}\right) \\ + G_{n2}g\left(t - \dfrac{L}{c}(n-1) - \dfrac{2a+b}{c}\right) \end{bmatrix} \delta(x)\delta(y)\delta(z) \tag{2-2}$$

实际上，高铁列车驶过高架桥时会对桥墩产生巨大的横向荷载，如果考虑横向点震源的作用，则式（2-2）的震源时间函数可进一步表示为

$$f(x,y,z,t) = \boldsymbol{f}_d \sum_{n=1}^{N} \begin{bmatrix} G_{n1}g\left(t - \dfrac{L}{c}(n-1)\right) \\ + G_{n1}g\left(t - \dfrac{L}{c}(n-1) - \dfrac{a}{c}\right) \\ + G_{n2}g\left(t - \dfrac{L}{c}(n-1) - \dfrac{a+b}{c}\right) \\ + G_{n2}g\left(t - \dfrac{L}{c}(n-1) - \dfrac{2a+b}{c}\right) \end{bmatrix} \delta(x)\delta(y)\delta(z) \tag{2-3}$$

式（2-2）与式（2-3）相比，增加了向量 $\boldsymbol{f}_{vl} = \begin{bmatrix} \lambda & 0 & 1 \end{bmatrix}^{T}$，其中 λ 表示横向点震源与垂向点震源大小的比值。

在此基础上，为不失一般性，笔者考虑了高铁列车驶过 M 个桥墩的情况。当高铁列车驶过高架桥时，N 节车厢前后转向架上的轮组对荷载 G_{n1}、G_{n2} 依次施加在高架桥 M 个桥墩上，桥墩将荷载传递到深埋于地下的桩基础中，并且通过与地面介质的相互作用激发并传播地震波，整个过程类似于"延迟激发"。因此，式（2-3）的震源时间函数可进一步改写为

$$f(x,y,z,t) = \boldsymbol{f}_{vl} \sum_{i=1}^{M} \sum_{n=1}^{N} \begin{bmatrix} G_{n1}g\left(t - \dfrac{L}{c}(n-1) - \dfrac{d}{c}(i-1)\right) \\[2mm] +G_{n1}g\left(t - \dfrac{L}{c}(n-1) - \dfrac{d}{c}(i-1) - \dfrac{a}{c}\right) \\[2mm] +G_{n2}g\left(t - \dfrac{L}{c}(n-1) - \dfrac{d}{c}(i-1) - \dfrac{a+b}{c}\right) \\[2mm] +G_{n2}g\left(t - \dfrac{L}{c}(n-1) - \dfrac{d}{c}(i-1) - \dfrac{2a+b}{c}\right) \end{bmatrix} \delta(x-x_0-d(i-1))\delta(y)\delta(z) \quad (2\text{-}4)$$

式中，x_0 为高铁列车行驶方向的第一个桥墩的位置，d 为高架桥的桥墩跨度。

2.3　简化的高架桥模型

值得注意的是，式（2.1）~式（2.4）所给出的高架桥系统下的高铁列车荷载模型以及震源时间函数，只考虑了高架桥的地上部分。笔者认为，高架桥系统下的高铁列车激发地震波的机制中，更需要进一步考虑高架桥的地下介质的部分，其与岩土介质的相互作用是不可忽视的。因此，有必要结合高架桥模型，对高架桥系统下的高铁列车激发地震波的机制进行更进一步深入的研究和探讨。

本文结合河北省定兴县高铁线路上的高架桥的实际情况以及周边区域的地质条件，进一步构建了简化的高架桥模型。

首先，简单阐述高架桥相关结构的基本情况。高铁高架桥由桥墩支撑，而桥墩是建立在桩基础之上的，桩基础是通过承台把若干根桩的顶部联结成整体，共同承受动静荷载的一种深基础；而桩是设置于土中的竖直或倾斜的基础构件，其作用在于穿越软弱的高压缩性土层或含水层，将桩所承受的荷载传递到更硬、更密实或压缩性较小的地基持力层上，用以满足承载力和沉降的要求。桩基础由两部分组成，其中包括深深插入地下的桩和连接桩顶的桩承台（简称承台），如图 2-3 所示。根据实际应用环境的不同，桩基础又可以分为高承台桩基础和低承台桩基础，见图 2-4。前者承台底面位于地面以

上，水平受力性能差，但施工方便；后者承台底面位于地面以下，其受力性能好，具有较强的抵抗水平荷载的能力，但施工不方便。

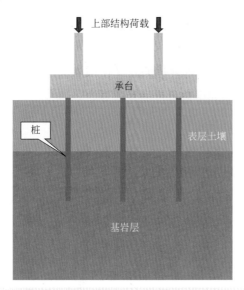

图 2-3　高架桥桩基础示意图

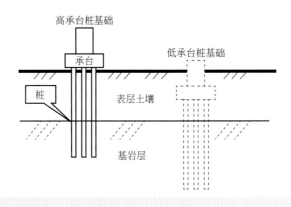

图 2-4　高承台桩基础和低承台桩基础示意图

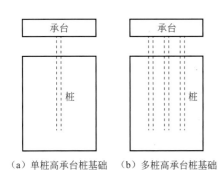

（a）单桩高承台桩基础　　（b）多桩高承台桩基础

图 2-5　单桩和多桩高承台桩基础
示意图

对于高承台桩基础，还分别有单桩和多桩的形式。所谓的单桩，是用一根桩（通常为大直径桩）承受和传递上部结构（通常为柱）荷载。对承台而言，一桩一承台（一柱）的也称单桩。而多桩则指的是由多根桩组成的桩基础，用以承受荷载及建筑物重量。单桩和多桩高承台桩基础具体区别可见图 2-5。本节中，笔者采用单桩高承台桩基础，借此给出简化的高架桥模型。

其次，笔者参考了河北省定兴县高铁线路周边区域的地震勘探结果。2019 年 8 月底，中国科学院地质与地球物理研究所、北京大学以及西安交通大学等单位组成的高铁地震学联合研究组，在河北省定兴县采集了高铁列车驶过高架桥时的实际地震资料。通过对当地表层地质条件的初步岩性调查认识可知，该地区表层为黏土或砂质黏土类的第四系松散沉积物，且厚度较大，故而对高频成分产生衰减作用，影响资料分辨率。同时，参考资料也表明，工区表层基本分为三层结构，低速层主要为含水较少的地表层，厚度大致为 0.6~3.3m，速度 300~410m/s；降速层为含水不饱和层，厚度大致为 2.1~6.2m，速度 500~1400m/s；高速层为含水饱和层-潜水面，速度 1600~2000m/s。

　　结合上述分析，笔者构建简化的高架桥模型，如图 2-6 所示。该简化的高架桥模型中，地面模型分为两层，第一层是厚度为 10m 的低速土壤层，纵波速度、密度分别设置为 0.5km/s 和 400kg/m³；第二层是厚度为 90m 的高速基岩层，纵波速度、密度分别设置为 1.6km/s 和 1400kg/m³。高架桥由 M 个桥墩底部的单桩高承台桩基础支撑，单桩深深插入地下直至基岩（图中红色虚线所示）。笔者假定高架桥桥墩的所有桩基础插入地下的深度都是一致的，均为 50m。当高铁列车通过高架桥时，桥墩依次承受了三个方向上的荷载（二维情况下为垂向荷载和横向荷载），并将这三个方向的上的荷载传递给与地面接触的桩基础，通过桩基础的地下部分与地面介质的相互作用激发和传播地震波。

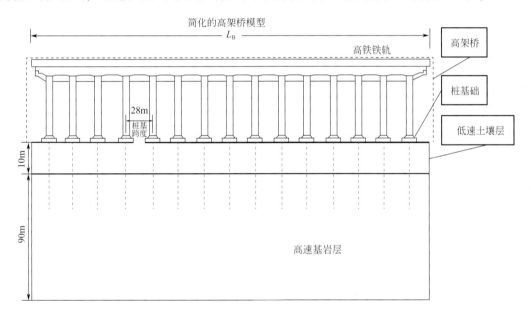

图 2-6　简化的高架桥模型

2.4　高铁列车通过高架桥激发地震波机制

　　在给出了高架桥系统下的高铁列车荷载模型以及简化的高架桥模型的基础上，笔者将进一步阐述高铁列车通过高架桥激发地震波的机制，并给出高架桥系统下的高铁列车激发地震波的震源时间函数。

当高铁列车驶过高架桥时，桩基础能将横向和垂向荷载传递到岩土介质中，同时，通过与岩土介质的相互作用激发地震波。为了理解和说明高架桥系统下高铁列车激发地震波的机制，笔者将桩基础的地下部分抽象为随深度衰减的几个等间隔虚拟延时激发点震源，每一个虚拟点震源包含横向和垂向的震源，分别为平行于高铁列车行驶方向以及垂直向下的方向，如图2-7所示。因此，在式（2-4）的基础上，震源时间函数可进一步改写为

$$f(x,y,z,t)=f_{vl}\sum_{j=1}^{K}\sum_{i=1}^{M}\sum_{n=1}^{N}\begin{bmatrix}G_{n1}g\left(t-\dfrac{L}{c}(n-1)-\dfrac{d}{c}(i-1)-\dfrac{D}{v_p}(j-1)\right)\\[2mm]+G_{n1}g\left(t-\dfrac{L}{c}(n-1)-\dfrac{d}{c}(i-1)-\dfrac{D}{v_p}(j-1)-\dfrac{a}{c}\right)\\[2mm]+G_{n2}g\left(t-\dfrac{L}{c}(n-1)-\dfrac{d}{c}(i-1)-\dfrac{D}{v_p}(j-1)-\dfrac{a+b}{c}\right)\\[2mm]+G_{n2}g\left(t-\dfrac{L}{c}(n-1)-\dfrac{d}{c}(i-1)-\dfrac{D}{v_p}(j-1)-\dfrac{2a+b}{c}\right)\end{bmatrix}\delta\begin{pmatrix}x-x_0\\-d(i-1)\end{pmatrix}\delta(y)\delta\begin{pmatrix}z-z_0\\-D(j-1)\end{pmatrix}$$

$$(2-5)$$

其中，z_0 为垂直方向第一个虚拟震源的位置，D 为垂直方向虚拟点震源的空间间隔，K 为虚拟点震源数量，D/v_p 为每个虚拟点震源激发的时间间隔，v_p 为 P 波在桩上的传播速度。

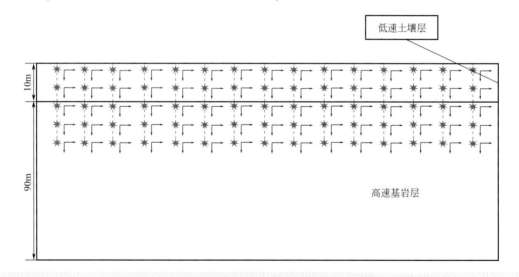

图2-7 桩基础地下部分虚拟点震源示意图

实际上，桩基础的地下部分是以"分级点火"的形式激发地震波，这意味着不仅激发时间不同，而且虚拟点震源的强度也随着深度的增加而衰减。同时，通过桩基础激发地震波的震源类型应该是一种爆炸震源，而不是飞机起降的震源，这与在地面系统下高铁列车激发地震波的情况是不一致的。综上，最终给出的震源时间函数为

$$
f(x,y,z,t)=\boldsymbol{f}_{vt}\sum_{j=1}^{K}\sum_{i=1}^{M}\sum_{n=1}^{N}\zeta^{j-1}
\begin{bmatrix}
G_{n1}g\left(t-\dfrac{L}{c}(n-1)-\dfrac{d}{c}(i-1)-\dfrac{D}{v_p}(j-1)\right)\\[6pt]
+G_{n1}g\left(t-\dfrac{L}{c}(n-1)-\dfrac{d}{c}(i-1)-\dfrac{D}{v_p}(j-1)-\dfrac{a}{c}\right)\\[6pt]
+G_{n2}g\left(t-\dfrac{L}{c}(n-1)-\dfrac{d}{c}(i-1)-\dfrac{D}{v_p}(j-1)-\dfrac{a+b}{c}\right)\\[6pt]
+G_{n2}g\left(t-\dfrac{L}{c}(n-1)-\dfrac{d}{c}(i-1)-\dfrac{D}{v_p}(j-1)-\dfrac{2a+b}{c}\right)
\end{bmatrix}
\delta\begin{pmatrix}x-x_0\\-d(i-1)\end{pmatrix}\delta(y)\delta\begin{pmatrix}z-z_0\\-D(j-1)\end{pmatrix}
$$

$$\tag{2-6}$$

其中，ζ^{j-1} 表示随着深度的增加而设置的衰减项，ζ 表示衰减系数。式（2-6）即为高架桥系统下的高铁列车激发地震波的震源时间函数。

高架桥系统下高铁列车激发地震波的机制主要与车厢—轮组对—轨道—桩基础—地面介质的相互作用有关，如果忽略车厢—轮组对—轨道之间的动态相互作用，则可认为是高架桥桩基础的地下部分在巨大荷载的作用下，与地面介质产生相互作用而激发地震波，这种相互作用可以视为点震源以"分级点火"的形式激发的综合结果。值得注意的是，高架桥系统下高铁列车激发地震波的机制还应该考虑岩土介质微结构/微缺陷相互作用所产生的不均匀性效应以及岩石或者混凝土在围压作用下，重固结土在剪切作用下，出现的变形局部化现象。通过对实际和理论合成数据的比较分析，笔者认为，当高铁驶过高架桥时，桩将巨大的荷载传递给岩土介质，岩土介质在围压和荷载的作用下，将出现变形局部化现象。上述内容将在第十三章和第十四章详细阐述。

2.5　高架桥系统下的格林函数

这一节，笔者将给出高架桥系统下的格林函数。

L. R. 约翰逊（L. R. Johnson）（1974）给出弹性波方程：

$$
(\lambda+\mu)\nabla(\nabla\cdot u(x,y,z,t))+\mu\nabla^2 u(x,y,z,t)+f(x,y,z,t)=\rho\frac{\partial^2}{\partial t^2}u(x,y,z,t)
\tag{2-7}
$$

在弹性半空间中单点力源的格林函数：

$$
u(x,y,z,t)=G_{fs}(x,y,z,t;x',y',z',t';\boldsymbol{f}_{vt})
$$

$$
=\frac{1}{\pi^2\mu r}\frac{\partial}{\partial t}\int_0^{\sqrt{\left(\frac{t-t'}{r}\right)^2-\frac{1}{\alpha^2}}}H\left(t-t'-\frac{r}{\alpha}\right)\mathcal{R}\left[\frac{\eta_\alpha \boldsymbol{M}(q,p,0,t-t',z')\boldsymbol{f}_{vt}}{\sigma\sqrt{\left(\left(\frac{t-t'}{r}\right)^2-\frac{1}{\alpha^2}-p^2\right)}}\right]\mathrm{d}p+
$$

$$\frac{1}{\pi^2 \mu r} \frac{\partial}{\partial t} \int_0^{p_2} H(t-t'-t_2) \mathcal{R} \left[\frac{\boldsymbol{\eta}_\beta \boldsymbol{M}(q,p,0,t-t',z') \boldsymbol{f}_{vl}}{\sigma \sqrt{\left(\left(\frac{t-t'}{r} \right)^2 - \frac{1}{\alpha^2} - p^2 \right)}} \right] \mathrm{d}p \tag{2-8}$$

陈景波（J. B. Chen）和曹健（J. Cao）（2020）将高铁列车视为一组移动点震源，基于 L. R. 约翰逊（1974）的工作，得到一组移动点源的格林函数：

$$G_{ms}(x,y,z,t;x_1,\cdots,x_N,v) = \sum_{i=1}^N \int_0^\infty G_{fs}\left(x,y,z,t;x_0+\eta,0,0,\frac{\eta}{v};\boldsymbol{f}_{vl} \right) \tag{2-9}$$

如果高铁激发地震波的震源类型为 $g(t)$，则可以得到地面系统下高铁激发地震波的格林函数解：

$$u(x,y,z,t) = \sum_{i=1}^N \int_0^{vt} G_{fs}\left(x,y,z,t;x_i+\eta,0,0,\frac{\eta}{v};\boldsymbol{f}_{vl} \right) * g(t) \tag{2-10}$$

笔者在陈景波（J. B. Chen）和曹健（J. Cao）（2020）抽象的数学模型上，进一步考虑在高架桥系统下高铁激发和传播地震波的机制，推导高架桥系统下的高铁列车激发地震波的震源时间函数。根据式（2-6）给出的震源时间函数，高铁列车激发地震波可以看作是一系列点震源以"分级点火"的形式激发的叠加结果，因此，基于线性叠加原理，以及均匀半空间中固定点源的格林函数，可推导出高架桥系统下的均匀半空间格林函数，公式如下。

$$u(x,y,z,t) =$$

$$\sum_{j=1}^K \sum_{i=1}^M \sum_{n=1}^N \zeta^{j-1} G_{fs}\left(x,y,z,t;(x_0+d(i-1)),0,(z_0+D(j-1)),\left(\frac{L}{c}(n-1)+\frac{d}{c}(i-1)+\frac{D}{v_p}(j-1) \right);G_{n1} \right) * g(t) +$$

$$\sum_{j=1}^K \sum_{i=1}^M \sum_{n=1}^N \zeta^{j-1} G_{fs}\left(x,y,z,t;(x_0+d(i-1)),0,(z_0+D(j-1)),\left(\frac{L}{c}(n-1)+\frac{d}{c}(i-1)+\frac{D}{v_p}(j-1)+\frac{a}{c} \right);G_{n1} \right) * g(t) +$$

$$\sum_{j=1}^K \sum_{i=1}^M \sum_{n=1}^N \zeta^{j-1} G_{fs}\left(x,y,z,t;(x_0+d(i-1)),0,(z_0+D(j-1)),\left(\frac{L}{c}(n-1)+\frac{d}{c}(i-1)+\frac{D}{v_p}(j-1)+\frac{a+b}{c} \right);G_{n2} \right) * g(t) +$$

$$\sum_{j=1}^K \sum_{i=1}^M \sum_{n=1}^N \zeta^{j-1} G_{fs}\left(x,y,z,t;(x_0+d(i-1)),0,(z_0+D(j-1)),\left(\frac{L}{c}(n-1)+\frac{d}{c}(i-1)+\frac{D}{v_p}(j-1)+\frac{a+2b}{c} \right);G_{n2} \right) * g(t)$$

$$\tag{2-11}$$

式（2-11）的格林函数可用于计算高架桥系统下的高铁列车激发地震波的合成地震记录。这里分别考虑 5 个桥墩和 25 个桥墩的情况，设置地下均匀半空间的纵波速度、横波速度、密度分别为 3000m/s、1732m/s、2500kg/m³，具有 16 节车厢的高铁列车以 300km/h 沿 x 轴正方向匀速前进。

如图 2-8 所示，图（a）和（c）分别为 5 个桥墩和 25 个桥墩情况下的合成地震记录，图（b）和（d）分别为图（a）和（c）对应的幅频响应。从图（a）和（c）中可看出，合成地震记录的时间曲线的左右两侧振幅呈现急速衰减的特征，这代表列车驶向和驶离高架桥的阶段，且不同桥墩数量的时间曲线具有不同的形状。而相关的频谱能量基本集中在 40Hz 频率以内，且在 10Hz、20Hz、30Hz 频率附近出现能量峰值。

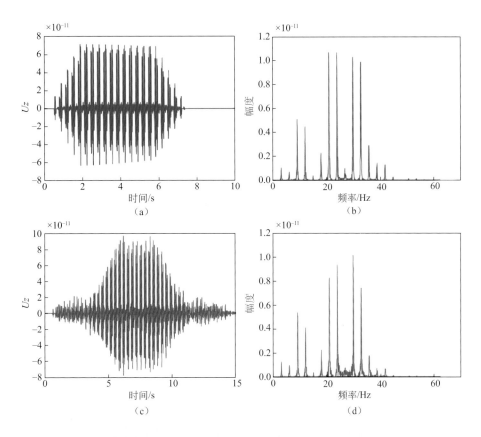

图 2-8　基于式（2-11）计算的在高架桥系统下的理论震波图

2.6　数值模拟分析

这一部分，采用交错网格有限差分算法，在上述给出的高架桥系统下的高铁列车荷载模型、简化的高架桥模型、高铁震源时间函数的基础上进行数值模拟，合成高架桥系统下高铁激发和传播的地震记录。

设高铁列车车厢数 $N=16$，行驶速度为 300km/h，每节车厢前后轮组对荷载 $G_{n1}=G_{n2}=170$kN，轮组对间的距离 $a=2.7$m、$b=17.5$m，每节车厢的长度 $L=28$m，列车的固有振动频率 $f_0=20$Hz，横向点震源与垂向点震源的比值为 $\lambda=0.3$，衰减系数 $\zeta=0.7$；高铁高架桥桥墩数量 $M=15$，桩基础的跨度 $d=28$m，桥长 $L_B=M*d$，桩基础地下部分的基桩插入地下的深度 $S=50$m，桥墩地下部分设置的点源间隔 $D=10$m，数量 $K=S/D=5$，地震波在桥墩中的传播速度 $v_p=4000$m/s，每个离散点源的加载时间间隔 $D/v_p=2.5$ms。

地面速度模型为 200×100 的两层层状模型，网格大小 d$x=4$m、d$z=1$m。第一层是厚度为 10m

的低速土壤层，密度为 $400\mathrm{kg/m^3}$，纵波速度为 $0.5\mathrm{km/s}$；第二层是厚度为 90m 的高速基岩层，密度为 $1400\mathrm{kg/m^3}$，纵波速度为 $1.6\mathrm{km/s}$。横波速度和纵波速度的关系为 $v_p/v_s = 1.7$。震源时间函数采用式（2-6），震源类型 $g(t) = \left[1 - 2(\pi f_0 t)^2\right]\mathrm{e}^{-(\pi f_0 t)^2}$，为雷克子波。时间步长比 $\Delta t = 0.5\mathrm{ms}$，$nt = 20000$。为了能够更好地进行记录的比较，排除数值频散和边界条件的干扰，采用基于改进粒子群算法优化的高阶交错网格有限差分算子，并应用 PML 边界条件。合成地震记录（Z 分量）见图 2-9，其中，检波器放置于距离桥墩 8m 处。

如图 2-9 所示，图（a）为高铁列车经过 15 个桥墩所得的合成地震记录，图（b）为图（a）对应的幅频响应。根据图（a），发现合成地震记录的时间曲线的左右两侧振幅呈现急速衰减的特征，这代表列车驶向和驶离高架桥的过程可以在时间域的合成记录上清楚地观察到。同时，合成地震记录的时间曲线具有内包络，笔者认为这与震源衰减项有关。相关的频谱能量基本集中在 40Hz 频率以内，且在 10Hz、20Hz、30Hz 频率附近出现能量峰值。这与上节应用格林函数计算得到的合成地震记录的频谱具有一定的相似性。为了便于说明，在数值模拟时构建了包含 15 个桥墩的简化的高架桥模型，而实际高架桥的长度为 1000m 以上，桥墩数量为 30 以上。由于高架桥系统下的高铁列车激发地震波可以看作是一系列点震源以"分级点火"的形式激发的叠加结果，因此，可以基于线性叠加的特性，通过设置震源时间函数和观测系统的参数，提高合成地震记录与实际地震记录的相关性。

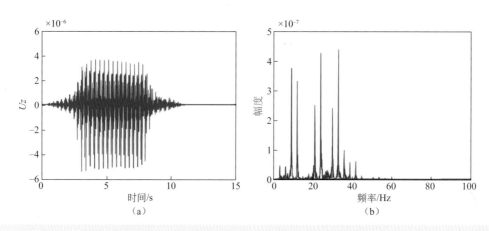

图 2-9　高架桥系统下的合成地震记录（Z 分量）

2.7　广义连续介质力学的启迪

将高架桥系统下的合成地震记录与在河北省定兴县采集到的高铁列车驶过高架桥时的实际地震记

录进行对比分析，见图 2-10。

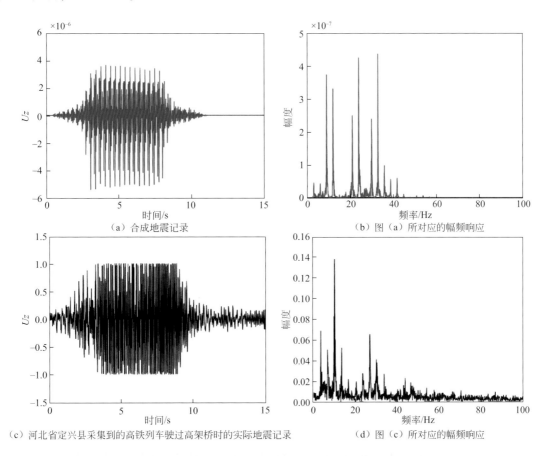

（a）合成地震记录

（b）图（a）所对应的幅频响应

（c）河北省定兴县采集到的高铁列车驶过高架桥时的实际地震记录

（d）图（c）所对应的幅频响应

图 2-10　高架桥系统下的地震记录对比（Z 分量）

从图 2-10 中可以看出，尽管在时间曲线上，合成地震记录与实际地震记录具有一定的相似性，但通过对频谱的分析，笔者发现，当高铁列车以 300km/h 的运行速度通过高架桥时，实际地震记录的能量集中在多个谱峰，但主要是在以 10Hz 和 25Hz 为中心的左右一定频段范围内，其中，以 10Hz 为中心的左右一定频段范围内的能量最大。这与合成地震记录的频谱能量分布并不能很好的匹配。同时，在采集实际数据时，笔者发现，与经典连续介质力学理论预测的旋转记录相比，实际采集到的旋转记录的幅度增加了 1~2 个数量级。

笔者认为，高架桥桩基础的地下部分深深插入地下直至基岩层（岩石或者重固结土），并且被紧紧约束住。当高铁列车以 300km/h 的速度通过时，巨大的荷载会被传递到岩土介质，此时，受约束的桩将出现震荡运动，激发出一种必需应用广义连续介质力学框架下的旋转运动，这种旋转运动是在引入偶应力的前提下，考虑微结构相互作用所导致的非对称力学特征引发的。另外，当高铁经过高架桥时，桩将巨大的荷载传递给岩土介质，岩土介质在围压和荷载的作用下，将出现变形局部化现象。相比于经典连续介质力学理论，广义连续介质力学理论更适合于描述复杂的内部微结构相互作用。同时，对于变形局部化现象，广义连续介质力学理论在描述上也具有优势。由此，笔者尝试启用广义连续介质力学理论解释上述现象，将在第十三章和第十四章中进行详细阐述。

中文参考文献

曹健，陈景波 . 2019. 移动线源的 Green 函数求解及辐射能量分析：高铁地震信号简化建模 . 地球物理学报，62（6）：2303-2312.

刘磊，蒋一然 . 2019. 大量高铁地震事件的属性体提取与特性分析 . 地球物理学报，62（6）：2313-2320.

王晓凯，陈文超，温景充，等 . 2019a. 高铁震源地震信号的挤压时频分析应用 . 地球物理学报，62（6）：2328-2335.

王晓凯，陈建友，陈文超，等 . 2019b. 高铁震源地震信号的稀疏化建模 . 地球物理学报，62（6）：2336-2343.

王之洋，李幼铭，白文磊 . 2020. 基于高铁震源简化桥墩模型激发地震波的数值模拟地球物理学报，63（12）：4473-4484.

张固澜，何承杰，李勇，等 . 2019. 高铁地震震源子波时间函数及验证 . 地球物理学报，62（6）：2344-2354.

附英文参考文献

Auersch L. 2008. The effect of critically moving loads on the vibrations of soft soils and isolated railway tracks. Journal of Sound and Vibration, 310（3）：587-607.

Cao J, Chen J B. 2019. Solution of Green's function from a moving line source and the radiation energy analysis：a simplified modeling of seismic signal by a high-speed-train. Chinese Journal of Geophysics, 62（6）：2303-2312.

Chen J B, Cao J. 2020. Green's function for three-dimensional elastic wave equation with a moving point source on the free surface with applications. Geophysical Prospecting, 68（4）：1281-1290.

Fryba L. 2001. A rough assessment of railway bridges for high speed trains. Engineering Structures, 23（5）：548-556.

Gao G Y, Yao S F, Sun Y M, et al. 2019. Investigating ground vibration induced by high-speed train loads on unsaturated soil using 2. 5D FEM. Earthquake engineering and Engineering dynamics, 124（9）：72-85.

Kwark J W, Choi E S, Kim Y J, et al. 2004. Dynamic behavior of two-span continuous concrete bridges under moving high-speed train. Computers and Structures, 82（4/5）：463-474.

Johnson L R. 1974. Green's Function for Lamb's Problem. Geophysical Journal International, 37（1）：99-131.

Liu L, Jiang Y R. 2019. Attribution extraction and feature analysis for large amount of high-speed-train events. Chinese Journal of Geophysics, 62（2）：2313-2320.

Lombaert G, Degrande G, Kogut J, et al. 2006. The experimental validation of a numerical model for the prediction of railway induced vibrations. Journal of Sound and Vibration, 297（3-5）：512-535.

Metrikine A V, Popp K. 1999. Vibration of a periodically supported beam on an elastic half-space. European Journal of Mechanics-A/Solids, 18（4）：679-701.

Sheng X, Jones C J C, Petyt M. 1999. Ground vibration generated by a harmonic load acting on a railway track. Journal of Sound and Vibration, 225（1）：3-28.

Sheng X, Jones C J C, Thompson D J. 2003. A comparison of a theoretical model for quasi-statically and dynamically induced environmental vibration from trains with measurements. Journal of Sound and Vibration, 267（3）：621-635.

Sheng X，Jones C J C，Thompson D J. 2006. Prediction of ground vibration from trains using the wavenumber finite and boundary element methods. Journal of Sound and Vibration，293（3-5）：575-586.

Sheng X Z. 2015. Generalization of the Fourier transform-based method for calculating the response of a periodic railway track subject to a moving harmonic load. Journal of Modern Transportation，23（01）：12-29.

Takemiya H. 2003. Simulation of track-ground vibrations due to a high-speed train：the case of X-2000 at Ledsgard. Journal of Sound and Vibration，261（3）：503-526.

Takemiya H，Bian X. 2005. Substructure simulation of inhomogeneous track and layered ground dynamic interaction under train passage. Journal of Engineering Mechanics，131（7）：699-711.

Takemiya H，Bian X C. 2007. Shinkansen high-speed train induced ground vibrations in view of viaduct-ground interaction. Soil Dynamics and Earthquake Engineering，27（6）：506-520.

Wang X K，Chen J Y，Chen W C，et al. 2019a. Sparse modeling of seismic signals produced by highspeed-trains. Chinese Journal of Geophysics，62（2）：2336-2343.

Wang X K，Chen W C，Wen J C，et al. 2019b. The applications of synchrosqueezing time-frequency analysis in high-speed-train induced seismic data processing. Chinese Journal of Geophysics，62（2）：2328-2335.

Wang Z Y，Li Y M，Bai W L. 2020. Numerical modelling of exciting seismic waves for a simplified bridge pier model under high-speed train passage over the viaduct. Chinese Journal of Geophysics，63（12）：4473-4484.

Wu T X，Thompson D J. 2000. Application of a multiple-beam model for lateral vibration analysis of a discretely supported rail at high frequencies. Journal of the Acoustical Society of America，108（3）：1341.

Xia H，Cao Y M，Roeck G D. 2009. Theoretical modeling and characteristic analysis of moving-train induced ground vibrations. Journal of Vibration Engineering，329（7）：819-832.

Zhang G L，He C J，Li Y，et al. 2019a. Wavelet time function of high-speed-train seismic source and verification. Chinese Journal of Geophysics，62（2）：2344-2354.

Zhang X Y，Thompson D J，Li Q，et al. 2019b. A model of a discretely supported railway track based on a 2. 5D finite element approach. Journal of Sound and Vibration，438（1）：153-174.

第二部分 高铁地震信号特征分析及应用

第三章
高铁震源地震信号的时频域特征分析

王晓凯[1]，陈文超[1]，温景充[2]，宁杰远[2]，李嘉琪[2]

1. 西安交通大学信息与通信工程学院，西安，710049
2. 北京大学地球与空间科学学院，北京，100871

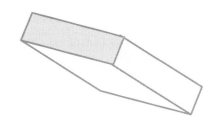

摘要

　　高铁列车在高速运行过程中会激发出各种类型的复杂地震波。我国每天有数千趟高铁列车驰骋在纵横交错的高铁线路上，因此高速运行的列车构成了十分理想且覆盖范围广的均布震源。为充分利用高铁激发的地震波信号并将其用于实际地下结构探测，需要在时域、频域及时频联合域发掘高铁震源地震信号的特性，以此来指导后续的处理工作。本章首先介绍短时傅里叶变换和挤压时频分析这两种典型的时频分析工具，然后对北京大学在深圳光明区某高铁沿线采集到的高铁震源地震数据进行了多域（时域、频域及时频域）特征分析。相关分析结果表明：高铁激发的地震信号在时域具有周期性，在频域呈现出等间隔窄带分立谱特征，在时频域可利用单个检波器接收到的高铁震源地震信号精确刻画高铁列车的运行状态（匀速、加速等）。

关键词

　　高铁震源地震信号，时频分析

引言

自从 1964 年日本新干线商业运营以来，法国、德国、加拿大、意大利、瑞典及韩国等国家争相建设高铁并开通商业运营高铁，极大缩短了旅客的乘车时间并提升了旅行的舒适度。我国自 2008 年 8 月 1 日开通运营我国首条商业运营高铁线路（京津城际铁路），已开通的高铁营业里程超过 4 万公里（截至 2021 年底数据），占世界高铁商业运营里程的 66%。此外，我国高铁还具有发车密度高的特点，例如，仅广深港高速铁路在运营初期每日即开行 127 对列车。

高铁列车高速运行在高铁线路上，势必会引起高铁列车的振动。这种列车运行引起的车体振动已被广泛用于故障诊断（赵晶晶等，2014；马哲一等，2008；何华武，2013；秦娜等，2013；赵成兵等，2012；朱菲，金炜东，2018；李贵兵等，2014；方松，曾京，2013）。高铁列车高速运行在高铁线路上，除了自身振动以外，还会引起高铁路基的振动。一些学者进行过数值模拟、地质力学方面的分析，进行了轨道及高铁几十米范围内的小规模振动数据采集，并对相应数据进行了时域及频域分析（Forrest，1999；Degrande and Schillemans，2001；Forrest and Hunt，2006；Kouroussis, et al.，2014；郑亚玮，陈俊岭，2015）。例如，G. 德朗德（G. Degrande）和 L. 席勒曼斯（L. Schillemans）（2001）采集了布鲁塞尔-巴黎段高铁轨道及附近 70m 范围内的振动信号，郑亚玮和陈俊岭（2015）采集了京津高铁轨道 35m 范围内的振动信号，均发现了高铁轨道附近的振动呈现出时域周期性及频域宽带分立谱等特征，印证了高铁震源的周期性、宽频带及分立谱等典型特征。

高铁列车高速运行在高铁线路上，会将振动以各种类型的地震波的形式传播出去。2003 年，Chen 等人利用 9 个检波器（包含有长周期检波器和短周期检波器）首次对大秦铁路上运行的重载低速列车进行观测（Chen，2003），认为高铁激发的振动有潜力成为检测地壳结构的手段，但受限于分析手段，仅从时域和频域出发做了有益尝试。徐善辉等人于 2013 年在京津城际高铁廊坊段使用 1000 多个地震检波器在距离高铁 1km 外长时间采集地震数据，发现高铁列车激发的振动信号可传播几千米远（徐善辉等，2017）。

高铁列车高速运行引起的振动可能会威胁建筑物、工程结构的安全，工程界视之为一大危害。因此目前大部分研究聚焦于如何减少车厢及路基的振动以提高高铁列车及路基的安全系数。然而，高速运行的高铁列车也产生了一种全新的震源类型——高铁震源。对这种全新的可重复震源——高铁震源所激发出的地震波进行采集并分析，不但可能分析出高铁列车的运行状态，而且有望对高铁线路附近的地下结构进行成像。然而，面对这种全新的高铁震源地震数据，掌握其特征（尤其是时频联合域）对指导后续的处理分析至关重要。直接在时域观察波形无法获得信号中的频率成分及其频率位置，而常规的傅里叶变换将信号从时域变到频域仅能获得能量沿频率的分布，因此单从时域或者频域出发无法刻画频率成分随时间的变化规律；受限于海森堡不确定性原理的约束，短时傅里叶变换（Qian，2001；Mallat，2009）、连续小波变换（Goupillaud, et al.，1984；Mallat，2009）、S 变换（Stockwell, et al.，1996；高静怀等，2003）等变换不能精确地刻画信号的时频特征；而常用的科恩（Cohen）类时频分布（Cohen，1989；Baraniuk and Jones，1993；Choi and Williams，1989；Jones and Baraniuk，1995；Zhao, et al.，1990）只能对信号进行时频分析，但由于所对应的时频分布缺乏相位信息，无法重构信号。为获得较高的时频分辨率及信号的无误差重构，小波方面的权威专家 I. 多贝西（I. Daubechies）（2011）提出了同步挤压小波变换并给出了一套完整的理论体系，随后在地震勘探等领域取得了诸多应用（Wang, et al., 2014；黄忠来等，2017）。若信号是窄带的且振幅的变化率远低于频率的变化率，挤压类时频变换首先计算窄带信号的线性时频变换，然后沿频率方向将变换系数依据变换结果的相位偏导数据进行挤压，可显著地提高时频分布的频率分辨率。前期的研究成果表明，高铁列车造成的轨道及列车振动呈现出窄带分立谱特性，所产生出的地震波也呈现出窄带特性，因此可采用挤压时频分析在时频域对高铁震源地震信号进行特征分析。本章利用挤压时频分析对北京大学在深圳光明区采集到的高铁震源地震信号进行特征分析，并获得了关于高铁震源的一些认识。

3.1　短时傅里叶变换

一个时间信号 $x(t)$ 的短时傅里叶变换可通过如下公式得到：

$$\mathrm{STFT}(t,\omega)=\mathrm{e}^{-\mathrm{j}\omega t}\int_{-\infty}^{\infty}x(\tau)\big[g(\tau-t)\mathrm{e}^{\mathrm{j}\omega(\tau-t)}\big]^{*}\mathrm{d}\tau \tag{3-1}$$

式中 ω 表示角频率，$g(t)$ 表示窗函数，$[\ ]^{*}$ 表示对括号内的复数取共轭。根据信号相关的性质，上述过程也可在频率域实现：

$$\mathrm{STFT}(t,\omega)=\frac{1}{2\pi}\mathrm{e}^{-\mathrm{j}\omega t}\int_{-\infty}^{\infty}X(\xi)G^{*}(\xi-\omega)\mathrm{e}^{\mathrm{j}\xi t}\mathrm{d}\xi \tag{3-2}$$

式中 $X(\omega)$ 为信号 $x(t)$ 的傅里叶变换，$G(\omega)$ 为窗函数 $g(t)$ 的傅里叶变换。

3.2　挤压短时傅里叶变换

若信号 $x(t)$ 为一复正弦信号 $\mathrm{e}^{\mathrm{j}\omega_0 t}$，则信号加窗傅里叶变换 $\mathrm{STFT}(t,\omega)$ 与 ω_0 的关系为

$$\mathrm{STFT}(t,\omega)=\frac{1}{2\pi}G^{*}(\omega_0-\omega)\mathrm{e}^{\mathrm{j}(\omega_0-\omega)t} \tag{3-3}$$

由上式可知，信号加窗傅里叶变换 $\mathrm{STFT}(t,\omega)$ 沿时间方向的导数与信号 $x(t)$ 的真实频率 ω_0 关系（Wu and Zhou，2018）为

$$-\mathrm{j}\frac{1}{\mathrm{STFT}(t,\omega)}\frac{\partial \mathrm{STFT}(t,\omega)}{\partial t}+\omega=\omega_0,\quad \mathrm{STFT}(t,\omega)\neq 0 \tag{3-4}$$

则新的变量 $\tilde{\omega}$ 可反应复正弦信号的真实频率位置为

$$\tilde{\omega}(t,\omega)=-\mathrm{j}\frac{1}{\mathrm{STFT}(t,\omega)}\frac{\partial \mathrm{STFT}(t,\omega)}{\partial t}+\omega \tag{3-5}$$

若信号 $x(t)$ 为 $\mathrm{e}^{\mathrm{j}\omega_0(t)t}$，其中 $\omega_0(t)$ 随时间缓慢变化，则 $\tilde{\omega}(t,\omega)$ 亦可反映信号频率成分的变化，

则可将 STFT(t,ω) 挤压到新的时频位置 $(t,\tilde{\omega}(t,\omega))$ 上得到分辨率更高的时频分布。若按照频率间隔 $\Delta\omega$ 对 STFT(t,ω) 进行采样，且把频率 $\tilde{\omega}$ 按照频率间隔 $\Delta\tilde{\omega}$ 划分得到一系列离散化频率 $\tilde{\omega}_l$，则挤压短时傅里叶变换为

$$\text{SSTFT}(t,\tilde{\omega}_l) = \sum_{\substack{|\tilde{\omega}(t,\omega)-\tilde{\omega}_l|\leqslant\Delta\tilde{\omega}/2 \\ |\text{STFT}(t,\omega)|>\varepsilon}} \text{STFT}(t,\omega)\,\mathrm{e}^{j\omega t} \tag{3-6}$$

ε 为一个控制噪声的阈值。若短时傅里叶变换某些系数模值小于阈值 ε，则不参与挤压［即式（3-6）中的求和运算］。若信号为多个窄带且频率成分随时间缓变的分量叠加，只要各个分量在短时傅里叶变换的结果上可以分辨，也可通过上述方法得到高精度的挤压短时傅里叶变换结果。与其他时频分布不同的是，通过挤压短时傅里叶变换的结果可以重构出原始信号为

$$x(t) = \Delta\omega\sum_l \text{SSTFT}(t,\tilde{\omega}_l) \tag{3-7}$$

若要重构 $[\omega_{\min},\omega_{\max}]$ 频带范围内的信号，可通过限制求和范围来实现，即

$$x(t) = \Delta\omega\sum_{\substack{\tilde{\omega}_l>\omega_{\min} \\ \tilde{\omega}_l<\omega_{\max}}} \text{SSTFT}(t,\tilde{\omega}_l) \tag{3-8}$$

考虑到实际高铁震源地震信号的复杂性，采用正弦信号的近似不具有普遍性。因此可对信号进行更加精确的近似，并在此基础之上来推导相应的挤压时频变换。例如：若信号满足线性调频特征，可采用二阶挤压时频变换对其进行分析（Oberlin, et al., 2015; Wang, et al., 2021）；如果信号为更加复杂的窄带特征，可采用更高阶挤压时频变换对其进行分析（Pham and Meignen, 2017）。

3.3 实际观测方式简介

2018 年 1 月，北京大学地球与空间科学学院在深圳市光明区某段高铁线路附近布置了 51 个三分量低频加速度检波器，检波器频带宽度为 0.2~100Hz，采样间隔为 5ms。其中 17 个检波器（编号为 T1 至 T17）构成的阵列几乎与高铁线路基垂直，其位置如图 3-1 所示。其中 T1 检波器距离高铁大约 75m，T17 检波器距离高铁线路大约 195m，检波器空间间隔大约为 7m。

图 3-1　北京大学深圳数据采集试验中高铁线路与检波器位置示意图（蓝色虚线为高铁线路的位置，T1 到 T17 表示 17 个三分量检波器的位置）

3.4 时域特征分析

列车 1 经过时，检波器 T1 接收到三分量波形如图 3-2 所示。图 3-2（a）、图 3-2（b）及 3-2（c）分别为平行高铁线路分量、垂直高铁线路分量以及垂直地表分量的波形。列车经过时波形的振幅强度较大，振幅比无列车通过时高了两个数量级。图 3-2（c）所示波形均呈现出周期现象，如图中蓝色箭头所示。经过分析，发现此周期波形的周期大约为 0.3s（60 个采样点）。考虑到我国目前高铁运营速度大约为 300km/h，即 83.33m/s，波形中的周期现象对应的距离为大约 25m，而目前我国高铁车厢长度记为 25m。因此，波形中的周期现象与车厢长度完全吻合。此外，图 3-2（c）所示波形中的周期波形大约为 16 个，而我国高铁编组一般为 16 节车厢和 8 节车厢，因此周期波形的个数与车厢个数也是基本一致的。

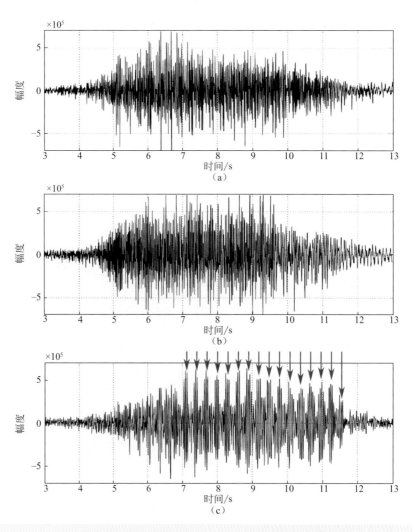

图 3-2　列车 1 经过时 T1 检波器所接收的三分量波形

3.5　频域特征分析

列车 1 经过时，对检波器 T1 接收到三分量波形进行频域分析，三个分量的振幅谱分别如图 3-3（a）、图 3-3（b）及图 3-3（c）所示。图 3-3 所示的三个分量振幅谱显示，各个分量的能量均集中在几个分立谱上，宽频带背景的能量较弱。

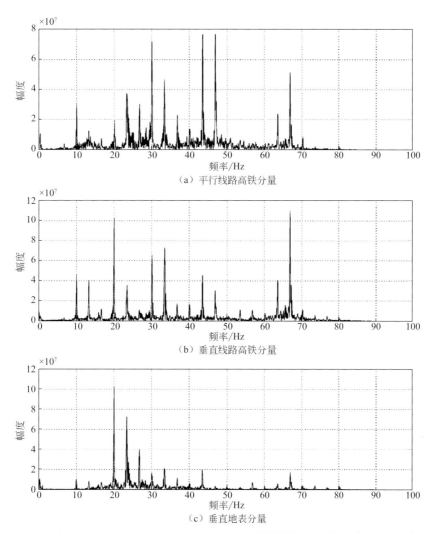

图 3-3　列车 1 经过时 T1 检波器所接收的三分量信号振幅谱

由于采集时间范围内的通过列车较多，笔者将多趟高铁列车经过时检波器 T1 所接收到的三分量信号振幅谱进行累加，结果如图 3-4（b）所示。作为对比，将单趟高铁列车经过时检波器 T1 所接收到的三分量信号振幅谱绘制于图 3-4（a）。多趟列车地震信号振幅谱［图 3-4（b）］的谱峰位置基本与单趟列车地震信号振幅谱谱峰位置［图 3-5（a）］基本相同，这也说明高铁列车震源的可重复性极好。

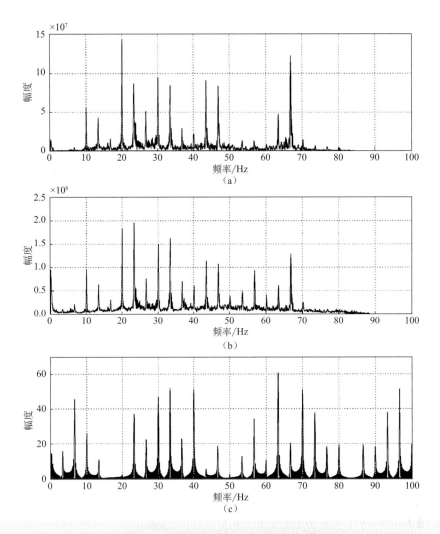

图 3-4　平均振幅谱与点力震源振幅谱对比

前期诸多学者在研究高铁铁轨及路基振动时，将移动的列车对钢轨某处的作用力建模为点力的累加（和振兴，翟婉明，2007；张晓丹，2012；Sheng，et al.，2004；Chen，et al.，2011）。若一列列车中有 M 对车轮，高铁列车匀速通过铁轨且速度为 v，假设列车车头通过铁轨上 A 点的时刻为 0 时刻，第 m 对车轮到车头的距离为 $\mathrm{d}(m)$，则 A 点受力为

$$f(t) = Q \sum_{m=1}^{M} \delta \left[t - \frac{\mathrm{d}(m)}{v} \right] \tag{3-9}$$

其中 Q 为一常数。A 点受力 $f(t)$ 的傅里叶变换 $F(\omega)$ 为

$$F(\omega) = Q \sum_{m=1}^{M} \delta \exp \left[-\mathrm{j}\omega \frac{\mathrm{d}(m)}{v} \right] \tag{3-10}$$

若假定一节车厢长度为 25m，一节车厢四对轮子距该节车厢头部的距离分别为 4m、6.5m、18.5m 及 21m，高铁列车运行的典型速度设为 300km/h，则对应 A 点受力的振幅谱如图 3-4（c）所示。该振幅谱也呈现出分立谱特征，且谱峰的位置与 T1 观测数据的振幅谱［图 3-4（a）及图 3-4（b）］基本匹配。前期的研究表明，图 3-3 及图 3-4 所示的分立谱特征中，相邻谱峰之间的频率距离是基本相同

的，而此间隔取决于列车运行速度和车厢长度的比例（王晓凯等，2019b）。基于此项特征，该间隔可被用于估计高铁列车的运行速度（王晓凯等，2019b）。例如，图3-4中相邻谱峰之间的频率间隔大约为3.3Hz，而我国高铁列车车厢长度的典型值为25m，由此可推测列车的运行速度大约为297km/h（3.3×25＝82.5m/s），这与我国高铁的一种商业运营速度及图3-4中所设定的运行速度基本一致。此外，图3-4（b）所示的多趟列车激发信号平均振幅谱所具有的窄带分立谱特征，也说明了多趟高铁列车在经过检波器T1时运行速度是基本稳定不变的，约为300km/h。

3.6　时频域特征

由于单单从时域和频域来分析所接收到的震动信号，不能反映频率成分随时间的变化，也就不能反映列车的运行状态，而采用时频分析能够刻画频率成分随时间的变化。利用短时傅里叶变换计算检波器T1所接收到的列车1激发的震动信号，所得到的三分量的时频谱分别如图3-5（a）、图3-5（b）及图3-5（c）所示，虽然能够反映三个分量中频率成分随时间基本保持不变，但时频分辨率较低。

考虑到对应的频率成分在短时傅里叶时频谱上基本可分辨且各频率成分基本为窄带的，采用挤压短时傅里叶变换计算检波器T1所接收到的列车1激发的震动信号，得到的三分量的时频谱分别如图3-6（a）、图3-6（b）及图3-6（c）所示。

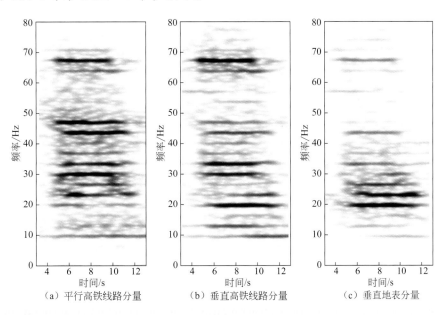

（a）平行高铁线路分量　　　（b）垂直高铁线路分量　　　（c）垂直地表分量

图3-5　列车1经过时T1检波器收到信号的加窗傅里叶振幅谱

由图 3-6 可看出，列车经过时各分量的频率成分基本保持不变，说明列车在经过 T1 检波器是匀速运行的（王晓凯等，2019a）。图 3-7（a）和图 3-7（b）分别为 T1 检波器接收到垂直高铁分量的短时傅里叶谱和挤压短时傅里叶谱的局部放大图，经过挤压操作以后窄带信号的特征更加明显，随时间变化的规律更加清楚。

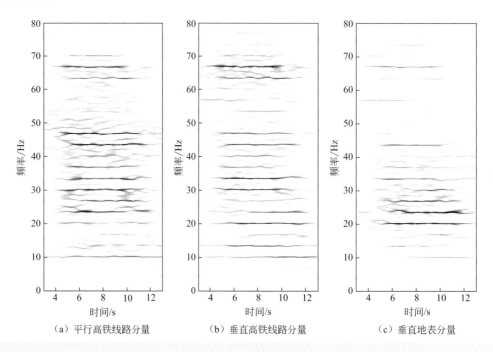

（a）平行高铁线路分量　　　　（b）垂直高铁线路分量　　　　（c）垂直地表分量

图 3-6　列车 1 经过时 T1 检波器收到信号的挤压短时傅里叶振幅谱

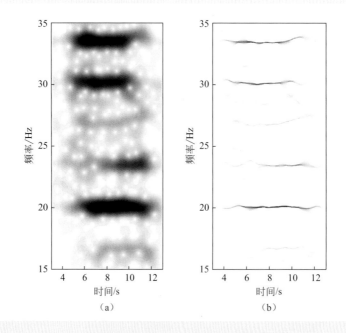

（a）　　　　　　　　　　（b）

图 3-7　列车 1 经过时短时傅里叶振幅谱与挤压短时傅里叶振幅谱的对比

选取了另外一趟高铁列车（列车 2）经过时所收到的信号进行挤压时频分析，检波器 T1 三个分量的挤压时频谱图分别如图 3-8 (a)、图 3-8 (b) 和图 3-8 (c) 所示。与列车 1 经过时各分量的挤压时频谱图 (图 3-6) 相比,列车 2 经过时挤压时频谱图中各窄带成分的频率随着时间的增大逐渐增大,说明此时列车的运行状态有所改变。由点力模型 [式 (3-10)] 可知,若速度增大会导致各脉冲函数之间的间隔缩小,使频率升高。因此,由图 3-8 可知,列车 2 在经过检波器阵列时处于加速状态 (王晓凯等,2019a;Wang, et al.,2021)。

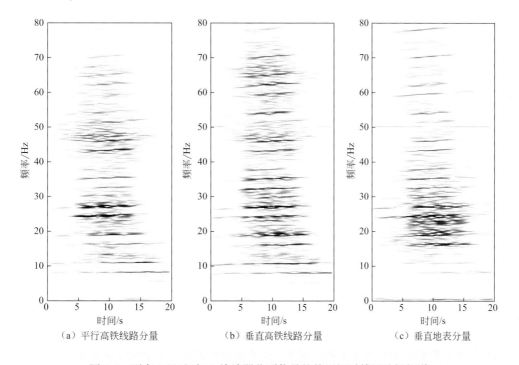

(a) 平行高铁线路分量　　　(b) 垂直高铁线路分量　　　(c) 垂直地表分量

图 3-8　列车 2 经过时 T1 检波器收到信号的挤压短时傅里叶振幅谱

3.7　本章小结

经过对深圳实际采集到的高铁震源地震信号进行时域和频域分析,发现高铁震源引起的地震信号呈现出窄带分立谱特征。因此本章将挤压时频变换这种极其适合分析窄带信号的时频分析工具引入到高铁震源地震信号分析中,并利用对实际采集到的高铁震源地震信号进行时域、频域及时频域分析,得到了以下认识:(1) 距离检波器较近的检波器所收到的震动信号具有周期特征,周期与车厢长度及列车运行速度有关;(2) 高铁列车所引起的震动信号呈现出窄带分立谱特性,分立谱的形状与车厢参数 (车厢长度、车轮间距等) 及列车运行速度密切相关;(3) 基于高铁列车基本具有相同的结构及经过某一路段时具有基本相同的运行速度，高铁列车所引起的震动具有很强的可重复性；（4）挤压时频变换极其适合分析高铁震源地震信号，利用挤压时频分析可判断高铁列车的运行状态（匀速或加速）。

中文参考文献

马哲一，赵静一，李鹏飞，等 .2008. 高速铁路运架提设备远程智能故障诊断技术研究 . 液压与气动，10：9-12.

高静怀，陈文超，李幼铭，等 .2003. 广义 S 变换与薄互层地震响应分析 . 地球物理学报，46（4）：526-532.

和振兴，翟婉明 .2007. 高速列车作用下板式轨道引起的地面振动 . 中国铁道科学，28（2），7-11.

何华武 .2013. 高速铁路运行安全检测监测与监控技术 . 中国铁路，3：1-7.

黄忠来，张建中，邹志辉 .2017. 二阶同步挤压 S 变换及其在地震谱分解中的应用 . 地球物理学报，60（7）：2833-2844.

李贵兵，金炜东，蒋鹏，等 .2014. 面向大规模检测数据的高铁故障诊断技术研究 . 系统仿真学报，26（10）：2458-2464.

方松，曾京 .2013. 高速铁路客车振动特性时频分析 . 中国测试，39（1）：88-92.

秦娜，金炜东，黄进，等 .2013. 高速列车转向架故障信号的小波熵特征分析 . 计算机应用研究，30（12）：3657-3659.

王晓凯，陈文超，温景充，等 .2019a. 高铁震源地震信号的挤压时频分析应用 . 地球物理学报，62（6）：2328-2335.

王晓凯，王保利，陈文超，等 .2019b. 利用单检波器数据估计高铁列车运行速度 . 北京大学学报（自然科学版），55（5）：798-804.

徐善辉，郭建，李培培，等 .2017. 京津高铁列车运行引起的地表振动观测与分析 . 地球物理学进展，32（1）：421-425.

张晓丹 .2012. 高速铁路车-轨-桥耦合作用下桥梁结构共振响应分析［博士论文］. 武汉：华中科技大学 .

赵成兵，李天瑞，王仲刚，等 .2012. 基于 Mapreduce 的高铁振动数据预处理 . 南京大学学报（自然科学），48（4）：390-396.

赵晶晶，杨燕，李天瑞，等 .2014. 基于近似熵及 EMD 的高铁故障诊断 . 计算机科学，2014，6：91-94.

郑亚玮，陈俊岭 .2015. 高速铁路引起的地面振动实测及分析 . 特种结构，6（3）：76-79.

朱菲，金炜东 .2018. 基本概率指派生成方法在高铁设备故障诊断中的应用研究 . 中国铁路，4：82-86.

附英文参考文献

Baraniuk R G, Jones D L. 1993. A signal-dependent time-frequency representation：optimal kernel design. IEEE Transaction on Signal Processing，41（4）：1589-1602.

Chen Q F, Li L, Li G, et al. 2004. Seismic features of vibration induced by train. Acta Seismologica Sinica，17（6）：

715-724.

Choi H I, Williams W J. 1989. Improved time-frequency representation of multicomponent signals using exponential kernels. IEEE Transaction on Acoustics, Speech and Signal Processing, 37 (6), 862-871.

Cohen L. 1989. Time-frequency distributions-a review. Proceedings of the IEEE, 77 (7): 941-981.

Chen, F, Takemiya H, Huang M. 2011. Prediction and mitigation analyses of ground vibrations induced by high speed train with 3-dimensional finite element method and substructure method. Journal of Vibration and Control, 17 (11): 1703-1720.

Daubechies I, Lu J F, Wu H T. 2011. Synchrosqueezed wavelet transforms: A tool for empirical mode decomposition. Applied and Computational Harmonic Analysis, 30: 243-261.

Degrande G, Schillemans L. 2001. Free field vibrations during the passage of a thalys high-speed train at variable speed. Journal of Sound and Vibration, 247 (1): 131-144.

Forrest J A. 1999. Modelling of ground vibration from underground railways [Ph. D. thesis]. University of Cambridge.

Forrest J A, Hunt H E M. 2006. Ground vibration generated by trains in underground tunnels. Journal of Sound and Vibration, 294 (4): 706-736.

Goupillaud P, Grossman A, Morlet J. 1984. Cycle-octave and related transforms in seismic signal analysis. Geoexploration, 23: 85-102.

Jones D L, Baraniuk R G. 1995. An adaptive optimal-kernel time-frequency representation. IEEE Transaction on Acoustics, Speech and Signal Processing. 43 (10): 2361-2371.

Kouroussis G, Connolly D P, Verlinden O. 2014. Railway-induced ground vibrations-a review of vehicle effects. International Journal of Rail Transportation, 2: 2: 69-110.

Mallat S. 2009. A Wavelet Tour of Signal Processing-The Sparse Way. Academic Press.

Oberlin T, Meignen S, Perrier V. 2015. Second-order synchrosqueezing transform or invertible reassignment? Towards ideal time-frequency representations. IEEE Transactions on Signal Processing, 63 (5): 1335-1344.

Pham D H, Meignen S. 2017. High-order synchrosqueezing transform for multicomponent signals analysis-with an application to gravitational-wave signal. IEEE Transactions on Signal Processing, 65 (12): 3168-3178.

Qian S. 2001. Introduction to Time-Frequency and Wavelet Transform. Prentice Hall.

Sheng X, Jones C, Thompson D J. 2004. A theoretical study on the influence of the track on train-induced ground vibration. Journal of Sound and Vibration, 272 (3): 909-936.

Stockwell R G, Mansinha L, Lowe R P. 1996. Localization of the complex spectrum: the S transform. IEEE Transaction on Signal Processing, 44 (4): 998-1001.

Wang P, Gao J H, Wang Z G. 2014. Time-frequency analysis of seismic data using synchrosqueezing transform. IEEE Geoscience and Remote Sensing Letters, 11 (12): 2042-2044.

Wang X K, Wang B L, Chen W C. 2021. The second-order synchrosqueezing continuous wavelet transform and its application in the high-speed-train induced seismic signal. IEEE Geoscience and Remote Sensing Letters, 18 (6): 1109-1113.

Wu G N, Zhou Y T. 2018. Seismic data analysis using synchrosqueezing short time fourier transform. Journal of Geophysics and Engineering, 15 (4): 1663-1672.

Zhao Y, Atlas L E, Marks R J. 1990. The use of cone-shaped kernels for generalized time-frequency representations of nonstationary signals. IEEE Transaction on Acoustics, Speech and Signal Processing, 38 (7): 1084-1091.

第四章
复杂环境下高铁震源地震信号提取方法

王晓凯[1]，陈建友[1, 2]，陈文超[1]，蒋一然[3, 4]，鲍铁钏[3]，宁杰远[3]

1. 西安交通大学信息与通信工程学院，西安，710049
2. 中国酒泉卫星发射中心，酒泉，732750
3. 北京大学地球与空间科学学院，北京，100871
4. 哈尔滨工业大学数学学院，哈尔滨，150001

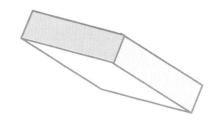

|摘要|

我国每天有数千趟高铁列车运行在错综复杂的高铁线路网上，不但会引起高铁路基的振动，还会激发出地震波。检波器所接收到的数据中不仅包含具有窄带特性的高铁震源地震信号，还包含有具有宽频带特性的背景信号。如何实现从地震检波器所接收到的数据中分离出窄带高铁震源地震信号和宽频带背景信号是准确利用该类信号的关键，同时从检波器中剥离出宽频带信号也是背景噪声成像的关键。考虑到窄带高铁震源地震信号与宽频带信号在频率域明显的形态特征差异，本章首次将形态成分分析这种信号分离手段引入到高铁震源地震信号处理中，实现高铁震源地震信号的稀疏化建模并进而实现从接收数据中分离出窄带高铁震源地震信号及宽频带信号。对北京大学在深圳某高铁沿线旁采集到的大量数据进行处理，结果表明，采用形态成分分析并结合分块坐标松弛算法，能够实现高铁震动数据中的窄带高铁震源地震信号的提取。

|关键词|

高铁震源地震信号，形态成分分析，分块坐标松弛法

| 引言 |

高铁为我国的一张世界名片，如此庞大数量的高铁列车高速行驶在高铁线路上，不但会引起高铁列车的振动，还会引起高铁路基的振动。很多学者对高铁路基的振动进行过数值模拟、地质力学方面的分析，对轨道及高铁几十米范围内的小规模振动数据采集（Forrest，1999；Degrande and Schillemans，2001；Forrest and Hunt，2006；Kouroussis，et al.，2014；郑亚玮和陈俊岭，2015），并对相应数据进行了时域及频域分析。高铁列车高速运行在高铁线路上，除了会引起车厢及路基的振动，而且会将振动以各种类型的地震波传播出去。徐善辉等人于2013年在京津城际高铁廊坊段使用1000多个地震检波器在距离高铁1km外长时间采集地震，发现高铁列车激发的振动信号可传播几千米远（徐善辉等，2017）。

我国高铁事业规模的迅速发展，不仅提供了方便的交通，也产生了极为可观的社会经济效益。高铁列车除了会引起自身和路基的振动外，还会激发出各种类型的地震波并在高铁线路沿线介质中传播。高铁列车运行所引起的铁路沿线震动不但会影响沿线居民居住环境、威胁建筑物及工程结构安全，而且对高铁沿线的地震勘探造成了极大的干扰。因此，高铁运行所产生的沿线各种震动对铁路部门及地震学研究造成了极大干扰，因此铁路部门及天然地震学通常将高铁运行所引发的各种路基振动及地震波视为噪声而极力避免。然而，高铁列车的高速运行也会产生一种全新的可重复震源类型——高铁震源。对这种全新的可重复震源-高铁震源所激发出的地震波进行采集并分析，不但能分析高铁列车的运行状态，而且有望对高铁线路附近的地下结构进行成像。然而，实际采集到的数据不但包含有特殊的高铁震源激发出的地震波，还有各种各样的背景噪声。如何从检波器接收到的数据中分离出窄带高铁震源地震信号和宽频带信号，对充分利用高铁震源信号及背景噪声成像都是极为关键的。工业界常用陷波器来压制单频干扰信号，但考虑到窄频带高铁震源地震信号的能量集中在很多个窄频带上，采用陷波器不但需要设计很多个陷波器进行窄带信号滤除，而且在频带较多时会对宽频带信号有损伤（Xu et al，2013），因此需要发展新的方法以实现窄带高铁震源地震信号和宽频带信号的分离。

随着信号稀疏表示理论发展（Mallat and Zhang，1993），形态成分分析（Morphological Component Analysis，MCA）理论被提出（Chen，et al.，2001；Starck，et al.，2004；Starck，et al.，2005）。MCA将具有不同形态特征的字典构成一组超完备冗余字典，可获得对复杂信号的更稀疏表示。根据MCA理论，能够实现复杂信号中各成分的稀疏表示和分离的两个关键为：（1）能否为复杂信号中不同的成分选择不同的稀疏表示字典；（2）每个稀疏表示字典仅能稀疏表示对应的成分，无法对其他成分进行稀疏表示。前期很多关于高铁振动的频谱分析及第三章内容已表明高铁震源地震信号的能量多集中在多个窄带上（Degrande and Schillemans，2001；郑亚玮，陈俊岭，2015），同时很多前期关于普通列车和高铁振动的研究也表明震源函数在频域具有明显的窄带特征（Sheng，et al.，2004；和振兴，翟婉明，2007；Chen，et al.，2011；张晓丹，2012）。但是检波器所接收到的信号不光包含有窄带的高铁震源地震信号，还包含有各种各样的宽频带信号及背景噪声。如何从复杂信号中分离出窄带高铁震源地震信号是准确利用高铁震源地震信号的关键，同时从检波器中剥离出宽频带信号也是背景噪声成像的关键。考虑到两者在频域呈现出完全不同的形态（一个为窄带分立谱特征，而另一个为宽频带特征），可使用局部余弦变换来稀疏表示窄带的高铁震源地震信号，而使用连续小波变换来稀疏表示宽频带信号。因此，本章根据MCA理论并结合分块坐标松弛法可实现两者的分离，提取出高铁震源地震信号，为后续的分析和处理提供各自所需的数据。

4.1 信号的稀疏表示理论

在信号处理领域，通过各种数学变换将信号转换到变换域进行分析，在实际应用中具有简单性和有效性。传统的基于非冗余正交基函数的数学变换，如小波变换（Daubechies，1990）、短时傅里叶变换（Griffin and Lim，1984）等，对于含有多重成分的复杂信号通常不能有效地表示。近年来许多新的数学变换，如脊波（Ridgelet）变换（Donoho，2001）、曲波（Curvelet）变换（Candes，et al.，2006）、剪切波（Shearlet）变换（Easley，et al.，2008）等，区别于传统的正交变换方法，能够对复杂信号更丰富地表示。S. G. 马拉（Mallat）等（1993）提出了信号稀疏表示理论中最重要的概念，即字典。字典中的元素被称为原子，信号通过原子的线性组合来表示，其中原子的数目远远高于信号的维数，并且 S. G. 马拉通过对比说明了稀疏表示的方法比传统的时频分析方法具有更好的优越性。诸如小波变换、短时傅里叶变换和脊波变换等数学变换，都可以作为稀疏表示某种信号的字典。信号能够稀疏表示，是指信号能够用尽量少的变换系数来表示，即可以用尽可能少的变换原子的线性组合来表示信号。而使用多种字典构成的超完备字典，可以实现对复杂信号更稀疏的表示，其中选择的字典可以分别稀疏表示复杂信号的成分。自从超完备冗余字典的理论被广泛应用以来，构建冗余基函数稀疏表示信号越来越受到学者们的关注。图 4-1 为信号稀疏表示的示意图。

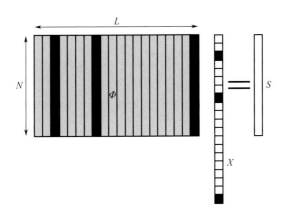

图 4-1　基于超完备字典的信号稀疏表示

假设给定任意信号 $s \in R^N$ 与对应的超完备字典 $\boldsymbol{\Phi}$，X 为信号 s 使用超完备字典 $\boldsymbol{\Phi}$ 的稀疏表示系数，笔者要求该超完备字典的维数 $L > N$。图 4-1 中字典 $\boldsymbol{\Phi}$ 中参与信号重构的原子以黑色标记，并在

系数矩阵 X 中的对应位置也用黑色标记，表示此处系数不为零；没有参与重构的原子以灰色表示，并在系数矩阵 X 中的对应位置用白色标记，表示此处系数为零。从图 4-1 可以看出，系数矩阵 X 中非零项的个数（即黑色块）占系数矩阵的总数的比例非常少，即字典 Φ 获得了信号 X 的比较稀疏的表示形式。

使用超完备字典 Φ 对任意的信号 $s \in R^N$ 求取最稀疏表示，需要求解如下所示的优化问题。

$$(P_0) \min_X \|X\|_0, \quad \text{s. t.} \quad s = \Phi X \tag{4-1}$$

式中，$\|X\|_0$ 是系数矩阵 X 的稀疏性度量，即系数矩阵 X 中的非零元素个数。

4.2 形态成分分析

基于信号稀疏表示理论的形态成分分析是解决图像或地震信号的多成分分离问题的一种方法。假设某种待分析复杂信号 $s \in R^N$，由两种不同形态特征的信号分量和随机噪声组合而成：

$$s = s_1 + s_2 + n \tag{4-2}$$

其中，s 为待分析信号，s_1、s_2 为信号中的两种成分，n 为随机噪声，而在实际应用时我们经常会忽略随机噪声，式（4-2）可写成如下形式：

$$s = s_1 + s_2 \tag{4-3}$$

形态成分分析方法的假设条件，是对于混合信号中的每种信号分量，存在一种只对这种信号分量稀疏表示而对另一种信号分量不稀疏表示的字典。在式（4-3）模型中，s_1 和 s_2 可以分别由字典 Φ_1 和 Φ_2 有效的稀疏表示，但是用 Φ_2 稀疏表示 s_1 以及用 Φ_1 稀疏表示 s_2 时稀疏性差，不能进行有效稀疏表示。在形态分量分析理论中，确定两个分别对两种信号分量进行稀疏表示的字典 Φ_1 和 Φ_2 十分重要。在信号稀疏表示理论中，字典的选取构造有两类：一类是根据经验选择常用的数学变换作为字典，例如连续小波变换、离散小波变换、离散余弦变换、离散脊波变换、曲波变换和剪切波变换等；另一类是根据信号来自适应计算能够稀疏表示信号的字典，即自适应字典，主要的算法有 MOD 算法（Engan，et al.，1999）、K-SVD 算法（Aharon，et al.，2006）等。

基于以上的假设条件，对于含有两种信号 s_1、s_2 的混合信号 s，分别选取只对其能够稀疏表示的字典 Φ_1 和 Φ_2，并联合 Φ_1 和 Φ_2 构造一对超完备字典来稀疏表示复杂信号 s，得到信号 s 的最稀疏表示形式，即求解优化式（4-4）：

$$\{X_1^{\text{opt}}, X_2^{\text{opt}}\} = \operatorname*{argmin}_{\{X_1, X_2\}} \|X_1\|_0 + \|X_2\|_0 \quad \text{s. t.} \quad s = \Phi_1 X_1 + \Phi_2 X_2 \tag{4-4}$$

X_1 为重构系数中与 Φ_1 对应的部分，X_2 为重构系数中与 Φ_2 对应的部分。

但是，式（4-4）所示的优化问题的求解有两大困难。首先是这个优化问题为 l_0 范数下的非凸问题，不容易直接求解；其次是实际信号受到噪声的干扰，不容易找到完全匹配信号分量的字典。因此，对于式（4-4）所描述的问题，我们将系数矩阵稀疏性度量的 l_0 范数转化为 l_1 范数，并适当松弛等式约束条件，转化为无约束条件，使不可解问题变为如下可以求解的最优化问题：

$$\left\{ \boldsymbol{X}_1^{\mathrm{opt}}, \boldsymbol{X}_2^{\mathrm{opt}} \right\} = \underset{\left\{ X_1, X_2 \right\}}{\arg\min} \left(\frac{1}{2} \left\| \boldsymbol{s} - \boldsymbol{\Phi}_1 \boldsymbol{X}_1 - \boldsymbol{\Phi}_2 \boldsymbol{X}_2 \right\|_2^2 \right) + \lambda \left(\left\| \boldsymbol{X}_1 \right\|_1 + \left\| \boldsymbol{X}_2 \right\|_1 \right) \tag{4-5}$$

针对式（4-5）所示的优化问题，H. 斯祖（H. Szu）（1998）提出分块坐标松弛（Block Coordinate Relaxation，BCR）算法进行求解。BCR 算法的核心思想是设定一个合理的阈值策略，每次迭代对稀疏系数 $\boldsymbol{X}_1$ 和 $\boldsymbol{X}_2$ 进行交替更新，直到达到迭代终止条件。BCR 算法的具体内容如下。

初始化： 初始迭代步数 $k=0$，初始系数解

$$\boldsymbol{X}_1^0 = 0$$
$$\boldsymbol{X}_2^0 = 0 \tag{4-6}$$

迭代： 每步迭代步数 k 增加 1，并且如式（4-7）所示的方式来交替计算稀疏系数 $\boldsymbol{X}_1$ 和 $\boldsymbol{X}_2$。

$$\boldsymbol{X}_1^k = T_{\lambda 1}^k \left[\boldsymbol{\Phi}_1^* \left(s - \boldsymbol{\Phi}_2 \boldsymbol{X}_2^{k-1} \right) \right]$$
$$\boldsymbol{X}_2^k = T_{\lambda 2}^k \left[\boldsymbol{\Phi}_2^* \left(s - \boldsymbol{\Phi}_1 \boldsymbol{X}_1^k \right) \right] \tag{4-7}$$

其中，$\boldsymbol{\Phi}_1^*$、$\boldsymbol{\Phi}_2^*$ 分别是 $\boldsymbol{\Phi}_1$、$\boldsymbol{\Phi}_2$ 的伪逆。需要指出的是，稀疏系数 $\boldsymbol{X}_1$ 和 $\boldsymbol{X}_2$ 除了上述这种顺序更新的方法，还有另一种实现方式，即每步迭代时并行更新，如式（4-8）所示。

$$\boldsymbol{X}_1^k = T_{\lambda 1}^k \left[\boldsymbol{\Phi}_1^* \left(s - \boldsymbol{\Phi}_2 \boldsymbol{X}_2^{k-1} \right) \right]$$
$$\boldsymbol{X}_2^k = T_{\lambda 2}^k \left[\boldsymbol{\Phi}_2^* \left(s - \boldsymbol{\Phi}_1 \boldsymbol{X}_1^{k-1} \right) \right] \tag{4-8}$$

其中，$T_{\lambda 1}^k$、$T_{\lambda 2}^k$ 分别为变换 $\boldsymbol{\Phi}_1^*$、$\boldsymbol{\Phi}_2^*$ 第 k 步的阈值参数，可以为硬阈值或者软阈值。

终止条件： 当 $\left\| \boldsymbol{X}^k - \boldsymbol{X}^{k-1} \right\|_2^2$ 小于预设的值，即继续迭代对最终结果影响足够小时，迭代终止。这里所指的预设的值也称为 BCR 算法迭代的最小阈值参数。

输出： 得到最优解 $\boldsymbol{X}_1^{opt}$、$\boldsymbol{X}_2^{opt}$

$$\boldsymbol{X}_1^{opt} = \boldsymbol{X}_1^k$$
$$\boldsymbol{X}_2^{opt} = \boldsymbol{X}_2^k \tag{4-9}$$

得到最优解 $\boldsymbol{X}_1^{opt}$、$\boldsymbol{X}_2^{opt}$ 之后，用字典 $\boldsymbol{\Phi}_1$ 和稀疏表示系数中与 $\boldsymbol{\Phi}_1$ 对应的部分重构 $\boldsymbol{s}_1$，用字典 $\boldsymbol{\Phi}_2$ 和稀疏表示系数中与 $\boldsymbol{\Phi}_2$ 对应的部分重构 $\boldsymbol{s}_2$，即

$$\boldsymbol{s}_1 = \boldsymbol{\Phi}_1 \boldsymbol{X}_1^{opt}$$
$$\boldsymbol{s}_2 = \boldsymbol{\Phi}_2 \boldsymbol{X}_2^{opt} \tag{4-10}$$

从而实现从混合信号 $\boldsymbol{s}$ 中分离出两种信号分量 $\boldsymbol{s}_1$ 和 $\boldsymbol{s}_2$ 的目标。考虑到形态成分分析的广泛适用性，其在勘探地震信号处理领域已取得了多项成功的应用，例如工业电干扰压制（Xu，et al.，2013）、谐波干扰压制（Liu，et al.，2022）、采集脚印压制（Liu，et al.，2021）、光缆耦合噪声压制（Chen，et al.，2019）、高铁地震信号分离（王晓凯等，2019）等。

4.3 高铁震源地震信号的稀疏化建模

北京大学地球与空间学院在深圳市光明区某段高铁线路附近数据采集的观测系统示意图如上章图 3-1 所示。在观测时间内的第三趟列车（列车 3）经过时，检波器 T1 接收到三分量波形如图 4-2 所示，其中图 4-2（a）、图 4-2（b）及 4-2（c）分别为平行高铁线路分量、垂直高铁线路分量以及垂直地表分量的波形。三个分量的振幅谱分别如图 4-3（a）、图 4-3（b）及图 4-3（c）所示。图 4-3 所示的三个分量振幅谱显示，各个分量的大部分能量均集中在几个分立谱上，宽频带背景的能量较弱。

第三章的结果分析表明（图 3-3 及图 3-4），大部分能量都集中少数几个很窄的频带上。但除此之外，振幅谱上还存在一些宽频带信号。因此，将窄带高铁震源地震信号与宽频带信号进行分离，有利于充分利用高铁震源地震信号和背景噪声成像。

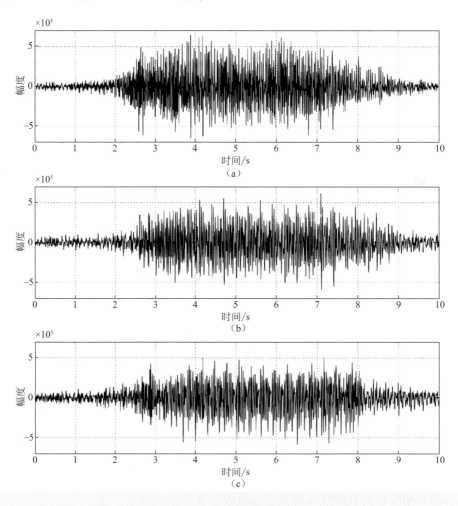

图 4-2 列车 3 经过时 T1 检波器所接收的三分量波形

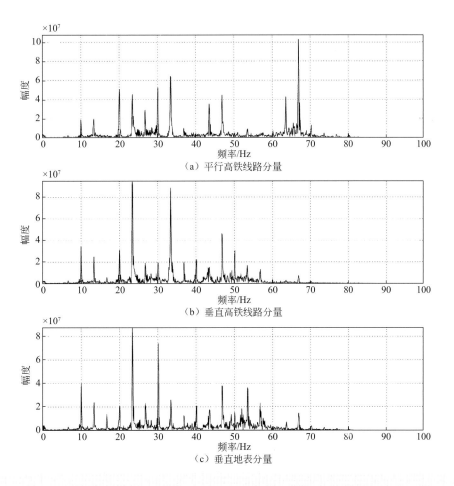

（a）平行高铁线路分量

（b）垂直高铁线路分量

（c）垂直地表分量

图 4-3　列车 1 经过时 T1 检波器所接收的三分量信号振幅谱

基于窄带高铁震源地震信号与宽频带信号的频域不同特性，本章选取离散余弦变换稀疏表示窄带高铁震源地震信号，选取连续小波变换稀疏表示宽频带背景信号。其中离散余弦变换的定义为

$$CT_x(k) = \omega(k) \sum_{n=1}^{N} x(n) \cos \frac{\pi(2n-1)(k-1)}{2N}, \quad k = 1, 2, \cdots, N \tag{4-11}$$

式中，$x(n)$ 表示待分析信号的时域采样点，$CT_x(k)$ 表示离散余弦变换系数。若采样长度为 N，则 $\omega(k)$ 为

$$\omega(k) = \begin{cases} \dfrac{1}{\sqrt{N}}, & k=1 \\[4mm] \sqrt{\dfrac{2}{N}}, & 2 \leqslant k \leqslant N \end{cases} \tag{4-12}$$

而离散余弦变换的反变换为

$$x(n) = \sum_{k=1}^{N} \omega(k) CT_x(k) \cos \frac{\pi(2n-1)(k-1)}{2N}, \quad n = 1, 2, \cdots, N \tag{4-13}$$

此外，离散余弦变换是针对实信号所定义的一种变换，实信号正变换后得到的还是一个实信号，而且一维地震数据做离散余弦变换得到的系数也是一维的，因此运算量很小，在数据处理速度上有很大的优势。

连续小波变换定义为

$$WT_x(a,\tau)=\frac{1}{\sqrt{a}}\int_{-\infty}^{\infty}x(t)\psi^*\left(\frac{t-\tau}{a}\right)dt \tag{4-14}$$

式中，$x(t)$ 为待分析信号，$WT_x(a,\tau)$ 为变换系数，a 为尺度因子，$\psi(t)$ 为 Morlet 母小波。而连续小波变换的反变换为

$$x(t)=\frac{1}{C_\psi}\int_0^{+\infty}\frac{da}{a}\int_{-\infty}^{+\infty}WT_x(a,\tau)\frac{1}{a^2}\psi\left(\frac{t-\tau}{a}\right)d\tau \tag{4-15}$$

式中，常数 $C_\psi=\int_0^{+\infty}\frac{|\hat{\psi}(a\omega)|^2}{a}da<\infty$ ［其中，$\hat{\psi}(\omega)$ 为 $\psi(t)$ 的傅里叶变换］为容许条件。上述离散余弦变换和连续小波变换可构成超完备字典（王晓凯等，2019），并已在多个地震信号处理场景进行了成功应用（Xu，et al.，2013；Liu，et al.，2021；Liu，et al.，2022；Chen，et al.，2019；王晓凯等，2019）。

4.4 实际数据处理

将上节选择的局部余弦变换和连续小波变换联合构成超完备字典，然后利用 BCR 算法对北大在深圳采集的高铁震源数据进行分离以提取窄带高铁震源地震信号和宽频带信号。图 4-4（a）为列车 3 经过时 T1 检波器所接收的平行高铁分量，图 4-4（b）和图 4-4（c）分别为分离出的窄带高铁震源地震信号和剩余宽频带信号。图 4-5 及图 4-6 分别为列车 3 经过时 T1 检波器所接收的垂直高铁分量和垂直地表分量的分离结果。

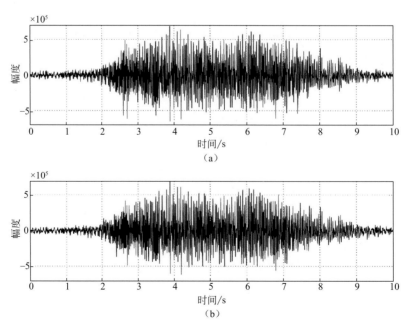

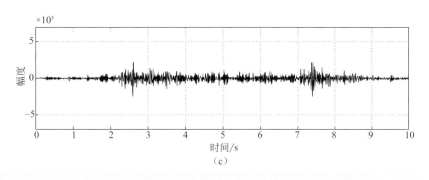

图 4-4 列车 3 经过时 T1 检波器所接收的平行高铁分量分离结果

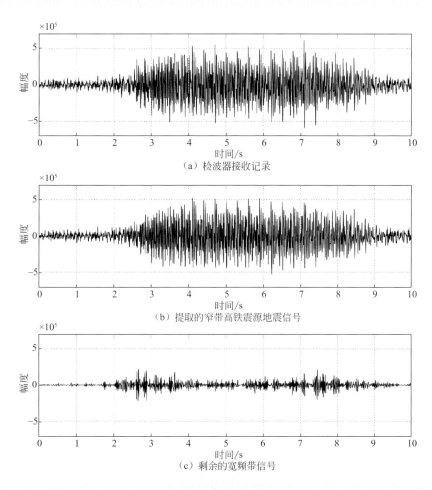

（a）检波器接收记录

（b）提取的窄带高铁震源地震信号

（c）剩余的宽频带信号

图 4-5 列车 3 经过时 T1 检波器所接收的垂直高铁分量分离结果

　　从列车 3 经过时 T1 检波器所接收的垂直地表分量［图 4-6（a）］上可以观察到，从大约 4.0s 开始有较为稳定的周期波形，但比较模糊。经过估计，发现此周期波形的周期大约为 0.3s。考虑到我国目前高铁运营速度大约为 300km/h（83.33m/s），波形中的周期现象对应的距离为大约 25m，而目前我国高铁车厢长度大约为 25m。因此，波形中的周期现象及个数与车厢长度及个数吻合，应为车厢引起的周期现象。但图 4-6（a）中的周期现象比较模糊。将列车 3 经过时 T1 检波器所接收的垂直地表分量进行分离，得到的窄带高铁震源地震信号如图 4-6（b）所示，可以明显地观察到周期现象变得更加清晰，而且周期波形的一致性也变好，说明提取出的窄带信号能够更加清晰地反映列车的运行状态等（王晓凯等，2019）。

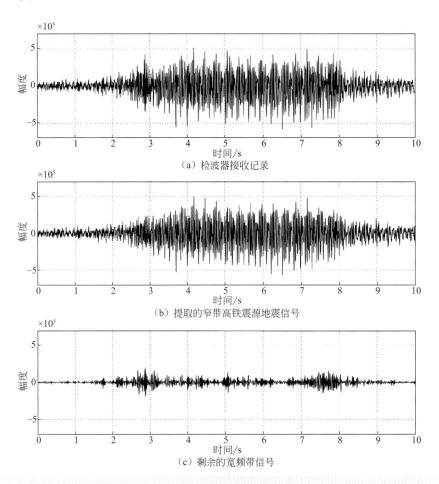

图 4-6 列车 3 经过时 T1 检波器所接收的垂直地表分量分离结果

进一步地，笔者在频域分析高铁震源地震信号的分离结果。图 4-7（a）为列车 3 经过 T1 检波器时所接收的三个分量的平均振幅谱，可以看出大部分能量集中在少数几个窄带内，但有明显的宽频带背景信号。图 4-7（b）为提取出的列车 3 经过 T1 检波器时三个分量的窄带高铁震源地震信号的平均振幅谱，窄带特征极为明显且宽频带背景信号的能量大幅削弱。图 4-7（c）为列车 3 经过 T1 检波器时三个分量的剩余宽频带信号的平均振幅谱，呈现出很宽的频带。频域的分析结果表明，采用本文方法可以较好地分离出窄带高铁震源地震信号和宽频带背景信号。

图 4-8 为高铁震源地震信号分离结果的时频域分析。图 4-8（a）为列车 3 经过 T1 检波器时所接收的垂直高铁分量的时频分布（采用加窗傅里叶变换），频率成分基本不随时间变化，但也能观察到列车引起的宽频带信号。图 4-8（b）为提取出的列车 3 经过时 T1 检波器时垂直高铁分量的窄带高铁震源地震信号时频分布，频率成分随时间基本不变化这个特征十分清晰，且不受宽频带背景信号的影响。图 4-8（c）为列车 3 经过 T1 检波器时垂直高铁分量的宽频带背景信号时频分布，呈现出很宽的频带。因此，时频域的分析结果也表明，采用本章方法可以较好地分离出窄带高铁震源地震信号和宽频带背景信号。

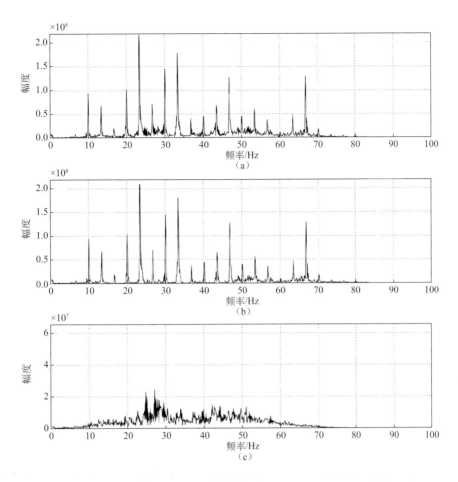

图 4-7　列车 3 经过时 T1 检波器所接收的信号分离结果的平均振幅谱对比

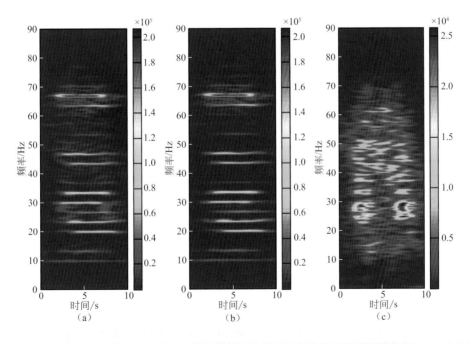

图 4-8　列车 3 经过时 T1 检波器所接收的垂直高铁分量的时频域分析

4.5　本章小结

　　前期的实际数据分析表明高铁旁的检波器不但能够接收到窄带高铁震源地震信号，同时也接收到宽频带信号，而频谱分析结果及理论震源函数振幅谱均表明高铁震源地震信号的能量在频率域集中在多个窄带内。同时，本章根据窄带高铁震源地震信号的宽频带背景信号在频率域的形态成分差异分别选择局部余弦变换和连续小波变换作为两个稀疏表示字典，并将两个变换相结合形成超完备字典，然后利用分块坐标松弛法实现窄带高铁震源地震信号与宽频带背景信号的分离。利用本章方法对北大在深圳光明区实际采集到的高铁震源地震信号进行处理，结果表明：无论是在时间域、频率域还是时频域，利用本章方法可实现窄带高铁震源地震信号的提取。

中文参考文献

郑亚玮，陈俊岭. 2015. 高速铁路引起的地面振动实测及分析. 特种结构，6（3）：76-79.

徐善辉，郭建，李培培，等. 2017. 京津高铁列车运行引起的地表振动观测与分析. 地球物理学进展，32（1）：421-425.

和振兴，翟婉明. 2007. 高速列车作用下板式轨道引起的地面振动. 中国铁道科学，28（2），7-11.

王晓凯，陈建友，陈文超，等. 2019. 高铁震源地震信号的稀疏化建模. 地球物理学报. 62（6）：2336-2343.

张晓丹. 2012. 高速铁路车-轨-桥耦合作用下桥梁结构共振响应分析［博士论文］. 武汉：华中科技大学.

附英文参考文献

Aharon M，Elad M，Bruckstein A. 2006. K-SVD：An algorithm for designing overcomplete dictionaries for sparse representation. IEEE Transactions on Signal Processing，54（11）：4311-4322.

Candes E，Demanet L，Donoho D，et al. 2006. Fast discrete curvelet transforms. Multiscale Modeling and Simulation，5（3）：861-899.

Chen J Y，Ning J R，Chen W C，et al. 2019. Distributed acoustic sensing coupling noise removal based on sparse optimization. Interpretation. 7（2）：T373-382.

Chen S，Saunders M A，Donoho D L. 2001. Atomic decomposition by basis pursuit. SIAM Review，43（1）：129-159.

Chen F，Takemiya H，Huang M. 2011. Prediction and mitigation analyses of ground vibrations induced by high speed train with 3-dimensional finite element method and substructure method. Journal of Vibration and Control，17（11）：1703-1720.

Daubechies I. 1990. The wavelet transform，time-frequency localization and signal analysis. IEEE Transactions on Information Theory，36（5）：961-1005.

Degrande G，Schillemans L. 2001. Free field vibrations during the passage of a thalys high-speed train at variable speed. Journal of Sound and Vibration，247（1）：131-144.

Donoho D. 2001. Ridge functions and orthonormal ridgelets. Journal of Approximation Theory，111（2）：143-179.

Easley G，Labate D，Lim W Q. 2008. Sparse directional image representations using the discrete shearlet transform. Applied and Computational Harmonic Analysis，25（1）：25-46.

Engan K，Aase S O，Hakon Husoy J. 1999. Method of optimal directions for frame design. IEEE International Conference on Acoustics，Speech，and Signal Processing，2443-2446.

Forrest J A. 1999. Modelling of ground vibration from underground railways［Ph. D. thesis］. University of Cambridge.

Forrest J A，Hunt H E M. 2006. Ground vibration generated by trains in underground tunnels. Journal of Sound and Vibration，294（4）：706-736.

Griffin D，Lim J S. 1984. Signal estimation from modified short-time Fourier transform. IEEE Transactions on Acoustics，Speech，and Signal Processing，32（2）：236-243.

Kouroussis G，Connolly D P，Verlinden O. 2014. Railway-induced ground vibrations-a review of vehicle effects. International Journal of Rail Transportation，2：69-110.

Liu D W，Li X F，Wang W，et al. 2022. Eliminating harmonic noise in vibroseis data through sparsity-promoted waveform modeling. Geophysics. 87：V183-V191.

Liu D W，Gao L，Wang X K，et al. 2021. A dictionary learning method with atom splitting for seismic footprint suppression，Geophysics，2021，86（6）：V509-V523.

Mallat S G，Zhang Z. 1993. Matching pursuits with time-frequency dictionaries. IEEE Transactions on Signal Processing，41（12）：3397-3415.

Sheng X，Jones C J C，Thompson D J. 2004. A theoretical study on the influence of the track on train-induced ground vibration. Journal of Sound and Vibration，272（3）：909-936.

Starck J L，Elad M，Donoho D. 2004. Redundant multiscale transforms and their application for morphological component separation. Advances in Imaging and Electron Physics，132（4）：287-348.

Starck J L，Elad M，Donoho D. 2005. Image decomposition via the combination of sparse representations and a variational approach. IEEE Transactions on Image Processing，14（10）：1570-1582.

Szu H. 1998. Block coordinate relaxation methods for nonparamatric signal denoising. Proceedings of SPIE-The International Society for Optical Engineering，3391.

Xu J，Wang W，Gao J H，et al. 2013. Monochromatic noise removal via sparsity-enabled signal decomposition method. IEEE Geoscience and Remote Sensing，10（3）：533-537.

第五章
四维地频图及其应用

蒋一然[1, 5]，鲍铁钊[1, 4]，李幼铭[2, 4]，刘磊[3, 4]，宁杰远[1, 4]

1. 北京大学地球与空间科学学院，北京，100871
2. 中国科学院地质与地球物理研究所，北京，100029
3. 中科星睿科技（北京）有限公司，北京，100081
4. 高铁地震学联合研究组，北京，100029
5. 哈尔滨工业大学数学学院，哈尔滨，150001

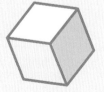

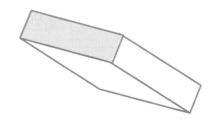

|摘要|

　　高铁具有高标准的工程要求和稳定的行驶状态。同一车型的列车经过同一路段时所激发的地震波场具有稳定的特征。挖掘这些稳定特征及其随时空的变化，是进一步理解高铁地震波场的关键。研究成果将有助于开发地下结构探测和监测的技术。为避免复杂性带来的困难，笔者先从时域、频域分析了高铁高架桥下方的地震波场的具体特征。借助聚类分析，笔者发现了与地质环境、动车组车型有关的高铁地震波场频谱特征，解译了高铁地震波场信号蕴含的部分信息，并用大量的高铁事件验证了这种特征的稳定性。笔者将高架桥下方的波场频谱特征推广到二维台阵上，结合其随时间的变化提出了四维地频图的概念，并探讨了四维地频图用于监测地下结构变化的可行性。

5.1 高架桥下方高铁地震波场的特征量提取

中国幅员辽阔，地形复杂，为保证列车在高速行驶时的平顺性和稳定性，铁路建设时因地制宜，采用了各种高新技术，例如大量以桥代路的设计（李义兵，2007）。高铁及其配套设施（铁轨、地基、桥梁等）的故障可能导致列车晚点甚至人员伤亡等问题，造成巨大的经济损失。因此，高铁及其配套设施的安全监测具有重要意义。

铁路的日常监测与维护有以下几种模式：（1）在铁路及配套设施上大规模布设传感器，如应变片、位移计和温度计等，观测特征参数的变化（何华武，2013），但由于特征参数的波动范围较大，难以提取细节的变化；（2）白天开车、晚上养护的人工模式，具有一定的主观性（金辉，2013；施洲等，2017）；（3）综合检测列车，对高铁线路固定设施进行多项目、高速度和高精度的检测（何华武，2013），但检测的时间间隔较长，一般为10~15天。

本章将高铁地震记录视为地震信号，通过互相关的方法，提取沿着铁路桥梁传播的振动信号。该振动信号在台站对间的到时差是一个不变量，其互相关函数经过叠加后是一个稳定的信号。这个稳定的信号可以作为高铁地震波场的特征量，反映桥梁结构的性质，它的变化有监测桥梁安全性的潜力。

5.1.1 台站对间的到时差

高铁列车行驶时会发出沿着铁路方向传播的振动信号。选取沿着铁路布设的两个观测台站，当高铁列车处在台站对的延长线上时，这个信号在台站对间的到时差是一个不变量。如果该信号足够强，将两个台站相应时段的波形进行互相关，互相关函数的峰值位置就是信号在台站对间的到时差。反之，如果截取两个台站不同时间段的信号进行互相关，若得到的峰值位置在较长的时段内保持稳定，那么该时段的主要信号可能是沿着铁路方向传播的信号。

5.1.1.1 数据概况

2018年4~6月，高铁地震学联合研究组在河北省保定市容城县附近布设两期面状台阵，观测当地铁路、公路和环境噪声信号。其中，一期台阵共布设EPS便携式数字地震仪（短周期三分量加速度计）183个，台间距从几十米到几千米不等，观测时间为4月22日至5月5日，采样频率为200Hz。本章采用的数据来自第一期台阵中高铁桥梁下方仪器的记录，主要是PK021和PK050台站（台间距

2.40km）垂直分量的记录（图5-1）。

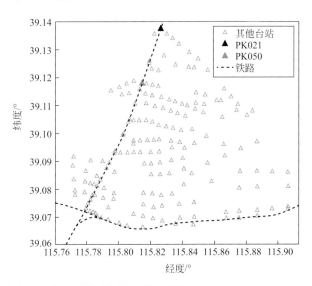

图5-1　容城周边观测台阵一期台站分布

5.1.1.2　台站对间的到时差

当高铁列车行驶在台站对的延长线上时，不论距离台站对是远是近，沿铁路传播的信号在台站对间的到时差不变。如果该信号是高铁列车到来前仪器记录到的主要信号，那么在高铁列车到来前，选用高铁列车在不同位置的信号（也就是高铁列车到来前不同时间段的信号）进行互相关，互相关函数的峰值位置应该保持稳定，这就是台站对间信号的到时差。

选取一个往南行驶的高铁列车的垂直方向记录，以高铁列车中点到达PK021台站的时间作为0时刻，从-60s开始，每隔0.5s选取一个时刻，截取PK021台站在该时刻前4s至后4s的数据，与PK050台站对应时段的记录进行互相关，记录互相关函数在-3s至3s内的峰值位置，如图5-2（b）所示。

在高铁列车到来前60s内，垂直方向记录波形的振幅已经大于背景噪声，说明此时台站已经记录到与高铁列车有关的信号［图5-2（a）］（本章所有图中的多个波形、互相关函数以及频谱等，均按照最大振幅归一化）。在高铁列车到来前7~45s内，互相关函数的峰值位置稳定，约为1.260s［图5-2（b）］，通过台间距和到时估算的波速为1.90km/s。互相关函数频率成分较单一，主频为5.3Hz［图5-2（c）］。在高铁列车到来前24~45s的部分时段，峰值也可能出现在1.085s和1.455s附近［图5-2（b）］，原因可能是高铁列车距离台站较远时，沿铁路方向传播的信号振幅较小，在其他信号的污染下，峰值位置移动了一个周期。在高铁列车到来的45s前，互相关函数的峰值位置会改变［图5-2（b）］，这一变化反映了主要信号的性质发生了改变。一些零星的散点可能是局部事件和噪声造成的。由此看来，在高铁列车到达台站前7~45s内，沿着铁路方向传播的信号是台站记录的主要信号，而这个信号在台站对间的到时差对于同一列高铁列车是一个不变量。

为了证明在互相关函数中峰值稳定的时段内，主要信号是沿着铁路传播的，笔者分别测试截取时长、采样频率、车型、列车行驶方向以及台站等因素对互相关函数峰值位置分布的影响。

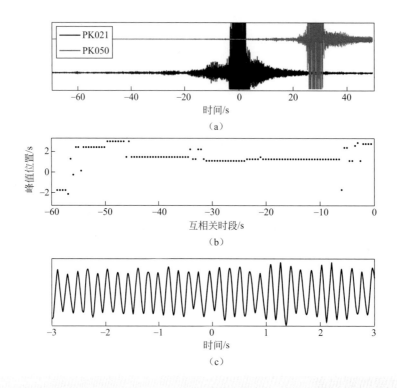

图 5-2　不同时段的互相关函数峰值位置：（a）高铁列车经过前后台站的垂直方向波形记录，0 时刻近似为高铁列车车身中点到达 PK021 台站上方的时间，黑线为 PK021 台站，灰线为 PK050 台站；（b）高铁列车到来前不同时间段 8s 信号的互相关函数峰值位置，横坐标定义为截取的信号的中点对应的时刻（本章其他图中不同时段互相关函数峰值位置横坐标的定义与此相同）；（c）典型的互相关函数波形

5.1.1.3　截取时长的影响

为测试截取时长对不同时段互相关函数峰值位置分布的影响，笔者选取同样的事件［图 5-2（a）］，分别截取长度为 1s、2s、4s、6s、8s 和 11s 的信号，计算互相关函数的峰值位置（图 5-3）。

当截取的信号较短时，互相关函数的峰值位置主要是一些零星的散点。当信号长度增加时，峰值位置稳定的时段随之变长。在信号长度大于 4s 后，截取时长的增加不会显著地增加稳定时长，但零星的散点会减少。就整体而言，当截取信号的时长足够时，截取时长对互相关函数的峰值位置分布的影响较小。

5.1.1.4　采样频率的影响

为测试采样频率对不同时段互相关函数峰值位置分布的影响，笔者选取同样的事件［图 5-2（a）］，先将原始信号降采样（分别降采样至 100Hz、50Hz 和 20Hz），再截取 8s 的信号进行互相关，分别计算互相关函数的峰值位置（图 5-4）。信号降采样前，先经过 1 型 8 阶切比雪夫低通滤波（程乾生，2003），防止高频信号的混叠。

当采样频率不低于 50Hz 时，降采样的操作几乎不影响互相关函数峰值的位置，有零星散点的峰值位置移动了一个周期。当降采样至 20Hz 时，部分时段互相关函数峰值的位置发生改变，可能是降采样时带来的波形畸变导致的，但峰值位置整体上依旧稳定在 1.260s。就整体而言，当截取信号的采样频率足够大时，采样频率对互相关函数峰值位置分布的影响较小。

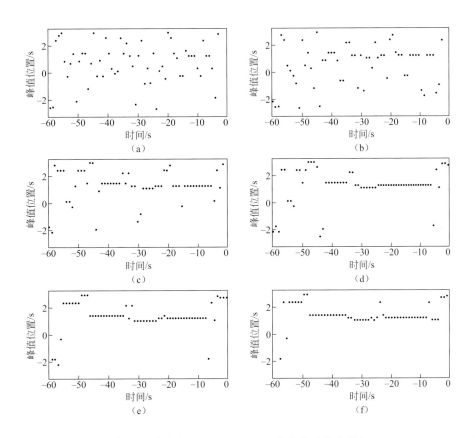

图5-3　不同长度的信号的互相关函数峰值位置，（a）~（f）为截取时长分别为1s、2s、4s、6s、8s和11s时的互相关函数峰值分布

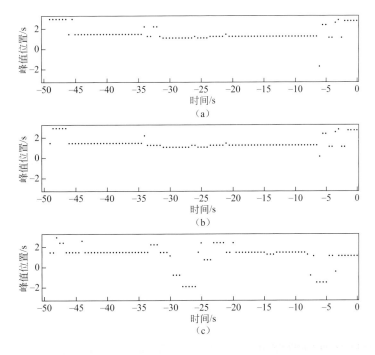

图5-4　不同采样频率的信号的互相关函数峰值位置，（a）~（c）为采样频率分别为100Hz、50Hz和20Hz时的互相关函数峰值分布

5.1.1.5 车型的影响

为测试车型对不同时段互相关函数峰值位置分布的影响，可选取不同车型列车经过台站时的垂直方向记录，截取8s的信号进行互相关，计算互相关函数的峰值位置（图5-5）。

我国现行的高铁动车组列车主要有一列8节车厢（记为8型）、一列16节车厢（记为161型）和两列8节车厢的编组重联（记为162型）3种车型。同一台站3种车型对应的波形记录［图5-5（a）、（c）和（e）］有区别：8型的记录时长较短，161型和162型的记录时长较长；8型和161型的记录振幅相对稳定，而162型的记录在0时刻附近会降低。3种车型的互相关函数峰值位置都稳定在1.260s附近［图5-5（b）、（d）和（f）］，峰值位置移动一个周期和有零星散点存在的现象在3种车型的互相关函数结果中都存在。

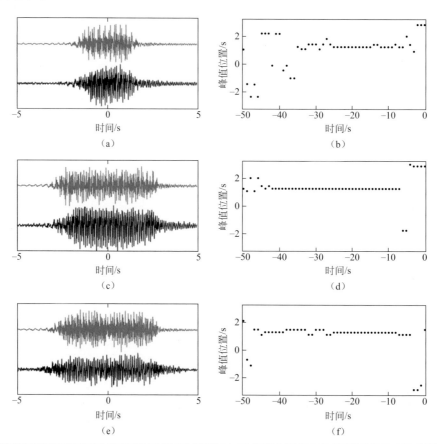

图5-5　不同车型的信号的互相关峰值位置：（a）一个8型高铁列车事件在台站的垂直方向记录，0时刻定义为高铁列车到达台站的时刻，黑线为PK021，灰线为PK050；（b）（a）中事件对应的互相关函数峰值分布；（c）（d）一个161型高铁列车事件在台站的垂直方向记录和对应的互相关函数峰值分布；（e）（f）一个162型高铁列车事件在台站的垂直方向记录和对应的互相关函数峰值分布

5.1.1.6 高铁列车行驶方向的影响

为测试高铁列车行驶方向对不同时段互相关函数峰值位置分布的影响，笔者选取列车在台站对不同方位的记录，截取8s的信号进行互相关，计算互相关函数的峰值位置。

当高铁列车处在台站对的延长线上时，根据高铁列车的行驶方向和相对于台站的位置，可以分为以下4种类型：（1）南向行驶的高铁列车靠近北边的台站（记为R1）；（2）南向行驶的高铁列车离开南边的台站（记为R2）；（3）北向行驶的高铁列车靠近南边的台站（记为L1）；（4）北向行驶的高铁列车离开北边的台站（记为L2）。这4种类型用于互相关的记录时段有所不同。以靠近高铁列车的台站记录为参考信号（0时刻定义为高铁列车中点到达靠近台站的时间，对于R1型和L2型，是高铁列车中点到达PK021台站；对于R2型和L1型，是高铁列车中点到达PK050台站），与远离高铁列车台站的记录进行互相关，得到的互相关函数反映了在台站间传播的高铁列车信号的情况。前面的各种测试都是基于南向火车靠近PK021台站前的数据，因此都属于R1型。

4种类型的互相关函数均在1.260s附近出现稳定的峰值（图5-6）。R1型和L2型互相关函数峰值稳定的时间段显著长于L1型和R2型。R1型和L2型的互相关函数是用PK021台站的记录作为参考信号，而L1型和R2型的互相关函数是用PK050台站的记录作为参考信号。

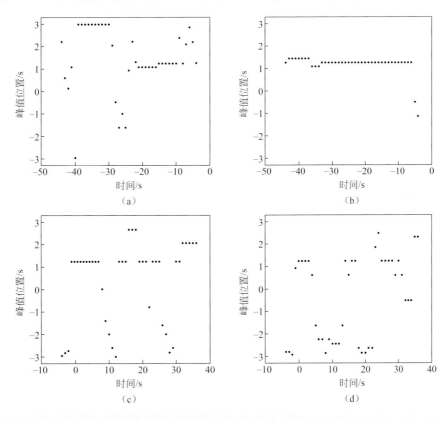

（a）　　　　　　　　　　　　　（b）

（c）　　　　　　　　　　　　　（d）

图5-6　不同方向的列车的互相关函数峰值位置：（a）～（d）分别为L1型、R1型、L2型和R2型互相关函数峰值分布；R2型和L2型互相关函数的参考信号是高铁列车经过台站之后的信号，所以截取信号的时间为正值

当台站附近有其他结构体时，仪器记录到的信号除沿着桥梁传播的目标信号之外，还有其他结构体的振动信号。徐善辉等（2017）的观测也得到了类似的结论：轨道和高架结构的差异会导致不同位置台站的信号不一致。当台站距离桥梁较远或台站与地面的耦合情况较差时，仪器记录的信号中目标信号振幅较小，噪声变大。当用这样的信号作为参考信号时，由于噪声和其他信号的干扰，互相关函数峰值位置稳定的时长减小，甚至有可能不出现互相关函数峰值位置稳定的时段。

5.1.1.7 不同台站对的信号

为测试不同台站对对不同时段互相关函数峰值位置分布的影响，选取图5-2（a）中列车在其他台站对的记录，截取8s的信号进行互相关，分别计算互相关函数的峰值位置（图5-7）。

在部分台站对不同时段的互相关函数上找不到稳定的峰值位置［图5-7（c）］，这可能与局部结构、台站与桥梁的距离以及台站与地面的耦合等因素相关。在多个台站对不同时段的互相关函数上，都能找到峰值位置稳定的时段［图5-7（a）和（b）］，这表明了信号的普遍性。稳定的峰值位置更可能在高铁列车到来前25～10s的时间段出现。图5-7（a）和（b）中，根据台站间距与峰值位置估算的波速都是1.67km/s，与图5-2（b）中估算结果1.90km/s相近。进一步地，如果将1.260s增加一个周期，用1.455s来计算PK021和PK050台站间的波速，结果会变为1.65km/s，与图5-7（a）和（b）中的结果更为一致。这可能是局部结构或其他原因，使得PK021和PK050台站对间互相关函数的峰值位置前移了一个周期。

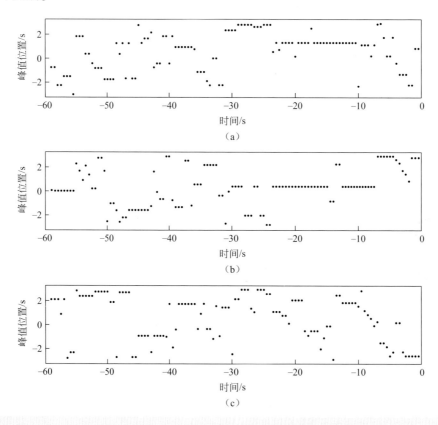

图5-7　不同台站对的互相关峰值位置：（a）台间距为2.25km，峰值稳定位置为1.345s；（b）台间距为0.66km，峰值稳定位置为0.395s；（c）台间距为1.66km，无持续稳定的峰值位置

5.1.1.8 互相关信号的性质

台站对间互相关函数的峰值位置在不同的采样频率、不同的信号截取长度下保持稳定，不同车型、不同行驶方向高铁列车的互相关函数峰值位置一致。这说明本部分开始时所述振动信号普遍存在，且主要反映介质结构信息。

如果目标信号的震源是铁路附近的一个异常结构体，高铁列车经过时激发地震波，那么振动的持续时间与高铁列车经过的时间相当（约5s），此时互相关函数峰值稳定的时间不会超过振动的持续时间。但是，实际观测到的互相关函数峰值稳定的时间远超过5s，说明震源是随着高铁列车移动的。高铁列车在不同位置时，信号的到时差保持不变，说明信号的路径差在较长时段内保持不变。此时，高铁列车和台站对正好在一条直线上，信号是沿着列车与台站的连线传播的，可以通过桥梁传播，也可以通过桥梁下方的浅地表传播，信号的传播方向就是桥梁的走向。

根据估算，互相关函数的速度大于1.60km/s，超过浅地表的弹性波速度。高铁经过时，信号的频率特征是3.3Hz的窄带等间距谱（王晓凯等，2019a，2019b；张固澜等，2019）。而互相关函数也具有窄带频谱，频率成分单一，主频率约为5Hz，不是高铁列车的特征频率，可能是特定的介质结构导致的。近似单频的信号更有可能源自窄长的桥梁结构，而非地下介质。较高的波速以及近似单频的互相关函数，说明信号是沿着高铁桥梁而非桥下的土层传播的。

综上所述，在列车经过前后，高铁桥梁下方台站记录的互相关函数是沿着桥梁传播的振动信号的互相关函数，可以反映桥梁的介质特征。台站间信号的到时差虽然稳定，可以作为不变量，然而，当桥梁局部结构发生变化（如出现裂缝）时，由于到时是传播路径上慢度的积分，局部结构的变化对到时的影响十分有限，因此需要寻找其他对介质结构变化更敏感的特征量。

5.1.2　通过互相关函数波形变化监测桥梁结构变化

互相关函数的波形对介质结构更敏感。当震源满足一定的条件时，两个台站的连续记录的互相关函数叠加的结果可以导出台站之间真实的格林函数（Lobkis and Weaver，2001；Sneider，2004；Wapenaar and Fokkema，2006）。根据互相关函数的变化，可以监测介质结构的变化。当互相关函数足够稳定时，即使它只是部分重构格林函数，也可以监测介质的变化（Hadziioannou，2011）。

因为桥梁在短时间内保持稳定，所以首先要得到稳定的互相关函数，然后才能通过它的变化来分析桥梁结构的变化。当信号的波形相近时，通过叠加可以得到稳定的互相关函数。

5.1.2.1　互相关类型的选择

R1型与L2型互相关，L1型与R2型互相关。若采用不同台站的信号作为参考信号，互相关函数的波形不一致，不能直接叠加。而对PK021和PK050台站而言，R1型与L2型互相关函数峰值稳定的时段更长（图5-6），所以选择R1型与L2型互相关。

R1型与L2型互相关，高铁列车都在PK021的北边，震源位置一致，但是互相关函数的波形并不一致［图5-8（a）和（b）］，因此两种类型的互相关函数不能简单地叠加。R1型与L2型互相关函数都含有频率约为5Hz和10Hz的信号，两者的振幅比随高铁列车与台站的距离而变化；当高铁列车从远处靠近台站时，两个频率信号的振幅逐渐增大，振幅比（5Hz信号的振幅除以10Hz信号的振幅）逐渐减小；当高铁列车刚刚离开台站时，互相关函数的主频约为10Hz，此时振幅比极小；随着高铁列车远离台站，振幅比逐渐增加。频率约为10Hz的信号是台站附近桥墩的自由振荡信号（徐善辉等，2017；Chen等，2011）。当高铁列车靠近台站时，桥墩受迫振动，振幅逐渐加大；当高铁列车刚离开台站时，桥墩的振幅达到最大；随后振幅逐渐衰减。可见在此过程中，频率约为10Hz信号的振幅是先增大再减小。R1型中频率约为6Hz和13Hz的信号，以及L2型中频率约为6Hz的信号，振幅的变化规律与10Hz的信号相似。这些信号可能是高铁列车靠近时引发的台站附近其他结构体的振动信号。频率约为5Hz的信号是由高铁列车所在位置发出，沿着铁路桥梁传播的信号。因此，当高铁列车离台站较远时，信号成分单一，互相关函数的波形稳定；当高铁列车距离台站较近时，信号成分多样，互相关函数的波形变化较大。

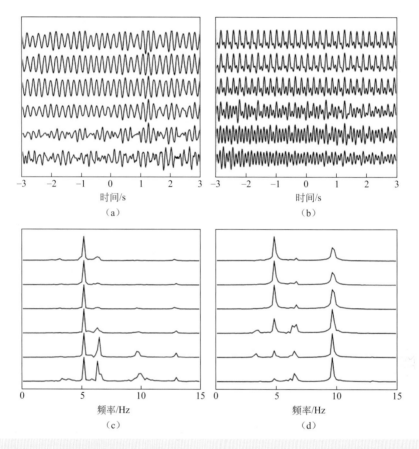

图5-8 典型的R1型与L2型互相关函数：（a）一个典型事件不同时段的R1型互相关函数，从下至上截取信号的中点依次为高铁列车到来前的4s、10s、16s、22s、28s和34s；（b）一个典型事件不同时段的L2型互相关函数，从下至上截取信号的中点依次为高铁列车离开后的4s、10s、16s、22s、28s和34s；（c）（a）中互相关函数的对应频谱；（d）（b）中互相关函数的对应频谱

即使都是沿着铁路传播的信号，L2型与R1型在5Hz附近的峰值频率也不相同。图5-8中L2型为4.833Hz，R1型为5.167Hz。这可能与多普勒效应有关：R1型是高铁列车靠近台站对，L2型是高铁列车远离台站对，所以同样的信号在R1型中的频率更大。但是，这一点不能简单地通过$f_{obs} = \dfrac{v_w}{v_w - v_t} f_{real}$（$f_{real}$是震源实际的频率，$f_{obs}$为观测的频率，$v_w$是沿桥梁传播的信号的速度，$v_t$是高铁列车的速度，以靠近台站为正）来验证，因为高铁列车的速度影响频谱的峰值位置：可以将高铁列车信号视为相同的力延迟加载的结果，而延迟加载的频率与高铁列车的速度相关，所以信号的频谱就是速度的函数（王

晓凯等，2019a；张固澜等，2019）。更细致的研究需要综合考虑高铁列车速度、加（减）速过程以及多普勒效应对频谱的影响，这里不赘述。

互相关函数的信号在高铁列车远离台站对时更稳定。对于 PK021 和 PK050 台站对，R1 型的信号的到时差可在更长时段内保持稳定，因此笔者选择 R1 型互相关函数作为特征信号。当处理其他台站对的信号时，可以根据具体情况选择合适的互相关类型。

5.1.2.2　叠加车次的选择

车型虽然不影响信号的到时差，但不同车型的波列长度以及信号的频谱有区别，所以互相关函数也会有区别［图 5-9（a）、（c）和（d）］。即使是同样的车型，不同时段信号的互相关函数的波形也有较大的区别［图 5-9（b）和（c）］。但是，对于同一列车，当它离台站较远时，互相关函数保持稳定。

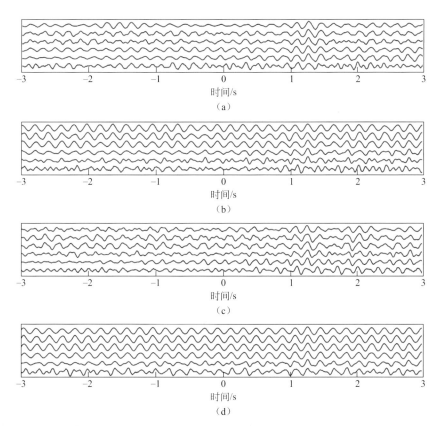

图 5-9　不同车次不同时段信号的互相关函数：（a）一列 8 型列车不同时段的互相关函数；（b）和（c）两列 161 型列车不同时段的互相关函数；（d）一列 162 型列车不同时段的互相关函数。（a）~（d）中从下至上截取信号的中点依次为高铁列车到来前的 4s、10s、16s、22s、28s 和 34s

5.1.2.3　叠加的互相关函数

由于高铁列车具有重复性，因此笔者选取不同日期相同车次的高铁列车在相同时段的互相关函数进行叠加。因为 -3s 至 3s 的时间域无法展现互相关函数的全部特征，所以将时间域扩大为 -8s 至 8s（图 5-10）。

叠加后的平均互相关函数由−3s至5s之间的一个大波包及其前后的小波包组成。大波包为沿着高铁桥梁传播的信号，持续时间约为8s，在时间为负的时候也有大的幅值。这是因为高铁震源的持续时间比台站间的到时差更长，同时台站间信号的频率成分较单一，导致互相关函数的振幅衰减较慢。除高铁列车到来前4s的互相关函数外，其他平均互相关函数具有很大的互相关系数（0.916~0.945）。如果只考虑−3s至5s的信号，互相关系数会更大（0.963~0.983）。同时，同一日期不同时段的平均互相关函数之间也具有很大的互相关系数（0.911~0.990）。因此，将平均互相关函数作为特征量，具有检测桥梁结构变化的潜力。

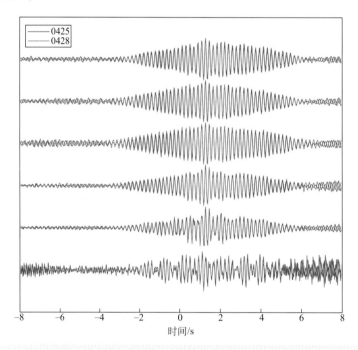

图 5-10 不同日期相同车次高铁列车的互相关函数平均值

4 月 25 日（蓝线）和 4 月 28 日（红线）32 列相同的列车在相同的截取时段对应的互相关函数的平均值，从下至上截取信号的中点依次为高铁列车到来前的 4s、10s、16s、22s、28s 和 34s

5.1.3 监测前景讨论

当铁路桥梁的结构发生变化（如产生破损）时，沿桥梁传播的信号的波速可能发生细微的改变，也可能出现新的波，此时互相关函数的波形就会发生改变。通过监测互相关函数的变化，可以提取桥梁结构变化的信息，检测桥梁的稳定性和安全性（Salvermoser, et al., 2015）。

采用高铁列车经过前后的互相关函数监测桥梁结构变化，具有如下优势：（1）高铁列车震源能量大，互相关函数信噪比高；（2）高铁列车震源重复性好，可以使用的互相关函数数量多；（3）高铁列车事件数量多，时间间隔短，监测的时间分辨率高；（4）用于检测的仪器数量和位置，可以根据实际地形和监测需求等灵活设定，以达到足够的空间分辨率。

若想采用高铁列车经过前后的互相关函数监测桥梁结构变化，还需要进一步努力，比如要解决以下问题。

（1）如何扩展互相关函数的稳定区间。直达波部分虽然稳定，但是绝对到时小，当介质的相对波速变化较小时，对应的到时的绝对变化也会小，不容易测量。

（2）气温和降水等外源因素对互相关函数的影响。排除这些因素的影响，才能准确地监测桥梁结构的变化。

（3）理解高铁列车的变化对平均互相关函数的影响。介质性质和震源性质的变化会影响互相关函数。本节通过选取不同日期相同车次高铁列车的记录，在一定程度上降低了震源差异影响。如果能进一步理解高铁列车的状态（如车速、质量等）对互相关函数的影响，可以更准确地监测桥梁结构的变化。

5.1.4　小结

本节通过多种测试，说明了当高铁列车处在台站对的延长线上时，它发出的沿着铁路桥梁传播的信号是它到来前的主要信号，这个信号在台站间的到时差是一个不变量。

对于不同日期相同车次高铁列车在相同时段的互相关函数，相互之间具有很大的互相关系数，可以作为一个特征量，用来表征高铁桥梁的性质，这个特征量有监测桥梁结构变化的潜力。

5.2　高架桥下方高铁地震信号频谱特征研究

本节使用北京大学架设的临时台阵中 11 个高铁高架桥下的短周期台站 11 天所记录到的由 951 列次高铁列车激发的共 10461 条地震记录，基于 K-Means 聚类算法研究其频谱如何随着列车的速度、模型、铁轨和路基的变化而变化。近匀速运动的高铁列车所产生的高铁地震波的频谱主要由等间隔的峰组成，其基频等于速度与车厢长度的比值。笔者通过调整基频来降低列车速度的影响，使频谱模式清晰，便于比较。聚类结果表明，高铁地震的频谱在相同车型、铁轨、路基条件下表现出稳定的模式，这种稳定的频谱模式随车型、铁轨、路基条件的变化而显著变化。对这种稳定的频谱特征的监测，可能应用于高速铁路安全监控。

我国建设了大量的高铁线路，每天有近 3000 列动车组在高铁轨道上运行。监测高铁的运行状况和保证高铁的安全运行显得愈发重要。对于动车组，铁道公司主要借助整列地坑式架车机对行驶满里程的动车组进行不同等级的检修（丁辉和邢晓东，2012），辅以在动车组上安装的感应装置对动车的运行状态进行监测（李智敏等，2015）；对于高铁线路，铁道公司主要使用综合检测列车（何华武，2013）对固定设施进行检测。动车组行驶过程中，列车和铁轨之间的挤压、摩擦和碰撞等激发的能量有一部分会以地震波的形式传播出去，笔者称其为高铁地震波。高铁运行过程中激发的地震波是良好的主动源地震波场，蕴含了动车组、铁轨和路基的结构与动力学特征。如果能提取出高铁地震中所蕴含的动车组、铁轨和路基信息，这种方法将成为动态监测高铁的运行状况的新工具，同时也有助于使用高铁作为主动源探测地下结构。

2001年开始就有针对高铁地震的研究，近年来相关研究越来越多（Ditzel，et al.，2001；陈棋福等，2004；李丽等，2004；和振兴和翟婉明，2007；翟培合等，2008；徐善辉等，2017）。对高铁地震的早期研究使得人们逐渐认识到，高铁地震在监测高铁运行状态和探测地下结构等方面具有巨大潜力。A. E. 卡西米（A. E. Kacimi）等（2013）、蔡袁强等（2008）和付强等（2014）基于三维有限元方法模拟了列车行驶在地面引起的振动，并研究了不同路基条件下地面振动的变化；T. R. 萨斯曼（T. R. Sussmann）等（2017）提出了一种通过地震面波测量路基参数的方法。这些结果显示，高铁地震波场的激发受到桥梁、路基结构的控制，通过研究高铁地震波场可以获取桥梁、路基的相关信息。同时，不同车型的动车具有不同的动力学属性，将直接影响高铁地震波场，因此高铁地震波场中也应该包含列车车型的信息。如果能够从周围台站的地震学观测中筛选出能够反映高铁路桥、路基变化的信息，将有助于实现高铁安全运行的自动监控。

2018年以来，笔者在广东省深圳市和河北省保定市的高铁线路附近布设了多期观测台站，为研究高铁地震在监测高铁列车行驶状态、地下介质状况等方面的应用提供了关键资料。曹健和陈景波（2019）、刘磊和蒋一然（2019）、张唤兰等（2019）、王晓凯等（2019a；2019b）和张固澜等（2019）以此数据为基础，从移动源的理论解、震源子波时间函数、频谱特征及聚类和地下结构成像等方面进行了系统研究。

对于匀速运动的高铁列车，实际观测到的高铁地震信号频谱呈现等间距分立的模式，如图5-11（b）所示。刘磊和蒋一然（2019）猜想这类频谱的基频 f_0 与列车速度 v 和高铁列车车厢长度 L 存在如下关系。

$$f_0 = v/L \tag{5-1}$$

为此，刘磊和蒋一然（2019）对频谱进行拉伸，对齐不同车次间的基频，消除了列车速度对频谱的影响，提取对齐后频谱的基频及其倍频的振幅作为频谱的特征，研究这些特征随时空的变化规律。频谱特征随车次及台站空间变化的统计规律表明：不同列车在同一台站上记录的频谱较为一致，而同一列车在不同台站上记录的频谱特征则可能存在较大差异。同时，基于频谱特征的聚类结果则表明：波场对于传播路径上的介质条件十分敏感，介质条件相近的台站记录的高铁地震频谱相似，介质条件相差较大的台站记录的频谱差异也较大。想要减少传播路径及其介质状况对波形的影响，以研究其中包含的车型、路基和铁轨的信息，就必须选用近场的台站记录。

本节中，笔者使用本课题组布设的台阵中高铁高架桥下方台站的高铁地震资料，探究基频和车长、速度的关系；提出了一种更精确地获取高铁信号基频的方法，能够更加准确地估计高铁地震的基频和高铁列车的运行速度；根据基频伸缩频谱，对齐不同运行速度的列车产生的频谱；选取对齐频谱中能量较高的频率作为特征，并根据这些特征利用 K-Means 算法对频谱进行聚类分析。实际数据分析结果表明：近场高铁的波形信息蕴含了动车组速度、车型、铁轨和路基等信息。相同车型、铁轨、路基条件下，高铁地震信号表现出稳定的频谱模式，这种稳定的频谱模式随车型、铁轨、路基条件的变化而显著变化。获取具体台站上稳定的频谱特征并监测其变化，可能有助于高铁安全状况监控。

5.2.1　高铁地震数据采集和选取

2018 年 4 月至 5 月，笔者在河北省保定市高铁轨道附近，布设两期流动观测台阵。台阵以短周期仪器为主，每期有效观测时长为半个月，共布设 454 台。图 5-11 是一个高铁事件的三分量波形图及其对应的频谱图，其频谱存在明显的分立特征，基频在 3.2Hz 左右。刘磊和蒋一然（2019）以深圳高铁地震事件资料为基础的研究表明，高铁地震信号的特征主要受波场传播过程中介质条件的影响。由于高铁地震信号是经较长时间沿轨道的移动源触发，传播机制较为复杂。目前还没有发展出一种能有效地消除介质影响的方法，这使得研究其中包含的动车组、铁轨、路基等方面的信息变得困难。因此，笔者选取了布设在京广高铁下方的 11 个近场台站，以减小波场传播对高铁信号的影响。高铁轨道和台站分布如图 5-12 所示。

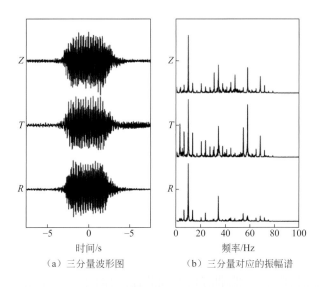

（a）三分量波形图　　　　　（b）三分量对应的振幅谱

图 5-11　高铁地震波形及其频谱

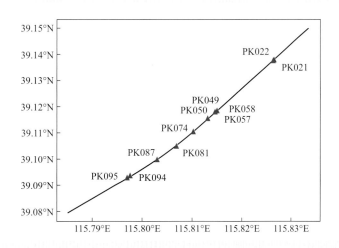

图 5-12　高铁轨道和台站分布图

黑色线段表示高铁轨道，红色三角形表示台站；横轴表示经度，纵轴表示纬度

为了研究的方便，笔者把台站由北至南依次编号为 1~11。对于高铁线路正下方的台站，高铁地震信号的能量远大于环境噪声，笔者根据振幅挑选出了每个台站上绝大多数的高铁地震信号。高铁地震信号出现的时间近似等于高铁经过台站的时间，根据高铁信号出现在这些台站上的先后关系和到时差，并考虑 50~100m/s 的速度区间，笔者把不同台站上属于同一列车的记录进行匹配，并对列车的行驶方向做出判断。从这 11 个台站 11 天的记录中，笔者一共挑选出共同记录到的 951 次列车，其中由北向南行驶的列车 465 次，由南向北行驶的列车 486 次，作为研究的样本。由于不同行驶方向的列车所处的铁轨并不相同，频谱可能存在差异，所以笔者把由北至南和由南至北的列车分开来进行研究。

5.2.2 高铁频谱基频和速度、车长的关系

对于匀速运动的列车，假设每节车厢产生的地震波是相同的，车厢与车厢之间仅存在时间延迟，设单节车厢激发的高铁地震在台站处的记录为 $r_0(t)$，则 n 节车厢一起产生的沿某一个方向的信号 $r(t)$ 可表示为

$$r(t) = \sum_{k=0}^{n-1} r_0\left(t - k * \frac{L}{v}\right) \tag{5-2}$$

其中 L 表示车长，v 表示车速，k 表示第 k 节车厢。这里对问题做了简化：并不考虑复杂的激发和传播过程，只考虑单节车厢行驶过程中将会在台站上产生的记录 $r_0(t)$，以研究不同车厢间稳定的时差对频谱的影响。

对式（5-2）做傅里叶变换，可以得到

$$R(f) = R_0(f) \sum_{i=0}^{n-1} e^{\frac{kL}{v * 2\pi f i}} \tag{5-3}$$

其中 $R_0(f)$ 表示单节车厢产生信号的频谱，$R(f)$ 表示总信号的频谱。上式可以改写为

$$R(f) = R_0(f) E_{L,v,n}(f) \tag{5-4}$$

其中

$$E_{L,v,n}(f) = \sum_{i=0}^{n-1} e^{\frac{kL}{v * 2\pi f i}} \tag{5-5}$$

对于一般的高铁信号，可以假设

$$L = 25\text{m}, \quad v = 80\text{m/s}, \quad n = 8 \text{ 或 } 16 \tag{5-6}$$

则对 8 节和 16 节车厢的列车，$E_{L,v,n}(f)$ 的形态如图 5-13 的（a）和（b）所示，有明显的分立谱特征。当单节车厢的频谱乘上 $E_{L,v,n}(f)$ 之后，其频谱也将呈现分立谱的模式，并且其基频 f_0 为

$$f_0 = v/L \tag{5-7}$$

当速度为 80m/s，车厢长度为 25m 时，高铁信号的主频应为 3.2Hz。而在实际观测中，大多数高铁地震信号的主频也在该频点附近。

对于同一列高铁列车，在速度变化不大、路基条件相近的情况下，因传播路径短，近场台站记录到的信号最大值出现的时间与高铁列车经过台站时刻的延迟时间应大致相等。所以，笔者可以通过不同台站高铁地震信号最大值出现的时间差和它们的相对位置估计高铁列车运行的速度。笔者以 Z 分向记录为例进行分析，结果如图 5-14（a）和图 5-15（a）所示。笔者将记录到的高铁事件的振幅谱按照

速度由高到低的顺序排列起来，图 5-14（b）和图 5-15（b）就是最北侧的 1 号台站上高铁地震信号（由北向南和由南向北的列车）的振幅谱分布。

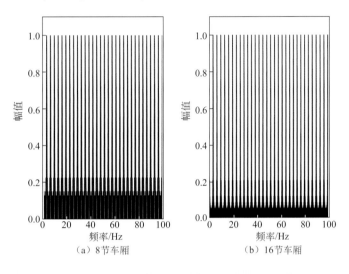

（a）8节车厢　　　　　　　（b）16节车厢

图 5-13　$E_{L,v,n}(f)$ 示意图

在京广高铁线路上运行的 CR400AF、CR400AF 重联、CRH380AL、CRH380A、新 CRH380AL、CRH380A 统型重联等动车组的中间车厢的长度都为 25m。所以，基频在这里主要受速度影响。而我们可以从图 5-14 和图 5-15 观察到，随着速度的降低，频谱的基频也降低了。这也印证了笔者关于频谱基频与车长、速度关系的猜想。

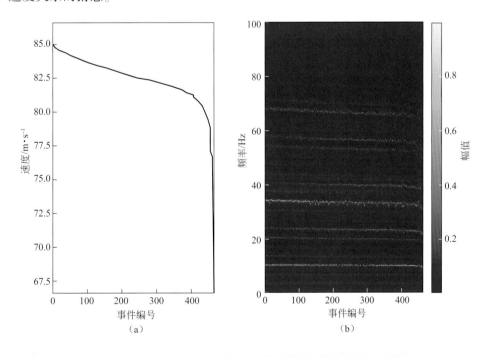

（a）　　　　　　　　　　　（b）

图 5-14　1 号台站上由北向南列车的速度和其 Z 分向的振幅谱
按列车速度由高到低排列；（a）和（b）的纵轴分别是速度和频率，横轴为事件编号

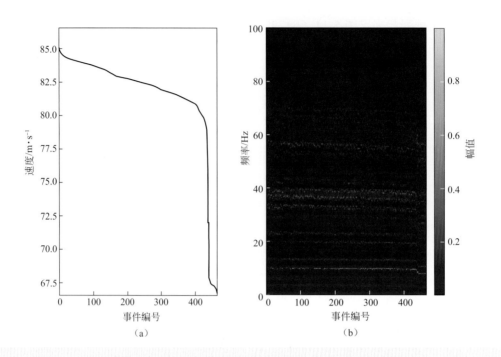

图 5-15 1 号台站上由南向北列车的速度和其 Z 分向的振幅谱
按列车速度由高到低排列；（a）和（b）的纵轴分别是速度和频率，横轴为事件编号

5.2.3 基频的估计与对齐

高铁地震记录的频谱表现出分立的模式，其基频大小受速度和车长影响，其基频和倍频处振幅则随具体的车型、铁轨和路基的变化而变化。因此，笔者通过将不同车速的频谱按基频对齐，消除车速对频谱的影响，从而使频谱模式与车型、铁轨和路基的关系更为清晰，方便后续的聚类研究。

根据各个台站最大振幅估计的到时差以及台站间距离所估算的速度并不准确。如依照此速度计算的基频来对频谱进行对齐的话，高频部分的效果就会比较差。而且，此处轨道有一个小角度的弯曲，列车有一个近弯减速和出弯加速的运动过程，使得对每个台站上速度的估计更为复杂。因此，笔者选择通过频谱分立的峰的位置来确定基频，并用这个基频与频谱进行对齐。

图 5-16（a）展示了一个 Z 分向高铁地震信号所对应的振幅谱。如果将振幅谱看作时域的信号，再做傅里叶变换，得到其"振幅谱"，根据其峰值所处的位置，就可以确定振幅谱中分立的峰出现的周期，也就是基频 f_0 的倒数。如图 5-16（b）就是对图 5-16（a）的振幅谱做傅里叶变换之后的时域结果。除零频外，峰值最大的点位于 0.31s 处，对应于基频 $f_0 = 3.22\text{Hz}$。但是，使用 f_0 作为基频是不够准确的，因为频谱在高频的部分对齐得仍然不好。因此，笔者发展以下方法以更精确地寻找基频。

首先，使用上文的方法，对高铁信号的振幅谱做傅里叶变换，确定除零频外的最大峰，以其导数为对基频的估计 f_0'；之后，在 $[f_0'-0.2, f_0'+0.2]$ 的范围内搜索使下式取值最大的频率 f，作为准确的基频 f_0：

$$\sum_{k=0}^{k*f \leqslant f_{max}} |F(f*k)| \qquad (5\text{-}8)$$

其中，f_{max} 表示高铁地震记录的奈奎斯特（Nyquist）频率，F 表示实际记录的高铁频谱，$| |$ 表示对复数取模。此式即在 f_0' 附近寻找一个频率，使其本身与相应倍频的振幅和最大。当 $f*k$ 没有正好落在频谱的采样频率上时，可插值或取最邻近频率的幅值。

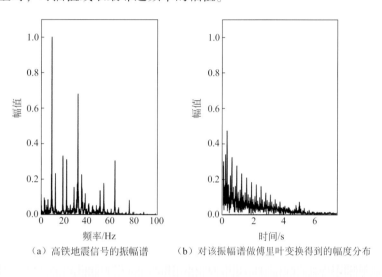

（a）高铁地震信号的振幅谱　　　　（b）对该振幅谱做傅里叶变换得到的幅度分布

图 5-16　高铁地震信号的振幅谱及其"振幅谱"

得到较为精确的基频 f_0 后，笔者利用式（5-7）计算列车经过每个台站的速度。为保证行驶平稳，高速列车变速过程比较缓慢。对于这一情况，笔者将每一列的速度归一化：由北向南的列车除以该列车在 1 号台站的速度，由南向北的列车除以该列车在 11 号台站的速度。再将它们归一化后的速度变化曲线在图 5-17 中绘制出来。可以看出，由北向南的列车进弯道后有所减速，之后又加速；由南向北的列车也有明显的进弯减速，但是由于出弯的距离不够长，还不能明显地观测到加速。由此也可以间接印证，笔者关于基频的估计是相当准确的，能反映 5% 以内的速度变化。

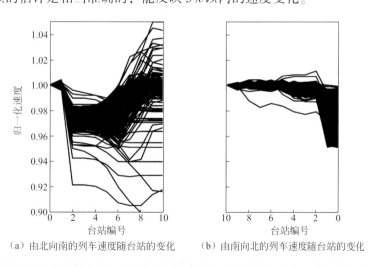

（a）由北向南的列车速度随台站的变化　　　　（b）由南向北的列车速度随台站的变化

图 5-17　归一化后的速度变化

得到对基频的估计后，笔者将原始的频谱伸缩，使得基频变为 3.2Hz。这个频率对应的是之前假设的车长 25m、行驶速度 80m/s 的列车。图 5-18 展示的就是校正之后在 1 号台站上观测到的高铁地震信号的振幅谱。可以发现，在以不同运行速度的高铁列车的频谱中，基频及其倍频已经被精确地对齐了。

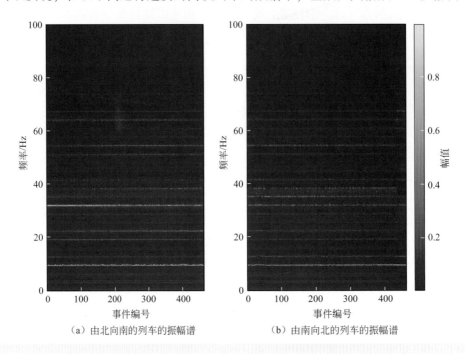

（a）由北向南的列车的振幅谱　　　　　　（b）由南向北的列车的振幅谱

图 5-18　1 号台站上经过基频校正后的振幅谱

5.2.4　聚类和特征频率的选取

按照基频对齐后的频谱，不同高铁地震波记录的基频及其倍频被拉伸到同一位置，消除了速度的影响；频谱基频和倍频的振幅随动车组、铁轨和路基的变化而变化，是反映高铁运行状态的良好特征。笔者根据这些特征，使用 K-Means 算法对对齐后的频谱进行聚类，分析其中蕴含的动车组、铁轨和路基变化的信息。

叠加不同列车的频谱可以平均动车组车型对波形的影响，从而让我们研究铁轨和路基对波形频谱的影响；叠加同一列车在不同台站上的波形频谱，可以平均不同铁轨段和路基对波形频谱的影响，从而让我们研究不同动车组对波形频谱的影响。笔者的聚类研究主要从这两方面展开。

刘磊和蒋一然（2019）使用信号频谱中基频及其倍频上的能量作为聚类算法的特征。对于采样率 200Hz 的信号，其 Nyquist 频率为 100Hz；对于基频 3.2Hz 左右的信号，则有 31 个左右的频率将被选作特征频率。考虑到实际高铁数据的频带分布范围，笔者试图减少一些能量较低的频率，从而减少特征的数量，使得算法更加稳定。笔者将所有台站上记录到的高铁事件的振幅谱叠加起来，得到图 5-19（a）的叠加振幅谱。笔者仅选取能量较高的 22 个峰作为特征频率（3.2Hz、6.4Hz、7Hz、9.5Hz、19.2Hz、22.4Hz、25.6Hz、28.8Hz、32.0Hz、35.2Hz、38.3Hz、41.5Hz、44.8Hz、47.9Hz、51.1Hz、54.4Hz、57.6Hz、60.7Hz、63.9Hz、67.2Hz、70.3Hz、73.5Hz）。

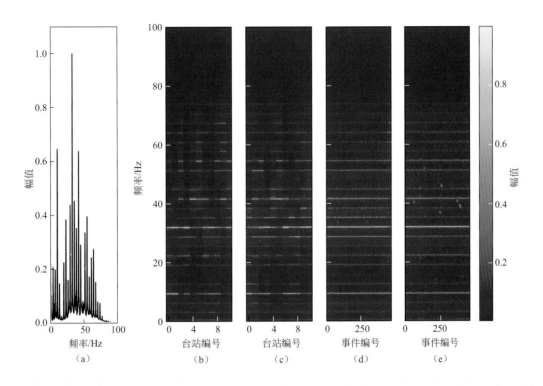

图 5-19 经过基频校准后叠加的振幅谱：（a）所有台站上所有事件的振幅谱叠加；（b）将同一台站上所有由北向南的列车的振幅谱叠加起来，并在横轴上按台站序号排列；（c）将同一台站上所有由南向北的列车的振幅谱叠加起来，并在横轴上按台站序号排列；（d）对于由北向南的一列车，将它在不同台站上的振幅谱叠加起来，并按事件的速度大小在横轴上排列；（e）对于由南向北的一列车，将它在不同台站上的振幅谱叠加起来，并按事件的速度大小在横轴上排列

5.2.5 对台站的聚类

在将频谱对齐之后，笔者将同一台站上记录到的高铁信号的振幅谱叠加起来。考虑到由北向南和由南向北的高铁行驶在不同的铁轨上，笔者将其频谱分开叠加，如图 5-19 的（b）（c）。可以明显地看出不同台站叠加后的振幅谱存在差异，甚至对于同一台站，由北向南和由南向北的列车的振幅谱叠加后的结果也不一致。由于同一台站所处的路基是一样的，那么南北向列车的波形差异极有可能来自铁轨的差异。所以笔者将同一台站向南和向北的列车的频谱分开叠加，总共得到 22 组台站频谱，并进行聚类。

经过实验，笔者将这 22 组频谱聚类成 4 类，分别用 1、2、3、4 表示，其结果如表 5-1。笔者将同一类型的台站的特征值放在一起，得到图 5-20 的（a）（b）（c）（d），叠加之后得到图 5-20 的（e）（f）（g）（h）。特征所对应的频率越低，其编号也越小。从图 5-20 可以看出，1 类台站的能量主要分布于低频部分，而且集中在两个频率上；2 类台站的能量主要分布于比 1 类要高的部分，而且主要集中在一个峰上面；3 类台站的能量主要集中在一个峰上面，而且这个峰和 1 类台站中的一个相似；4 类台站的能量分布则较为分散。

表 5-1　对台站组频谱的聚类结果

台站编号	1	2	3	4	5	6	7	8	9	10	11
由北向南	1	1	4	1	2	2	4	1	4	2	3
由南向北	1	4	4	1	3	2	1	1	4	3	3

注：第一行是台站编号，第二行是对该台站上由北向南的列车记录叠加后的聚类结果，第三行是对该台站上由南向北的列车记录叠加后的聚类结果

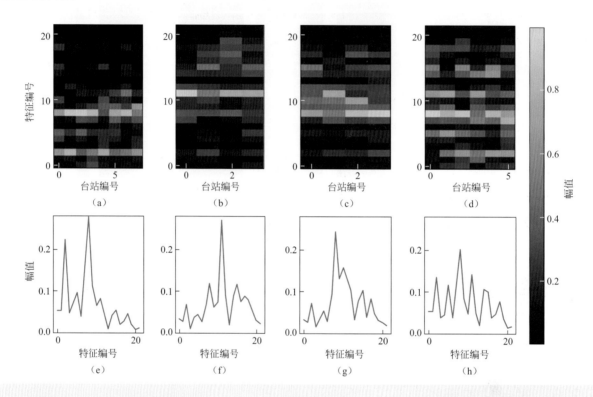

图 5-20　对台站的聚类结果及其特征：（a）（b）（c）（d）展示聚类为 1、2、3、4 类的台站的特征值分布图，横轴是不同的台站，纵轴是特征的编号；（e）（f）（g）（h）展示聚类为 1、2、3、4 类的台站的特征值分布图，横轴是特征的编号

表 5-1 显示，有 7 个台站，不论列车运行方向为何，其聚类结果都一致；还有 2、5、7、10 四个台站，根据列车运行方向的不同，其聚类结果也不同。同一台站对应的路基应该相同，其频谱差异可能是南北向铁轨存在的差异造成的。由于缺乏对具体环境下高铁轨道的考察，目前难以验证这个结论。但是不同台站、不同方向上高铁频谱存在的显著差异，至少说明高铁地震对于所处的铁轨、路基条件十分敏感，其中蕴含着值得我们进一步挖掘的铁轨、路基信息，同时也意味着，求解高铁地震波场需要对铁轨、路基进行非常细致的建模。

5.2.6　对动车组的聚类

笔者将同一列车在不同台站上的振幅谱叠加起来，得到图 5-19（d）（e），分别对应由北向南和由南向北的列车的特征值分布。可以看出南北走向的列车在频谱上还是存在差异的。为了避免这种差异的影响，笔者对南北方向的高铁分别做聚类。经过实验，由北向南的高铁大致可以分为两类，

如图 5-21 所示，为方便和另一个方向的类别区分，记为 1R 类和 2R 类；由北向南的高铁大致可以分为三类，如图 5-22 所示，记为 1L、2L 和 3L 类。

在由北向南的聚类结果中，两类频谱的差异主要体现在低频两个峰值大小的差异，但总的来说比较相似。在由南向北的聚类结果中，1L 和 2L 的频谱特征较为接近，其差异主要体现在能量向前两个峰的集中程度；3L 类型的频谱和前两个相差较大，能量全频率都有分布。

按照之前的假设，不同台站叠加后的频谱应该反映动车组的特征，那么不同天里，相同的车次应具有相同的车型，则相应的几个高铁地震记录应被划分为同一类别。同一台站上，每天同一时刻附近，都有一辆同向的车出现，则可以认为这些不同天的车有很大可能属于同一车次。笔者据此寻找在 11 天的高铁地震资料中，将不同天记录到的高铁和车次对应上。不同天的同一时刻附近（2 分钟），至少出现了四辆同向列车，则认为这些车属于同一车次。笔者一共找到了 48 个由北向南的车次和 49 个由南向北的车次。

在 48 个由北向南的车次中，相同车次的车都被划为同一类别的有 47 辆；在 49 个由南向北的车次中，相同车次的车都被划为同一类别的有 41 辆。不同天里属于同一车次的绝大多数高铁地震记录都被划分为同一类，说明同一辆动车的频谱特征较为稳定，而这种稳定的频谱特征可能就与车型相关。

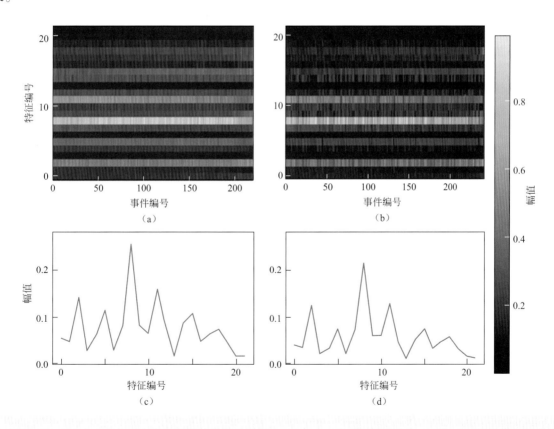

图 5-21 对由北向南的动车组的聚类结果及其特征：（a）、（b）分别展示聚类为 1R 类、2R 类的动车组的特征值的分布图，横轴是不同的台站，纵轴是特征编号；（c）、（d）分别展示聚类为 1R 类、2R 类的动车组的特征值叠加后的结果，横轴是特征编号

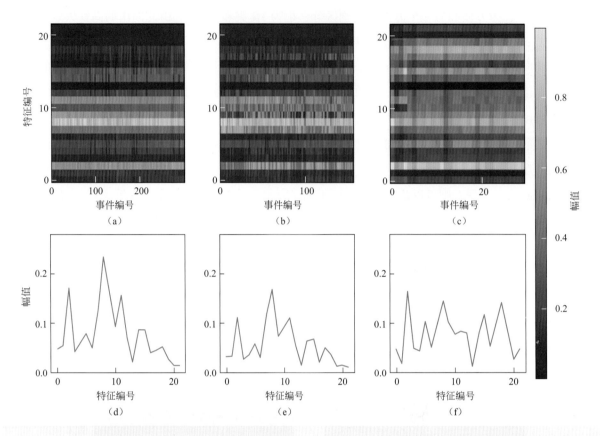

图 5-22 对由南向北的动车组的聚类结果及其特征：（a）、（b）、（c）分别展示聚类为 1L 类、2L 类、3L 类的动车组的特征值的分布图，横轴是不同的台站，纵轴是特征的编号；（d）、（e）、（f）分别展示聚类为 1L 类、2L 类、3L 类的动车组的特征值叠加后的结果，横轴是特征编号

为了进一步探究聚类结果和车型的关系，笔者需要将车次和相应的车型对应起来。对于在保定东站停车的高铁，可以查询到不同车次较为准确的出发和到达时间；对于途经保定东站不停车的高铁，估算到达或驶离保定东站的时刻则比较困难，这里暂时不考虑这部分高铁。台站距离保定东站约 36km，笔者考虑 25 公里的加速或减速区间，结合高铁通过台阵的速度，可以估算高铁从保定东站驶出或驶入保定东站的列车的时刻。如果这个时刻和保定东站的列车时刻表一致，就可以确定车次的具体名称。笔者匹配了由北向南的 19 个车次；而由南向北的高铁中，估计的经过保定东站的时刻常常处于时刻表上的两个相近的车次之间，而估计的精度不足以做出判断，有效的匹配结果较少。在此，笔者主要讨论由北向南的动车组的聚类结果和车型的关系。

在确定了车次之后，笔者根据"中国动车组交路数据查询软件（2018.05.20 版）"查询对应车次的车型，统计结果如表 5-2。除 G523 次高铁外，1R 类主要对应的车型是：CRH380A、CRH380A 统型重联、CR400AF 重联和 CRH380A 统型；2R 类主要对应的车型是：CRH380AL 和新 CRH380AL。可以看出聚类的结果非常稳定，在绝大多数情况下正确区分了两大类车型，说明了这两大类车型的频谱存在稳定的差异。

表 5-2　由北向南各动车组的聚类结果、车次、车型对照表

时	分	类型 1R	类型 2R	车次	车型
7	53	0	10	G485	CRH380AL
8	47	0	10	G627	CRH380AL
9	5	8	0	G309	CRH380A 统型重联
11	0	10	0	G6741	CRH380A
11	10	9	0	G605	CRH380A 统型重联
11	15	8	0	G65	CR400AF 重联
12	15	7	0	G609	CRH380A 统型重联
12	42	0	10	G659	CRH380AL
12	54	0	6	G67	CRH380AL
13	20	9	0	G611	CRH380A 统型
14	32	0	4	G661	新 CRH380AL
15	16	0	4	G673	新 CRH380AL
16	58	0	6	G573	新 CRH380AL
17	11	7	0	G523	新 CRH380AL
17	33	0	5	G561	新 CRH380AL
18	9	0	7	G563	新 CRH380AL
18	31	10	0	G1571	CRH380A 统型
19	14	0	9	G6705	新 CRH380AL
21	53	0	10	G6745	新 CRH380AL

注：第一列和第二列是由到时、速度估算的到达保定东的时刻；第三列和第四列分别表示对应该车次的多个高铁地震记录被划分为两种类型的个数；第五列是车次；第六列是查询得到的车型。

　　由南向北的列车聚类结果中，3L 类出现较少，时间主要集中在 5∶54 和 6∶13 两个时间点。笔者推测应该属于动卧。虽然无法确定具体车次，但动卧车型主要为 CRH2E，是以日本的新干线列车为原型研发，而前文提到的白天行驶的 CRH380A、CR400AF 重联等车型是由中国中车及其旗下企业研发的，在车身结构、动力学特点和编组上有一定差异，这可能是 3L 类的频谱与 1L 类、2L 类差距较大的原因。

　　对动车组的聚类结果表明，相同车型的列车所激发的高铁地震具有稳定的频谱模式；不同车型间，频谱模式存在稳定的差异，这种差异足以让我们从频谱特征上对二者准确地加以区分。如果能够借助更加密集、精细的观测手段和更丰富的处理手段，我们有望获得更加精确的频谱模式，并分析其中所包含的动车组信息。同时，这种稳定且与车型相关的频谱模式，可以帮助我们进一步理解高铁地震激发的过程，并为我们提供将同一车型的频谱叠加起来、提高信噪比的方法，并对研究其中包含的其他信息提供支持。

　　当然，考虑到"中国动车组交路数据查询软件（2018.05.20 版）"并非铁道部门提供的权威软件，

今后笔者还需要和铁道部门沟通，争取获得更精准的信息。不过，这并不影响本节的结论。实际应用中，可以采用同一动车组频谱特征进行高铁安全监控，也可以采用同一方向、同一车型动车的频谱特征进行高铁安全监控。

结合上面对台阵和动车组聚类结果的分析，我们有理由相信，通过深入研究，我们有望从中提取出不同的车型、铁轨和路基所对应的更为精确的频谱模式。当动车组状态、铁轨、路基等发生变化时，频谱模式也会变化，借助对频谱模式的实时监测，可以及时发现高铁运行状态的变化，从而为安排更为细致的排查和检修提供可能。

5.2.7　小结

本节基于对高铁近场地震信号频谱的分析和聚类研究，得到如下结论。

（1）验证了高铁地震信号的频谱主要由等间距分立的峰构成，其基频与列车运行速度和车厢长度有关。

（2）借助对高铁近场地震信号的频谱基频的精确测量可以很好地估计列车的运行速度，可以据此对齐基频，消除列车速度对频谱的影响。

（3）以对齐基频后的频谱为基础的聚类分析结果表明，对于近场台站所记录的高铁地震信号，铁轨、路基和车组不同，频谱模式明显不同；铁轨、路基和车组相同，频谱模式具有稳定特征。

（4）借助这种稳定的频谱模式，检测其随时间的变化，未来这种方法有可能用于高铁运行安全监控。

5.3　高铁地震 4D 地频图及其可用性研究

高铁地震信号的频谱主要由等间距分立的峰构成，这些峰的幅值共同构成频谱的主要特征。本研究主要基于北京大学在河北保定地区高铁线路附近布设的台阵的数据。考虑到车型变化，笔者采用基频对齐的方法，将同一台站上相同类型列车激发的高铁地震信号三分量的频谱分别叠加起来，可在更远的台站上获得更高信噪比的频谱。笔者使用聚类算法得到了不同车型对应的三分量频谱随台站位置的变化规律。基于对高铁地震频谱特征及其变化规律的研究，笔者提出 4D 地频图的概念，建议用于高铁及其周边介质状况监测。

我国高铁事业迅猛发展，每天有大量的动车组行驶在高铁轨道上。大量的高铁线路、较快的行驶速度，使得高铁产生显著的振动。过去已经有人研究了高铁振动作为稳定主动源探测地球内部结构的可能性（李丽等，2004）。翟培合等（2008）基于列车震源，提取面波信号，讨论了高铁震源对地下结构进行反演的可行性；D. 奎罗斯等（D. Quiros, et al.）（2016）认为高铁微震产生的地震波传播距离大概为 1km，可以利用高铁产生的振动进行大面积浅层勘探。通过研究高铁激发地震波的频谱特征，徐善辉等（2017）分析得出，高铁轨道的结构可能是引起铁轨上不同位置振动波形差异较大的原因，此结论可以用于长期监测高铁的运行情况。

动车组激发的高铁地震波波形复杂，研究时域波形有困难。将波形转换到频率域，则有可能避免这种困难：在传统的高铁安全监测中，有研究（李智敏等，2015；颜秀珍，2016）利用车载数据，寻找不同部件的频谱响应与列车运行状态的关系；刘磊和蒋一然（2019）、王晓凯等（2019a）和张固澜等（2019）最近注意到，高铁地震频谱存在稳定的等间距分立峰模式，并尝试在频率域研究这种分立模式对应的物理机制和其中蕴含的信息。刘磊和蒋一然（2019）发现，高铁地震频谱中的等间距分立峰的基频取决于车速和车长；将不同高铁地震记录的频谱按基频对齐，可以消除速度和车长对频谱的影响；对齐后，频谱基频和其倍频上的幅值体现了频谱的主要特征，对其统计分析和聚类的结果表明，高铁地震信号的频谱特征主要受传播路径和其介质属性影响。蒋一然等（2019）基于刘磊和蒋一然（2019）的方法，发展出一种更精确的估计基频的方法，验证了基频和速度、车长的关系；他们利用高铁下方台站采集到的数据频谱，使用聚类算法，进一步揭示了频谱特征随车型、铁轨和路基变化的规律。

2018 年，北京大学在河北保定地区的高铁线路附近布设了大规模临时台阵，为研究高铁地震频谱特征随空间的变化规律提供了数据支持。刘磊（2019）和蒋一然等（2019）的研究提供了将不同车速的高铁的频谱对齐并叠加的方法，笔者可以通过叠加的方法减少背景噪声对频谱的影响，突出频谱特征在空间上的稳定特征，并将其基频和倍频上的幅值作为主要特征加以研究。

高铁地震记录有三个分量，对应三个频谱。不同事件经过的相同类型的列车的频谱对齐后叠加在一起，可以有效压制噪声，得到信噪比更高的三分量频谱。考虑叠加频谱随列车经过时间的变化，笔者可以得到四个维度的频谱。由于台站在地表分布，四维的频谱也随其在地表的分布而变化，笔者将这种随地理位置变化的、包括波形数据的三分量和时间维度在内的四维频谱称为 4D 地频图。本期台站观测时间不长，难以研究 4D 地频图在时间维度上的变化，因此本节主要研究地频图在另外三个维度上的特征，并初步讨论 4D 地频图的实用性。

5.3.1　数据的选取与处理

笔者选取北京大学在河北保定地区高铁沿线附近布设的 180 个台站，其台站分布如图 5-23 所示；笔者按照台站与高铁的绝对距离（由近及远）进行编号，编号和对应距离如图 5-24 所示。根据蒋一然等（2019）的方法，笔者根据高铁正下方的 11 个台站的数据，从 11 天的记录中挑选出 401 个高铁地震事件，并利用选取的 180 个台站上共 72180 个高铁地震记录进行分析。根据蒋一然等（2019）的研究，南北向的车由于运行轨道的差异，激发的波场也存在差异，为了简化问题，这里所有的事件都是由北向南的高铁产生的，事件截取的方法也参考蒋一然等（2019）的方法。笔者将高铁地震记录的两个水平分量旋转到垂直（R）和平行（T）于高铁的两个方向，此时的三分量分别用 R、T、Z 来表示，以使三分量与高铁线路的关系更加清晰。

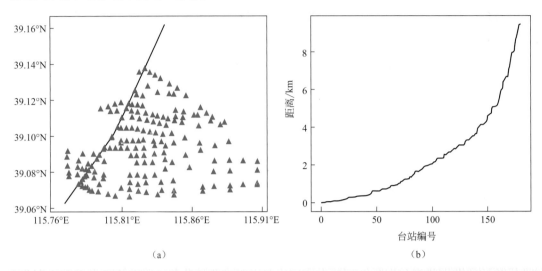

（a）

（b）

图 5-23 台站与高铁的位置关系：（a）台站分布图，黑色线段表示高铁线路，红色三角形表示台站，横轴表示经度，纵轴表示纬度；（b）台站与高铁的距离，台站按由近及远 编号，纵轴是台站距高铁的距离

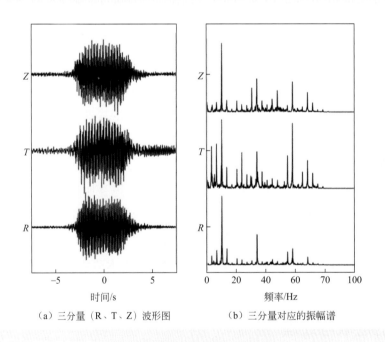

（a）三分量（R、T、Z）波形图　（b）三分量对应的振幅谱

图 5-24 高铁地震波形及其频谱

5.3.2 频谱的对齐与叠加

图 5-24 展示的是一个高铁地震事件的三分量波形（a）和其对应的振幅谱（b）。高铁地震波形具有明显的周期性，其频谱主要由等间距分立的峰构成，频谱的基频 f_0 为

$$f_0 = v/L \tag{5-9}$$

其中，v 为列车行驶速度，L 为单节车厢的长度。

在台阵所观测的京广高铁线路上，绝大部分动车组的车型，单节车厢的长度为 25m，列车行驶速度的差异会造成基频的差异。笔者根据蒋一然等（2019）的方法计算不同高铁信号的基频。

首先，等间距出现的分立峰可以用傅里叶变换加以分析，即将高铁信号的振幅谱看作"时域"的信号，对其作傅里叶变换，确定结果中除"零频"外的最大峰，计算峰对应位置的导数，以此作为对基频的估计 f_0'。然后，在 $[f_0'-0.2, f_0'+0.2]$ 的范围内求解使下式值最大的频率 f，作为基频 f_0：

$$\sum_{k=0}^{k*f\leqslant f_{max}} |F(f*k)| \tag{5-10}$$

其中，f_{max} 对应数据的 Nyquist 频率，F 为高铁地震记录的频谱，$||$ 表示对复数取模。根据计算得到的基频 f_0，我们将不同基频的频谱对齐，使得其基频为 3.2Hz，对应车长 25m、车速 80m/s 的列车。三分量频谱的每个分量的基频可能有差异，所以这里对三个频谱分别求基频。

图 5-25 展示的是一列高铁在由近及远的台站上的 R、T、Z 三分量的频谱。可以观察到，随着台站与高铁距离的增加，高频部分衰减较快，低频部分衰减较慢；当距离大于 1km 之后，主要剩余的就是基频部分的能量。三个分量的频谱中，T 分量能量衰减得最慢，在距离高铁约 4km 的台站上，仍然能够在 T 分量上观察到基频的能量，但已经不够清晰。笔者考虑将同一台站上的多个高铁地震记录的频谱叠加起来，使得基频及其倍频上的能量更加清晰，同时压制噪声对频谱的影响。

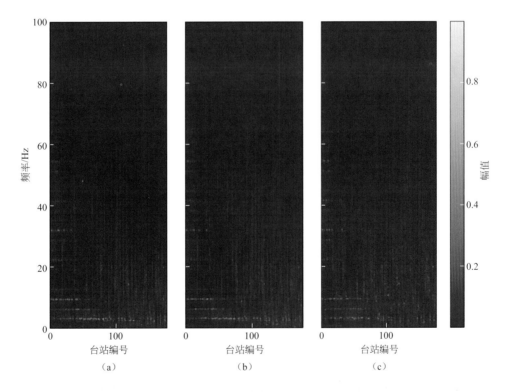

图 5-25　单个高铁地震事件在由近及远台站上的三分量振幅谱：（a）（b）（c）分别对应高铁信号的 R、T、Z 三个分量；横坐标是台站号，按距高铁线路垂直距离由近及远排列；纵坐标是频率

蒋一然等（2019）在对频谱的聚类研究时发现（表 5-3），该路段由北向南的动车组可以分为两

类，且与车型有关。1R 类：CRH380A、CRH380A 统型重联、CR400AF 重联和 CRH380A 统型；2R 类：CRH380AL 和新 CRH380AL。这两类动车产生的高铁地震信号的频谱具有不同的特征，应该分别叠加。笔者将同一台站上属于 1R 类和 2R 类的高铁频谱的三分量分别叠加起来，其结果如图 5-26、图 5-27 所示。

表 5-3 由北向南的动车组聚类结果、车次、车型对照表（蒋一然等，2019）

时	分	类型 1R	类型 2R	车次	车型
7	53	0	10	G485	CRH380AL
8	47	0	10	G627	CRH380AL
9	5	8	0	G309	CRH380A 统型重联
11	0	10	0	G6741	CRH380A
11	10	9	0	G605	CRH380A 统型重联
11	15	8	0	G65	CR400AF 重联
12	15	7	0	G609	CRH380A 统型重联
12	42	0	10	G659	CRH380AL
12	54	0	6	G67	CRH380AL
13	20	9	0	G611	CRH380A 统型
14	32	0	4	G661	新 CRH380AL
15	16	0	4	G673	新 CRH380AL
16	58	0	6	G573	新 CRH380AL
17	11	7	0	G523	新 CRH380AL
17	33	0	5	G561	新 CRH380AL
18	9	0	7	G563	新 CRH380AL
18	31	10	0	G1571	CRH380A 统型
19	14	0	9	G6705	新 CRH380AL
21	53	0	10	G6745	新 CRH380AL

注：第一列和第二列是由到时、速度估算得到的到达保定东的时刻；第三列和第四列分别表示对应该车次的多个高铁地震记录被划分为两种类型的个数；第五列是车次；第六列是查询得到的车型。

1R 类和 2R 类的高铁频谱叠加后的频谱中，信噪比提高，在 4km 的地方也足够清晰；倍频部分也更加清晰，在较远的台站上也能被观测到，更远的台站上存在微弱的信号；基频和倍频外由环境噪声带来的能量也明显被压制。如果能够有更多的观测数据，使用更加精确的叠加方法，有望在更远的距离上观测到频谱能量。相较而言，2R 类高铁的能量在基频和其倍频上更集中，而 1R 类高铁频谱中，其他部分的能量则多一些，这体现了两类车型的差异。

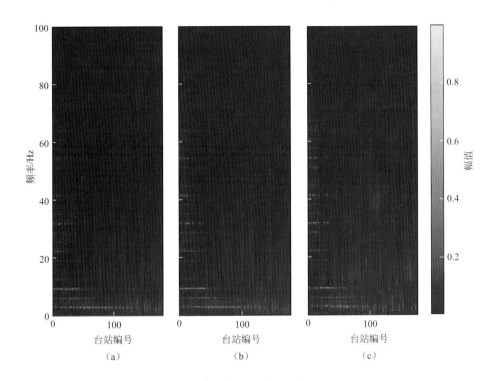

图 5-26 1R 类高铁频谱叠加后在由近及远台站上的三分量振幅谱

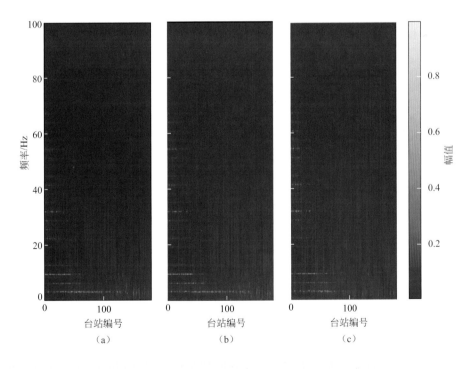

图 5-27 2R 类高铁叠加后在由近及远台站上的三分量振幅谱

5.3.3　对台站的聚类

将台站的频谱对齐后，根据不同的频谱类型进行叠加，笔者对每个台站都得到了两组相较于单个事件更加清晰的频谱。由于每个台站都有三分量，结合两种车型，可以得到六组频谱。笔者借助 K-Means 聚类算法，分别对这六个频谱进行聚类，对比聚类结果，研究其中包含的信息。笔者首先把距高铁 0.35km 以内台站上所有高铁地震记录中所有分量的频谱对齐后叠加起来（图 5-28），选取其中能量较高的 19 个频率 ［3.2，6.4，9.533，9.733，19.2，22.4，25.6，28.8，32，35.2，38.333，41.533，44.733，51.133，54.4，57.6，60.733，64，67.2（Hz）］作为频谱的特征。

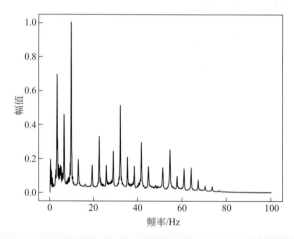

图 5-28　0.35km 内的台站的频谱经过基频校准后叠加的频谱图

每个台站按车型、分量可以得到 6 组频谱，根据这 19 个频率，笔者从每组频谱中提取出 6 组特征，并分别对这 6 组特征进行聚类。为了保证每组特征的聚类结果相对稳定且相互之间可比，再对每组聚类都进行相同的初始化。经过试验，台站可以分为 7 类，台站分类及其位置如图 5-29、图 5-30 所示，每组特征的聚类结果所对应的台站特征分别展示在图 5-31 至图 5-36 中。

类别 1、2、3、5、7 主要是近场台站，高铁信号衰减不严重，基频及其倍频上具有较多的能量。类别 1 和类别 5 的能量主要集中在基频；类别 7 的能量主要集中在低频；类别 2 和类别 3 的能量在全频段都有分布，其中，类别 2 的能量主要集中在两个频率，类别 3 的能量主要集中在一个较低的频率。

类别 4 和类别 6 主要是远场台站。类别 4 中，基频及其倍频上的能量已经衰减得非常严重；类别 6 中高铁信号也已经发生衰减，但在基频上仍然有较明显的能量，基频能量的衰减比较慢。所以在某些观测条件较好的远距离台站，仍然能够观测到高铁地震记录，其频谱被聚类到类别 6。

不同组特征聚类结果的空间分布（图 5-29、图 5-30）大体一致，说明对不同车型、分量，聚类结果相对稳定。但仍有部分台站，6 组聚类中出现了不一样的结果，这反映出不同车型、分量所包含的信息不同。聚类结果按距离高铁线路远近大致分层，反映高铁信号随距离增加衰减的特点；相互靠近的台站往往具有相同的类别，反映高铁信号频谱受传播路径及其介质条件的影响；在相近的传播路径和介质条件下，频谱也相近。

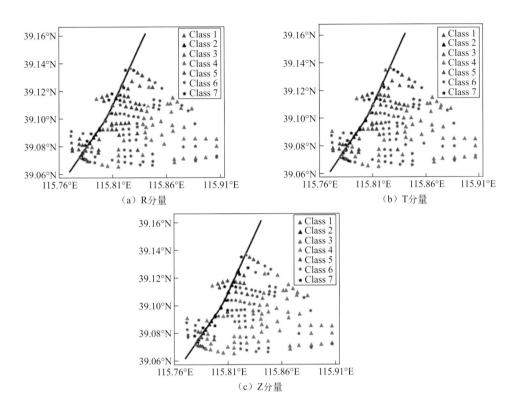

图 5-29　根据 1R 车型叠加的三分量频谱特征对台站分别聚类的结果

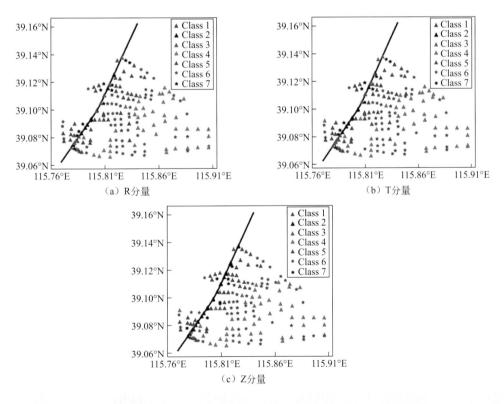

图 5-30　根据 2R 车型叠加的三分量频谱特征对台站分别聚类的结果

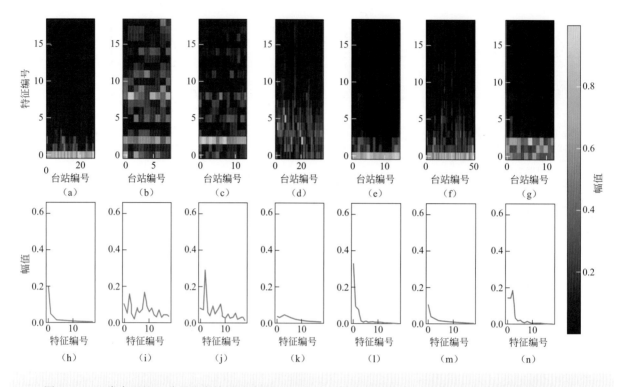

图 5-31　1R 类车型的 R 分量聚类结果及其特征：（a）~（g）展示聚类为 1~7 类的台站的特征值分布图，横轴是不同的台站，纵轴是特征的编号；（h）~（n）展示聚类为 1~7 类的台站的特征值分布图，横轴是特征的编号

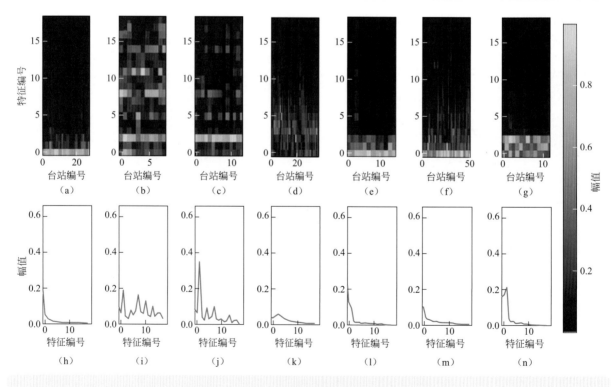

图 5-32　1R 类车型的 T 分量聚类结果及其特征

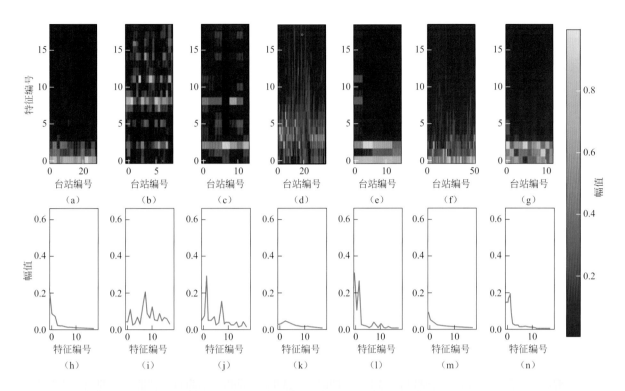

图 5-33　1R 类车型的 Z 分量聚类结果及其特征

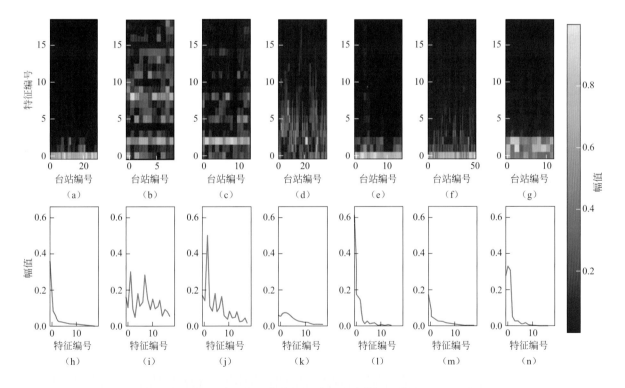

图 5-34　2R 类车型的 R 分量聚类结果及其特征

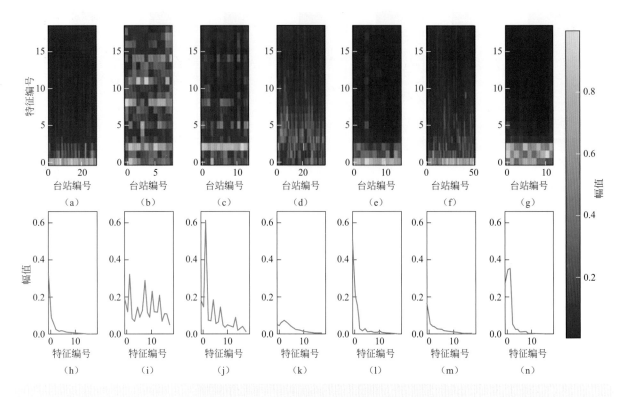

图 5-35　2R 类车型的 T 分量聚类结果及其特征

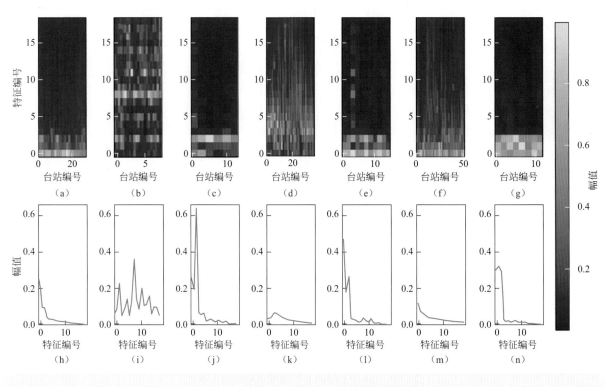

图 5-36　2R 类车型的 Z 分量聚类结果及其特征

5.3.4　有关4D频谱及其可用性讨论

动车组是一个由多节车厢构成，与铁轨、路基相互作用的复杂动力学系统，在激发高铁信号时，由于运行状态的细微改变，波场可能在时域表现出一些随机性，加之高铁地震震源持续时间长、分布广，给研究其激发和传播带来了困难。对高铁地震频谱的研究显示出时域所不具有的稳定性，利用基频对齐的方法消除列车速度的影响后，不同的车型、台站上的高铁地震记录具有非常清晰稳定的频谱模式，这为我们利用频谱监测高铁安全运行状态、地下介质情况变化提供了可能。

不同车型、分量的聚类结果相似，表现了依靠频谱聚类的稳定性；不同车型、分量聚类结果有部分相异，反映出不同车型的三分量频谱包含信息的差异。如果在考虑车型变化的情况下，将高铁事件频谱的三分量共同研究，将会提取出比单一分量更多的信息。

在现有理论基础上，很难直接计算动车组、铁轨、路基、介质等因素的变化对高铁频谱的影响，但我们可以通过比较频谱模式的前后变化来观测这些因素的变化，也就是考虑频谱在时间维度上的变化，将原本的三维频谱扩充到四维。单一台站上频谱模式的变化，受动车组、铁轨、路基、介质的影响。如果将不同台站联合起来，考虑这种频谱模式变化的空间分布特点，则有可能对这些因素进行甄别。而具体的验证和实用性分析则有待今后更长时间、更密集的台站观测数据。

在本节中，笔者根据蒋一然等（2019）对动车组的聚类，将频谱按照车型划分为两大类进行研究，观测到两大类车型的频谱的差异。如果依赖更长时间、更高采样率的观测，则有可能发现频谱对更具体的车型的不同响应。而对于频谱模式变化的检测也必须考虑这个因素，应在相同的车型下，检测频谱模式的变化。

单一高铁地震频谱和叠加后频谱的比较表明，单一高铁事件受随机的运行状态和环境噪声等影响，频谱模式不够稳定，在远场台站上频谱模式也较为模糊。但叠加后的频谱具有更高的信噪比，能在更远的台站上表现出稳定的频谱模式。

基于此，笔者提出一种考虑车型和叠加的4D地频图概念，即在考虑车型变化的情况下，将一段时间内高铁地震三分量的频谱叠加起来，并考虑其时间和空间变化的方法。借助沿高铁分布的长期观测的密集台站，积累不同车型、台站的三分量资料，建立4D地频图；利用4D地频图得到稳定的频谱模式并监测其变化，同时借助聚类算法、机器学习等分析工具，从中提取相应的高铁及其环境变化信息的方法，有望成为监测高铁安全运行状态和其周围介质状态变化的有力手段。

5.3.5　小结

本节基于对大范围高铁地震信号的三分量频谱特征的分析和聚类研究，得到以下结论。

（1）高铁地震信号的频谱主要由等间距分立的峰构成，峰对应的能量随与高铁线路的距离衰减，高频衰减快，基频衰减慢。

（2）经过叠加，可以在距高铁更远的台站上观察到稳定的分立的峰。

（3）高铁地震信号的三分量具有不同的频谱特征，不同类型的动车组车型也具有不同的频谱特征。

（4）高铁地震信号受传播路径和其上介质情况的影响。环境相似的台站上，高铁地震信号的频谱也相似。

（5）在考虑车型的情况下，研究叠加后的三分量频谱随时间、空间（台站）变化的 4D 地频图有可能用于监测高铁安全运行状态及其周边环境变化。

中文参考文献

曹健，陈景波. 2019. 移动线源的 Green 函数求解及辐射能量分析：高铁地震信号简化建模. 地球物理学报，62（6）：2303-2312.

陈棋福，李丽，李纲，等. 2004. 列车振动的地震记录信号特征. 地震学报，26（6）：651-659.

程乾生. 2003. 数字信号处理. 北京：北京大学出版社.

丁辉，邢晓东. 2012. 整列地坑式架车机在我国高速列车检修中的运用. 机车电传动，2：31-33.

何华武. 2013. 高速铁路运行安全检测监测与监控技术. 中国铁路，3（1）：7.

和振兴，翟婉明. 2007. 高速列车作用下板式轨道引起的地面振动. 中国铁道科学，28（2）：7-11.

金辉. 2013. 京沪高铁南京大胜关长江大桥养护模式探讨. 现代交通技术，10（6）：51-55.

蒋一然，鲍铁钊，宁杰远，等. 2019. 高架桥下方高铁地震信号频谱特征研究. 北京大学学报（自然科学版），55（4）：829-838.

李丽，彭文涛，李纲，等. 2004. 可作为新震源的列车振动及实验研究.

李义兵. 2007. 客运专线铁路桥梁设计新理念. 铁道标准设计，2：1-4.

李智敏，苟先太，秦娜，等. 2015. 高速列车振动监测信号的频率特征. 仪表技术与传感器，5：99-103.

刘磊，蒋一然. 2019. 大量高铁地震事件的属性体提取与特性分析. 地球物理学报，62（6）：2313-2320.

施洲，蒲黔辉，岳青. 2017. 基于健康监测的高铁大型桥梁运营性能评定. 铁道工程学报，34（1）：67-74.

王晓凯，陈建友，陈文超，等. 2019b. 高铁震源地震信号的稀疏化建模. 地球物理学报，62（6）：2336-2343.

王晓凯，陈文超，温景充，等. 2019a. 高铁震源地震信号的挤压时频分析应用. 地球物理学报，62（6）：2328-2335.

徐善辉，郭建，李培培，等. 2017. 京津高铁列车运行引起的地表振动观测与分析. 地球物理学进展，32（1）：421-425.

颜秀珍. 2016. 基于车载检测数据的高速列车转向架振动传递特征研究（Master's thesis，西南交通大学）.

翟培合，韩忠东，李丽，等. 2008. 运行列车振动产生的瑞雷波特征及数据分析. 噪声与振动控制，28（1）：18-21.

张固澜，何承杰，李勇，等. 2019. 高铁地震震源子波时间函数及验证. 地球物理学报，62（6）：2344-2354.

张唤兰，王保利，宁杰远，等. 2019. 高铁地震数据干涉成像技术初探. 地球物理学报，62（6）：2321-2327.

附英文参考文献

Cai Y, Sun H, Xu C. 2008. Three-dimensional analyses of dynamic responses of track-ground system subjected to a moving train load. Computers and Structures，86（7-8）：816-824.

Chen F，Takemiya H，Huang M. 2011. Prediction and mitigation analyses of ground vibrations induced by high speed train with 3-dimensional finite element method and substructure method. Journal of Vibration and Control，17（11）：1703-1720.

Ditzel A，Herman G，Hölscher P. 2001. Elastic waves generated by high-speed trains. Journal of Computational Acoustics，9（3）：833-840.

El Kacimi A，Woodward P K，Laghrouche O，et al. 2013. Time domain 3D finite element modelling of train-induced vibration at high speed. Computers and Structures，118：66-73.

Fu Q，Zheng C J. 2014. Three-dimensional dynamic analyses of track-embankment-ground system subjected to high speed train loads. The scientific world journal，2014.

Hadziioannou C，Larose E，Baig A，et al. 2011. Improving temporal resolution in ambient noise monitoring of seismic wave speed. Journal of Geophysical Research：Solid Earth，116（B7）.

Lobkis O I，Weaver R L. 2001. On the emergence of the Green's function in the correlations of a diffuse field. The Journal of the Acoustical Society of America，110（6）：3011-3017.

Quiros D，Brow L D，Kim D. 2016. Seismic interferometry of railroad induced ground motions：Body and surface wave imaging. Geophysical Supplements to the Monthly Notices of the Royal Astronomical Society，205（1）：301-313.

Salvermoser J，Hadziioannou C，Stähler S C. 2015. Structural monitoring of a highway bridge using passive noise recordings from street traffic. The Journal of the Acoustical Society of America，138（6）：3864-3872.

Snieder R. 2004. Extracting the Green's function from the correlation of coda waves：A derivation based on stationary phase. Physical Review E，69（4）：046610.

Sussmann T R，Thompson H B，Stark T D，et al. 2017. Use of seismic surface wave testing to assess track substructure condition. Construction and Building Materials，155：1250-1255.

Wapenaar K，Fokkema J. 2006. Green's function representations for seismic interferometry. Geophysics，71（4）：SI33-SI46.

第六章
雄安高铁地震观测台阵及波场分析

温景充[1]，石永祥[1]，鲍铁钊[1]，李幼铭[2]，伍晗[1]，包乾宗[3]，宁杰远[1]

1. 北京大学地球与空间科学学院，北京，100871

2. 中国科学院地质与地球物理研究所，北京，100029

3. 长安大学地质工程与测绘学院，西安，710054

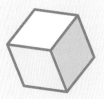

本章部分内容最初发表在《北京大学学报（自然科学版）》（2019 年第 55 卷第 5 期，791-797），在此基础上又做了扩展修改。

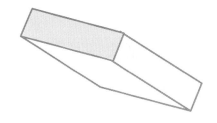

▎摘要▎

2018 年 4 月至 5 月，高铁地震学联合研究组在河北省容城县进行了前后两期高铁地震学密集台阵观测，观测仪器包括 200 多个短周期地震仪和 22 个甚宽频带地震仪。观测台阵跨越高铁、普通铁路、高速公路及普通道路。通过一致性检验和远震波形，对短周期地震仪进行了台站时钟校正，获得近 50 万条高铁地震记录。这些地震记录已用于高铁震源及波场特征研究和浅层及深层地下结构 4D 成像。本章介绍雄安高铁数据的布设情况以及关于雄安高铁地震数据的初步分析结果，方便读者今后利用这批数据进行更深入的研究。

截至 2022 年 6 月底，我国高铁里程达 43000km，约占世界的 70%。大多数高速列车运行速度为 300km/h，其中运行在京沪高铁、京广高铁北京到武汉段上的"复兴号"标准动车组已重新提速至 350km/h，其安全运行需要得到有力保障。

高铁列车的振动传感器可用于列车运行状态分析及高铁机械故障诊断（赵晶晶等，2014；李贵兵等，2014；李智敏等，2015；朱菲和金炜东，2018）。大多数高铁都架设在高架桥上，高铁列车的振动会引起桥体及其下路基的振动，已有大量研究利用检波器测定的振动进行桥体探伤或路基变化检测（姚京川等，2010；丁幼亮等，2016）。但为了开发更先进的方法和技术，需要深入研究其波场特征。

除高铁行驶安全外，铁路部门还投入很大精力研究噪声控制方法，并取得了若干研究进展（赵瀚玮等，2018）。对于高铁振动信号及其噪声的利用，既可以解决天然地震震源分布不均匀的问题，也能降低高铁振动信号对其他信号的干扰。徐善辉等（2017）对京津城际铁路高铁所激发的地震波场进行观测，发现波场能够在几千米之外被检测到。陈棋福等（Chen, et al.）（2004）对列车所引起地下振动的研究结果也说明，向下传播的地震波可能会反映地壳结构的信息。

为进一步了解高铁地震波场特征，探究其在路桥检测、浅部勘探和深部探测中的应用，高铁地震学联合研究组在雄安新区附近的京广高铁沿线进行了前后两期共一个月的高铁地震学观测，获得了近 50 万条高铁地震记录。观测台阵设计过程中，对附近的高速公路、普通铁路、普通公路进行了观测。本章介绍雄安高铁数据的布设情况以及关于雄安高铁地震数据的初步分析结果，方便读者今后利用这批数据进行更深入的研究。

6.1 台阵概况

京广高铁是我国最早建设的高铁线路。2018 年 4 月至 5 月，行驶在京广高铁北京到保定区间段的列车每天有一百多对，因此能够在短时间内获得大量高铁事件波形。大部分高铁经过观测区域时以 300km/h 左右的速度匀速行驶。同时，该区域的南面还有津保客运专线，每天有约 40 列动车通过该铁路，时速为 160~240km/h，每天约 40 列动车通过，为研究人员提供了对比研究的资料。

观测共分为两期。

（1）第一期观测台阵为面状，主要针对高铁地震进行观测。笔者要求大部分台站避开村庄和主要道路，沿乡间小路布设，以保证高铁地震记录有较高的信噪比。本次观测共涉及 184 个短周期仪器台站和 22 个甚宽频带仪器台站，平均台站间距约 300m。一期台站约覆盖 10km×10km 的区域，主要位于京广高铁的东南侧、津保客运专线北侧，最远的台站距离高铁线路超过 9km。第一期观测台站布台时间为 2018 年 4 月 22 日至 24 日，撤台时间为 2018 年 5 月 5 日。

（2）第二期观测由 8 条与高铁垂直的测线组成，装台时间为 5 月 9 日至 10 日，撤台时间为 5 月 25 日至 26 日，涉及 205 个短周期台站，其中最长的测线约 13km，平均台间距 500m。测线从京广高铁向西侧延伸，除进行高铁观测外，还兼顾西侧的京港澳高速、107 国道和京广普通铁路的汽车或普通列车引起的振动观测，为今后进行对比研究提供了资料。

两期台站与京广高铁等主要高铁线路、国道、高速公路的相对位置如图 6-1 所示。图 6-2 展示的是两期台阵短周期仪器的工作时间。

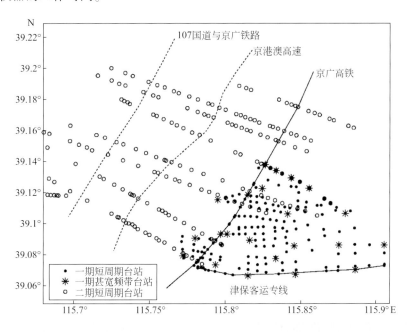

图 6-1　观测台阵与高铁线路、高速公路、国道的相对位置

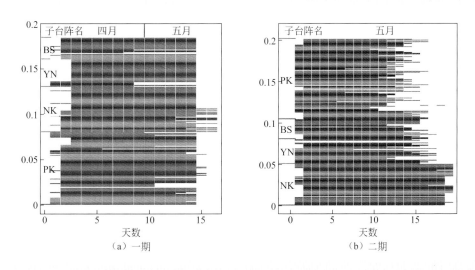

图 6-2　两期台阵短周期仪器工作时间概况

图中的每条短线表示一天；PK 表示北大仪器，NK 表示南科大仪器，YN 表示云南省地震局仪器，BS 表示北京赛思奇胜科贸有限公司仪器

6.2 仪器及其一致性检验

本次高铁地震观测涉及的仪器共 4 种，包括 3 种短周期仪器和 1 种甚宽频带仪器。第一种短周期仪器是重庆仪器厂生产的 EPS 便携式数字地震仪，检波器频带范围为 0.2 ~ 200Hz，实际观测的采样率为 200Hz，采用内部电源供电。第二种短周期仪器是北京赛思奇胜科贸有限公司提供的 QS-5B 便携式数字地震仪，其参数与 EPS 地震仪类似。第三种短周期仪器是重庆仪器厂的 DZS-1 型深层数字地震仪，但由于仪器老旧，所以只得到极其少量的数据，并未纳入台站数量和数据量的统计。22 个甚宽频带地震仪为瑞士斯特雷凯森（Streckeisen）制造的 STS-2.5 甚宽频带地震计，该仪器在 8.33mHz（120s）到 50Hz 频率范围内速度响应平坦。

笔者对使用的两种短周期仪器进行一致性测试，测试地点在北京大学内一处空旷的场地。两百多台短周期仪器在同一场地条件下接受测试。测试过程中，开机记录数据的时长约为 30 分钟。测试期间采用人工方式模拟不同的波场，以测试其三分量记录、时间和方位角的一致性。结果表明，同一类型仪器记录的振幅基本一致，GPS 对时亦有较高的准确性。部分台站的波形记录如图 6-3 所示。

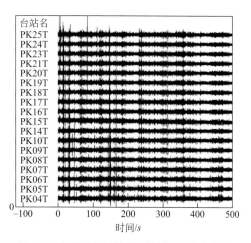

图 6-3 短周期仪器一致性测试中，部分仪器在 500s 内的波形

6.3 天然地震记录及台阵钟差

在地震观测中，定位授时不准会影响数据的有效性。本研究使用的 EPS 地震仪采用内置 GPS 定位授时，QS-5B 地震仪则使用外接 GPS 天线。大部分仪器在布台过程均确保钟差小于 1ms。

对观测记录进行分析，发现极个别台站有较明显的授时误差，最大可达 2s 左右。笔者采用天然地震记录（特别是远震记录）对台站进行授时准确度评价。一期台阵部分仪器记录的发生在国际标准时间 2018 年 5 月 4 日 22 时 32 分的 Mw6.9 级夏威夷地震波形如图 6-4 所示。互相关结果表明，不同台站对该远震的记录较为一致。进一步对实际数据进行分析发现，部分 GPS 天线被破坏或者电池电量不足的台站会出现较明显的授时不准问题。

两种短周期仪器均有钟差校正机制，即每隔一段时间记录仪器时钟与 GPS 时间的差异。笔者读取部分仪器的钟差文件，进行时间校正。校正后，发现各台站对上述 6.9 级地震的波形记录的一致性降低，即使考虑地震波传播方向，也无法解释不一致的情况。笔者认为这是仪器内部软件问题引起的，同时建议不使用仪器自带的钟差进行校准。

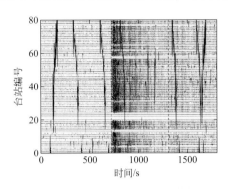

图 6-4　一期台站中 80 个台站记录的 Mw6.9 级夏威夷地震 Z 分量波形

图中灰色、黑色虚线分别为 P 波、S 波理论到时

笔者还对比了不同定位工具的结果，发现目前智能手机的定位精度很高（周明武，2017），在室外条件下水平误差在 3m 左右，能够满足定位精度要求。所以，在布台和撤台过程中，主要采用智能手机进行 GPS 定位。

6.4　高铁事件的截取与叠加

高铁车型的一致性以及运行速度的稳定性使得不同的高铁地震事件之间具有较高的相似性。基于这样的特点，笔者使用类似于勘探地震学中多炮叠加的方法，对不同列车所激发的振动进行叠加，进一步提高记录的信噪比。

对地震信号进行叠加之前必须进行时间对齐。在地震勘探中，由于每一炮的时间是确定的，所以可以直接对齐叠加。但在高铁地震研究中，会遇到一些困难。

与天然地震以及地震勘探不同，高铁地震中的震源在时间上是持续的，不存在"发震时刻"的概念。特别是距离铁路线较远的台站，所记录的高铁信号振幅变化较平缓，无法准确定义"震相"和"到时"。而对于高铁桥梁附近的台站，由于距离近、衰减小，所以在高铁经过时，振幅会明显变大。笔者利用这一特征进行高铁事件的判别。一个距高铁桥墩不超过 10m 的台站，一天记录的高铁地震事件以及单一高铁事件南北分量如图 6-5 所示。高铁事件的信噪比非常高，铁路正下方台站信噪比超过 300，距离铁路线 1km 处信噪比也能达到 10 左右。由于很少有其他车辆进入高铁桥梁下方，所以记录中也极少出现其他明显的强噪声。

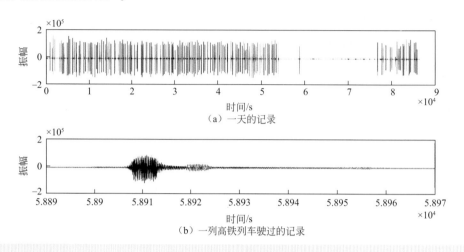

（a）一天的记录

（b）一列高铁列车驶过的记录

图 6-5　近距离台站高铁地震记录

　　单一高铁事件记录中，在高铁经过这些台站时，记录呈现振幅大且比较稳定的特征。利用这一特点，笔者将高铁经过时波形振幅的突然增大定义为"震相"，并采用传统的长短窗方法（Allen，1978）进行该"震相"的拾取。同时，利用高铁沿线附近的两个台站拾取的同一列高铁的到时，来判定高铁的行驶方向，并计算其平均行驶速度。在这一过程中，通过限制一定时间段内的高铁事件数目，来排除两列高铁交会造成的干扰。通过测定高铁记录中主要能量的持续时间，并结合高铁行驶速度，能够大致判定某一列高铁的车厢数。利用上述方法对一天的高铁记录进行分析，得到的高铁行驶方向及速度的分布如图 6-6 所示。

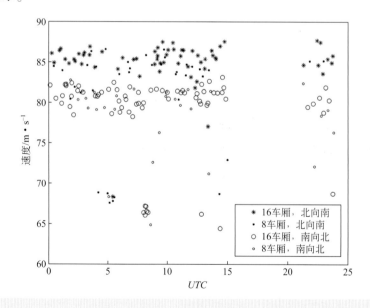

图 6-6　单日行驶方向及车速分布

　　利用得到的每一列高铁的"到时"，笔者找出同一条近似垂直于高铁的测线的地震记录，选择该测线上最接近高铁的台站，对此台站的高铁到时进行对齐叠加，叠加的时窗长度是高铁到时前后约

40s，共80s，并要求到时前后100s没有其他事件。笔者对连续5天的记录进行处理，并对高铁从南向北行驶、16节车厢、速度为82（±2）m/s的202个高铁事件的南北分量直接叠加，经过2~5Hz带通滤波后的结果如图6-7所示。叠加结果表明，高铁信号在垂直于高铁的水平方向上，其低频（约3Hz）成分能够传播至少3km。

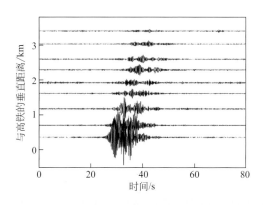

图6-7　叠加后的高铁地震记录

6.5　高铁地震信号频谱特性与倒谱分析

关于高铁或者普通铁路列车行驶激发的地震信号，有学者曾做过数值模拟计算，也曾在高铁或普通铁路轨道近距离范围内进行小规模地震观测，并对所得数据进行时域及频域分析（Forrest，1999；Degrande and Schillemans，2001；Forrest and Hunt，2006；Kouroussis，et al.，2014）。郑亚玮和陈俊岭（2015）对京津城际铁路进行信号采集，发现高铁信号呈现窄带分立谱特征，在时域表现出明显的周期性。王晓凯等（2019）利用挤压时频分析方法，对高铁沿线采集到的数据进行时频分析，也得到了窄带分立频谱。

高铁动车组由多节车厢组成，每一节车厢经过时所激发的波场具有相似性，因此高铁信号可以视为不同车厢单独经过时产生的信号经过时间延迟后的叠加。可以用倒谱方法（Bogert，et al.，1963）对具有这一性质的地震信号的频谱进行研究，从而计算时间延迟，并从中得到高铁列车结构信息。

记原始单独信号 $s(t)$ 的频谱为 $S(f)$，则具有一次自相似延时叠加的信号

$$x(t) = s(t) + \alpha s(t - \tau_0) \tag{6-1}$$

该信号的频谱 $X(f)$ 满足

$$|X(f)|^2 = |S(f)|^2[1+\alpha^2+2\alpha\cos(2\pi f\tau_0)] \tag{6-2}$$

对上式取对数可得

$$C(f) = \lg|X(f)|^2 = \lg|S(f)|^2 + \lg[1+\alpha^2+2\alpha\cos(2\pi f\tau_0)] \tag{6-3}$$

得到的信号 $C(f)$ 具有"频率" τ_0 的周期性信号。对该时间序列的对数功率谱进行傅氏变换即得到倒谱

$$F(\tau) = \int_{-\infty}^{+\infty} \lg|X(f)|^2 \exp(-if\tau)\,\mathrm{d}f \tag{6-4}$$

倒谱的变量是具有时间量纲的倒频率，在时间延迟 τ_0 处有明显的峰值。

对靠近铁路线的台站记录的高铁信号进行频谱计算，并对频谱作倒谱分析，得到的不同类型动车组的信号、频谱和倒谱如图 6-8 所示，分别对应高铁动车组 8 节车厢列车、16 节车厢列车、两列 8 节车厢列车重联 3 种动车组编组方式。其中，一列 8 节车厢的列车通过的时间约为 2.5s，16 节车厢的列车通过的时间约 5s。观察这两个时间处倒谱的峰，结合原始记录中主要能量的持续时间，能够判断列车车厢数和编组方式。

从图 6-8 第 1 行可以看出，倒谱在 2.5s 左右有明显的峰，而在 5s 处没有，因此推断其对应的是 8 节车厢列车。图 6-8 第 2 行中，5s 处的峰较大，2.5s 处的峰很小，所以对应 16 节车厢的列车。图 6-8 第 3 行中，2.5s 处的峰很明显，5s 处的峰也比较大，因此推断对应两列 8 节车厢的列车重联。不同编组方式的动车组频谱都具有窄带分立谱特征。从图中还可以发现，这些窄带分立谱是等间距的，该间距与最低的窄带峰值一致，为 3.3Hz，与大约 25m 长的车厢以 82.5m/s 的速度行驶时的频率相对应。其他分立谱则是多节车厢重复的结果，峰值的高低主要受车轮分布以及列车原始振动频谱的调制。

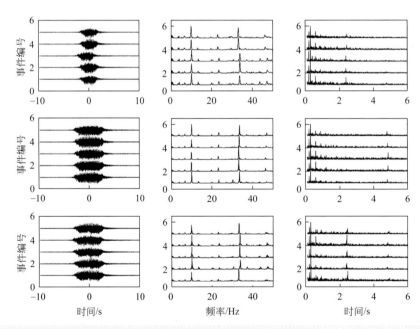

图 6-8 不同类型动车组的信号、频谱和倒谱
第 1 行：8 节车厢列车；第 2 行：16 节车厢列车；第 3 行：两列 8 节车厢列车重联

6.6　高铁地震信号空间分布特性

6.6.1　高铁地震远场波场的干涉特征及分析

选取台阵中近似垂直于高铁线路且远离村庄的一条测线的高铁地震数据进行分析，三分量的速度记录经归一化处理后如图 6-9 所示，相应的放大倍数已在图中标出。其中的 0 时刻对应北京时间 2018 年 4 月 29 日 0 时 21 分 3 秒。由于原始的远场数据具有单频特征，因此对原始数据已进行 2~5Hz 的带通滤波处理。

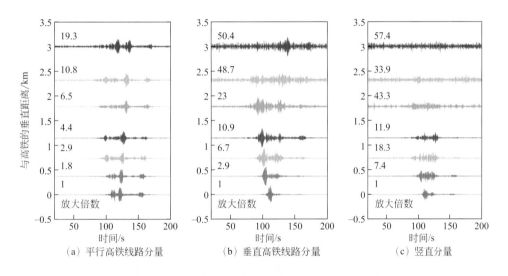

图 6-9　测线上 7 个台站检测的同一列高铁经过时三分量速度记录

远场记录表现出距离高铁线路越远，高铁地震信号中某一部分主要能量越早到达的明显特征。一般我们认为，距离震源越近的台站，主要能量应该越早到达。因此，远处信号先到（即高铁地震记录随距离的增加而逐渐"展宽"）难以用简单的波场传播解释。考虑到不同台站信号的优势频率基本一致，因而猜测中、远场记录可能是由不同波源激发的波干涉而产生。

干涉是波动理论中较常见的现象。当存在多个波源时，不同波源产生的波有可能在观测点发生相干增强或相消，从而形成干涉条纹。形成干涉有 3 个基本条件：频率相同、有共同的非零分量以及相位差恒定。实际观测的京广高铁线路属于桥梁段，桥墩间距基本相等。近似等间距的桥墩可以视为产生干涉的波源，类似于光学中的光栅。光栅在平行光照射下会产生明显的干涉现象。高铁列车各车厢匀速通过桥墩时，会产生以相邻车厢通过同一桥墩的时间间隔为周期的信号，该信号具有一个较低频的主要能量；各桥墩单独产生的远场波场有相似性；由于各桥墩之间的距离是固定的，各个桥墩源具有恒定的相位差。综上所述，桥墩产生的波满足干涉条件。不同桥墩激发的波形成干涉场，该干涉场也随列车运动而向前移动，从而在垂直于高铁的测线上表现出单频且展宽的波场。

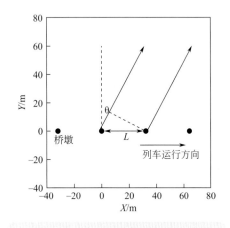

图 6-10　干涉叠加增强示意图

具体的干涉叠加增强方向可以由以下模型计算。如图 6-10 所示，若频率为 f 的波在与垂直于高铁的法线夹角为 θ 的方向上传播，相邻两桥墩激发的地震波若能叠加增强，应满足两列波的到时差为周期 $T=1/f$ 的整数倍，即满足：

$$\frac{L}{v} - \frac{L\sin\theta}{c_0(f)} = \frac{m}{f} \qquad (6\text{-}5)$$

其中 m 为正整数。

如果给定相速度频散曲线 $c_0(f)$，对于每一个干涉级数 m，都能够在一定的频率范围内算出一个角度 θ 与之对应。对于本章假设的速度模型（如图 6-11 所示），取桥墩间距 32m，列车速度 64m/s，计算结果如图 6-12 所示（国内高铁桥墩间距的一个典型值为 32m，高铁和动车速度分别约为 80m/s 和 64m/s，车厢长度典型值为 25m）。

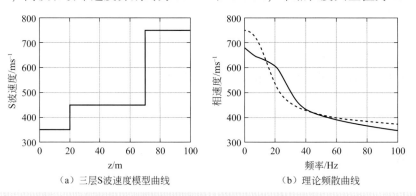

（a）三层S波速度模型曲线　　　　　（b）理论频散曲线

图 6-11　三层 S 波速度模型及理论频散曲线
实线为瑞利波频散曲线，虚线为勒夫波频散曲线

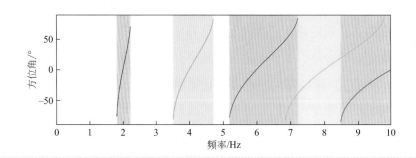

图 6-12　不同频率的波叠加增强的主方向
图中红色、绿色、蓝色、青色和粉色分别对应式（6-5）中 m 为 1~5 的情况

图中显示以桥频为中心一定宽度范围的频段内，相邻两桥墩激发的地震波可以叠加增强；干涉级数越高，覆盖的频率范围就越宽。在某些特定的频段，没有可叠加增强的角度；而一些较高的频率可

能有不止一个优势方向。垂直于高铁线路方向传播的波，即 $\theta=0$，对应的叠加增强的频率即为桥频及其倍频，也可以理解为垂直方向没有多普勒频移。$\theta>0$，即波向前传播的区域，叠加增强的频率比桥频高，对应蓝移；$\theta<0$，即波向后传播的区域，叠加增强的频率比桥频低，对应红移。相关计算结果显示，波速越低，以桥频为中心附近可叠加增强的频段就越宽（石永祥，2022）。

6.6.2　高铁地震面波波场模拟计算

干涉场是对高铁地震波场的基本抽象模型，为了验证模型的正确性，同时与实际记录进行对比，本节先用简单的解析形式对波场进行模拟计算。相比于可以计算非均匀介质波场的有限差分、有限元等数值方法，解析方法的结果更具可移植性。解析计算需要用震源时间函数卷积震源到接收点的格林函数，即

$$u_{33}(\boldsymbol{r},t)=\sum_{l=1}^{K}\left[s_0(t)*g_{33}\left(\boldsymbol{r},t;\boldsymbol{r}_l,t-\frac{lL}{v}\right)\right] \tag{6-6}$$

其中 $\boldsymbol{r}$ 为接收点位置，$\boldsymbol{r}_l$ 为第 l 个桥墩的位置，K 为参与计算的桥墩总数，L 为桥墩间距，"$*$"表示卷积，$g_{33}\left(\boldsymbol{r},t;\boldsymbol{r}_l,t-\frac{lL}{v}\right)$ 即为 $\boldsymbol{r}_l$ 处的桥墩在 $t-\frac{lL}{v}$ 时刻激发的 $\boldsymbol{r}$ 处的格林函数张量的第 9 个分量（竖直方向力激发的竖直方向位移）。这一位移在频域中可表示为

$$U_{33}(\boldsymbol{r},f)=\sum_{l=1}^{K}\left[S_0(f)\,\mathrm{e}^{-\mathrm{i}2\pi f\frac{lL}{v}}G_{33}(\boldsymbol{r},f;\boldsymbol{r}_l)\right] \tag{6-7}$$

考虑到我国东部的高铁大部分都位于桥梁上，作为简化，在远场条件下将桥墩视为点源。而在震源时间函数方面沿用吴演声和杨永斌（2004）的思路，主要考虑竖直方向上车的重力通过车轮、桥梁作用在桥墩上的力。而格林函数则有很多种选取方式，由于高铁震源位于地表，面波振幅较大，因此主要考虑面波。考虑水平分层介质格林函数的简化，只取其中的面波项，则基阶面波项可以表示为 $A_0(f)\mathrm{e}^{-\mathrm{i}2\pi f\frac{r}{c_0(f)}}$。其中 $A_0(f)$ 表示基阶面波的振幅项，$c_0(f)$ 为所给模型的基阶面波相速度，如图 6-11（b）所示。用这一模型的面波格林函数计算得到的模拟面波波场如图 6-13 所示，从中明显可见干涉特征。

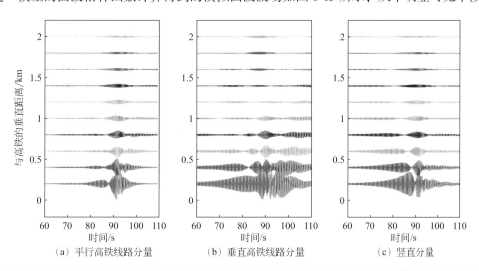

（a）平行高铁线路分量　　　　（b）垂直高铁线路分量　　　　（c）竖直分量

图 6-13　三分量速度模拟记录

6.7 结论

为了进一步了解高铁地震信号及波场特征，探究其在路桥检测、浅层勘探和深层探测中的应用，高铁地震学联合研究组在雄安新区附近的京广高铁沿线进行了前后两期共一个多月的高铁地震观测，观测台阵由 200 多个短周期仪器和 22 个甚宽频带仪器组成。

为了保证数据的有效性，笔者对仪器记录的钟差进行分析，并与天然地震波形进行比对，发现大多数台站授时一致，极少数出问题的台站在使用时需要剔除，而出现钟差数据可能是因软件不太可靠。除此之外，为便于更加定量、更准确地使用这一台阵的数据，笔者对所有短周期仪器进行了一致性测试，得到的波形结果可以作为仪器响应的简单参考。

在截取高铁事件并叠加之后，笔者发现波场在垂直于铁路的水平方向上至少能传播 3km；通过对单一事件的频谱分析，得到与前人研究结果一致的窄带等间距分立谱，而对频谱作倒谱分析可以初步得到列车结构信息；由桥墩激发的高铁地震波场具有典型的干涉特征，通过分析可以给出干涉叠加增强的传播方向，简单的面波模拟记录中也体现了明显的干涉特征。

致谢

本次大规模高铁地震观测由高铁地震学联合研究组领导，感谢中国科学院地质与地球物理研究所李幼铭研究员对高铁地震研究的支持。野外观测由北京大学地球与空间科学学院宁杰远教授团队规划，西安交通大学陈文超教授团队、长安大学包乾宗教授团队参与，感谢参与野外观测人员的辛勤劳动。同时感谢南方科技大学、河北省地震局、云南省地震局、长安大学和北京赛思奇胜科贸有限公司为本次观测提供仪器以及技术指导。

中文参考文献

丁幼亮，王超，王景全，等. 2016. 高速铁路钢桁拱桥吊杆振动长期监测与分析. 东南大学学报（自然科学版），

46（4）：848-852.

李贵兵，金炜东，蒋鹏，等. 2014. 面向大规模监测数据的高铁故障诊断技术研究. 系统仿真学报，26（10）：2458-2464.

李智敏，苟先太，秦娜，等. 2015. 高速列车振动监测信号的频率特征. 仪表技术与传感器，（5）：99-103.

石永祥，温景充，宁杰远. 2022. 高铁震源地下介质成像的理论分析. 中国科学：地球科学，52（5）：893-902.

王晓凯，陈文超，温景充，等. 2019. 高铁震源地震信号的挤压时频分析应用. 地球物理学报，62（2）：2328-2335.

徐善辉，郭建，李培培，等. 2017. 京津高铁列车运行引起的地表振动观测与分析. 地球物理学进展，32（1）：432-422.

姚京川，杨宜谦，王澜. 2010. 基于 Hilbert-Huang 变换的桥梁损伤预警. 中国铁道科学，31（4）：46-52.

赵瀚玮，丁幼亮，李爱群，等. 2018. 大跨多线高速铁路钢桁拱桥车——桥振动安全预警研究. 中国铁道科学，39（2）：28-36.

赵晶晶，杨燕，李天瑞，等. 2014. 基于近似熵及 EMD 的高铁故障诊断. 计算机科学，41（1）：91-94，99.

郑亚玮，陈俊岭. 2015. 高速铁路引起的地面振动实测及分析. 特种结构，32（3）：76-79.

周明武. 2017. Android 手机 GPS 和 A-GPS 面积测量精度分析. 计算机产品与流通，（7）：150-151.

朱菲，金炜东. 2018. 基本概率指派生成方法在高铁设备故障诊断中的应用研究. 中国铁路，（4）：82-86，97.

附英文参考文献

Allen R V. 1978. Automatic earthquake recognition and timing from single traces. Bulletin of the Seismological Society of America，68（5）：1521-1532.

Bogert B P，Healy M J R，Tukey J W. 1963. The quefrency analysis of time series for echoes：cepstrum，pseudo-autocovariance，cross-cepstrum and saphe cracking. Rosenblatt M ed. Proceedings of the Symposium on Time Series Analysis. New York：Apublication in the SIAM，209-243.

Chen Q F，Li L，Li G，et al. 2004. Seismic features if vibration induces by train. Acta Seismologica Sinica，17（6）：715-724.

Degrande G，Schillemans L. 2001. Free field vibrations during the passage of a thalys high-speed train at variable speed. Journal of Sound and Vibration，274（1）：131-144.

Forrest J A. 1999. Modelling of ground vibration from underground railways［Ph. D. thesis］. Cambridge：University of Cambridge.

Forrest J A，Hunt H E M. 2006. Ground vibration generated by trains in underground tunnels. Journal of Sound and Vibration，294（4-5）：706-736.

Kouroussis G，Connolly D P，Verlinden O. 2014. Railway-induced ground vibrations—a review of vehicle effects. International Journal of Rail Transportation，2（2）：69-110.

Wu Y S，Yang Y B. 2004. A semi-analytical approach for analyzing ground vibrations caused by trains moving over elevated bridges. Soil Dynamics and Earthquake Engineering，24（12）：949-962.

第三部分　记录资料成像与反演

第七章
高铁地震信号全波形反演

胡光辉[1]，孙思宇[1]，李幼铭[2]

1. 中国石油化工股份有限公司石油物探技术研究院，南京，210000
2. 中国科学院地质与地球物理研究所，中国科学院油气资源研究重点实验室，北京，100029

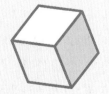

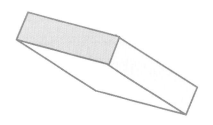

| 摘要 |

高铁地震信号由高速行驶的高铁列车与铁轨挤压形变后产生，具有频带宽、低频强、重复性好等优点。如何利用高铁地震信号进行地下介质重构，尚处于前期探索阶段。全波形反演建模技术是目前地球物理领域建模精度较高的方法之一，且其需要低频数据才能保证结果的稳定收敛，因此利用全波形反演对高铁地震信号进行近地表建模及属性变化监测和灾害预警具有独特优势。本章讲述了各向同性介质中的声波方程理论，以及如何利用有限差分法对波动方程进行求解。通过对高铁地震信号的分析，笔者研究了高铁地震的理论震源信号和基于桥墩的离散震源信号。最后，笔者讨论了反演的基本框架与时间域全波形反演的求解过程，并通过模型与实际数据测试实现了利用高铁地震信号的全波形反演建模及属性变化监测。

引言

高铁作为现代出行方式，其车轮与铁轨挤压摩擦产生的震动通常被认为是地震勘探领域中的噪声，因此研究人员会将地震台站布置在远离铁轨的位置以提高地震资料信噪比。F. 福克斯（F. Fuchs）（2018）通过高铁信号振幅谱与时频分析（张固澜等，2019；王晓凯等，2019a，2019b）识别不同列车的加速、减速与匀速运行情况；陈棋福等（2004）通过分析距高铁铁轨 2km 外的地震仪所接收的高铁地震数据，建议将高铁地震信号用于浅层地震成像；D. A. 奎罗斯（D. A. Quiros）（2016）利用高铁地震信号进行体波与面波成像，为探测铁轨附近地下构造提供了有力依据。高铁列车在行驶过程中加速与减速较为普遍，随之产生的高铁震源子波具有非常明显的时空变化特征，因此直接进行高铁震源估算与正演模拟难度较大。此外，基于高铁地震信号的近地表属性参数反演（刘磊，蒋一然，2019）的研究目前仅处于起步阶段。

高铁列车行驶速度较快，对桥墩路基附近的参数变化较为敏感，因此，通过监测铁轨沿线的属性参数变化可以实现灾害预警。匀速行驶的高铁列车可近似视作快速移动的线性震源，因此可用于分析高铁震源函数的理论解。大多数高铁路基通过高架桥与地面连接，这样桥墩就成了天然的离散点，因此研究桥墩处的高铁点源函数估算，有利于全波形反演（Full Waveform Inversion，FWI）；因此，可以利用 FWI 方法对的多趟高铁列车在同一位置产生的时移高铁地震信号进行多属性参数反演，从而实现高铁铁轨沿线的时移地震监测。

FWI 技术从叠前道集出发，通过最小化误差泛函更新地下介质参数，具有高精度和高分辨率等特点，是地震学领域的研究热点（Lailly，1983；Tarantola，1984；Virieux and operto，2009）。本章从波动方程正演角度，将高铁地震线性震源以桥墩这一天然离散点离散为多个点震源。通过野外观测数据进行单道和多道高铁地震震源函数估算，利用估算的高铁地震震源函数进行高铁地震信号正演模拟；推导了基于高铁震源函数的全波形反演梯度，通过模型数据验证了利用高铁信号实现近地表监测的合理性。最后利用实际采集的高铁地震信号进行了近地表速度建模试算。

7.1 各向同性介质中的声波方程

7.1.1 声波波动方程导出

声波波动方程可以写为一阶速度–应力方程形式或二阶声压方程形式。通过变形推导，声波波动方程的一阶形式和二阶形式可以相互转换。地震波在地下介质中传播时，介质会发生形变和位移，从而形成弹性波场。将介质中应力与位移的关系代入牛顿第二定律，即弹性波满足的波动方程为

$$\rho(\boldsymbol{x})\ddot{\boldsymbol{u}}(\boldsymbol{x},t)-\nabla\cdot\boldsymbol{\sigma}(\boldsymbol{x},t)=s(\boldsymbol{x},t), \quad \boldsymbol{x}\in\Omega\subset\mathbb{R}^3, \quad t\in[0,T] \tag{7-1}$$

其中，$\rho(\boldsymbol{x})$ 为地下介质密度的分布，$\boldsymbol{u}(\boldsymbol{x},t)$ 为位移矢量，$\boldsymbol{\sigma}(\boldsymbol{x},t)$ 为应力张量。

在自由边界上，牵引力为零，即自由边界应满足以下条件：

$$\hat{\boldsymbol{n}}\cdot\boldsymbol{\sigma}(\boldsymbol{x},t)\big|_{\boldsymbol{x}\in\delta\Omega}=0 \tag{7-2}$$

质点位移 $\boldsymbol{u}(\boldsymbol{x},t)$ 和振动速度 $\boldsymbol{v}(\boldsymbol{x},t)=\dot{\boldsymbol{u}}(\boldsymbol{x},t)$ 都需要满足初始条件，即未开始振动时，位移和质点振动速度都应为零，即

$$\begin{cases}\boldsymbol{u}(\boldsymbol{x},0)=0\\\boldsymbol{v}(\boldsymbol{x},0)=0\end{cases} \tag{7-3}$$

在弹性介质中，任意一点的应力和应变之间的关系反映了弹性介质的内在物理性质，即广义胡克定律，也称为本构方程，即

$$\boldsymbol{\sigma}(\boldsymbol{x},t)=\boldsymbol{C}(\boldsymbol{x}):\boldsymbol{\varepsilon}(\boldsymbol{x},t) \tag{7-4}$$

其中，$\boldsymbol{C}(\boldsymbol{x})$ 为四阶弹性张量，共有 81 个分量。

描述位移和应变之间关系的几何方程为

$$\boldsymbol{\varepsilon}(\boldsymbol{x},t)=\frac{1}{2}(\nabla\boldsymbol{u}+\nabla\boldsymbol{u}^{\mathrm{T}}) \tag{7-5}$$

根据弹性张量的对称性以及位移和应变的关系，可导出位移和应力的关系为

$$\sigma_{ij}=C_{ijkl}u_{k,l} \tag{7-6}$$

将其带入运动平衡微分方程，可得用位移表示的弹性波动方程，即

$$\rho\ddot{u}_i-\partial_j(C_{ijkl}u_{k,l})=s_i \tag{7-7}$$

当地下介质为各向同性介质时，弹性张量分量变为

$$C_{ijkl} = \lambda \delta_{ij} \delta_{kl} + \mu \delta_{ik} \delta_{jl} + \mu \delta_{il} \delta_{jk} \tag{7-8}$$

其中，λ，μ 为拉梅常数。应力张量变为

$$\sigma_{11} = \lambda \theta + 2\mu \varepsilon_{11}, \quad \sigma_{22} = \lambda \theta + 2\mu \varepsilon_{22}, \quad \sigma_{33} = \lambda \theta + 2\mu \varepsilon_{33}$$

$$\sigma_{21} = 2\mu \varepsilon_{21}, \quad \sigma_{23} = 2\mu \varepsilon_{23}, \quad \sigma_{31} = 2\mu \varepsilon_{31} \tag{7-9}$$

则可得到由位移表示的各向同性介质中的弹性波动方程

$$\rho \ddot{\boldsymbol{u}}(\boldsymbol{x},t) = (\lambda + \mu) \nabla [\nabla \cdot \boldsymbol{u}(\boldsymbol{x},t)] - \mu \nabla \times \nabla \times \boldsymbol{u}(\boldsymbol{x},t) \tag{7-10}$$

当采用有限差分进行数值模拟时，一般具有实用性的是一阶速度-应力弹性波动方程，其表达形式为

$$\begin{cases} \rho(\boldsymbol{x}) \dot{v}_x(\boldsymbol{x},t) = \sigma_{xx,x}(\boldsymbol{x},t) + \sigma_{xy,y}(\boldsymbol{x},t) + \sigma_{xz,z}(\boldsymbol{x},t) \\ \rho(\boldsymbol{x}) \dot{v}_y(\boldsymbol{x},t) = \sigma_{xy,x}(\boldsymbol{x},t) + \sigma_{yy,y}(\boldsymbol{x},t) + \sigma_{yz,z}(\boldsymbol{x},t) \\ \rho(\boldsymbol{x}) \dot{v}_z(\boldsymbol{x},t) = \sigma_{xz,x}(\boldsymbol{x},t) + \sigma_{yz,y}(\boldsymbol{x},t) + \sigma_{zz,z}(\boldsymbol{x},t) \end{cases}$$

$$\begin{cases} \dot{\sigma}_{xx}(\boldsymbol{x},t) = (\lambda + 2\mu)(\boldsymbol{x}) v_{x,x}(\boldsymbol{x},t) + \lambda(\boldsymbol{x},t) v_{y,y}(\boldsymbol{x},t) + \lambda(\boldsymbol{x}) v_{z,z}(\boldsymbol{x},t) + s_x(\boldsymbol{x},t) \\ \dot{\sigma}_{yy}(\boldsymbol{x},t) = \lambda(\boldsymbol{x}) v_{x,x}(\boldsymbol{x},t) + (\lambda + 2\mu)(\boldsymbol{x},t) v_{y,y}(\boldsymbol{x},t) + \lambda(\boldsymbol{x}) v_{z,z}(\boldsymbol{x},t) + s_y(\boldsymbol{x},t) \\ \dot{\sigma}_{zz}(\boldsymbol{x},t) = \lambda(\boldsymbol{x}) v_{x,x}(\boldsymbol{x},t) + \lambda(\boldsymbol{x}) v_{y,y}(\boldsymbol{x},t) + (\lambda + 2\mu)(\boldsymbol{x}) v_{z,z}(\boldsymbol{x},t) + s_z(\boldsymbol{x},t) \end{cases} \tag{7-11}$$

$$\begin{cases} \dot{\sigma}_{xy}(\boldsymbol{x},t) = \mu(\boldsymbol{x}) [v_{y,x}(\boldsymbol{x},t) + v_{x,y}(\boldsymbol{x},t)] \\ \dot{\sigma}_{xz}(\boldsymbol{x},t) = \mu(\boldsymbol{x}) [v_{z,x}(\boldsymbol{x},t) + v_{x,z}(\boldsymbol{x},t)] \\ \dot{\sigma}_{yz}(\boldsymbol{x},t) = \mu(\boldsymbol{x}) [v_{z,y}(\boldsymbol{x},t) + v_{y,z}(\boldsymbol{x},t)] \end{cases}$$

本章基于声波波动方程进行全波形反演，在此推导声波波动方程的表达式。在声波方程假设下，弹性介质中切应力分量为 0，即 $\mu(\boldsymbol{x}) = 0$，则可得

$$\begin{cases} \rho(\boldsymbol{x}) \dot{v}_x(\boldsymbol{x},t) = \sigma_{xx,x}(\boldsymbol{x},t) \\ \rho(\boldsymbol{x}) \dot{v}_y(\boldsymbol{x},t) = \sigma_{yy,y}(\boldsymbol{x},t) \\ \rho(\boldsymbol{x}) \dot{v}_z(\boldsymbol{x},t) = \sigma_{zz,z}(\boldsymbol{x},t) \end{cases}$$

$$\begin{cases} \dot{\sigma}_{xx}(\boldsymbol{x},t) = \lambda(\boldsymbol{x}) [v_{x,x}(\boldsymbol{x},t) + v_{y,y}(\boldsymbol{x},t) + v_{z,z}(\boldsymbol{x},t)] + s_x(\boldsymbol{x},t) \\ \dot{\sigma}_{yy}(\boldsymbol{x},t) = \lambda(\boldsymbol{x}) [v_{x,x}(\boldsymbol{x},t) + v_{y,y}(\boldsymbol{x},t) + v_{z,z}(\boldsymbol{x},t)] + s_y(\boldsymbol{x},t) \\ \dot{\sigma}_{zz}(\boldsymbol{x},t) = \lambda(\boldsymbol{x}) [v_{x,x}(\boldsymbol{x},t) + v_{y,y}(\boldsymbol{x},t) + v_{z,z}(\boldsymbol{x},t)] + s_z(\boldsymbol{x},t) \end{cases} \tag{7-12}$$

令新的波场变量 $p(\boldsymbol{x},t) = 1/3 [\sigma_{xx}(\boldsymbol{x},t) + \sigma_{yy}(\boldsymbol{x},t) + \sigma_{zz}(\boldsymbol{x},t)]$，则上式可表述为

$$\begin{cases} \rho(\boldsymbol{x}) \dfrac{\partial v_x(\boldsymbol{x},t)}{\partial t} = \dfrac{\partial p(\boldsymbol{x},t)}{\partial x} \\ \rho(\boldsymbol{x}) \dfrac{\partial v_y(\boldsymbol{x},t)}{\partial t} = \dfrac{\partial p(\boldsymbol{x},t)}{\partial y} \\ \rho(\boldsymbol{x}) \dfrac{\partial v_z(\boldsymbol{x},t)}{\partial t} = \dfrac{\partial p(\boldsymbol{x},t)}{\partial z} \\ \dfrac{\partial p(\boldsymbol{x},t)}{\partial t} = \kappa(\boldsymbol{x}) \left[\dfrac{\partial v_x(\boldsymbol{x},t)}{\partial x} + \dfrac{\partial v_y(\boldsymbol{x},t)}{\partial y} + \dfrac{\partial v_z(\boldsymbol{x},t)}{\partial z} \right] + s(\boldsymbol{x},t) \end{cases} \tag{7-13}$$

该方程为各向同性介质中的一阶速度-应力声波方程。将方程中的前三项分别对 x，y，z 求空间导数，将第四项对时间求偏导数，并把求解后的前三项带入第四项，可得二阶声波方程

$$\frac{\partial^2 p(\boldsymbol{x},t)}{\partial t^2} = \kappa(\boldsymbol{x}) \left[\frac{\partial}{\partial x}\left(\frac{1}{\rho(\boldsymbol{x})}\frac{\partial p(\boldsymbol{x},t)}{\partial x}\right) + \frac{\partial}{\partial y}\left(\frac{1}{\rho(\boldsymbol{x})}\frac{\partial p(\boldsymbol{x},t)}{\partial y}\right) + \frac{\partial}{\partial z}\left(\frac{1}{\rho(\boldsymbol{x})}\frac{\partial p(\boldsymbol{x},t)}{\partial x}\right) \right] + f(\boldsymbol{x},t) \quad (7\text{-}14)$$

其中，$f(\boldsymbol{x},t) = \dot{s}(\boldsymbol{x},t)$，即二阶方程的震源项为一阶方程震源项对时间的一阶导数。在波动方程数值计算时，需要注意两个震源项的不同。

下面分析声波波动方程的数值解法、稳定性条件、自由边界条件和吸收边界条件等方面的核心内容。

7.1.2　伪保守形式的波动方程

基于波动理论的全波形反演、逆时偏移等技术都涉及到反问题。在计算时，不仅有正演算子求解，还需求解其伴随算子。地震波数值模拟中，一阶速度-应力波动方程并非自伴随，为了使成像反演问题简单化，可通过弹性波动方程变形，使其具有自伴随的形式，这种形式被称为伪保守形式的波动方程，其伴随算子波场和正演算子求解形式一致，这将大大减少计算量。

定义一阶速度-应力波动方程的场向量为 $\boldsymbol{p}$，其中

$$\boldsymbol{p} = (v_x, v_y, v_z, \sigma_{xx}, \sigma_{yy}, \sigma_{zz}, \sigma_{xy}, \sigma_{xz}, \sigma_{yz})^{\mathrm{T}} \quad (7\text{-}15)$$

通过变换定义新波场为 $\boldsymbol{w}$

$$\boldsymbol{w} = \boldsymbol{T}\boldsymbol{p} \quad (7\text{-}16)$$

其中，变换矩阵

$$\boldsymbol{T} = \begin{pmatrix} 1 & 0 & 0 & 0 & 0 & 0 & 0 & 0 & 0 \\ 0 & 1 & 0 & 0 & 0 & 0 & 0 & 0 & 0 \\ 0 & 0 & 1 & 0 & 0 & 0 & 0 & 0 & 0 \\ 0 & 0 & 0 & \dfrac{1}{\sqrt{3}} & \dfrac{1}{\sqrt{3}} & \dfrac{1}{\sqrt{3}} & 0 & 0 & 0 \\ 0 & 0 & 0 & -\dfrac{1}{\sqrt{6}} & -\dfrac{1}{\sqrt{6}} & \dfrac{2}{\sqrt{6}} & 0 & 0 & 0 \\ 0 & 0 & 0 & -\dfrac{1}{\sqrt{2}} & \dfrac{1}{\sqrt{2}} & 0 & 0 & 0 & 0 \\ 0 & 0 & 0 & 0 & 0 & 0 & 1 & 0 & 0 \\ 0 & 0 & 0 & 0 & 0 & 0 & 0 & 1 & 0 \\ 0 & 0 & 0 & 0 & 0 & 0 & 0 & 0 & 1 \end{pmatrix} \quad (7\text{-}17)$$

从新波场 $\boldsymbol{w}$ 的表达式中可以看出，质点振动速度和切应力没有改变，只改变了正应力。同时变换矩阵具有较好的分块性，可表达为

$$\boldsymbol{T} = \begin{pmatrix} \boldsymbol{\Pi}_{3\times 3} & 0 \\ 0 & \boldsymbol{\Lambda} \end{pmatrix} \quad (7\text{-}18)$$

$$\boldsymbol{\Lambda} = \begin{pmatrix} \dfrac{1}{\sqrt{3}} & \dfrac{1}{\sqrt{3}} & \dfrac{1}{\sqrt{3}} & 0 \\[2mm] -\dfrac{1}{\sqrt{6}} & -\dfrac{1}{\sqrt{6}} & \dfrac{2}{\sqrt{6}} & 0 \\[2mm] -\dfrac{1}{\sqrt{2}} & \dfrac{1}{\sqrt{2}} & 0 & 0 \\[2mm] 0 & 0 & 0 & \boldsymbol{\Pi}_{3\times3} \end{pmatrix} \tag{7-19}$$

则一阶速度–应力弹性波动方程的矩阵形式为

$$\boldsymbol{v} = (v_x, v_y, v_z)^{\mathrm{T}}$$

$$\boldsymbol{\sigma} = (\sigma_{xx}, \sigma_{yy}, \sigma_{zz}, \sigma_{xy}, \sigma_{xz}, \sigma_{yz})^{\mathrm{T}}$$

$$\partial_t \boldsymbol{v} = \sum_{x_i} \partial_{x_i} (\boldsymbol{A}_{x_i} \boldsymbol{\sigma}), \quad x_i = x, y, z \tag{7-20}$$

$$\partial_t \boldsymbol{\sigma} = \sum_{x_i} \partial_{x_i} (\boldsymbol{B}_{x_i} \boldsymbol{\sigma}), \quad x_i = x, y, z$$

其中

$$\boldsymbol{B}_x = \begin{pmatrix} \lambda+2\mu & 0 & 0 \\ \lambda & 0 & 0 \\ \lambda & 0 & 0 \\ 0 & \mu & 0 \\ 0 & 0 & \mu \\ 0 & 0 & 0 \end{pmatrix}, \quad \boldsymbol{B}_y = \begin{pmatrix} 0 & \lambda & 0 \\ 0 & \lambda+2\mu & 0 \\ 0 & \lambda & 0 \\ \mu & 0 & 0 \\ 0 & 0 & 0 \\ 0 & 0 & \mu \end{pmatrix}, \quad \boldsymbol{B}_z = \begin{pmatrix} 0 & 0 & \lambda \\ 0 & 0 & \lambda \\ 0 & 0 & \lambda+2\mu \\ 0 & 0 & 0 \\ \mu & 0 & 0 \\ 0 & \mu & 0 \end{pmatrix}$$

$$\boldsymbol{A}_x = \begin{pmatrix} \dfrac{1}{\rho} & 0 & 0 & 0 & 0 & 0 \\[2mm] 0 & 0 & 0 & \dfrac{1}{\rho} & 0 & 0 \\[2mm] 0 & 0 & 0 & 0 & \dfrac{1}{\rho} & 0 \end{pmatrix}, \quad \boldsymbol{A}_y = \begin{pmatrix} 0 & 0 & 0 & \dfrac{1}{\rho} & 0 & 0 \\[2mm] 0 & \dfrac{1}{\rho} & 0 & 0 & 0 & 0 \\[2mm] 0 & 0 & 0 & 0 & 0 & \dfrac{1}{\rho} \end{pmatrix}, \quad \boldsymbol{A}_z = \begin{pmatrix} 0 & 0 & 0 & 0 & \dfrac{1}{\rho} & 0 \\[2mm] 0 & 0 & 0 & 0 & 0 & \dfrac{1}{\rho} \\[2mm] 0 & 0 & \dfrac{1}{\rho} & 0 & 0 & 0 \end{pmatrix}$$

用 $\boldsymbol{\Lambda}^{-1}\boldsymbol{\Lambda}$ 乘以上式可得

$$\tilde{\boldsymbol{\sigma}} = \boldsymbol{\Lambda}\boldsymbol{\sigma}$$

$$\partial_t \boldsymbol{v} = \sum_{x_i} \partial_{x_i} (\boldsymbol{A}_{x_i} \boldsymbol{\Lambda}^{-1} \tilde{\boldsymbol{\sigma}}) \tag{7-21}$$

$$\partial_t \tilde{\boldsymbol{\sigma}} = \sum_{x_i} \partial_{x_i} (\boldsymbol{\Lambda}\boldsymbol{B}_{x_i} \boldsymbol{\sigma})$$

令对角模型参数矩阵为

$$\begin{cases} \boldsymbol{N}_1 = \mathrm{diag}(\rho, \rho, \rho) \\[2mm] \boldsymbol{N}_2 = \mathrm{diag}\left(\dfrac{1}{3\lambda+2\mu}, \dfrac{1}{2\mu}, \dfrac{1}{2\mu}, \dfrac{1}{\mu}, \dfrac{1}{\mu}, \dfrac{1}{\mu} \right) \end{cases} \tag{7-22}$$

将对角模型参数矩阵带入，推导可得伪保守形式的弹性波动方程

$$N_1\partial_t\boldsymbol{v}=\sum_{x_i}\partial_{x_i}(N_1A_{x_i}\boldsymbol{\Lambda}^{-1}\tilde{\boldsymbol{\sigma}})=\sum_{x_i}\partial_{x_i}(\tilde{A}_{x_i}\tilde{\boldsymbol{\sigma}})=\sum_{x_i}\tilde{A}'_{x_i}\tilde{\boldsymbol{\sigma}} \tag{7-23}$$

$$N_2\partial_t\tilde{\boldsymbol{\sigma}}=\sum_{x_i}\partial_{x_i}(N_2\boldsymbol{\Lambda}B_{x_i}\boldsymbol{\sigma})=\sum_{x_i}\partial_{x_i}(\tilde{B}_{x_i}\boldsymbol{\sigma})=\sum_{x_i}\tilde{B}'_{x_i}\tilde{\boldsymbol{\sigma}}$$

通过以上步骤求解出了弹性波动方程的伪保守形式，下面给出一阶速度-应力声波方程的伪保守形式。由于二阶声波方程本身自伴随，因而不需求解其自伴随算子。

加入震源项的一阶速度-应力声波方程写成算子形式为

$$\boldsymbol{Lu}=\boldsymbol{s} \tag{7-24}$$

其中，正演算子为

$$\boldsymbol{L}=\boldsymbol{A}\partial_x+\boldsymbol{B}\partial_y+\boldsymbol{C}\partial_z+\boldsymbol{D}\partial_t$$

$$\boldsymbol{A}=\begin{pmatrix}0 & \kappa & 0 & 0\\ 1 & 0 & 0 & 0\\ 0 & 0 & 0 & 0\\ 0 & 0 & 0 & 0\end{pmatrix},\quad \boldsymbol{B}=\begin{pmatrix}0 & 0 & \kappa & 0\\ 0 & 0 & 0 & 0\\ 1 & 0 & 0 & 0\\ 0 & 0 & 0 & 0\end{pmatrix},\quad \boldsymbol{C}=\begin{pmatrix}0 & 0 & 0 & \kappa\\ 0 & 0 & 0 & 0\\ 0 & 0 & 0 & 0\\ 1 & 0 & 0 & 0\end{pmatrix},\quad \boldsymbol{D}=\begin{pmatrix}-1 & 0 & 0 & 0\\ 0 & -\rho & 0 & 0\\ 1 & 0 & -\rho & 0\\ 0 & 0 & 0 & -\rho\end{pmatrix}$$

可以看出正演算子 $\boldsymbol{L}$ 为非自伴随算子，为使正演算子自伴随，在声波方程第四项两端同时乘以体积模量的导数，则声波方程变为

$$\boldsymbol{L'u}=\boldsymbol{s'} \tag{7-25}$$

其中

$$\boldsymbol{L'}=\begin{pmatrix}-\dfrac{1}{\kappa}\partial_t & \partial_x & \partial_y & \partial_z\\[2mm] \partial_x & -\rho\partial_t & 0 & 0\\[2mm] \partial_y & 0 & -\rho\partial_t & 0\\[2mm] \partial_z & 0 & 0 & -\rho\partial_t\end{pmatrix},\quad \boldsymbol{s'}=(-s/\kappa,0,0,0)$$

从改变后的正演算子可看出 $\boldsymbol{L'}$ 是实对称矩阵，其本身是自伴随，因此在利用正演算子和伴随算子进行反问题求解时，可采用相同的形式求解。

7.2　声波波动方程的时间域有限差分法

地震波在地球介质中的传播是一个复杂的物理过程，地震波波动方程只是在一定假设条件下对问

题进行简化，基于这种简化条件才存在精确的解析解。虽然进行了一定的简化，但它能够尽可能地逼近实际地震波传播规律，因此对地震波传播的模拟具有重要指导意义。

研究的介质越复杂，波动方程就越复杂，很难找到其解析解，此时需要通过数值解模拟地震波在地下介质的传播过程。一般来说，波动方程的求解方法有 4 种：解析法、积分法、射线方法、数值计算法。为了更加精确地模拟地震波在复杂地质构造介质中的传播规律，数值计算方法得到长足发展并发挥了重要作用，为地震勘探和地球动力学的研究提供了依据。

数值计算方法是采用差分近似理论或积分理论对微分波动方程或弱形式积分方程求解数值解的方法。目前波动方程数值求解的方法主要有有限差分法、有限元法、伪谱法、谱元法、边界元法和间断伽辽金法，每种方法都有其适用性及缺点等。随着地震勘探和地球动力学研究的不断深入以及计算机技术的不断发展，对于各种数值计算方法的研究也更加深入。

有限差分法是地震波数值模拟中出现最早、应用最广的方法。通过对波动方程进行离散化求解，能够较精确地模拟任意非均匀介质中产生的地震全波场，包括多次反射波、转换波和绕射波等，计算效率也较高。本书主要使用有限差分法求解声波方程的数值解。有限差分法具有占用内存小、计算速度快、适合并行计算的优点，且计算程序的通用性较好。

由于全波形反演需要进行大量的正演模拟计算，综合考虑各种计算方法的优缺点，为实现在一定模拟精度条件下提高计算效率，本文采用计算速度快并适合并行计算的有限差分方法对波动方程进行正演模拟。

7.2.1 声波波动方程的时空离散

有限差分地震波数值模拟方法是用有限差分来近似逼近波动方程中的表达式，它既可以在时间域实现，也可以在频率域实现。相对于频率域有限差分，时间域有限差分所需的计算机内存和计算量都相对较小，在地震波数值模拟中应用较广。

网格剖分是有限差分法中的重要一环，在用计算机求解波动方程时需要先将其离散化。每个时刻，每个网格点的波场值代表波场数值解，网格剖分关系到波动方程模拟的精度以及计算量等问题。目前网格剖分主要包括规则网格、交错网格、变网格和旋转交错网格。

位移波动方程一般基于规则网格，所有的位移和应力分量被放置在相同的网格节点上，在地震勘探研究中应用较广。速度-应力方程一般基于交错网格，在同一网格的不同节点上计算应力和速度分量，不增加计算量和存储量，具有频散小、精度高、模拟结果符合客观规律等优点。

对声波方程离散化求解的差分算子系数一般由泰勒级数展开法确定的高阶差分近似系数来确定。对于相同差分算子长度，基于泰勒级数展开公式求解的差分算子系数能够在一定波数范围内达到很高的精度。为了提高模拟精度，优化求解差分算子系数，需要在给定误差范围内尽量扩大波数覆盖范围。基于梯度类或全局优化算法求解差分算子系数，能够在更宽的波数范围内获得更高的差分精度，从而减少计算量，提高计算效率。用不同方法求解差分系数后可得到不同的有限差分算子，不同的差分算子满足的频散关系和稳定性条件不一样，数值模拟精度也不相同。

高精度近似首先是针对空间偏导数的高阶差分，要得到高精度的高阶有限差分，需要利用空间上多个网格节点值进行计算（如图 7-1 所示）。

$i-3$　$i-2$　$i-1$　　　$i+1$　$i+2$　$i+3$

图 7-1　二阶声波方程规则网格高阶有限差分的中心差分近似示意图

基于二阶声波方程的高阶差分近似，设波场 $u(x)$ 有 $2N+1$ 阶偏导数，则 $u(x)$ 在 $x_0+\Delta x$ 与 $x_0-\Delta x$ 处的 $2N+1$ 阶泰勒展开式为

$$u_{i+1}=u_i+\Delta x\frac{\partial u_i}{\partial x}+\frac{\Delta x^2}{2!}\frac{\partial^2 u_i}{\partial x^2}+\frac{\Delta x^3}{3!}\frac{\partial^3 u_i}{\partial x^3}+\cdots+\frac{\Delta x^{2N}}{2N!}\frac{\partial^{2N} u_i}{\partial x^{2N}}+o(\Delta x^{2N+1})$$

$$u_{i-1}=u_i-\Delta x\frac{\partial u_i}{\partial x}+\frac{\Delta x^2}{2!}\frac{\partial^2 u_i}{\partial x^2}-\frac{\Delta x^3}{3!}\frac{\partial^3 u_i}{\partial x^3}+\cdots+\frac{\Delta x^{2N}}{2N!}\frac{\partial^{2N} u_i}{\partial x^{2N}}+o(\Delta x^{2N+1})$$

（7-26）

两式做差有

$$u_{i+1}-u_{i-1}=2\Delta x\frac{\partial u_i}{1!\ \partial x}+2\frac{\Delta x^3}{3!}\frac{\partial^3 u_i}{\partial x^3}+2\frac{\Delta x^5}{5!}\frac{\partial^5 u_i}{\partial x^5}\cdots+o(\Delta x^{2N+1})$$

（7-27）

同理可得

$$u_{i+N}-u_{i-N}=2\frac{N\Delta x}{1!}\frac{\partial u_i}{\partial x}+2\frac{(N\Delta x)^3}{3!}\frac{\partial^3 u_i}{\partial x^3}+\cdots+2\frac{(N\Delta x)^{2N-1}}{(2N-1)!}\frac{\partial^{2N-1} u_i}{\partial x^{2N-1}}+o(\Delta x^{2N+1})$$

（7-28）

其中波场均位于网格节点上，则任一节点的 $2N$ 阶精度中心有限差分系数的计算公式为

$$\Delta x\frac{\partial u_i}{\partial x}=a_1(u_{i+1}-u_{i-1})+a_2(u_{i+2}-u_{i-2})+a_3(u_{i+3}-u_{i-3})+\cdots+a_N(u_{i+N}-u_{i-N})$$

（7-29）

将上式写成分量形式并消去相同项化简后有

$$\begin{pmatrix}1 & 2 & 3 & \cdots & N \\ 1 & 2^3 & 3^3 & \cdots & N^3 \\ 1 & 2^5 & 3^5 & \cdots & N^5 \\ \cdots & \cdots & \cdots & \cdots & \cdots \\ 1 & 2^{2N-1} & 3^{2N-1} & \cdots & N^{2N-1}\end{pmatrix}\begin{pmatrix}a_1 \\ a_2 \\ a_2 \\ \cdots \\ a_N\end{pmatrix}\approx\begin{pmatrix}1/2 \\ 0 \\ 0 \\ \cdots \\ 0\end{pmatrix}$$

（7-30）

求解上述方程可得到空间差分精度为 $2N$ 阶时的中心差分系数，即

$$a_n=\frac{(-1)^{n+1}\prod\limits_{i=1,i\neq n}^{N}i^2}{2n\prod\limits_{i=1}^{n-1}(n^2-i^2)\prod\limits_{i=n+1}^{N}(i^2-n^2)}$$

（7-31）

其具体的系数值如表 7-1 所示。

表 7-1　规则网格空间导数偶数阶精度有限差分系数表

差分精度	a_1	a_2	a_3	a_4	a_5	a_6
2	1					
4	4/3	−1/12				

续表

差分精度	a_1	a_2	a_3	a_4	a_5	a_6
6	3/2	−3/20	1/90			
8	8/5	−1/5	8/315	−1/560		
10	5/3	−5/21	5/126	−5/1008	1/3150	
12	12/7	−15/56	10/189	−1/112	2/1925	−1/16632
...	...	...	...	...	...	...

7.2.2 自由边界条件

模拟地震波在地下介质传播时还需要考虑实际地表情况，即地下介质与空气之间的突变界面，此界面也被称为自由界面。在这一界面上，其边界条件为垂直地表的应力为零。考虑自由边界条件对保证有限差分正演模拟的稳定性和精度具有非常重要的作用（Graves，1996），目前，在有限差分波动方程数值模拟中，自由边界条件的实现方法主要包括真空法、镜像法和内部法。真空法将自由地表以上的模型参数值设为 0，将密度设为接近 0 的小量，以防止当密度作为分母时出现奇异值（Bohlen and Saenger，2006）。针对起伏地表条件下的波动方程正演模拟，真空法具有优势，因为此时地表上和地表下的方程形式相同，同时可以模拟自由地表的情况。但在模拟地震波在三维模型中的传播时，为避免数值频散，需要增加模型的维数，这会降低计算效率。

本书在进行地震波正演模拟时，采用镜像法实现自由边界条件，根据震源和检波点与节点的距离选择自由边界设置方式。当震源和检波点距自由边界条件很近时，自由边界设置在虚拟平面，如果震源和检波点不在网格点上，可通过插值算法求解检波点处的波场。为了验证自由边界条件的实施效果，笔者采用时间二阶、空间四阶差分精度的有限差分方法对声波方程进行数值模拟。模型为均匀半空间介质，震源采用主频为5Hz的雷克子波，图 7-2 显示了自由边界条件下的地震波场记录，从图中可以看出数值解和解析解吻合较好。

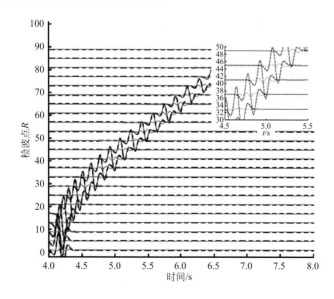

图 7-2　自由边界条件下的数值解和解析解的对比图

连续的实线表示数值解，虚黑线表示解析解，灰色线为解析解和数值解的残差

7.2.3 一阶声波方程 PML 边界条件

实际地下介质可看作半无限空间介质，但在地震波数值模拟过程中，由于受到计算机内存和计算时间的限制，有效计算区域是有限的，需要对无限的空间进行截断（图 7-3），这种由人为设定边界大小引起的边界反射会严重干扰有效波的信息。边界反射会影响地震波数值模拟的精度，从而对偏移成像和全波形反演的结果产生较坏的影响。因此需要通过适当的方法压制这种干扰波，以精确模拟地震波在地下介质中的传播。

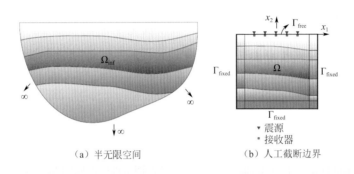

（a）半无限空间　　　　　（b）人工截断边界

图 7-3　半无限空间和人工截断边界

Γ_{free} 自由边界；Γ_{fixed} 固定吸收边界

为了消除边界反射，需要设置某种边界条件，使地震波在传播到人工截断边界时不会产生反射。关于人为边界处的吸收边界，众多领域的专家学者进行了大量探索，提出了诸多形式的边界条件，如吸收边界条件、无反射边界条件、透射边界条件、透明边界条件及单向边界条件等。其中最简单的模拟无限空间中波的传播的方法是扩展边界法，即在有效网格外增加一定数量的额外网格，使人为边界反射远离有效计算网格。但这种方法需要增添大量的网格，因而也大大增加了计算量，对计算机的性能提出了更高的要求。J. P. 贝伦杰（J. P. Berenger）（1994）针对电磁波传播提出了一种高效的完美匹配层（PML）吸收边界条件，并在理论上证明了 PML 可以完全吸收各个方向、各个频率的电磁波而不产生反射。PML 是理论假设、实际并不一定存在的一种各向异性有耗媒质，适当选择吸收参数可使任意频率、任意极化的波以任意入射角通过它与自由空间的交界面时相速度和特征阻抗均不变，从而达到与自由空间的完全匹配，理论上不产生任何反射。D. 科马蒂奇和 R. 马丁（D. Komatitsch and R. Martin）（2007）指出，当存在较强的倏逝波平行于地表传播时，如果震源位于计算区域的边缘或检波器位于远偏移距，采用传统的 PML 边界条件，倏逝波会与表层 PML 边界发生相互作用，从而对整个空间的波场造成污染。为了消除这种影响，他们提出了 CPML（Convolutional Perfectly Matched Layer）边界条件。

目前，波动方程的 PML 边界条件发展了很多形式，主要包括分裂形式的 PML 和非分裂形式的 NPML、CPML 等。最早的 PML 边界条件是分裂形式的，通过分裂原始的波场分量来实现。虽然其方程表达式相对较简洁，但在实际应用中需要考虑多个不同边界和角点区域，具体实现过程较为复杂。CPML 边界条件可以有效地吸收平行于地表传播的倏逝波以及低频成分，提高地震波传播的稳定性。

（1）分裂 PML 边界条件吸收波场原理

通常 PML 边界条件可以解释为通过傅里叶变换、拉普拉斯变换或 Z 变换后波动方程空间坐标的复变换，主要基于坐标伸缩概念。在此给出一阶波动方程分裂 PML 边界条件（Collino and Tsogka, 2001）吸收波场的基本原理（本文给出一般外推方程的原理，其他的外推方程形式可参照该原理进行推广）。

一般外推方程形式为

$$\begin{cases} \dfrac{\partial \boldsymbol{v}}{\partial t} - \boldsymbol{A}\dfrac{\partial \boldsymbol{v}}{\partial x} - \boldsymbol{B}\dfrac{\partial \boldsymbol{v}}{\partial y} = 0 \\ \boldsymbol{v}\big|_{t=0} = \boldsymbol{v}_0 \end{cases} \tag{7-32}$$

其中，$\boldsymbol{v}$ 是 n 维向量，$\boldsymbol{A}$ 是 $m \times n$ 的二维矩阵。为了简化令 $m=1$，$n=2$，初始边界条件为 0。将需要模拟的无限空间分为左半空间和右半空间，因为计算所需要的仅为左半空间的波场，这样可以避免被右半空间中的波场干扰。PML 边界条件的原理是在右半空间构建与左半空间方程相耦合的波动方程，使得在交界面无波场反射，并且在右半空间波场呈指数衰减。将式（7-32）构造成如下形式。

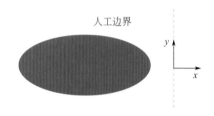

图 7-4　PML 边界条件示意图
x、y 表示空间方向

$$\begin{cases} \dfrac{\partial \boldsymbol{v}^{\perp}}{\partial t} - \boldsymbol{A}\dfrac{\partial \boldsymbol{v}}{\partial x} = 0 \\ \dfrac{\partial \boldsymbol{v}^{/\!/}}{\partial t} - \boldsymbol{B}\dfrac{\partial \boldsymbol{v}}{\partial y} = 0 \end{cases} \tag{7-33}$$

其中，$\boldsymbol{v} = \boldsymbol{v}^{\perp} + \boldsymbol{v}^{/\!/}$，上标 $\perp$ 表示垂直交界面的波场分量，$/\!/$ 表示平行于交界面的波场分量。在方程中引入衰减函数 $d(\boldsymbol{x})$，在左半空间令其为 0，右半空间令其为正数，并且起到衰减作用。利用衰减函数定义新的波场 $\boldsymbol{u}$，即

$$\begin{cases} \dfrac{\partial \boldsymbol{u}^{\perp}}{\partial t} + d(\boldsymbol{x})\boldsymbol{u}^{\perp} - \boldsymbol{A}\dfrac{\partial \boldsymbol{u}}{\partial x} = 0 \\ \dfrac{\partial \boldsymbol{u}^{/\!/}}{\partial t} - \boldsymbol{B}\dfrac{\partial \boldsymbol{u}}{\partial y} = 0 \end{cases} \tag{7-34}$$

其中，$\boldsymbol{u} = \boldsymbol{u}^{\perp} + \boldsymbol{u}^{/\!/}$。可以看出，$\boldsymbol{u}$ 和 $\boldsymbol{v}$ 在左半空间方程形式相同。将方程变换到频率空间域

$$\mathrm{i}\omega\tilde{\boldsymbol{v}} - \boldsymbol{A}\dfrac{\partial \tilde{\boldsymbol{v}}}{\partial x} - \boldsymbol{B}\dfrac{\partial \tilde{\boldsymbol{v}}}{\partial y} = 0 \tag{7-35}$$

$$\begin{cases} [\mathrm{i}\omega + d(\boldsymbol{x})]\tilde{\boldsymbol{u}}^{\perp} - \boldsymbol{A}\dfrac{\partial \tilde{\boldsymbol{u}}}{\partial x} = 0 \\ \mathrm{i}\omega\tilde{\boldsymbol{u}}^{/\!/} - \boldsymbol{B}\dfrac{\partial \tilde{\boldsymbol{u}}}{\partial y} = 0 \end{cases} \tag{7-36}$$

若 $\boldsymbol{A}$、$d(\boldsymbol{x})$ 和角频率 ω 无关，上式可以变成

$$\begin{cases} \mathrm{i}\omega\tilde{\boldsymbol{u}}^{\perp} - \boldsymbol{A}\dfrac{\partial \tilde{\boldsymbol{u}}}{\partial \tilde{x}} = 0 \\ \mathrm{i}\omega\tilde{\boldsymbol{u}}^{/\!/} - \boldsymbol{B}\dfrac{\partial \tilde{\boldsymbol{u}}}{\partial y} = 0 \end{cases} \tag{7-37}$$

其中

$$\frac{\partial}{\partial \tilde{x}} = \frac{\mathrm{i}\omega}{\mathrm{i}\omega + d(\boldsymbol{x})} \frac{\partial}{\partial x} \tag{7-38}$$

通过平面波分析引入衰减项的波动方程的性质。平面波解为

$$\boldsymbol{v} = \boldsymbol{v}_0 \mathrm{e}^{-\mathrm{i}(k_x x + k_y y - \omega t)} \tag{7-39}$$

将其带入式（7-35），有

$$\mathrm{i}\boldsymbol{v}_0\omega - \mathrm{i}\boldsymbol{A}\boldsymbol{v}_0 k_x - \mathrm{i}\boldsymbol{B}\boldsymbol{v}_0 k_y = 0 \tag{7-40}$$

同理，式（7-35）的平面波解为

$$\begin{cases} \boldsymbol{u}^{\perp} = \boldsymbol{u}_0^{\perp} \mathrm{e}^{-\mathrm{i}[k_x \tilde{x}(x) + k_y y - \omega t]} \\ \boldsymbol{u}^{/\!/} = \boldsymbol{u}_0^{/\!/} \mathrm{e}^{-\mathrm{i}[k_x \tilde{x}(x) + k_y y - \omega t]} \end{cases} \tag{7-41}$$

将其带入式（7-40）中有

$$\begin{cases} [\mathrm{i}\omega + d(\boldsymbol{x})]\boldsymbol{u}_0^{\perp} - \mathrm{i}\left[1 - \frac{\mathrm{i}d(\boldsymbol{x})}{\omega}\right]\boldsymbol{A}(\boldsymbol{u}_0^{\perp} + \boldsymbol{u}_0^{/\!/})k_x = 0 \\ \mathrm{i}\boldsymbol{u}_0^{/\!/}\omega - \mathrm{i}\boldsymbol{B}(\boldsymbol{u}_0^{\perp} + \boldsymbol{u}_0^{/\!/})k_y = 0 \end{cases} \tag{7-42}$$

$$\begin{cases} \mathrm{i}\boldsymbol{u}_0^{\perp}\omega - \mathrm{i}\boldsymbol{A}(\boldsymbol{u}_0^{\perp} + \boldsymbol{u}_0^{/\!/})k_x = 0 \\ \mathrm{i}\boldsymbol{u}_0^{/\!/}\omega - \mathrm{i}\boldsymbol{B}(\boldsymbol{u}_0^{\perp} + \boldsymbol{u}_0^{/\!/})k_y = 0 \end{cases} \tag{7-43}$$

上两式相加可得

$$\mathrm{i}(\boldsymbol{u}_0^{\perp} + \boldsymbol{u}_0^{/\!/})\omega - \mathrm{i}\boldsymbol{A}(\boldsymbol{u}_0^{\perp} + \boldsymbol{u}_0^{/\!/})k_x - \mathrm{i}\boldsymbol{B}(\boldsymbol{u}_0^{\perp} + \boldsymbol{u}_0^{/\!/})k_y = 0 \tag{7-44}$$

如果选择 $\boldsymbol{v}_0 = \boldsymbol{u}_0^{\perp} + \boldsymbol{u}_0^{/\!/}$，则式（7-44）和式（7-40）是相同的。另外从式（7-43）中可以推导出：$\boldsymbol{u}_0^{\perp} = \boldsymbol{A}\boldsymbol{v}_0\frac{k_x}{\omega}$，$\boldsymbol{u}_0^{/\!/} = \boldsymbol{B}\boldsymbol{v}_0\frac{k_y}{\omega}$，进而可求式（7-34）的平面波解。

式（7-34）的平面波解可以写作

$$\boldsymbol{u} = \boldsymbol{v}_0 e^{-\mathrm{i}(k_x x + k_y y - \omega t)} \mathrm{e}^{-\frac{k_x}{\omega}\int_0^x d(s)\,\mathrm{d}s} \tag{7-45}$$

其特征为：

① 在左半空间 $x \le 0$，$\boldsymbol{u} = \boldsymbol{v}$，在交界面没有反射存在，模型匹配较佳；

② 在右半空间，波场 $\boldsymbol{u}$ 呈指数衰减，衰减因子为

$$\alpha_d = \frac{\|\boldsymbol{u}(\boldsymbol{x})\|}{\|\boldsymbol{v}(\boldsymbol{x})\|} = \mathrm{e}^{-\frac{k_x}{\omega}\int_0^x d(s)\,\mathrm{d}s} \tag{7-46}$$

从上式可以看出，衰减因子和波传播方向有关。在交界面的正交方向，波衰减迅速，随着波传播方向和交界面平行，波衰减得会越来越缓慢。

（2）分裂 PML 边界条件下的声波方程

通过分析上式，可定义传统标准的 PML 边界条件的拉伸因子为 $s_{x_i} = 1 + \dfrac{d_{x_i}}{\mathrm{i}\omega}$，其中 $x_i = x$，y，z，d_{x_i} 是正实数，表示各个方向的衰减因子，其具体表达式参考（Collino and Tsogka，2001）。

SPML 的基本思路是把每一个待求解的未知量分解成垂直边界方向和平行边界方向两部分。在

垂直边界方向上，引入阻尼因子，使地震波在吸收层内迅速衰减。SPML 边界条件中的声波方程表达式为

$$\frac{\partial p_x(x,y,z,t)}{\partial t}+d_x(x)p_x(x,y,z,t)=\kappa(x,y,z)\frac{\partial v_x(x,y,z,t)}{\partial x}$$

$$\frac{\partial p_y(x,y,z,t)}{\partial t}+d_y(y)p_y(x,y,z,t)=\kappa(x,y,z)\frac{\partial v_y(x,y,z,t)}{\partial y}$$

$$\frac{\partial p_z(x,y,z,t)}{\partial t}+d_z(z)p_z(x,y,z,t)=\kappa(x,y,z)\frac{\partial v_z(x,y,z,t)}{\partial z}$$

$$\frac{\partial v_x(x,y,z,t)}{\partial t}+d_x(x)v_x(x,y,z,t)=\frac{1}{\rho(x,y,z)}\frac{\partial p(x,y,z,t)}{\partial x}$$

$$\frac{\partial v_y(x,y,z,t)}{\partial t}+d_y(y)v_y(x,y,z,t)=\frac{1}{\rho(x,y,z)}\frac{\partial p(x,y,z,t)}{\partial y}$$

$$\frac{\partial v_z(x,y,z,t)}{\partial t}+d_z(z)v_z(x,y,z,t)=\frac{1}{\rho(x,y,z)}\frac{\partial p(x,y,z,t)}{\partial z}$$

(7-47)

其中，$p(x,y,z,t)=\sum_{x_i}p_{x_i}(x,y,z,t)$，波场分量 $p(x,y,z,t)$，$v_x(x,y,z,t)$，$v_y(x,y,z,t)$，$v_z(x,y,z,t)$ 为压力场和质点振动速度，$\kappa(x,y,z)$，$\rho(x,y,z)$ 为体积模量和密度。

采用有限差分算子对引入 PML 边界条件的声波方程离散后，可构造如下形式。

$$p_x^n(i,j,k)=\frac{\left[1-\dfrac{\Delta t d_x(i)}{2}\right]p_x^{n-1}(i,j,k)+\dfrac{\Delta t}{\Delta x}\kappa(i,j,k)\sum_{l=0}^{L-1}a_l\left[v_x^{n-\frac{1}{2}}\left(i+\frac{1}{2}+l,j,k\right)-v_x^{n-\frac{1}{2}}\left(i-\frac{1}{2}-l,j,k\right)\right]}{\left[1+\dfrac{\Delta t d_x(i)}{2}\right]}$$

$$p_y^n(i,j,k)=\frac{\left[1-\dfrac{\Delta t d_j(j)}{2}\right]p_y^{n-1}(i,j,k)+\dfrac{\Delta t}{\Delta z}\kappa(i,j,k)\sum_{l=0}^{L-1}a_l\left[v_y^{n-\frac{1}{2}}\left(i,j+\frac{1}{2}+l,k\right)-v_z^{n-\frac{1}{2}}\left(i,j-\frac{1}{2}-l,k\right)\right]}{\left(1+\dfrac{\Delta t d_y(j)}{2}\right)}$$

$$p_z^n(i,j,k)=\frac{\left[1-\dfrac{\Delta t d_z(k)}{2}\right]p_z^{n-1}(i,j,k)+\dfrac{\Delta t}{\Delta z}\kappa(i,j,k)\sum_{l=0}^{L-1}a_l\left[v_z^{n-\frac{1}{2}}\left(i,j,k+\frac{1}{2}+l\right)-v_z^{n-\frac{1}{2}}\left(i,j,k-\frac{1}{2}-l\right)\right]}{\left[1+\dfrac{\Delta t d_z(k)}{2}\right]}$$

$$p^n(i,j,k)=p_x^n(i,j,k)+p_z^n(i,j,k)+\Delta t\frac{f^n(i,j,k)+f^{n-1}(i,j,k)}{2}$$

$$v_x^{n+\frac{1}{2}}\left(i+\frac{1}{2},j,k\right)=\frac{\left[1-\dfrac{\Delta t d_x\left(i+\frac{1}{2}\right)}{2}\right]v_x^{n-\frac{1}{2}}\left(i+\frac{1}{2},j,k\right)+\dfrac{\Delta t}{\Delta x}\dfrac{1}{\rho\left(i+\frac{1}{2},j,k\right)}\sum_{l=0}^{L-1}a_l\left[p^n(i+1+l,j,k)-p^n(i-l,j,k)\right]}{\left[1+\dfrac{\Delta t d_x\left(i+\frac{1}{2}\right)}{2}\right]}$$

$$v_y^{n+\frac{1}{2}}\left(i,j+\frac{1}{2},k\right)=\dfrac{\left[1-\dfrac{\Delta t d_y\left(j+\frac{1}{2}\right)}{2}\right]v_y^{n-\frac{1}{2}}\left(i,j+\frac{1}{2},k\right)+\dfrac{\Delta t}{\Delta z}\dfrac{1}{\rho\left(i,j+\frac{1}{2},k\right)}\sum_{l=0}^{L-1}a_l\left[p^n(i,j+1+l,k)-p^n(i,j-l,k)\right]}{\left[1+\dfrac{\Delta t d_y\left(j+\frac{1}{2}\right)}{2}\right]}$$

$$v_z^{n+\frac{1}{2}}\left(i,j,k+\frac{1}{2}\right)=\dfrac{\left[1-\dfrac{\Delta t d_z\left(k+\frac{1}{2}\right)}{2}\right]v_z^{n-\frac{1}{2}}\left(i,j,k+\frac{1}{2}\right)+\dfrac{\Delta t}{\Delta z}\dfrac{1}{\rho\left(i,j,k+\frac{1}{2}\right)}\sum_{l=0}^{L-1}a_l\left[p^n(i,j,k+1+l)-p^n(i,j,k-l)\right]}{\left[1+\dfrac{\Delta t d_z\left(k+\frac{1}{2}\right)}{2}\right]}$$

$$(7-48)$$

通过引入和频率有关的衰减因子，复频移完全匹配层（CFS-PML）边界条件可有效吸收低频波和倏逝波，提高传统 SPML 的吸收性能，而且具有计算方程简单、编程容易实现、PML 辅助变量所需内存小等优点。引入辅助变量的 CFS-PML 边界条件，推导过程便不需引入卷积算子，简单明了。

CPML 边界条件的拉伸因子为

$$s_{x_i}=\kappa_{x_i}+\frac{d_{x_i}}{\mathrm{i}\omega+\alpha_{x_i}}\tag{7-49}$$

其中，$\kappa_{x_i}\geqslant 1$，$\alpha_{x_i}\geqslant 0$。

通过推导可得吸收边界条件中的声波方程（Komatitsch and Martin，2007；Zhang and Yang，2010），即

$$\begin{aligned}\frac{\partial p(x,y,z,t)}{\partial t}&=\frac{\kappa(x,y,z)}{k_x}\frac{\partial v_x(x,y,z,t)}{\partial x}+\frac{\kappa(x,y,z)}{k_z}\frac{\partial v_z(x,y,z,t)}{\partial z}+\\&\quad\kappa(x,y,z)(\varphi_{v_{x,x}}+\varphi_{v_{z,z}})+f(x,y,z,t)\\[4pt]\frac{\partial v_x(x,y,z,t)}{\partial t}&=\frac{1}{k_x}\frac{1}{\rho(x,y,z)}\left[\frac{\partial p(x,y,z,t)}{\partial x}+\varphi_{p,x}\right]\\[4pt]\frac{\partial v_y(x,y,z,t)}{\partial t}&=\frac{1}{k_y}\frac{1}{\rho(x,y,z)}\left[\frac{\partial p(x,y,z,t)}{\partial y}+\varphi_{p,y}\right]\\[4pt]\frac{\partial v_z(x,y,z,t)}{\partial t}&=\frac{1}{k_z}\frac{1}{\rho(x,y,z)}\left[\frac{\partial p(x,y,z,t)}{\partial z}+\varphi_{p,z}\right]\end{aligned}\tag{7-50}$$

其中，ψ_{x_i} 表示记忆变量，其时间递推形式是

$$\psi_{x_i}^n=b_{x_i}\psi_{x_i}^{n-1}+a_{x_i}\left(\frac{\partial}{\partial x_i}\right)^{n-\frac{1}{2}}\tag{7-51}$$

其中

$$b_{x_i}=\mathrm{e}^{-\left(\frac{d_{x_i}}{\kappa_{x_i}}+\alpha_{x_i}\right)\Delta t}, \quad a_{x_i}=\frac{d_{x_i}}{\kappa_{x_i}(d_{x_i}+\kappa_{x_i}\alpha_{x_i})}(b_{x_i}-1) \tag{7-52}$$

CPML 中的声波方程离散形式为

$$p^n(i,j,k)=p^{n-1}(i,j,k)+\Delta t\kappa(i,j,k)\left\{\frac{\displaystyle\sum_{l=0}^{L-1}a_l\left[v_x^{n-\frac{1}{2}}\left(i+\frac{1}{2}+l,j,k\right)-v_x^{n-\frac{1}{2}}\left(i-\frac{1}{2}-l,j,k\right)\right]}{k_x(i)\Delta x}+\frac{\displaystyle\sum_{l=0}^{L-1}a_l\left[v_y^{n-\frac{1}{2}}\left(i,j+\frac{1}{2}+l,k\right)-v_y^{n-\frac{1}{2}}\left(i,j-\frac{1}{2}-l,k\right)\right]}{k_y(j)\Delta x}+\frac{\displaystyle\sum_{l=0}^{L-1}a_l\left[v_z^{n-\frac{1}{2}}\left(i,j,k+\frac{1}{2}+l\right)-v_z^{n-\frac{1}{2}}\left(i,j,k-\frac{1}{2}-l\right)\right]}{k_z(k)\Delta z}\right\}+$$

$$\Delta t\kappa(i,j,k)\left[\left(\varphi_{v_{x,x}}+\varphi_{v_{y,y}}+\varphi_{v_{z,z}}\right)\right]+\Delta t\frac{f^n(i,j,k)+f^{n-1}(i,j,k)}{2}$$

$$\varphi_{v_{x,x}}=b_x(i)\varphi_{v_{x,x}}+a_x(i)\frac{\displaystyle\sum_{l=0}^{L-1}a_l\left[v_x^{n-\frac{1}{2}}\left(i+\frac{1}{2}+l,j,k\right)-v_x^{n-\frac{1}{2}}\left(i-\frac{1}{2}-l,j,k\right)\right]}{k_x(i)\Delta x}$$

$$\varphi_{v_{y,y}}=b_y(j)\varphi_{v_{y,y}}+a_y(j)\frac{\displaystyle\sum_{l=0}^{L-1}a_l\left[v_y^{n-\frac{1}{2}}\left(i,j+\frac{1}{2}+l,k\right)-v_y^{n-\frac{1}{2}}\left(i,j-\frac{1}{2}-l,k\right)\right]}{k_y(j)\Delta y}$$

$$\varphi_{v_{z,z}}=b_z(k)\varphi_{v_{x,x}}+a_z(k)\frac{\displaystyle\sum_{l=0}^{L-1}a_l\left[v_z^{n-\frac{1}{2}}\left(i,j,k+\frac{1}{2}+l\right)-v_z^{n-\frac{1}{2}}\left(i,j,k-\frac{1}{2}-l\right)\right]}{k_z(k)\Delta z}$$

$$v_x^{n+\frac{1}{2}}\left(i+\frac{1}{2},j,k\right)=v_x^{n-\frac{1}{2}}\left(i+\frac{1}{2},j,k\right)+\Delta t\frac{1}{\rho\left(i+\frac{1}{2},j,k\right)}\frac{\displaystyle\sum_{l=0}^{L-1}a_l\left[p^n(i+1+l,j,k)-p^n(i-l,j,k)\right]}{\Delta x}+\Delta t\varphi_{p,x}$$

$$\varphi_{p,x}=b_x\left(i+\frac{1}{2}\right)\varphi_{p,x}+a_x\left(i+\frac{1}{2}\right)\frac{\displaystyle\sum_{l=0}^{L-1}a_l\left[p^n(i+1+l,j,k)-p^n(i-l,j,k)\right]}{\Delta x}$$

$$v_y^{n+\frac{1}{2}}\left(i,j+\frac{1}{2},k\right)=v_y^{n-\frac{1}{2}}\left(i,j+\frac{1}{2},k\right)+\Delta t\frac{1}{\rho\left(i,j+\frac{1}{2},k\right)}\frac{\displaystyle\sum_{l=0}^{L-1}a_l\left[p^n(i,j+1+l,k)-p^n(i,j-l,k)\right]}{\Delta x}+\Delta t\varphi_{p,y}$$

$$\varphi_{p,y}=b_y\left(j+\frac{1}{2}\right)\varphi_{p,y}+a_y\left(i+\frac{1}{2}\right)\frac{\displaystyle\sum_{l=0}^{L-1}a_l\left[p^n(i,j+1+l,k)-p^n(i,j-l,k)\right]}{\Delta y}$$

$$v_z^{n+\frac{1}{2}}\left(i,j,k+\frac{1}{2}\right)=v_z^{n-\frac{1}{2}}\left(i,j,k+\frac{1}{2}\right)+\Delta t\frac{1}{\rho\left(i,j,k+\frac{1}{2}\right)}\frac{\sum\limits_{l=0}^{L-1}a_l\left[p^n(i,j,k+1+l)-p^n(i,j,k-l)\right]}{\Delta z}+\Delta t\varphi_{p,z}$$

$$\varphi_{p,z}=b_z\left(k+\frac{1}{2}\right)\varphi_{p,z}+a_z\left(k+\frac{1}{2}\right)\frac{\sum\limits_{l=0}^{L-1}a_l\left[p^n(i,j,k+1+l)-p^n(i,j,k-l)\right]}{\Delta z}$$

$$(7\text{-}53)$$

7.2.4　高铁地震震源函数

高铁列车在行驶过程中，高铁自身及车轮轴载荷会引起振动，这些振动通过承载高铁的路基和桥墩传入地下。在高铁附近进行观测时，通过空气传播的高铁振动信号到达时间较晚，且其能量经吸收衰减后基本可忽略，所以我们接收到的主要是来自地下的地震信号。高铁列车行驶时产生连续的震源，且震源函数时变、空变。在震源位置，高铁震源函数受车厢重量、车轮个数、摩擦系数、车厢数量等因素影响。为简化计算，将铁路桥墩所在位置作为高铁震源的激发点，单节车厢震源为点源，高铁震源函数为单节车厢震源的延迟叠加且可表示为（Connolly，et al.，2015；Yang，et al.，2003）

$$F(x,y,z,t)=\sum_{i=1}^{N}\delta(x)\delta(y)\phi(z-vt)\mathrm{e}^{\mathrm{i}2\pi f_0 t}\qquad(7\text{-}54)$$

且

$$\begin{cases}\phi(z)=\dfrac{T}{2a}\mathrm{e}^{\frac{-|D|}{a}}\left[\cos\left(\dfrac{|D|}{a}\right)+\sin\left(\dfrac{|D|}{a}\right)\right]\\[3mm]a=\left(\dfrac{4H}{S}\right)^{1/4}\end{cases}\qquad(7\text{-}55)$$

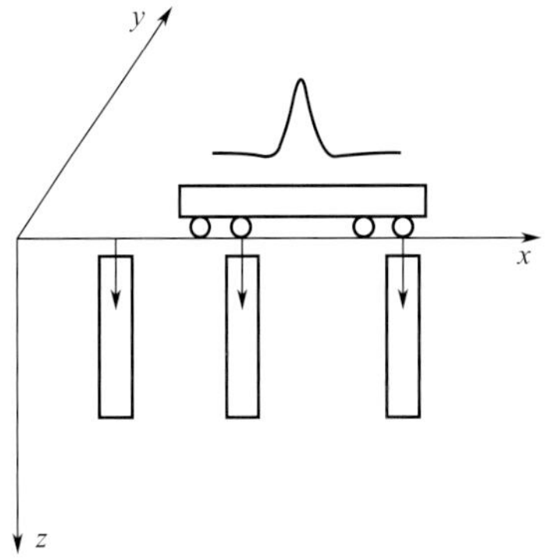

图 7-5　单节车厢震源函数

其中，$\delta(x)$ 为脉冲函数，指数 e 为铁轨不平整或车辆机械系统引起的动力效应，$\phi(z)$ 为单节车厢加载的震源函数（图 7-5），D 为单节车厢中点与检波点的水平距离，v 为高铁列车行驶速度，f_0 为高铁列车基频，N 为高铁列车车厢数量；震源加载函数 $\phi(z)$ 为荷载 T 施加在轨道上时产生的无限弹性的扰度曲线，H 为抗扰刚度，S 为路基刚度。

将桥墩作为高铁地震震源函数离散点，对震源进行准确估算，是波动方程正演模拟和全波形反演建模的前提。为提高震源估算精度，需要引入震源校正因子对初始震源进行修正。在频率域，地震波场 $U(x,y,z,t)$ 与震源项 $F(x,y,z,t)$ 的关系可表示为

$$U(x,y,z,\omega)=F(x,y,z,\omega)G(x,y,z,\omega)\qquad(7\text{-}56)$$

其中，$U(x,y,z,\omega)$ 和 $F(x,y,z,\omega)$ 分别为 $U(x,y,z,t)$ 和 $F(x,y,z,t)$ 的傅里叶变换，$G(x,y,z,\omega)$ 为格林函数（曹健和陈景波，2019；张唤兰等，2019）。

用于震源修正的目标泛函可表示为

$$E(\boldsymbol{m}) = \frac{1}{2}\left[d_{\text{obs}} - \alpha(\omega) \cdot d_{\text{cal}}\right]^{\text{T}}\left[d_{\text{obs}} - \alpha(\omega) \cdot d_{\text{cal}}\right]^{*} \tag{7-57}$$

$$= \frac{1}{2}\left[d_{\text{obs}} - \alpha(\omega) \cdot F(\omega)G_{R}\right]^{\text{T}}\left[d_{\text{obs}} - \alpha(\omega) \cdot F(\omega)G_{R}\right]^{*}$$

其中，d_{obs} 为铁路沿线台站接收的高铁地震信号，d_{cal} 为正演模拟记录，G_{R} 是检波点格林函数，$(\ )^{\text{T}}$ 表示转置，$(\ )^{*}$ 表示共轭，$\alpha(\omega)$ 为每一频率的震源校正因子且

$$\alpha(\omega) = \frac{d_{\text{obs}}\left[F(\omega)G\right]^{*}}{\left[F(\omega)G\right]^{\text{T}}\left[F(\omega)G\right]^{*}} \tag{7-58}$$

当目标泛函 $E(\boldsymbol{m})$ 关于 $\alpha(\omega)$ 的偏导数为零时，误差泛函达到最小，即

$$F_{\text{new}}(n) = \sum \alpha(\omega) \cdot F(\omega) = \frac{1}{N}\sum_{k=0}^{N-1}\frac{d_{\text{obs}}\left[F(\omega)G\right]^{*}}{\left[F(\omega)G\right]^{\text{T}}\left[F(\omega)G\right]^{*}} \cdot F(\omega) \cdot \mathrm{e}^{2\mathrm{j}\pi kn/N}, \quad \forall n = 0,1,\cdots N-1 \tag{7-59}$$

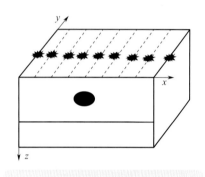

其中，$F_{\text{new}}(n)$ 为估算震源项频率域表达式，$F(\omega)$ 为正演初始震源项频率域表达式，G 为格林函数，k 为频率域采样点数，n 为时间域采样点数，N 为时间序列长度。

笔者通过设计一个简单的高铁地震观测系统，来展示高铁震源与地震波传播（图7-6）。图中，震源（星状）连线方向平行于铁轨方向（y 方向），测线（虚线）方向垂直于铁轨方向（x 方向）。

假设高铁列车有 16 节车厢，基于式（7-54）得到真实的高铁线性震源子波［图7-7（a）］，不同桥墩处估算的高铁震源子

图 7-6　高铁地震观测系统

波如图7-7（b）和7-7（c）所示。除传播时间影响造成的振幅值差异，该方法对高铁震源子波均做出了准确估算：第一个桥墩处估算的震源子波较为干净且与真实震源形态一致，主要是没有震源间的相互影响；最后一个桥墩处估算的震源波形含噪声干扰，主要是因为受多个线性震源影响，但基本形态与真实震源子波一致。

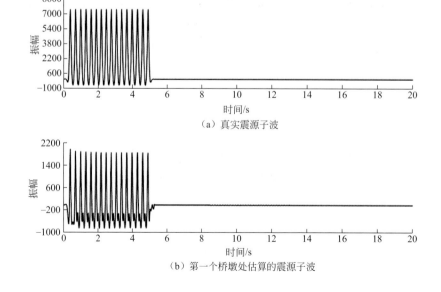

（a）真实震源子波

（b）第一个桥墩处估算的震源子波

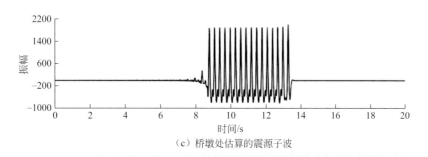

（c）桥墩处估算的震源子波

图 7-7　真实震源子波，第一个和最后一个桥墩处估算的震源子波

下面对实际的高铁地震信号进行高铁地震震源子波估算。图 7-8（a）为某高铁地震信号（事件），图 7-8（b）为其频谱；图 7-9 为估算的震源子波。图 7-10（a）为实际采集的多个台站的高铁地震记录，图 7-10（b）为利用估算的震源子波进行正演模拟的高铁地震记录：模拟记录与观测记录相似性较好，但受噪音和地表影响，振幅存在差异（正演模拟假定地表水平）。对观测记录与模拟记录进行时频分析和振幅谱分析，结果如图 7-11 所示：时频谱基本一致，振幅谱基本一致，证明了上述震源子波估算方法的准确性。

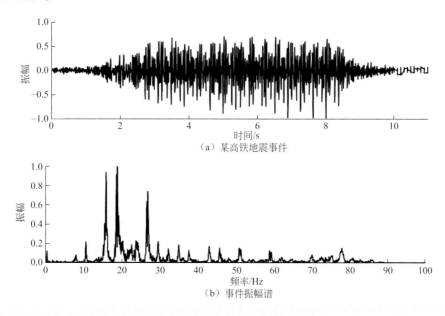

（a）某高铁地震事件

（b）事件振幅谱

图 7-8　某高铁地震事件和事件振幅谱

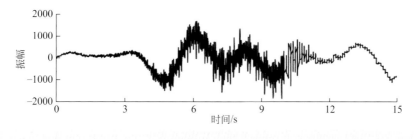

图 7-9　估算的震源子波

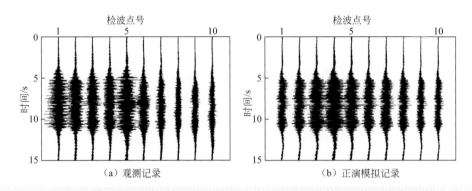

图 7-10　观测记录和正演模拟记录

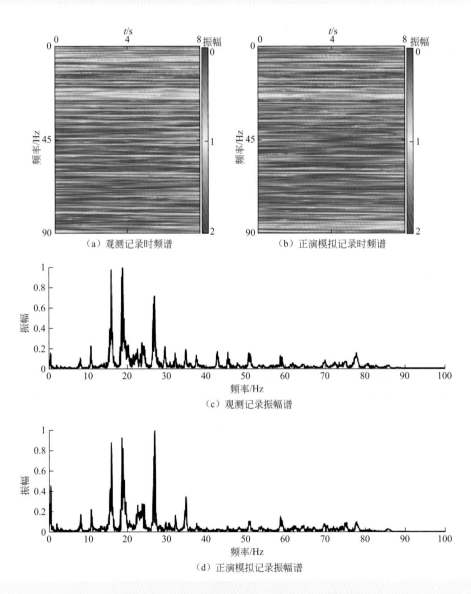

图 7-11　观测记录时频谱及振幅谱；正演模拟记录时频谱及振幅谱

7.3　全波形反演方法理论

A. 塔兰托拉（A. Tarantola）（1984，1986）以波动方程为基础，利用最小二乘的思想建立了时间域全波形反演的框架。自此，全波形反演正式问世。但由于当时计算机水平有限，在随后的几年中，全波形反演的发展非常缓慢。直到 20 世纪 90 年代末，有学者将全波形反演的理论应用到频率域（Pratt，et al.，1998；Pratt，1999；Pratt and Shipp，1999），形成了频率域全波形反演方法。在频率域全波形反面，学者们进行了诸多深入的研究，在提高波场延拓算子精度（Shin and Sohnz，1998；Stekl and Pratt，1998；Min，et al.，2000；Min，et al.，2002；Hustedt，et al.，2004；Operto，et al.，2007；Brossier，et al.，2008）、优化目标函数定义方式（Shin and Min，2006；Brossier，et al.，2009a，2009b，2010；Ha，et al.，2009）、改进算法对初始模型依赖性（Shin and Cha，2008；Bae，et al.，2010；Shin，et al.，2010；Bae，et al.，2012；Ha and Shin，2013）等方面提出了很多完善手段。全波形反演最初提出是在时间域进行的，随着计算机技术的发展，时间域全波形反演逐渐引起了人们的关注。到目前为止，这方面的研究已经有很多（Tarantola，1984，1986；Mora，1987；Crase，et al.，1990；Bunks，et al.，1995；Shipp and Singh，2002；Sheen，et al.，2006；Askan，et al.，2007；Boonyasiriwat，et al.，2009，2010；Guitton，2012；Bai，et al.，2012；Asnaashari，et al.，2013）。

本节首先讨论地震反演的基本原理框架，在此基础上进一步介绍非线性最优化算法中的迭代法。之后，基于已有的反演理论，介绍时间域全波形反演的方法、流程，并用照明补偿解决深层信号能量较弱的问题，最后对理论模型与实际高铁地震信号数据进行了测试。

7.3.1　迭代法全波形反演基本理论

地震波场反演是以正演为基础，全波形反演通过迭代最优化方法，使预测得到的地震记录与观测到的地震记录之间的差异趋于最小，从而得到最佳的模型参数。在此过程中有两个关键问题：（1）如何评估预测地震记录与观测地震记录之间的差异；（2）如何建立模型参数的更新方式。

问题（1）对应了目标函数定义方式，比如 L1 范数、L2 范数、胡贝尔（Huber）函数等；问题（2）对应了下降方向的构建方式，比如最速下降法、共轭梯度法、L-BFGS 法等。

本节将对这些问题做出阐述。

7.3.1.1　地震反演问题框架建立

表示地震正演过程的公式为

$$d = Lm \tag{7-60}$$

式中，d 为地震记录；m 为介质模型参数，如速度、密度等；L 表示地震波场正演算子。式（7-60）实际上是由介质模型通过地震波场正演算子获取地震记录的过程，即正演。而反演，顾名思义就是正

演的反过程，它是由地震记录通过地震波场反演算子获取介质模型的过程，公式为

$$\boldsymbol{m} = L^{-1}\boldsymbol{d} \tag{7-61}$$

式中，L^{-1} 表示地震波场反演算子。

首先，建立目标函数，在本节中以 L2 范数为例，目标函数为

$$\chi(\boldsymbol{m}) = \frac{1}{2}(L\boldsymbol{m} - \boldsymbol{d}_{\mathrm{obs}})^{\mathrm{T}}(L\boldsymbol{m} - \boldsymbol{d}_{\mathrm{obs}}) \tag{7-62}$$

式中，χ 为目标函数值；$\boldsymbol{d}_{\mathrm{obs}}$ 为观测的地震记录；$L\boldsymbol{m}$ 为预测的地震记录。目标函数对模型参数的导数，即梯度为

$$\nabla_m \chi(\boldsymbol{m}) = \frac{\partial \chi(\boldsymbol{m})}{\partial \boldsymbol{m}} \tag{7-63}$$

下面构建下降方向。假定 $\boldsymbol{m}_0$ 是初始介质模型，反演的目标便是通过为 $\boldsymbol{m}_0$ 加上一个更新量，使得模型满足关系式

$$\boldsymbol{m}_1 = \boldsymbol{m}_0 + \alpha_0 \boldsymbol{h}_0, \quad \chi(\boldsymbol{m}_1) < \chi(\boldsymbol{m}_0) \tag{7-64}$$

式中，$\alpha_0 \boldsymbol{h}_0$ 是模型的更新量，$\boldsymbol{h}_0$ 是下降方向，$\alpha_0 > 0$ 是步长。

为构建合理的下降方向，需要满足条件

$$\chi(\boldsymbol{m}_1) = \chi(\boldsymbol{m}_0 + \alpha_0 \boldsymbol{h}_0) < \chi(\boldsymbol{m}_0) \tag{7-65}$$

取 $\alpha_0 \to 0$，可得

$$\boldsymbol{h}_0 \nabla_m \chi(\boldsymbol{m}_0) = \lim_{\alpha_0 \to 0} \frac{1}{\alpha_0} [\chi(\boldsymbol{m}_0 + \alpha_0 \boldsymbol{h}_0) < \chi(\boldsymbol{m}_0)] < 0 \tag{7-66}$$

因此，式（7-66）便可以作局部下降方向，它指出了模型应该往哪个方向进行更新，以利优化目标函数。

为了说明下降方向是否存在，我们选择

$$\boldsymbol{h}_0 = -\nabla_m \chi(\boldsymbol{m}_0) \tag{7-67}$$

那么

$$\boldsymbol{h}_0 \nabla_m \chi(\boldsymbol{m}_0) = -[\nabla_m \chi(\boldsymbol{m}_0)]^2 < 0 \tag{7-68}$$

由式（7-67）和式（7-68）可以得出结论，只要 $\nabla_m \chi(\boldsymbol{m}_0) \neq 0$，下降方向就一定存在。

实际上，$\boldsymbol{h}_0$ 有很多种，如果 $\boldsymbol{A}$ 是正定矩阵，则

$$\boldsymbol{h}_0 = -\boldsymbol{A} \nabla_m \chi(\boldsymbol{m}_0) \tag{7-69}$$

同样也是下降方向，因为

$$\boldsymbol{h}_0 \nabla_m \chi(\boldsymbol{m}_0) = -\nabla_m \chi(\boldsymbol{m}_0)^{\mathrm{T}} \boldsymbol{A} \nabla_m \chi(\boldsymbol{m}_0) < 0 \tag{7-70}$$

因此，在迭代法最优化算法中，只要沿着下降方向 $\boldsymbol{h}_i = -\boldsymbol{A} \nabla_m \chi(\boldsymbol{m}_i)$ 将模型由 $\boldsymbol{m}_i$ 更新到 $\boldsymbol{m}_{i+1}$，就可以达到反演的目的。

对迭代法最优化算法的通用流程总结如下。

（1）选取一个合理的初始模型 $\boldsymbol{m}_0$，设 $i=0$。

（2）计算下降方向：$\boldsymbol{h}_i = -\boldsymbol{A} \nabla_m \chi(\boldsymbol{m}_i)$。

（3）计算合理的步长 α_i，须满足 $\alpha_i > 0$。

（4）利用下降方向更新模型：$\boldsymbol{m}_{i+1}=\boldsymbol{m}_i+\alpha_i\boldsymbol{h}_i$。

（5）判断是否满足收敛条件，如果满足退出迭代，否则，$i=i+1$，返回步骤（2）。

在上述流程中，关键是构建下降方向 $\boldsymbol{h}$，而构建下降方向的核心便是计算目标函数的梯度 $\nabla_m\chi(\boldsymbol{m})$。不同的反演算法，对应的 $\boldsymbol{A}$ 不同，而它控制了反演的收敛速度。

7.3.1.2　几种最优化方法

上节介绍了迭代最优化算法的基本流程，这节将给出三种最常用的下降方向构建方法：最速下降法（The Steepest Descent Method）、共轭梯度法（The Conjugate Gradient Method）和 L-BFGS 法。

（1）最速下降法

最速下降法是基于这样一个数学原理：如果目标函数在 $\boldsymbol{m}_i$ 处可导，那么它的值在其负梯度方向下降最快，因此取 $\boldsymbol{A}=0$，故其下降方向为

$$\boldsymbol{h}_i=-\nabla_m\chi(\boldsymbol{m}_i) \tag{7-71}$$

尽管最速下降法实现容易，但在实际中此方法很少用到。目标函数越接近极小值，步长越小，收敛速度越慢，因为这里的下降方向是局部的，并非全局的。

（2）共轭梯度法

共轭梯度法的核心是构建梯度的共轭方向向量，即共轭梯度，该共轭梯度即为下降方向，方式为

$$\boldsymbol{h}_{i+1}=-\nabla_m\chi(\boldsymbol{m}_{i+1})+\beta_i\boldsymbol{h}_i \tag{7-72}$$

式中，β_i 的定义方式有很多，这里给出本节用到的一种定义方式

$$\beta_i=\frac{\nabla_m\chi(\boldsymbol{m}_{i+1})^{\mathrm{T}}\cdot\left[\nabla_m\chi(\boldsymbol{m}_{i+1})-\nabla_m\chi(\boldsymbol{m}_i)\right]}{\boldsymbol{h}_i^{\mathrm{T}}\cdot\left[\nabla_m\chi(\boldsymbol{m}_{i+1})-\nabla_m\chi(\boldsymbol{m}_i)\right]} \tag{7-73}$$

共轭梯度法是一个典型的共轭方向法，它的每一个下降方向是互相共轭的，而这些下降方向仅仅是负梯度方向与上一次迭代的下降方向的组合。因此，它存储量少，计算方便，同时具有较快的收敛速度和二次终止性。

（3）L-BFGS

L-BFGS 是为了改进 BFGS 法存储维度过大这一缺陷而提出的，属于拟牛顿法的范畴。在 BFGS 算法中，下降方向是通过目标函数梯度以及近似海森（Hessian）矩阵的逆 $\boldsymbol{H}_i$ 构建的，关系式为

$$\boldsymbol{h}_i=-\boldsymbol{H}_i\nabla_m\chi(\boldsymbol{m}_i) \tag{7-74}$$

近似海森矩阵的逆 $\boldsymbol{H}_{i+1}$ 可利用下面公式求取。

$$\boldsymbol{s}_i=\boldsymbol{m}_{i+1}-\boldsymbol{m}_i$$

$$\boldsymbol{y}_i=\nabla_m\chi(\boldsymbol{m}_{i+1})-\nabla_m\chi(\boldsymbol{m}_i) \tag{7-75}$$

$$\boldsymbol{H}_{i+1}=\boldsymbol{H}_i+\frac{1}{\boldsymbol{s}_i^{\mathrm{T}}\boldsymbol{y}_i}\left(1+\frac{\boldsymbol{y}_i^{\mathrm{T}}\boldsymbol{H}_i\boldsymbol{y}_i}{\boldsymbol{s}_i^{\mathrm{T}}\boldsymbol{y}_i}\right)\boldsymbol{s}_i\boldsymbol{s}_i^{\mathrm{T}}-\frac{1}{\boldsymbol{s}_i^{\mathrm{T}}\boldsymbol{y}_i}(\boldsymbol{s}_i\boldsymbol{y}_i^{\mathrm{T}}\boldsymbol{H}_i+\boldsymbol{H}_i\boldsymbol{y}_i\boldsymbol{s}_i)$$

利用这种方式求解下降方向，矩阵存储量为 n^2，当数据维度很大时，一般计算机内存将承受不了。为了克服 BFGS 方法海森矩阵的存储量问题，有学者提出了有限存储 BFGS 法（L-BFGS）。在 L-BFGS 算法中，通过保存最近 m 次的模型变化量 $\boldsymbol{s}_i$ 以及梯度变化量 $\boldsymbol{y}_i$ 来计算下降方向 $\boldsymbol{h}_i$。每次迭代，最旧的变换量被删除，而最新的变化量被存储下来。通过这种方式，算法保证了保存的变化量是来自最近的

m 次迭代。因此，L-BFGS 法的下降方向 h_i 可利用下面的公式求取。

$$h_{i+1}=\left(1-\frac{1}{y_i^{\mathrm{T}}s_i}s_i\,y_i^{\mathrm{T}}\right)^{\mathrm{T}}h_i\left(1-\frac{1}{y_i^{\mathrm{T}}s_i}s_i\,y_i^{\mathrm{T}}\right)+s_i\frac{1}{y_i^{\mathrm{T}}s_i}s_i^{\mathrm{T}} \tag{7-76}$$

L-BFGS 法是在牛顿法的基础上引入了海森的近似矩阵，避免每次迭代都要计算海森矩阵的逆，它的收敛速度介于梯度下降法和牛顿法之间，是超线性的。

7.3.2 时间域全波形反演

本节对时间域全波形反演的基本原理进行详细阐述。

7.3.2.1 基本原理

时间声波方程可以简写为

$$Sp=f \tag{7-77}$$

式中，$S=A\partial_x+B\partial_y+C\partial_z+D\partial_t$，表示波场延拓算子，其中

$$A=\begin{pmatrix}0&0&0&-1\\0&0&0&0\\0&0&0&0\\-\rho&0&0&0\end{pmatrix},\quad B=\begin{pmatrix}0&0&0&0\\0&0&0&-1\\0&0&0&0\\0&-\rho&0&0\end{pmatrix},\quad C=\begin{pmatrix}0&0&0&0\\0&0&0&0\\0&0&0&-1\\0&0&-\rho&0\end{pmatrix},\quad D=\begin{pmatrix}\rho&0&0&0\\0&\rho&0&0\\0&0&\rho&0\\0&0&0&\frac{1}{m^2}\end{pmatrix} \tag{7-78}$$

m 表示纵波速度，$p=\begin{pmatrix}v_x\\v_y\\v_z\\p\end{pmatrix}$ 为时间域矢量波场，其中 p 表示声压分量，f 为时间域震源。

取目标函数为记录残差的二范数，则目标函数对模型参数的导数为

$$\begin{aligned}F(m_k)&=\frac{\partial\mathcal{X}(m)}{\partial m}\bigg|_{m_k}\\&=\frac{\partial}{\partial m}\left[\frac{1}{2}(Lm-d_{obs})^{\mathrm{T}}(Lm-d_{obs})\right]\bigg|_{m_k}\\&=\left(\frac{\partial Lm}{\partial m}\right)^{\mathrm{T}}\delta d\bigg|_{m_k}\end{aligned} \tag{7-79}$$

式中，$\delta d(\delta d=Lm-d_{obs})$ 为记录残差。对式（7-77）两端对模型参数求导，可得

$$\frac{\partial S}{\partial m}p+S\frac{\partial p}{\partial m}=0 \tag{7-80}$$

整理得

$$\frac{\partial p}{\partial m}=-S^{-1}\left(\frac{\partial S}{\partial m}p\right)=\frac{2}{m^3}S^{-1}\left(\frac{\partial p}{\partial t}\right) \tag{7-81}$$

将式（7-81）代入式（7-79），即可获得梯度的计算式，整理得

$$F(\boldsymbol{m}_k) = \frac{2}{\boldsymbol{m}^3}\left(\frac{\partial \boldsymbol{p}}{\partial t}\right)^{\mathrm{T}}(\boldsymbol{S}^{-1})^{\mathrm{T}}\delta\boldsymbol{d}\bigg|_{m_k} \tag{7-82}$$

利用式（7-78）中的梯度，再结合反演问题框架，以及步长搜索方法，即可实现时间域全波形反演。

7.3.2.2　照明补偿

目前，实际采集的高铁地震信号受观测系统以及地层吸收衰减等因素的影响，通过深层反射得到的地震信号较弱。为了提高全波形反演深层反演质量，可基于波动方程双向照明分析，通过计算照明强度对反演梯度进行加权。

定义空间一点的单炮照明强度为

$$\boldsymbol{I}_s(\boldsymbol{x}) = \sum_t \boldsymbol{p}(\boldsymbol{x},t) * \boldsymbol{p}(\boldsymbol{x},t) \tag{7-83}$$

只计算炮点的单向照明强度并不能准确地描述地下能量分布情况。还需要计算检波点处的照明情况。公式为

$$\boldsymbol{I}_r(\boldsymbol{x}) = \sum_t \boldsymbol{\lambda}(\boldsymbol{x},t) * \boldsymbol{\lambda}(\boldsymbol{x},t) \tag{7-84}$$

则对地下空间任意一点的双向照明强度为

$$\boldsymbol{I}(\boldsymbol{x}) = \sqrt{\boldsymbol{I}_s(\boldsymbol{x})\boldsymbol{I}_r(\boldsymbol{x})} \tag{7-85}$$

经过能量补偿后的时间域全波形反演梯度变换为公式（7-86）。该方法所需要的计算量较小，能够快速有效地提高深层的建模质量。

$$F(\boldsymbol{m}_k) = \frac{2}{\boldsymbol{m}^3}\left(\frac{\partial \boldsymbol{p}}{\partial t}\right)^{\mathrm{T}}(\boldsymbol{S}^{-1})^{\mathrm{T}}\delta\boldsymbol{d}/\boldsymbol{I}\bigg|_{m_k} \tag{7-86}$$

7.3.2.3　模型与实际资料测试

实际高铁地震信号表明：距高铁铁路数千米的地方仍可接收到含较强低频信息的高信噪比高铁地震信号，其为 FWI 参数建模和四维监测创造了有利条件；但高铁震源分布较为集中，不能满足均匀覆盖要求，且海量高铁地震信号包含大量冗余信息，这些都是高铁地震信号 FWI 的难点。基于本章研究的震源估算技术，采用简单理论模型进行 FWI 近地表监测研究。

为凸显 FWI 的优势，设计异常体速度分别为 1850m/s 和 1700m/s 的低速扰动三维模型。图 7-12（a）和图 7-12（b）分别为异常体速度 1850m/s 和 1700m/s 的模型的剖面图，图 7-12（c）为两次 FWI 的初始速度模型剖面图；检波点排列垂直于铁轨方向，震源加载在桥墩处，且按点震源离散方式进行正演模拟。

本次模型测试仅仅关注近地表情况，因此布置了 350m 的小偏移距观测，利用直达波进行 FWI，且在反演过程中对其他波形进行指数衰减（胡光辉等，2015）。图 7-13（a）和图 7-13（b）分别为模型 1 和模型 2 的 FWI 结果剖面图，图 7-13（c）为二者差值；图 7-13（d）为模型 1 中第 30 道的真实速度、FWI 初始速度及 FWI 结果；图 7-13（e）为模型 2 中第 30 道的真实速度，FWI 初始速度及 FWI 结果。由图 7-13 可知，基于高铁地震信号的 FWI 技术可准确恢复近地表速度异常，且速度异常较小的模型［图 7-13（b）］的 FWI 反演精度略高于速度异常较大的模型［图 7-13（a）］，主要原因是两次反演

使用了相同的初始速度模型，异常体较小的模型在求解反问题时的非线性程度要小于异常体较大的模型。图 7-13（c）可准确反映近地表速度变化，初步测试表明，通过全波形反演速度建模可实现近地表监测和灾害预测之目的。

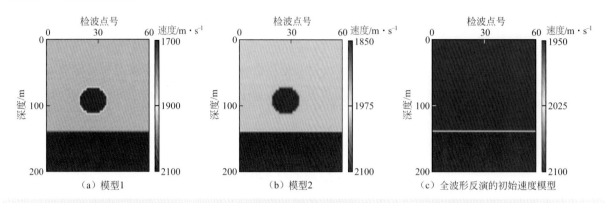

图 7-12　模型 1，模型 2 和全波形反演的初始速度模型

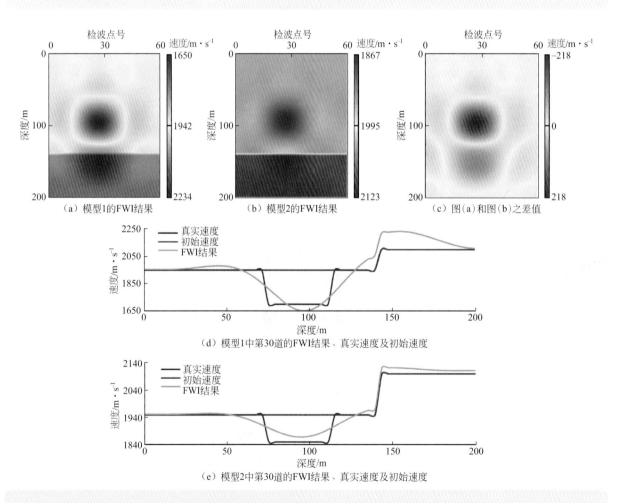

图 7-13　模型 1 和模型 2 的 FWI 结果，图（a）和图（b）之差值，和模型 1 和模型 2 中第 30 道的 FWI 结果、真实速度及初始速度

7.4　实例及效果

　　将上述模型应用于在河北定兴实际采集的高铁信号上，以高铁桥墩方式离散震源，取沿高铁方向的 27 个台站数据，台站间隔 5m，有效频带范围 1~150Hz。通过信号分析和高铁行驶特点，将数据整理成虚炮集格式，如图 7-14 所示。可以看出直达波部分分辨率较高，可用于直达波的近地表建模。由于缺乏射线层析建模和微测井等先验信息，无法建立满足需求的初始速度模型。根据临近区域的近地表调查情况，该区域表层基本为三层结构；地表层为含水较少的松软地表，速度较低，在 300m/s~410m/s，厚度在 0.6m~3.3m；第二层为含水不饱和层，速度为 500m/s~1400m/s，厚度在 2.1m~5.6m；高速层为含水饱合层，速度为 1600m/s~2000m/s。根据桥墩埋藏深度（一般为地下 50m 左右）和反演所关心的分辨率，忽略表层部分，设计 1400m/s~1700m/s 的线性机构梯度模型作为全波形反演的初始模型，如图 7-15 所示。因为初始模型精度不满足高频全波形反演要求，为了避免全波形反演周波跳跃，采用 10Hz 主频低频全波形反演进行直达波浅地表速度建模。考虑自由界面条件、真实子波估计、炮点分布不均匀造成的照明补偿等问题，反演结果如图 7-16 所示。反演结果稳定收敛，在低频端基本可以清楚地看到连续基岩层信息。基岩层以上速度异常，低速区域可清楚分辨，推断为含水层或

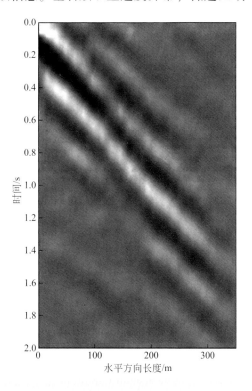

图 7-14　虚炮集数据

者地层松软造成的低速现象，为近地表灾害的重点关注区域。反演过程总共迭代三次，误差函数逐步收敛，验证了基于高铁地震信号进行全波形反演建模的可行性。在后期研究中，应通过更高精度的近地表调查，建立更加符合要求的初始模型和丰富可用的先验信息，努力利用高铁地震信号通过全波形反演实现高分辨率的近地表动态监测。

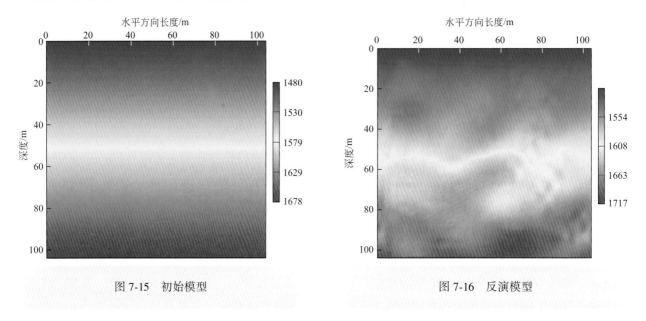

图 7-15　初始模型　　　　　　　　　　　　图 7-16　反演模型

7.5　小结

　　本章从波场方程正演的角度出发，详细介绍了差分系数、边界条件等影响正演模拟质量的关键因素，阐述了如何对连续的高铁震源进行有效离散，通过模型分析了以桥墩为离散震源点的正演模拟及信号对比结果，证明了这种方法的有效性。在反演方面详细介绍了全波形反演理论，推导了全波形反演的梯度公式。通过模型测试验证了基于高铁地震信号实现全波形反演建模的可行性。同时对前期采集的野外高铁地震信号进行了处理，求取了近地表的速度模型。

　　目前，国内高铁正处于飞速发展的时期，随着铁路的不断建设以及旧线路的老化，高铁沿线的行车安全问题也越来越突出。为了能够提前发现问题、实现早期预警，就必须对地下情况有清楚的认识。偏移成像是获取地下构造形态的常用方法，但在灾害早期，单独的属性变化并不一定会带来构造形态的变化，故做好属性反演将有助于更早实现灾害预报。作为目前反演精度最高的方法之一，全波形反演技术将有助于这一目的的实现。期望通过大规模高铁地震重复事件智能筛选，探寻浅地表属性变化引起的高铁地震信号变化特征，从而通过时移 FWI 技术实现近地表监测。

中文参考文献

曹健，陈景波. 2019. 移动线源的 Green 函数求解及辐射能量分析：高铁地震信号简化建模. 地球物理学报，62（6）：2303-2312.

曹书红，陈景波. 2012. 声波方程频率域高精度正演的 17 点格式及数值实现. 地球物理学报，55（10）：3440-3449.

陈敬国. 2006. 波场模拟中的震源——Ricker 子波浅析. 中国科技论文在线.

陈棋福，李丽，李纲，等. 2004. 列车振动的地震记录信号特征. 地震学报，26（6）：651-659.

董良国，马在田. 2000. 一阶弹性波方程交错网格高阶差分解法. 地球物理学报，43（3）：411-419.

胡光辉，王立歆，王杰，等. 2015. 基于早至波的特征波波形反演建模方法. 石油物探，54（1）：71-76.

刘磊，蒋一然. 2019. 大量高铁地震事件的属性体提取与特性分析. 地球物理学报，62（6）：2313-2320.

刘璐，刘洪，刘红伟. 2013. 优化 15 点频率−空间域有限差分正演模拟. 地球物理学报，56（2）：644-652.

牟永光，裴正林. 2005. 三维复杂介质地震波数值模拟. 北京：石油工业出版社.

宋建勇，郑晓东. 2011. 基于静主元消元法的频率域波动方程正演. 应用地球物理，8（1）：60-68.

孙卫涛. 2009. 弹性波动方程的有限差分数值方法. 北京：清华大学出版社.

王晓凯，陈建友，陈文超，等. 2019a. 高铁震源地震信号的稀疏化建模. 地球物理学报，62（6）：2336-2343.

王晓凯，陈文超，温景充，等. 2019b. 高铁震源地震信号的挤压时频分析应用. 地球物理学报，62（6）：2328-2335.

邢丽. 2006. 地震声波数值模拟中的吸收边界条件. 上海第二工业大学学报，23（4）：272-278.

邢丽. 2011. PML 吸收边界条件中的角点处理方法. 科学技术与工程，11（16）：3769-3771.

余寿朋. 1996. 宽带 ricker 子波. 石油地球物理勘探，31（5）：605-615.

张固澜，何承杰，李勇，等. 2019. 高铁地震震源子波时间函数及验证. 地球物理学报，62（6）：2344-2354.

张海燕，李庆忠. 2007. 几种常用解析子波的特性分析. 石油地球物理勘探，42（6）：651-657.

张衡，刘洪等. 2014. 基于平均导数方法的声波方程频率域高阶正演. 地球物理学报，57（5）：1599-1611.

附英文参考文献

Ajo-Franklin, Jonathan B. 2005. Frequency-Domain Modeling Techniques for the Scalar Wave Equation：An Introduction. Massachusetts Institute of Technology.

Amini N, Javaherian A. 2011. A MATLAB-based frequency-domain finite-difference package for solving 2D visco-acoustic wave equation. Waves in Random and Complex Media，21（1）：161-183.

Askan A, Akcelik V, Bielak J, et al. 2007. Full waveform inversion for seismic velocity and anelastic losses in heterogeneous structures. Bulletin of the Seismological Society of America，97（6）：1990-2008.

Asnaashari A, Brossier R, Stéphane G, et al. 2013. Regularized seismic full waveform inversion with prior model information. Society of Exploration Geophysicists，78（2）：R25-R36.

Bae H, Pyun S, Shin C, et al. 2012. Laplace-domain waveform inversion versus refraction-traveltime tomography. Geophysical

Journal International, 190 (1): 595-606.

Bae H, Shin C, Cha Y, et al. 2010. 2D acoustic-elastic coupled waveform inversion in the Laplace domain. Geophysical. Prospecting, 58 (6): 997-1010.

Bai J, Yingst D, Bloor R, et al. 2012. Waveform inversion with attenuation. SEG Technical Program Expanded Abstracts, 1-5.

Berenger J P. 1994. A perfectly matched layer for the absorption of electromagnetic waves. J Comput. Phys. (114): 185-200.

Bohlen T, Saenger E H. 2006. Accuracy of heterogeneous staggered-grid finite difference modeling of Rayleigh waves. Geophysics, (71): 109-115.

Boonyasiriwat C, Schuster G, Valasek P, et al. 2010. Applications of multiscale waveform inversion to marine data using a flooding technique and dynamic early-arrival windows. Geophysics, 75 (6), R129-R136.

Boonyasiriwat C, Valasek P, Routh P, et al. 2009. An efficient multiscale method for time-domain waveform tomography. Geophysics, 74 (6): WCC59-WCC68.

Brossier R, Operto S, Virieux J. 2009a. Robust elastic frequency-domain full-waveform inversion using the L1 norm. Geophysical Research Letters, 36 (20): L20310.

Brossier R, Operto S, Virieux J. 2009b. Seismic imaging of complex onshore structures by 2D elastic frequency-domain full-waveform inversion. Geophysics, 74 (6): WCC105-WCC118.

Brossier R, Operto S, Virieux J. 2010. Which data residual nor m for robust elastic frequency-domain full waveform inversion. Geophysics, 75 (3), R37-R46.

Brossier R, Virieux J, Operto S. 2008. Parsimonious finite-volume frequency-domain method for 2-D P-SV-wave modelling. Geophysical Journal International, 175 (2): 541-559.

Bunks C, Saleck F, Zaleski S, et al. 1995. Multiscale seismic waveform inversion. Geophysics, 60 (5): 1457-1473.

Chen J B. 2012. An average-derivative optimal scheme for frequency-domain scalar wave equation. Geophysics, 77 (6): T201-T210.

Chen J B. 2014. A 27-point scheme for a 3D frequency-domain scalar wave equation based on an average-derivative method. Geophysical Prospecting, (62): 258-277.

Chen J Y, Bording R P. 2010. Application of the nearly perfectly matched layer to the propagation of low-frequency acoustic waves. Journal of Geophysics and Engineering (Online), (7): 277-283.

Chew W C, Weedon W H. 1994. A 3D perfectly matched medium from modified maxwells equations with stretched coordinates. Microwave and Optical Technology Letters, (7): 599-604.

Chu C L, Stoffa P L. 2010. Frequency domain modeling using implicit spatial finite difference operators. 80th SEG Expanded Abstracts.

Connolly D P, Kouroussis G, Laghrouche O, et al. 2015. Benchmarking railway vibrations Track, vehichle, ground and building effects. Construction and Building Materials, 92: 64-81.

Collino F, Tsogka C. 2001. Application of the perfectly matched absorbing layer model to the linear elastodynamic problem in anisotropic heterogeneous media. Geophysics, 66 (1): 294-307.

Crase E, Pica A, Noble M, et al. 1990. Robust elastic nonlinear waveform inversion: application to real data. Geophysics, 55 (5): 527-538.

Drossaert F H, Giannopoulos A. 2007. A. Complex frequency shifted convolution PML for FDTD modelling of elastic waves. Wave Motion, (44): 593-604.

Dumbser M, Kaser M. 2006. An arbitrary high-order discontinuous Galerkin method for elastic waves on unstructured meshes - II The three-dimensional isotropic case. Geophysical Journal International, 167 (1): 319-336.

Fuchs F，Bokelmann G，AlpArray Working Group. 2018. Equidistant spectral lines in train vibrations. Seismological Research Letters，89（1）：56-66.

Graves R. 1996. Simulating seismic wave propagation in 3D elastic media using staggered grid finite differences. Bulletin of the Seismological Society of America，（86）：1091-1106.

Guitton A. 2012. Blocky regularization schemes for Full-waveform inversion. Geophysical Prospecting，60（5），870-884.

Ha T，Chung W，Shin C. 2009. Waveform inversion using a back-propagation algorithm and a Huber function norm. Geophysics，74（3）：R15-R24.

Ha W，Shin C. 2013. Efficient Laplace-domain full waveform inversion using a cyclic shot subsampling method. Geophysics，78（2）：R37-R46.

Hastings F D，Schneider J B. 1996. Application of the perfectly matched layer（PML）absorbing boundary condition to elastic wave propagation. J. Acoust. Soc. Am.，100（5）：3061-3069.

Hicks G J. 2002. Arbitrary source and receiver positioning in finite-difference schemes using kaiser windowed sinc functions. Geophysics，（67）：156-166.

Hu G H. 2012. Three-dimensional acoustic Full waveform Inversion：method，algorithms and application to the Valhall petroleum field. Ph. D. thesis，Université De Grenoble，Paris，France.

Hu W Y，Abubakar A，Habashy T M. 2007. Application of the nearly perfectly matched layer in acoustic wave modeling. Geophysics，72（5）：SM169-SM175.

Hustedt B，Operto S，Virieux J. 2004. Mixed-grid and staggered-grid finite-difference methods for frequency-domain acoustic wave modelling. Geophysical Journal International，157（3）：1269-1296.

Jo C H，Shin C，Suh J H. 1996. An optimal 9-point，finite-difference，frequency-space，2-D scalar wave extrapolator. Geophysics，（61）：529-537.

Komatitsch D，Barnes C，Tromp J. 2000. Simulation of anisotropic wave propagation based upon a spectral element method. Geophysics，65（4）：1251-1260.

Komatitsch D，Martin R. 2007. An unsplit convolutional perfectly matched layer improved at grazing incidence for the seismic wave equation. Geophysics，72（5）：SM155-SM167.

Komatitsch D. 1997. Méthodes spectrales et éléments spectraux pour l'équation de l'élastodynamique 2D et 3D en milieu hétérogène（Spectral and spectral-element methods for the 2D and 3D elastodynamics equations in heterogeneous media）. Ph. D. thesis，Institut de Physique du Globe，Paris，France.

Komatitsch D，Tromp J. 1999. Introduction to the spectral-element method for 3-D seismic wave propagation. Geophysical Journal International，（139）：806-822.

Komatitsch D，Tromp J. 2003. A perfectly matched layer absorbing boundary condition for the second-order seismic wave equation. Geophysical Journal International，（154）：146-153.

Lailly P. 1983. The seismic inverse problem as a sequence of before stack migration. Conference on Inverse Scattering-Theory and Application，Expanded Abstracts：206-220.

Levander A R. 1988. Fourth-order finite-difference P-SV seismograms. Geophysics，53（11）：1425-1436.

Liu Y. 2013. Globally optimal finite-difference schemes based on least squares. Geophysics，78（4）：T113-T132.

Marfurt K J. 1984. Accuracy of finite-difference and finite-element modeling of the scalar and elastic wave equations. Geophysics，（49）：533-549.

McGarry R，Moghaddam P. 2009. NPML Boundary conditions for second-order wave equations. 79th SEG Expanded Abstracts.

Min D，Shin C，Kwon B，et al. 2000. Improved frequency-domain elastic wave modeling using weighted-averaging difference operators. Geophysics, 65 (3): 884-895.

Min D, Yoo H, Shin C, et al. 2002. Weighted averaging finite-element method for scalar wave equation in the frequency domain. J. Seism. Explor., 11: 197-222.

Mora P. 1987. Nonlinear two-dimensional elastic inversion of multi-offset seismic data. Geophysics, 52 (9): 1211-1228.

Nihei K T, Li X Y. 2007. Frequency response modeling of seismic waves using finite difference time domain withphase sensitive detection (TD-PSD). Geophysical Journal International, (169): 1069-1078.

Operto S, Virieux J, Amestoy P, et al. 2007. 3D finite-difference frequency-domain modeling of viseo-acoustic wave propagation using a massively parallel direct solver: A feasibility study. Geophysics, 72 (5): SM195-SM211.

Plessix R E. 2009. Three-dimensional frequency-domain full-waveform inversion with an iterative solver. Geophysics, 74 (6): WCC149-WCC157.

Pratt R, Shipp R. 1999. Seismic waveform inversion in the frequency domain, Part 2: Fault delineation in sediments using crosshole data. Geophysics, 64 (3): 902-914.

Pratt R. 1999. Seismic waveform inversion in the frequency domain, Part 1: Theory and verification in a physic scale model. Geophysics, 64 (3): 888-901.

Pratt R, Shin C, Hicks G J. 1998. Gauss-Newton and full Newton methods in frequency-space seismic waveform inversion. Geophysical Journal International, 133 (2): 341-362.

Pratt R G, Worthington M H. 1990. Inverse theory applied to multi-sourcecross-hole tomography, Part 1: Acoustic wave-equation method. Geophysical Prospecting. 38 (3): 287-310.

Qin Z, Lu M H, Zheng X D, et al. 2009. The implementation of an improved NPML absorbing boundary condition in elastic wave modeling. Applied Geophysics, 6 (2): 113-121.

Quiros D A, Brown L D, Kim D. 2016. Seismic interferometry of railroad induced ground motions: Body and surface wave imaging. Geophysical Journal International, 205 (1): 301-313.

Roden J A, Gedney S D. 2000. Convolution PML (CPML): An efficient FDTD implementation of the CFS-PML for arbitrary media. Microwave and Optical Technology Letters, (27): 334-339.

Seriani G, Priolo E. 1994. Spectral element method for acoustic wave simulation in heterogeneous media. Finite Elements in Analysis and Design, (16): 337-348.

Sheen D, Tuncay K, Baag C, et al. 2006. Time domain Gauss-Newton seismic waveform inversion in elastic media. Geophysical Journal International, 167 (3): 1373-1384.

Shin C, Cha Y. 2008. Waveform inversion in the Laplace domain. Geophysical Journal International, 173 (3): 922-931.

Shin C, Sohnz H. 1998. A frequency-space 2-D scalar wave extrapolator using extended 25-point finite-difference operator. Geophysics, 63 (1): 289-296.

Shin C, Koo N, Cha Y, et al. 2010. Sequentially ordered single-frequency 2-D acoustic waveform inversion in the Laplace-Fourier domain. Geophysical Journal International, 181 (2): 935-950.

Shin C, Min D. 2006. Waveform inversion using a logarithmic wavefield. Geophysics, 71 (3): R31-R42.

Shipp R, Singh S. 2002. Two-dimensional full wavefield inversion of wide-aperture marine seismic streamer data. Geophysical Journal International, 151 (2): 325-344.

Sirgue L, Barkved O, Dellinger J, et al. 2010. Full waveform inversion: The next leap forward in imaging at Valhall. First Break, 28 (1): 65-70.

Sirgue L, Etgen J T, Albertin U, et al. 2008. 3D frequency domain waveform inversion using time domain finite difference methods. In Proceedings 70th EAGE, Conference and Exhibition, Roma, Italy, F022.

Sourbier F, Haidar A, Girand L, et al. 2008. Frequency-domain full-waveform modeling using a hybrid direct-iterative solver based on a parallel domain decomposition method: a tool for 3D full-waveform inversion? 78th SEG Expanded Abstracts, 2147-2151.

Stekl I, Pratt R. 1998. Accurate visco-elastic modeling by frequency-domain finite differences using rotated operators. Geophysics, 63 (5): 1779-1794.

Tarantola A. 1984. Inversion of seismic reflection data in the acoustic approximation. Geophysics, 49 (8): 1259-1266.

Tarantola A. 1986. A strategy for nonlinear elastic inversion of seismic reflection data. Geophysics, 51 (10): 1893-1903.

Virieux J. 1984. SH wave propagation in heterogeneous media, velocity-stress finite difference method. Geophysics, 49 (11): 1259-1266.

Virieux J. 1986. P-SV wave propagation in heterogeneous media, velocity-stress finite difference method. Geophysics, 1986, 51 (4): 889-901.

Virieux J, Operto S. 2009. An overview of full waveform inversion in exploration geophysics. Geophysics, 74 (6): WCC127-WCC152.

Yang Y B, Hung H H, Chang D W. 2003. Train-induced wave propagation in layered soils using finite/infinite element simulation. Soil Dynamics and Earthquake Engineering, 23 (4): 263-278.

Zhang J H, Yao Z X. 2013. Optimized finite-difference operator for broadband seismic wave modeling, Geophysics, 78 (1): A13-A18.

Zhang W, Yang S. 2010. Unsplit complex frequency-shifted PML implementation using auxiliary differential equations for seismic wave modeling. Geophysics, 75 (4): T141-T154.

第八章
高铁地震数据干涉成像技术

张唤兰[1]，王保利[2]，宁杰远[3]，李幼铭[4]

1. 西安科技大学地质与环境学院，西安，710054

2. 中煤科工集团西安研究院有限公司，西安，710049

3. 北京大学地球与空间科学学院，北京，100871

4. 中国科学院地质与地球物理研究所，北京，100029

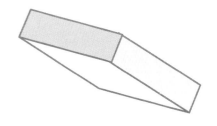

摘要

　　高铁运行会引起铁轨的震动，从而产生地震波向地下介质中传播，通过研究该地震波可对高铁沿线的地质情况进行持续监测。与常规地震勘探中的震源相比，高铁地震中的震源较为复杂，为移动震源，而地震干涉技术可以通过地震记录间的相互干涉消除震源的影响，因此可利用地震干涉技术对高铁地震信号进行处理并成像。本章通过分析研究，总结出地震干涉方法在处理高铁地震数据时的关键技术问题：不同于常规地震干涉中先干涉后叠加的干涉成像方式，高铁地震移动源的特点使得干涉顺序变为先叠加后干涉，由此带入了大量震源串扰噪音；初步提出两种解决高铁地震干涉成像的思路，即通过对高铁地震信号的处理，使高铁变相"提速"或"降速"，给出了"提速"或"降速"后各自的成像思路，并给出了数据处理的技术设想。

引言

随着社会经济的高速发展，连接各个城市的交通网也在飞速发展，目前我国已成为全世界拥有规模最大及运营速度最快的高速铁路网的国家。高速铁路因其快捷、舒适的优点，成为人们的首选出行工具之一。根据《铁路"十三五"发展规划（2017）》，2020年我国铁路网布局将更加完善，全国铁路营业里程将达到15万千米，其中高铁3万千米，高速铁路网将覆盖80%以上的大城市。随着高速铁路建设步伐的加快以及既有铁路的全面提速，高速列车和重载列车引起的振动对周围环境的影响也愈加突出，尤其当列车速度接近地表的瑞利波速时，会引起振动放大现象（李志毅等，2007），对周围环境的影响会加剧。因此有必要在铁路沿线按一定间隔布设检波器记录高铁运行过程中振动引起的地震波，通过分析不同时期信号的变化来研究路基的变化，从而实现对高铁沿线地质情况的持续监测及灾害预警。

与常规地质调查相比，以高铁作为震源的地质勘察具有以下优点：观测系统一次布设后，可开展长期、动态的路基勘察；避免了常规炸药震源施工效率低和次生灾害问题；高铁震源使用便捷，每条高铁线路平均每5分钟便有一趟列车通过，日均100多趟，由于符合叠加性原理（局部时间内），因此有望提供成像质量较好的探测结果；高铁震源数据低频信息丰富，可用于地球深部探测。由于需要对高铁地震进行长期监测，因此数据存储量和处理工作量巨大，但随着计算机的快速发展，这一问题可被忽略。

高铁行驶时激发的地震波震源复杂，而地震干涉法可以通过地震道的相关叠加形成接收点激发、接收点接收的虚震源记录，从而解决震源复杂的问题，为我们研究地下地质情况提供便利。

8.1 地震干涉法的发展历程

地震干涉法通过地震记录的相关和求和得到虚拟事件，这些事件的射线路径较短并且其震源和接收点更靠近目标区域。斯坦福大学的 J. F. 克利尔波特（J. F. Clearbout）（1968）描述了如何通过地下震源生成的自相关道得到地球表面的格林函数，其中地下震源的位置和激发时间未知，所以该方法被认为是被动源地震方法。在一维介质情况下研究人员分别利用合成数据（Claerbout，1968）、天然地震数据（Scherbaum，1987a，1987b）和合成 VSP 数据（Katz，1990）证明了该理论。后来，J. F. 克利尔波特（J. F. Clearbout）和他的学生把这种相关扩展到了多维模型，并称这种方法为"日光成像"（daylight imaging）。"日光"一词意味着激发非相干地震能量的点源是随机分布的。G. T. 舒斯特（G. T. Schuster）（2001）解除了震源随机分布的限制，把"日光成像"重新命名为地震波干涉。C. A. 威代尔（C. A. Vidal）等（2014）把多维反褶积与多维去相关算法相结合，对复杂的地下构造进行被动源地震波干涉成像。B. 布朗热（B. Boullenger）等（2015）通过多维反褶积地震干涉技术进行了震源重建。C. 威姆斯特拉（C. Weemstra）（2017）研究了多维反褶积干涉法反射边界条件。

国内，王保利（2007）研究了 Walkaway VSP 数据的相干成像，并对实际数据进行了处理，结果表明在不影响成像效果的基础上，成像范围得到了很大的拓宽。吴世萍等（2011）研究了上覆地层比较复杂时基于虚源估计的地震相干成像。朱恒（2015）在抛物拉东（Radon）域中应用了地震干涉技术，压制了虚假信息的产生，程浩（2016）提出了线性拉东域被动源数据地震波干涉技术。雷朝阳和刘怀山（2017）研究了被动源成像中透射响应与反射响应的关系。

8.2 地震干涉法原理

8.2.1 光的干涉

20 世纪，光的干涉在物理、天文和工程等学科的前沿领域中占有相当重要的地位。其关键思想是用一光束来对物体或介质的物性采样并与参考光束干涉。干涉得到的相干图案有时被称作干涉图，它能将物体细微的光学特性放大这是因为干涉放大了参考光束和采样光束的相位差异。

图 8-1 所示的是油膜干涉图，其目的是测量油膜厚度。基本原理是通过光源 S 发出一束光，光束进入油膜后，一部分直接从油膜顶面透射出去，另一部分被油膜顶面反射到油膜底部后，又被反射并从顶部透射出去。从油膜中直接透射出去的光束 SA 称为直达波，经过反射后透射出去的光束称为虚反射波。在油膜上部，直达波光束 SA 与虚反射波光束 SArB 相互干涉。由于干涉中两束光的相同路径部分大小相等，故干涉后相互抵消，剩下的部分为光束在油膜中相位差。而相位差与油膜厚度有关，这样通过测量相位差就可以得到油膜的厚度以及几何成像结果。这里直达波作为参考光束，虚反射波作为被干涉光束。

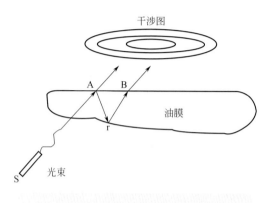

图 8-1　油膜中直达波 SA 和反射波 SArB 的干涉

直达波的表达式为

$$\tilde{d}_A = e^{i\omega\tau_{SA}} \tag{8-1}$$

虚反射波的表达式为

$$\tilde{d}_B = R^2 e^{i\omega(\tau_{SA}+\tau_{Ar}+\tau_{rB})} \tag{8-2}$$

其中，τ_{ij} 表示沿着路径 ij 的传播时间，R 是油膜与空气分界面处的反射系数，ω 是光波角频率。干涉图中的黑线表示反射光束和直达光束的反相区域，同相区域表明是一致干涉。直达波和反射波的相位变化反映出油膜厚度的不规则变化，于是干涉图中的圆环状干涉条纹出现扭曲现象。

干涉条纹为直达波和虚反射波叠加后的光强，可表示为

$$I = (\tilde{d}_A + \tilde{d}_B)(\tilde{d}_A + \tilde{d}_B)^* = 1 + 2R^2\cos[\omega(\tau_{Ar}+\tau_{rB})] + R^4 \tag{8-3}$$

其中光强 I 是由射线路径的反射部分的相位 $\omega(\tau_{Ar}+\tau_{rB})$ 决定。值得注意的是，干涉条纹的强度或圆环状图案与震源相位或激光束 SA 无关。这就意味着在对油膜几何形状成像时，不必要先知道震源的位置和震源子波强度。

光的干涉在推进物理学、天文学和工程学方面起了极其重要的作用：

（1）激光测距；

（2）测定国际标准米尺的长度；

（3）否定"以太风"的实验；

（4）光谱超精细结构；

（5）光纤检波器；

（6）油膜形状和厚度的测定。

8.2.2　地震波的干涉

地震波的干涉与光波干涉类似，区别在于，地震波干涉是用地震波来代替光波，相干图（在地震干涉中将干涉图称为相干图，下文同）也是通过相邻两个接收道记录的互相关来得到。地震波干涉可

用于各种各样的地震分析方法中。如图 8-2 所示，图 8-2（a）表示震源位置和震源子波未知的情况下，只通过 A、B 两点接收到的地震记录来对反射层成像，图 8-2（b）表示利用 B 点接收到的多次波，通过干涉原理对反射界面成像，图 8-2（c）表示利用 B 点记录到的直达波和 A 点记录到的转换波，通过干涉原理来对转换点成像，图 8-2（d）表示只通过 A、B 两点得到的记录来对震源位置成像。下面将通过图 8-2（a）来具体说明地震波的干涉原理和步骤。

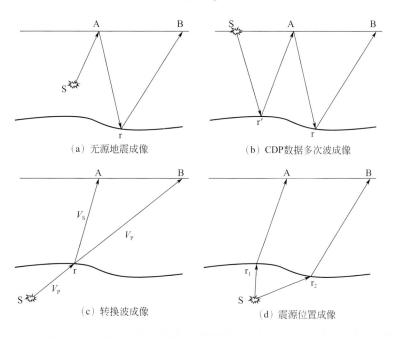

图 8-2　地震相干成像

同光的干涉一样，直达波 SA 和反射波 SArB 在频域内的表达式分别为

$$\tilde{d}_A = e^{i\omega\tau_{SA}} \tag{8-4}$$

$$\tilde{d}_B = Re^{i\omega(\tau_{SA}+\tau_{Ar}+\tau_{rB})} \tag{8-5}$$

由于震源情况未知，所以为了消去震源部分路径，我们将直达波 SA 和反射波 SArB 的频谱共轭相乘，得到相干图公式为

$$\tilde{\Phi}_{AB} = \tilde{d}_A^* \cdot \tilde{d}_B = Re^{i\omega(\tau_{Ar}+\tau_{rB})} + o.t. \tag{8-6}$$

其中 $\tilde{\Phi}_{AB}$ 表示得到的相干图，指数项表示 A 点直达波和 B 点虚反射波的相关，$o.t.$ 表示其他项，比如直达波和直达波、反射波和反射波的相关。此例中，A 点的直达波起着光干涉中参考光束的作用，但在本章中，笔者将 A 道称为主道。

与式（8-3）中光的相干图表达式一样，$\tilde{\Phi}_{AB}$ 是沿着射线路径 SArB 中反射部分的相位 $\omega(\tau_{Ar}+\tau_{rB})$ 的函数。换句话说，$\tilde{\Phi}_{AB}$ 只与反射路径 ArB 有关，而与震源部分的路径 SA 无关。

需要说明的是，这里的 $o.t.$ 项在整个地震波干涉过程中都是干扰项，它会给后续的成像结果带来严重的人工痕迹，需要去除。它是主道 A 中的其他非直达波同相轴与 B 道中的反射波干涉产生的，这些同相轴都是不正确的参考光束。基于此，笔者必须将主道 A 进行波场分离，使其只剩下直达波。对

B 道记录也需进行提纯,使其只剩下反射波。

8.2.3 地震相干成像

由于式(8-6)不能直接对地下介质进行解释,故必须对其进行偏移成像。相干图的偏移与标准偏移基本一样,不同的是其输入是经过干涉后的记录。在此,本章仍旧以图 8-2(a)为例来说明相干图的偏移成像。

图 8-2 的观测系统是这样的:地下某点处有一震源 s 激发地震波,在自由表面放置一列检波器用来接收上行信号,如图 8-3 所示。

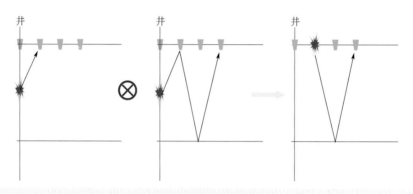

图 8-3 地震波的干涉示意图

① 第 i 个检波器 g_i 接收到的频域的信号由下式给出。

$$d(g_i,s) = D_{gs} + P_{gs} + G_{gs} + o.t. \tag{8-7}$$

其中

$$D_{gs} = W(\omega) \mathrm{e}^{k\omega\tau_{sg_i}} \tag{8-8}$$

$$P_{gs} = W(\omega) \mathrm{e}^{k\omega(\tau_{sx'}+\tau_{x'g_i})} \tag{8-9}$$

$$G_{gs} = W(\omega) \mathrm{e}^{k\omega(\tau_{sg'}+\tau_{g'x}+\tau_{xg_i})} \tag{8-10}$$

式中,D_{gs} 表示接收点 g_i 接收到的直达波,P_{gs} 为接收到的一次反射波,G_{gs} 为接收到的自由表面的虚反射,而 $o.t.$ 表示其他项,$W(\omega)$ 表示频域内震源子波,x' 为一次反射波在界面上的反射点,x 为虚反射波在界面上的反射点,g' 为虚反射波在自由表面的虚反射点。

② 任选两接收点 g_i 和 g_j 的记录进行干涉,将 g_i 作为主道,那么形成的相干图表达式为

$$\begin{aligned} \Phi(g_i,g_j,s) &= d(g_i,s)^* \cdot d(g_j,s) \\ &= D_{g_is}^* \cdot G_{g_js} + o.t. \\ &= -R|W(\omega)|^2 \mathrm{e}^{k\omega(\tau_{g_jx}+\tau_{xg_j})} + o.t. \\ &\approx -R|W(\omega)|^2 \mathrm{e}^{k\omega(\tau_{g_ix}+\tau_{xg_j})} \end{aligned} \tag{8-11}$$

上式在运动学上等价于在 g_i 点放炮 g_j 接收到的记录,如图 8-3 所示。

③对相干图进行偏移成像。与常规的标准偏移一样，选择 $e^{-k\omega(\tau_{g_ix}+\tau_{xg_j})}$ 作为偏移核函数，可以得出相干图在成像点 x 处的贡献为

$$M_{ij}(x)=\sum_{\omega}\Phi(g_i,g_j,s)\,e^{-k\omega(\tau_{g_ix}+\tau_{xg_j})} \tag{8-12}$$

对上式做傅里叶反变换得到时间域的表达式为

$$m_{ij}(x)=\phi(g_i,g_j,\tau_{g_ix}+\tau_{xg_j}) \tag{8-13}$$

其中 $\phi(g_i,g_j,t)$ 表示 g_i 点记录道和 g_j 点记录道在时间域的相干图。当 x 就是实际的界面反射点 r 时，对所有的频率成分的波来说，$x{\rightarrow}r$ 有最大的偏移振幅值。同时，希望 $o.t.$ 项就像在克希霍夫偏移中一样发生焦散。

最后，对所有的 g_i 和 g_j 进行循环，求出它们对成像点的贡献后叠加，即可得到最终的偏移成像结果。

$$m(x)=\sum_i\sum_j\phi(g_i,g_j,\tau_{g_ix}+\tau_{xg_j}) \tag{8-14}$$

在多个炮点的情况下，须对所有的炮点求和，公式可改写为

$$m(x)=\sum_s\sum_i\sum_j\phi(g_i,g_j,\tau_{g_ix}+\tau_{xg_j}) \tag{8-15}$$

式（8-15）即为相干图的偏移成像公式，在这个公式中，虚反射路径类似于散射路径，所以该公式也被称作散射成像或绕射叠加偏移。

8.3　稳相分析

8.3.1　理论

稳相分析（Bleistein，1984）的重要性不可低估，因为它提供了相干成像的工作原理的物理解释，并为勘探地震学带来了一些新的应用。稳相分析是一种近似方法，把稳相分析应用于线积分解决下面的积分函数，公式为

$$f(\omega)=\int_{-\infty}^{\infty}g(x)\,e^{i\omega\phi(x)}\mathrm{d}x \tag{8-16}$$

其中，积分沿着实数轴，$g(x)$ 为一缓慢变化的函数；$\phi(x)$ 是实函数，称为相函数，最多有一个稳相点；ω 表示渐近频率变量。若 $\omega\phi(x)$ 值较大且随 x 变化剧烈，那么 $e^{i\omega\phi(x)}$ 就是一个快速震荡的函数，在实数域内的积分等于 0。然而，当 $x=x^*$ 时，相位函数满足

$$\lambda\phi(x)'_{x=x^*}=0 \tag{8-17}$$

在这种情况下，即使是很大的频率，被积函数 $e^{i\lambda\phi(x)}$ 在 x^* 的一个小领域 $(x^*-\varepsilon, x^*+\varepsilon)$ 内也几乎是恒定的，此时 x^* 被称为稳相点，相应的邻域被称为稳相区。因此积分的主要贡献是在稳相点周围的一个小范围内，所以只考虑 $\phi(x)$ 在 x^* 的泰勒级数展开式的二次项。

$$\omega\phi(x) \approx \omega\phi(x^*) + \frac{\omega}{2}\phi(x^*)''(x-x^*)^2 \tag{8-18}$$

将式（8-18）代入式（8-16），化简可得

$$f(\omega) \approx e^{i\omega\phi(x^*)}g(x^*)\int_{-\infty}^{\infty} e^{i\omega/2\phi(x^*)''(x-x^*)^2}dx \tag{8-19}$$

令 $\dfrac{\pi t^2}{2} = \dfrac{i\omega}{2}|\phi(x^*)''|(x-x^*)^2$，带入式（8-19）得

$$f(\omega) \approx e^{i\omega\phi(x^*)}g(x^*)\sqrt{\frac{\pi}{\omega|\phi''(x^*)|}}\int_{-\infty}^{\infty} e^{i\pi t^2/2}dt \tag{8-20}$$

由菲涅尔积分可得 $\displaystyle\int_{-\infty}^{\infty} e^{i\pi t^2/2}dt = \sqrt{2}e^{i\pi/4}$，代入式（8-20）得到式（8-16）的渐进形式

$$f(\omega) \sim \alpha e^{i\omega\phi(x^*)}g(x^*) \tag{8-21}$$

其中，$\alpha = e^{i\pi/4}\sqrt{2\pi/(\omega|\phi(x^*)''|)}$ 是渐进系数。此式表明，积分表达式的主要贡献来自稳相点。

8.3.2 应用举例

下面以垂直地震剖面（VSP）数据为例，说明如何将稳相分析应用到相关型互易方程中（Gerard S.，2009）。相关型互易方程的远场表达式为

$$A,B \in V; \mathrm{Im}\left[G(B|A)\right] \approx k\int_{S_0} G(x|B)^*G(x|A)d^2x \tag{8-22}$$

如图 8-4 所示，$G(x|A) = e^{i\omega\tau_{AY_0}X}$ 代表图 8-4 中间部分归一化了的反射波，$G(x|B) = e^{i\omega\tau_{XB}}$ 代表图 8-4 左边归一化了的直达波，假设源离边界很远，那么波前在边界处是平面的。通过几何扩散因子将数据归一化，把这些归一化的格林函数代入到相关型互易方程式（8-22）中，得到如下渐进估计。

$$\begin{aligned} A,B \in V; \mathrm{Im}\left[G(B|A)\right] &\approx k\int_{S_0} e^{i\omega[\tau_{AY_0}X - \tau_{XB}]}d^2x \\ &= ke^{i\omega\tau_{AY_0}B}\int_{S_0} e^{i\omega[\tau_{AY_0}X - \tau_{XB} - \tau_{AY_0}B]}d^2x \\ &\sim \alpha ke^{i\omega\tau_{AY_0}B} \end{aligned} \tag{8-23}$$

其中，$e^{i\omega\tau_{AY_0}B}$ 在运动学上描绘了一个调谐的反射波。由费马原理可知，除非震源在稳相点处，否则指数项中的绕射旅行时总是比镜像反射的旅行时大，如图 8-5 所示。此时对于高频来说，式（8-23）中的指数项为 0。也可以说，相关互易方程将震源点从地面位置 X 重新定位到图 8-4 中的虚拟位置 B。

值得注意的是，非稳相震源点 x 对积分没有显著影响，而积分经过稳相震源点位置 x^* 时才有意义。如图 8-5 中左图所示，该稳相震源 x^* 激发了一个向下传播的直达波 x^*B，这个直达波恰好与镜像

反射 Ay_0x^* 的一部分完全重合，重合的结果是共同的射线轨迹相位被消除，得到射线 $AyoB$。对比图 8-5 中稳相震源和非稳相震源的射线路径，可以看出非稳相震源射线图中，直达波 XB 和反射波 Ay_0x^* 的上升部分不重合。

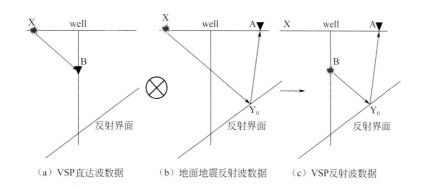

（a）VSP直达波数据　　　（b）地面地震反射波数据　　　（c）VSP反射波数据

图 8-4　直达波与地面地震反射波数据相关后得到的 VSP 反射波数据

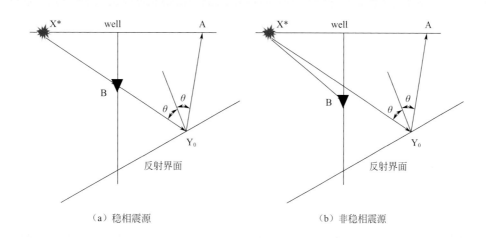

（a）稳相震源　　　　　　　　　　（b）非稳相震源

图 8-5　射线路径图

8.4　高铁地震干涉法及存在的问题

8.4.1　地震干涉法

地震勘探中经常用地震干涉技术将一种观测系统转换为另一种观测系统，如将 VSP 数据转换为地面地震数据，或将多井 VSP 数据转换为井间地震数据，也可以将地面地震多次反射波波场转换为一次反射波波场。

以地面地震为例，假设有一个两层的水平介质模型，反射界面深度为100m，反射界面上层的速度为2000m/s，在地面沿直线等间隔布设若干个震源点，并在距该直线垂直距离100m处的 A 点和200m处的 B 点分别布设两个接收点（图8-6），则 A、B 两点的格林函数 ［图8-7（a）和（b）］可表示为

$$\begin{cases} G(A \mid x) = \dfrac{1}{4\pi d_A} \mathrm{e}^{\mathrm{i}k d_A} \\[3mm] G(B \mid x) = \dfrac{1}{4\pi d_B} \mathrm{e}^{\mathrm{i}k d_B} \end{cases} \tag{8-24}$$

其中 x 表示某一震源点，d_A 和 d_B 分别表示波场从震源点 x 传播到 A 点和 B 点的空间距离，k 为波数。A、B 两点的格林函数做相关，得到两点之间的近似格林函数 ［图8-7（c）］

$$G(B \mid A, x) = G^*(A \mid x)G(B \mid x) \tag{8-25}$$

将所有震源点叠加，可使得 $G(B \mid A)$ ［图8-8（a）］更加接近真实的格林函数 ［图8-8（b）］

$$G(B \mid A) = \int G^*(A \mid x)G(B \mid x)\mathrm{d}x \tag{8-26}$$

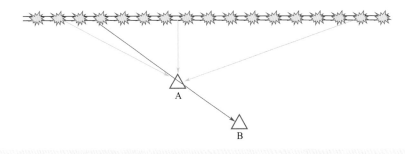

图8-6　观测系统示意图

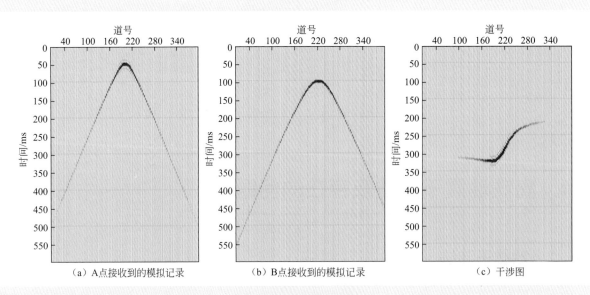

（a）A点接收到的模拟记录　　　　　　（b）B点接收到的模拟记录　　　　　　（c）干涉图

图8-7　模拟记录图和干涉图

从图8-8可以看出，地震干涉法得到的结果［图8-8（a）］与解析解［图8-8（b）］相同，即地震数据经过干涉后可获得在运动学上与理论记录等价的信号。

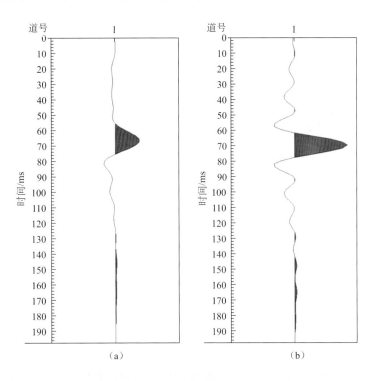

图 8-8　干涉得到的记录与理论记录的对比

8.4.2　高铁地震干涉及存在的问题

高铁在行驶过程中相当于一个移动震源，假设列车在记录的起始时刻从 x_0 点开始匀速移动，那么振动的铁轨离散点对接收点 A 的格林函数为

$$G(A \mid x) = \int \frac{1}{4\pi d(x)} \mathrm{e}^{\mathrm{i}\frac{\omega}{V}d(x)} \, \mathrm{e}^{\mathrm{i}\frac{\omega}{C}(x-x_0)} \mathrm{d}x \tag{8-27}$$

其中，$d(x)$ 为铁轨各离散点作为震源时波场传播到 A 点的距离，C 为列车行驶速度，V 为地震波传播速度。移动列车对单点 A 的模拟数据如图8-9（a）所示，此时的格林函数［图8-9（b）］与真实格林函数［图8-9（c）］吻合度较差。

假设在高铁铁轨附近有两个点 A 和 B，分别接收铁轨振动产生的地震信号，那么列车匀速行驶时，铁轨各离散点对点 A 和点 B 的格林函数分别为

$$\begin{cases} G(A \mid x) = \int \dfrac{1}{4\pi A(x)} \mathrm{e}^{\mathrm{i}\frac{\omega}{V}A(x)} \, \mathrm{e}^{\mathrm{i}\frac{\omega}{C}(x-x_0)} \mathrm{d}x \\ G(B \mid x) = \int \dfrac{1}{4\pi B(x)} \mathrm{e}^{\mathrm{i}\frac{\omega}{V}B(x)} \, \mathrm{e}^{\mathrm{i}\frac{\omega}{C}(x-x_0)} \mathrm{d}x \end{cases} \tag{8-28}$$

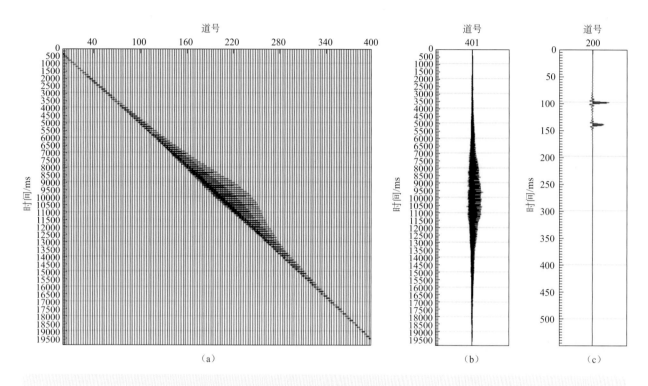

图 8-9　移动列车模拟数据

两点做互相关，结果如下。

$$G(A \mid B) = G^*(A \mid x) G(B \mid x)$$

$$= \underline{G^*(A \mid x_0) G(B \mid x_0)} + G^*(A \mid x_0) G(B \mid x_1) + G^*(A \mid x_0) G(B \mid x_2) + \cdots$$

$$+ G^*(A \mid x_1) G(B \mid x_0) + \underline{G^*(A \mid x_1) G(B \mid x_1)} + G^*(A \mid x_1) G(B \mid x_2) + \cdots \qquad (8\text{-}29)$$

$$+ G^*(A \mid x_2) G(B \mid x_0) + G^*(A \mid x_2) G(B \mid x_1) + \underline{G^*(A \mid x_2) G(B \mid x_2)} + \cdots$$

$$+ \cdots$$

与式（8-26）对比，可以看出高铁地震数据的地震干涉与常规地震干涉的不同。常规地震干涉时，其顺序是先干涉再沿震源路径积分，因此不存在震源间相互串扰导致的噪声（但有不同波场间相互串扰的问题）；而高铁地震中，由于震源是移动的，因此各接收点接收到的数据本身已对震源路径积分，因而在进行干涉时不同震源点间会产生大量的相互串扰［式（8-29）中不包含下划线的部分均为串扰项］，严重降低了干涉记录的信噪比，使得其与真实记录相差甚远而不能直接进行成像。

8.5　高铁地震干涉成像的解决思路

从高铁地震数据成像原理可以看出，由于高铁地震中震源在移动，导致常规的先相关后叠加变为先叠加后相关，因而产生了大量震源串扰噪音。想要解决这一问题，需从压制或者避免震源串扰噪声着手。

8.5.1　高铁"加速"

根据以上分析，从式（8-27）可以看出，震源串扰的问题主要是接收记录中包含对震源路径 x 的积分所造成的，因此避免积分是解决串扰问题的途径之一。

式（8-28）中，若列车运行速度 C 趋于无穷大，该式变为

$$\begin{cases} G(A \mid x) = \int \dfrac{1}{4\pi A(x)} e^{i\frac{\omega}{V}A(x)} \mathrm{d}x \\ G(B \mid x) = \int \dfrac{1}{4\pi B(x)} e^{i\frac{\omega}{V}B(x)} \mathrm{d}x \end{cases} \tag{8-30}$$

上式为线源分别对 A 和 B 两点的格林函数，其积分项为振荡函数，根据稳相分析可得

$$\begin{cases} G(A \mid x) = \dfrac{1}{4\pi A(x_a)} e^{i\frac{\omega}{V}A(x_a)} \\ G(B \mid x) = \dfrac{1}{4\pi B(x_b)} e^{i\frac{\omega}{V}B(x_b)} \end{cases} \tag{8-31}$$

其中，x_a 和 x_b 分别为 A 和 B 对应的稳相点。当介质为横向各向同性时，则分别为 A 点和 B 点在震源路径上的投影点，此时式（8-31）的意义是：x_a（或 x_b）激发，A（或 B）点接收的记录，因此可依据常规地震数据成像方法进行成像。

当列车行驶速度达到无穷大，列车经过时 A 点接收到的记录［图 8-10（b）］与经理论计算得到的稳相点激发 A 点接收的记录［图 8-10（c）］吻合，此时，利用常规反射波成像方法即可将其中的反射波归位成像。

因此，利用这一思路的重点在于如何通过数据处理，使得在已知列车行驶速度的情况下，处理接收点接收到的记录，获得 $C \to \infty$ 时的等效记录。本章提出一种初步的处理思路：式（8-27）中，由于高铁震源移动项 $e^{i\frac{\omega}{C}(x-x_0)}$ 的作用，使得路径在积分前先进行了时移［如图 8-9（a）］；那么借鉴地震数据中倾角时差校正方法，通过将接收点接收到的信号［如图 8-9（b）］复制扩展成二维，再按一定斜率（由列车速度决定）和权系数进行叠加，即可完成时差校正，进而采用地震干涉技术成像。

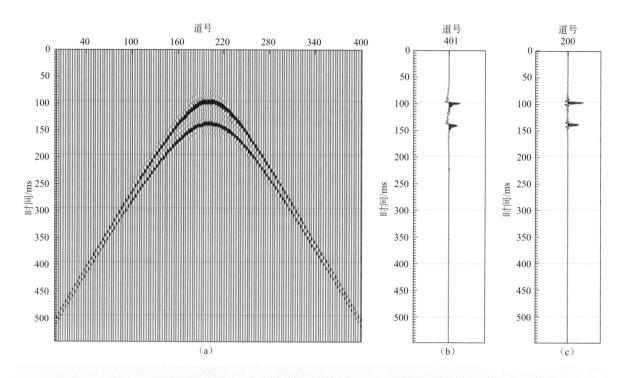

图 8-10 $C \rightarrow \infty$ 时 A 点接收到的记录（包含直达波和反射波）：（a）铁轨离散点源激发、A 点接收的记录；（b）沿铁轨路径积分后 A 点实际接收到的记录；（c）理论计算得到的 A 点对应的稳相点激发、A 点接收到的记录

8.5.2 高铁"降速"

另一种解决思路是采用分段近似方法将连续移动源等效为多个局部时窗内静止点源的组合，此时可以认为，任一局部时窗内的高铁震源都是静止的，因而在干涉时可以避免震源串扰问题。在这种情况下，需要考虑的问题是，在多长时间内可认为列车是静止的。

高铁的行驶速度通常为 300km/h（约合 83m/s），而地震波传播速度通常在 1500m/s 以上，约为高铁行驶速度的 18 倍。为了进一步分析，假设在 Δt 时间段内，高铁移动的距离 Δx 与地震波波长 λ 满足 $\Delta x \ll \lambda$，便认为 Δt 内高铁是静止的。根据关系，得到 $\Delta t \ll \dfrac{V}{C\omega}$，则：

① 在常规的地震勘探频率范围内，很难满足该条件，因此需考虑通过信号处理使高铁"降速"以减小 C；

② 使用低频数据，尽可能满足该条件。

按时间段划分后，首先通过地震干涉获得虚拟炮集记录，然后通过震源定位技术获得震源点的位置，最后用常规方法即可完成后续的高铁地震数据处理和成像。

"减速"同样也可以采用与"加速"一致的处理思路，不同的是，前者可通过调整斜率参数（比如负斜率），达到增加时差变相降低高铁行驶速度的效果。此外，如前所述，使用低频数据时可满足条件 $\Delta t \ll \dfrac{V}{C\omega}$，则可认为该时间段内列车近似静止，从而利用常规地震干涉方法进行高铁地震数据成像。

由于使用的是低频数据，因此适用于地球深部成像（高铁震源低频信号丰富，有利于进行深部探测）或者低频面波勘探。

8.6　实际数据试算

利用某地实际采集到的高铁地震数据进行测试，观测系统如图 8-11 所示：在距离高铁轨道约 75m 起，沿着垂直铁轨方向等间隔布设 17 个接收点，接收点排列长度为 120m，记录总时长为 24h，共计有 87 趟列车经过。

图 8-11　某地实际数据采集观测系统图

依据地震干涉方法，选离铁轨最近的接收点接收到的记录作为参考信号，与其余所有道记录进行干涉，得到的虚拟炮集记录如图 8-12 所示。从图中可以清楚看出速度为 1600m/s 的直达纵波和 600m/s 的直达横波，后续的波场视速度与直达波基本一致（如图中 300ms 和 600ms 处）。考虑到高铁 83m/s 的行驶速度及约 24m 的车轮间距，笔者认为这些噪声主要是车轮之间的串扰引入的相干噪声（车轮之间的时差为 24/83≈290ms），且这些噪声以 300ms 时差周期性出现在后续波场中，严重降低了虚拟炮集记录的信噪比，影响后续反射波成像。从虚拟干涉记录中也可以看出，有效波场主要分布在 300ms 之内，且主频约为 20Hz（低频时串扰影响弱），而其中的高频部分以及 300ms 之后的波场由于受到强串扰噪声的影响信噪比很低。

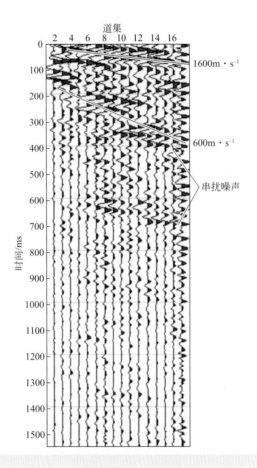

图 8-12　高铁地震数据干涉虚拟炮集记录

本次采集数据道数少，且采集时间较短，使得虚拟记录信噪比低，因此不足以进行常规的反射波成像。

8.7　结论与展望

本章讨论了地震干涉法的原理及其用于高铁地震数据成像的可行性，通过理论分析和实际高铁地震数据试验，笔者认为常规地震的干涉技术是先相关后叠加，而高铁地震则是先叠加后相关，由此在利用地震干涉成像技术时引入了震源串扰项。为此，笔者初步提出了两种思路来解决这一问题：一种是通过数据处理使高铁"提速"，将高铁移动源变为线源，从而避免干涉时的震源串扰；另一种方法是让高铁"降速"，利用低频数据让高铁在局部时间范围内可被认为是静止的，并在该时间范围内进行地震干涉。

　　本章初步给出了"提速"或"降速"的数据处理技术设想，后续计划对该设想进行研究，以减少甚至解决高铁地震数据在进行地震干涉时产生的大量震源串扰问题，提高高铁地震数据干涉成像质量。

中文参考文献

程浩. 2016. 被动源数据地震波干涉一次波估计方法研究［博士论文］. 长春：吉林大学.

雷朝阳，刘怀山. 2017. 被动源成像中透射与反射响应关系研究. 中国海洋大学学报：自然科学版，47（6）：112-118.

李志毅，高广运，冯世进，等. 2007. 高速列车运行引起的地表振动分析. 同济大学学报（自然科学版），35（7）：909-914.

王保利. 2007. Walkaway VSP 数据的相干成像［硕士论文］. 西安：长安大学.

吴世萍，彭更新，黄录忠，等. 2011. 基于虚源估计的复杂上覆地层下地震相干成像. 地球物理学报，54（7）：1874-1882.

中华人民共和国国家发展和改革委员会. 2017. 铁路"十三五"发展规划. 北京.

中华人民共和国国家发展和改革委员会. 2016. 中长期铁路网规划. 北京.

朱恒. 2015. 地震干涉技术研究与应用［博士论文］. 长春：吉林大学.

附英文参考文献

Bleistein N. 1984. Mathematical methods for wave phenomena. New York：Academic Press，77-82.

Boullenger B，Draganov D. 2015. Source reconstruction using seismic interferometry by multidimensional deconvolution. SEG Technical Program Expanded Abstracts：3804-3808.

Claerbout J F. 1968. Synthesis of a layered medium from its acoustic transmission response. Geophysics，33（2）：264-269.

Gerard S. 2009. Seismic interferometry. Cambridge：Cambridge University Press，40-44.

Katz L. 1990. Inverse Vertical Seismic Profiling while Drilling，United States，US05012453A.

Scherbaum F. 1987a. Seismic imaging of the site response using microearthquake recordings. Part Ⅰ. Method，Bulletin of the Seismological Society of America，77（6）：1905-1923.

Scherbaum F. 1987b. Seismic imaging of the site response using microearthquake recordings. Part Ⅱ. Application to the Swabian Jura，southwest Germany，Seismic network，Bulletin of the Seismological Society of America，77（6）：1924-1944.

Schuster G T. 2001. Seismic interferometric/daylight imaging：Tutorial，63rd Ann. Conference，EAGE Extended Abstracts.

Vidal C A，Wapenaar K. 2014. Passive seismic interferometry by multi-dimensional deconvolution-decorrelation. SEG Technical Program Expanded Abstracts：2224-2228.

Weemstra C，Wapenaar K，Dalen K N V. 2017. Reflecting boundary conditions for interferometry by multidimensional deconvolution，The Journal of the Acoustical Society of America，142（4）：2242-2257.

第九章
高铁地震波场特征及其对干涉成像的影响

刘玉金[1]，骆毅[2]，刘璐[1]，李幼铭[3]

1. 沙特阿美北京研发中心，北京，中国，100102

2. 沙特阿美 EXPEC 研发中心，达兰，沙特阿拉伯，34465

3. 中国科学院地质与地球物理研究所，北京，中国，100029

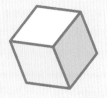

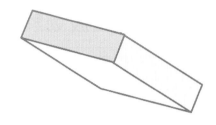

┃摘要┃

　　针对高铁在平地和高架桥上行驶时产生地震波的机制不同，本章通过推导得到了高铁地震波场解析解的两种形式。通过对高铁波场解析解的理论分析和数值实现，证明了高铁在高架桥上行驶时激发的地震波不仅是宽频信号，而且能够穿透到地球深部。实际观测数据验证了高铁地震波场解析解的正确性，为高铁地震信号应用于地球深部探测奠定了理论基础。在此理论基础上，进一步系统地分析了高铁地震波场特征对干涉成像的影响。理论分析结果表明：不同于常规地震干涉法，高铁地震干涉法存在较强的串扰噪声，该串扰噪声使得提取反射波的难度很大，但我们仍然可以通过干涉法较为可靠地提取出直达波、散射波和折射波信号。实际高铁地震数据干涉成像结果不仅验证了这一理论发现，而且体现了高铁产生的地震波在近地表速度结构反演、近地表异常体成像中的应用价值。

9.1 高铁地震波场解析解

目前关于火车引起地面振动的研究大多从工程应用的角度出发，主要研究火车振动的激发机制以及近场传播理论，其目的是减小火车振动对周边建筑的影响。作为火车振动研究的代表性人物，V. V. 克雷洛夫（V. V. Krylov）在20世纪90年代就系统地研究了火车行驶产生地面振动的基本原理，并分析了铁轨特征、火车参数以及地下介质物性参数对火车振动的影响（Krylov，1994）。V. V. 克雷洛夫首次指出，当火车的行驶速度小于轨道下方近地表瑞雷面波的传播速度时，火车引起的地面振动强度随着传播距离的增加指数衰减；而当火车的行驶速度超过近地表瑞雷面波的传播速度时，火车引起的地面振动强度会急剧增加（Krylov，1994）。由于火车行驶速度一般都小于近地表瑞雷面波的速度，因此火车引起的地面振动往往很难传播到远处。但是，G. C. 赫尔曼（G. C. Herman）（1997）发现，当铁轨附近存在异常体时，该异常体可以作为二次源，将火车产生的振动散射到相对较远的距离。另外，A. 迪策尔（A. Ditzel）等（2001）在火车振动数值模拟中考虑了火车的振荡效应，并且证明：即使在火车行驶速度小于近地表瑞雷波速度的情况下，由火车振荡产生的地面振动仍然可以传播较远的距离。这些理论研究工作在一定程度上解释了为什么在距离铁轨较远的地震台站上仍然能够观测到火车引起的地震信号。

以上所述主要针对常规火车引起的近场地面振动，本节则主要研究高铁引起的远场地面振动。相比常规火车，高铁的行驶速度更快，而且往往在相对平稳的铁轨上运行。在我国，为了保证高铁铁轨平稳且便于维护，有一半以上的高铁铁轨建在高架桥上（He, et al., 2017）。正是由于这些特点，相比于普通火车，高铁引起的地面振动更加规律、可重复性更强。V. V. 克雷洛夫（2001）从工程的角度系统地研究了高铁引起的地面振动，但是侧重于高铁在行驶过程中引起的近场地面振动，目的主要是减少高铁振动对周边建筑的影响。F. 福克斯和G. 博克尔曼（F. Fuchs and G. Bokelmann）（2017）在远场发现火车在行驶过程中能够引起强烈并且频带很宽的地面振动，并且对比了各种类型的火车地震信号，进一步发现高铁地震信号规律性最强。同时，他们对火车地震的时频谱也进行了系统分析，并提出了影响火车地震信号频谱的因素。曹健和陈景波（2019）将行驶中的高铁简化为移动线源，并通过将移动线源和格林函数褶积对高铁地震波场的频谱特征和空间辐射能量进行系统分析。

本节主要研究高铁地震的远场传播理论，推导高铁地震波场的解析表达式。理论推导将分两种情况讨论：一种情况是高铁在平地上行驶，另一种情况是高铁在高架桥上行驶。理论和数值试验均表明，高铁在高架桥上行驶时，可以产生宽频地震信号，并且该信号能够穿透到地球深处。下面将分四部分来讨论：提出高铁地震震源函数；详细推导高铁地震波场解析解；展示数值试验结果，并和实际观测结果对比；总结高铁地震波场的特征并预测其潜在的应用场景。本节的部分内容已发表在期刊《国际地球物理杂志》（*Geophysical Journal International*）上（Liu，et al.，2021b）。

9.1.1 高铁地震震源函数

高铁在行驶过程中产生地震波的机理可以简单描述为：车厢的重力通过车轮作用在铁轨上，铁轨发生弹性形变；铁轨形变产生的应力再通过轨道系统和大地的接触点传递到地下，造成地下弹性介质发生形变；弹性介质的形变继续往地下传播，从而形成地震波。事实上，高铁地震的激发机制和近场传播理论十分复杂（Krylov，2001）。针对地下介质的成像、反演和监测，笔者主要研究高铁地震波的远场传播理论。此时，可以进一步简化高铁地震的激发过程，直接将轨道系统和大地的接触点看作震源激发点。具体来说，如果高铁在平地上行驶，可以将枕木看作震源；如果高铁在高架桥上行驶，可以将桥墩看作震源。和传统的地震波远场传播理论相比，高铁地震波远场传播理论的特殊之处主要来源于震源函数。为此，本节将在远场近似假设下，分析高铁地震震源，提出震源函数的解析表达式，并分析其频谱特征及其影响因素。

9.1.1.1 高铁地震震源函数的解析表达式

高铁沿铁轨行驶的过程中，它经过的所有枕木或者桥墩都可以看作震源，这些震源激发的地震波场之和就是高铁最终产生的波场。相比应用于地球探测的地震波波长，高铁铁轨的轨距可以忽略不计，枕木和桥墩可以简化为点震源，因此总的高铁震源可以看作是这些点震源的时延叠加。在分析总的高铁震源之前，首先分析铁轨上一个固定位置的震源函数。当高铁行驶到这个位置时，高铁车厢的部分重量会通过车轮加载到铁轨上，铁轨发生形变，形变再通过枕木或者桥墩传递到地下，产生地震波。由于高铁是在行驶过程中通过一系列车轮对枕木或桥墩加载车厢的重力，不同车轮加载重力的时间有一定的延迟，时间的延迟量与高铁行驶速度和车轮分布有关。数学上，单节车厢的震源函数可以表示为

$$h(x_s,t) = \sum_{j=1}^{N_w} f\left(x_s, t - \frac{x_s + d_j}{v_s}\right) \tag{9-1}$$

其中，t 表示时间；x_s 表示震源位置；d_j 表示这节车厢从车头到第 j 对车轮的距离；v_s 表示高铁在位置 x_s 时的行驶速度，一般可以达到 $300 \sim 350 \text{km/s}$（约为 $88.3 \sim 97.2 \text{m/s}$）；$f(x_s, t)$ 表示位于 x_s 处的震源加载函数；N_w 表示一节车厢的车轮对数，一般情况下，一节车厢有 4 对车轮。高铁往往由一系列等长度的车厢组成，因此整列高铁经过位置 x_s 的震源函数可以表示为

$$w(x_s,t) = \sum_{i=1}^{N_c} h\left(x_s, t - \frac{i \times L}{v_s}\right) \tag{9-2}$$

其中，L 表示车厢长度；N_c 表示车厢个数，一般等于 8 或者 16。从式（9-2）可以看出，高铁震源函数为典型的周期函数，以周期 L/v_s 重复单节车厢震源函数 $h(x_s, t)$。

9.1.1.2 高铁地震震源函数的频谱特征

为进一步分析高铁震源函数的频谱特征，将时间域高铁震源函数［式（9-2）］变换到频率域，结

果为

$$W(x_s, \omega) = \sum_{k=1}^{N_\omega} H(x_s, \omega) \delta(\omega - k\omega_s) \tag{9-3}$$

其中，ω 表示角频率；δ 为狄拉克函数；ω_s 为分立谱的频率间隔，满足 $\omega_s = 2\pi v_s / L$；N_ω 为频率域的采样数；$H(x_s, \omega)$ 为 $h(x_s, t)$ 的傅立叶变换。从式（9-3）可以看出，高铁震源函数在频谱上表现为等间隔的分立谱特征，并且分立谱的间隔主要与高铁速度和高铁车厢长度有关。这一现象在实际数据中表现得非常明显（Chen，et al.，2004；Quiros，et al.，2016；Fuchs and Bokelmann，2017；王晓凯等，2019）。

下面通过数值实验分析高铁震源函数对高铁结构和高铁速度的依赖性。图 9-1 显示的是不同行驶速度和车厢长度下的高铁震源函数频谱。从数值结果可以看出：①高铁震源函数在频谱上由一系列等间隔的分立谱组成；②车厢数量越多，分立谱位置处的能量越聚焦；③分立谱的间隔与高铁行驶速度成反比。当高铁结构确定时，可以将图 9-1 这种绘图方式作为模板测量高铁速度。

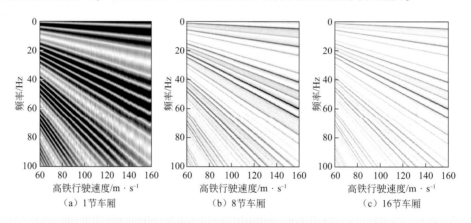

（a）1节车厢　　　　　　（b）8节车厢　　　　　　（c）16节车厢

图 9-1　不同类型高铁地震震源函数的频谱随高铁速度的变化情况

9.1.2　高铁地震波场的解析解

高铁地震波场除了和高铁震源函数有关，还和地震波的传播过程有关。为进一步理解高铁地震波场的特征，本节从高铁震源函数和格林函数出发，推导高铁地震波场的解析解。由于高铁在平地和高架桥上行驶时产生地震波的机制不同，本节将对这两种情况分别进行研究讨论。研究目的是从理论上证明高铁地震波场不仅具有宽频特征，而且能够穿透到地球深部。这部分工作将为后续的地震成像和反演奠定理论基础。

9.1.2.1　高铁地震波场的格林函数表达

相比于普通火车，高铁在相对平稳的铁轨上高速行驶时，可以看作一种相对稳定的震源，因此不同位置的震源加载函数 $f(x_s, t)$ 近乎相同，从而可以将 $f(x_s, t)$ 简化为与震源位置无关的函数 $f(t)$，进一步将移动中高铁的震源函数表达式［式（9-2）］改写为

$$w(t, x_s) = w_s\left(t - \frac{x_s}{v_s}\right) \tag{9-4}$$

其中 $w_s(t)$ 表示零时刻高铁行驶到某一位置处的震源函数，笔者将该位置定义为参考位置。$w_s(t)$ 的具体表达式为

$$w_s(t) = \sum_{i=1}^{N_c} \sum_{j=1}^{N_w} f\left(t - \frac{i \times L + d_j}{v_s}\right) \tag{9-5}$$

式（9-4）表明不同位置处的震源函数可以看作参考位置处震源函数经过线性时延之后的结果。

为了简化公式符号，下面的数学推导将省略式（9-4）中的下标 s。对式（9-4）关于 t-x 做二维傅立叶变换，得到

$$W(\omega, k_x) = W_s(\omega) \delta\left(k_x + \frac{\omega}{v}\right) \tag{9-6}$$

其中 $W_s(\omega)$ 为 $w_s(t)$ 关于时间的傅立叶变换，k_x 为 x 方向的波数。二维傅立叶正、反变换的定义如下：

$$W(\omega, k_x) = \int_{-\infty}^{+\infty} \int_{-\infty}^{+\infty} w(t, x) e^{-j(\omega t + k_x x)} dx dt \tag{9-7}$$

$$w(t, x) = \int_{-\infty}^{+\infty} \int_{-\infty}^{+\infty} W(\omega, k_x) e^{j(\omega t + k_x x)} d\omega dk_x \tag{9-8}$$

其中 j 为虚数单位。

从式（9-6）可以看出，高铁震源函数不仅在频率方向对脉冲响应进行了等间隔稀疏采样，还在频率-波数平面上对波场进行了倾角滤波。

高铁行驶时产生的地震波场可以表示为所有震源（枕木或者桥墩）延迟激发的地震响应叠加之后的结果。采用格林函数的形式，高铁激发的地震波场可以表示为

$$u(t, x, y, z) = \sum_{x'} g(t, x, y, z; 0, x', 0, 0) * w(t, x') \tag{9-9}$$

其中 $u(t, x, y, z)$ 表示位于 (x, y, z) 处的垂直位移，$g(t, x, y, z; 0, x', 0, 0)$ 表示远场格林函数［由于位于 $(x', 0, 0)$ 的垂直力产生位于 (x, y, z) 的垂直位移］，$w(t, x')$ 为式（9-4）所描述的震源函数。

利用格林函数的空移不变性，并且忽略式（9-9）中所有的数字 0，可以得到格林函数表示的高铁地震波场表达式

$$u(t, x, y, z) = \sum_{x'} g(t, x - x', y, z) * w(t, x') \tag{9-10}$$

高铁在平地和在高架桥上行驶时，震源的表现形式不同。具体来说，当高铁在平地上行驶时，把枕木当作震源；而当高铁在高架桥上行驶时，把桥墩当作震源。这两种类型的震源直接影响高铁地震波场的特征。下面将分别考虑这两种情况下的波场解析解。

9.1.2.2　平地高铁地震波场解析解

当高铁在平地上行驶时，可以把枕木看作震源。此时震源间隔大概是 0.5m，相对于地震波长而言，这么小的震源间隔可以忽略不计，因此式 9-10 中的求和运算可以替换为线性积分，即

$$u(t, x, y, z) = \int_{-\infty}^{+\infty} g(t, x - x', y, z) * w(t, x') dx' \tag{9-11}$$

对上式关于 t-x 应用二维傅立叶变换，得到 ω-k_x 域的表达式

$$u(\omega,k_x,y,z)=G(\omega,k_x,y,z)\,W(\omega,k_x) \tag{9-12}$$

为了计算上式中的格林函数，应用格林函数的互易性和空移不变性，可得

$$g(t,x,y,z;0,0,0,0)=g(t,0,0,0;0,x,y,z)=g(t,-x,-y,0;0,0,0,z) \tag{9-13}$$

对应的 ω-k_x-k_y 表达式为

$$G(\omega,k_x,k_y,z)=G(\omega,-k_x,-k_y,0;z) \tag{9-14}$$

其中 $G(\omega,k_x,k_y,0;z)$ 的具体形式（Johnson，1974）为

$$G(\omega,k_x,k_y,z)=\frac{1}{\mu d}\left[\mathrm{e}^{-z\alpha}\alpha h-2\mathrm{e}^{-z\beta}\alpha(k_x^2+k_y^2)\right] \tag{9-15}$$

其中

$$\alpha=\left(k_x^2+k_y^2-\frac{\omega^2}{v_p^2}\right)^{1/2} \tag{9-16}$$

$$\beta=\left(k_x^2+k_y^2-\frac{\omega^2}{v_s^2}\right)^{1/2} \tag{9-17}$$

$$h=2(k_x^2+k_y^2)-\frac{\omega^2}{v_s^2} \tag{9-18}$$

$$d=h^2-4\alpha\beta(k_x^2+k_y^2) \tag{9-19}$$

$$\mu=\frac{v_s^2}{\rho} \tag{9-20}$$

其中 ρ 为密度，v_p、v_s 分别为纵波、横波速度。将式（9-6）、式（9-15）代入式（9-12），得到

$$u(\omega,k_x,k_y,z)=\frac{1}{\mu d}\left[\mathrm{e}^{-z\alpha}\alpha h-2\mathrm{e}^{-z\beta}\alpha(k_x^2+k_y^2)\right]\delta\left(k_x+\frac{\omega}{v}\right)W_s(\omega) \tag{9-21}$$

再对上式关于 k_x 和 k_y 应用二维傅立叶反变换，最终得到高铁在平地行驶时产生的波场解析表达式

$$u(\omega,x,y,z)=W_s(\omega)\,\mathrm{e}^{-\mathrm{j}\frac{\omega}{v}x}\int_{-\infty}^{+\infty}\mathrm{d}k_y\,\frac{1}{\mu d}\left[\alpha h\mathrm{e}^{-z\alpha}-2\alpha\left(\frac{\omega^2}{v^2}+k_y^2\right)\mathrm{e}^{-z\beta}\right]\mathrm{e}^{-\mathrm{j}k_y y} \tag{9-22}$$

其中 α，β，h 和 d 可以通过将式（9-16）到式（9-19）代入 $k_x=\dfrac{\omega}{v}$ 计算得到。

从式（9-22）可以看出，当高铁行驶速度高于纵波速度时（即 $v>v_p$），α 和 β 都是复数，那么式（9-22）可以看作点源合成的平面波，而且该平面波能够穿透到地球深部；当高铁行驶速度低于横波速度时（即 $v<v_s$），α 和 β 都是实数，式（9-22）描述的波场将随着深度的增加指数衰减，因此很难穿透到地球深部。在大多数建造高铁铁轨的区域，高铁行驶速度往往都慢于横波速度。因此当高铁在平地上行驶时，激发的地面振动往往很难穿透到地球深部。这个结论和工程领域的研究结论一致（Krylov，1994；Herman，1997；Ditzel，et al.，2001）。

9.1.2.3 高架桥高铁地震波场解析解

当高铁在高架桥上行驶时，作为震源的桥墩一般间隔 25m 左右，这个距离对于地震波长而言往往不能忽略。在这种情况下，式（9-10）中的求和运算不能替换为积分。将式（9-4）、式（9-13）代入

式（9-10），并将其变换到频率域，得到

$$u(\omega,x,y,z) = W_s(\omega) \sum_{x'} e^{-j\frac{\omega}{v}x'} \int_{-\infty}^{+\infty} \int_{-\infty}^{+\infty} dk_x dk_y \frac{1}{\mu d} \left[\alpha h e^{-z\alpha} - 2\alpha(k_x^2 + k_y^2) e^{-z\beta} \right] e^{-j(k_x x - k_x x' + k_y y)} \qquad (9\text{-}23)$$

其中 α，β，h 和 d 由式（9-16）到式（9-19）给定。

从式（9-23）可以看出，高铁在高架桥上行驶时产生的地震解析波场可以看作铁轨上分布的震源延迟激发产生的波场之和。因此，该波场能够穿透到地球深部。另外，值得注意的是，此时高铁产生的地震波场和震源函数具有相同的频率成分。由于震源函数具有宽频分立谱的特征，因此高铁产生的最终波场理论上也包含宽频信息。这就意味着，在高架桥上行驶的高铁能够产生穿透能力强且对地下不同尺度构造都敏感的振动信号。这种宽频地震信号具有能量强、重复性好、经济环保等特点，可以用于地下各种尺度目标体的地震成像和监测。

9.1.3　数值试验

通过式（9-22）和式（9-23）可以模拟高铁在平地和在高架桥上行驶过程中产生的地震波场。但需要注意的是，当 $d = 0$ 时，式（9-22）和式（9-23）会出现奇异值。为了避免出现这种情况，笔者对纵波和横波引入虚部，将它们重新定义为

$$v_p = v_{p0}\left(1 + j\frac{1}{2Q}\right) \qquad (9\text{-}24)$$

$$v_s = v_{s0}\left(1 + j\frac{1}{2Q}\right) \qquad (9\text{-}25)$$

其中，虚部中的 Q 可以看作考虑了耗散效应的衰减因子，v_{p0} 和 v_{s0} 分别为参考频率下的纵波、横波速度。根据式 9-24 和 9-25 定义复数速度，可以有效避免式（9-22）和式（9-23）在数值实现过程中出现奇异值，保证数值计算过程稳定。

9.1.3.1　理论数值模拟

本节通过式（9-22）和式（9-23）数值模拟高铁在平地和在高架桥上运行时产生的地震波场，并比较这两种情况下地震波场的时间域和频率域特征，以验证前文中的理论分析结果。

首先计算高铁在均匀半空间弹性介质表面运行时激发的地震波场。高铁运行速度设置为 80m/s，模型参数设置为：$v_{p0} = 425\text{m/s}$，$v_{s0} = 128\text{m/s}$，$\rho = 2100\text{kg/m}^3$，$Q = 50$。

为了更直观地展示高铁地震波场特征，笔者将固定位置处的震源函数 $f(t)$ 设置为频带 $0 \sim 60\text{Hz}$ 的宽频子波。图 9-2 显示的是正演模拟时采用的观测系统，其中黑色水平粗线表示的是铁轨；两条互相垂

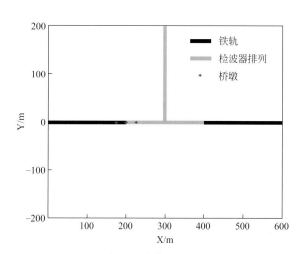

图 9-2　高铁地震波正演模拟所采用的观测系统。图中主要包含一条铁轨、两条测线以及三个桥墩

直的绿线表示的是接收器排列，平行于铁轨的测线简称为 X 测线，垂直于铁轨的测线简称为 Y 测线。每条测线都有 200 个接收器，接收器间隔为 1m。大部分铁轨布置在枕木上，枕木间隔为 1m。少部分铁轨布置在桥墩上，如图 9-2 中三个星号表示的位置，桥墩间隔为 25m。

图 9-3 显示的是时间为 3.456s 时沿着 X 测线和 Y 测线的地震波场快照。从波场快照中可以很清晰地看到随深度迅速衰减的瑞雷波和比瑞雷波稍快的横波。需要注意的是，高铁地震也产生了纵波，只是不在图中所显示的区域内。另外，笔者从波场快照中还能观察到瑞雷波事件和横波事件各 3 个。这意味着，这些地震波来源于图 9-2 中标记的 3 个桥墩，而不是平地上的枕木。换句话说，在高铁产生可以传播到地球深部的地震波的过程中，桥墩起主要作用。这个数值结果和前面的理论分析一致。

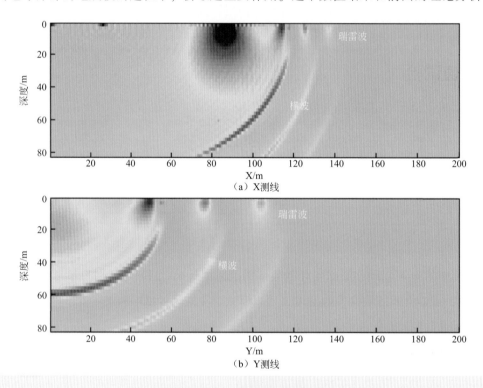

图 9-3　时间为 3.456s 时的波场快照
图中可见瑞雷面波、横波以及和高铁位置有关的波包

为了进一步验证上面的分析结果，笔者对比了有和没有桥墩时产生的地震波场。首先对比在地面记录的地震波场。图 9-4（a）和图 9-4（b）显示的是没有桥墩时在 X 测线和 Y 测线的观测数据，而图 9-4（c）和图 9-4（d）显示的是有桥墩时在 X 测线和 Y 测线的观测数据。从图中可以看出，当存在桥墩时，在这两条测线上都能够明显地看到瑞雷面波，并且面波可以传播到远处。因此，笔者进一步验证了有桥墩时高铁行驶产生的地面震动可以传播到远处。

笔者进一步对比在地下 300m 记录的地震波场。图 9-5（a）和图 9-5（b）显示的是没有桥墩时在 X 测线和 Y 测线的观测数据。和地面记录的数据类似，只有当高铁正好经过接收器的时候，才能观察到低频的强振动。图 9-5（c）和图 9-5（d）显示的是有桥墩时在 X 测线和 Y 测线的观测数据。从两条测线的数据中都可以明显观测到 6 个独立的地震事件。根据走时和速度信息，笔者可以很容易推断出其中 3 个较早的事件来自纵波振动，而另外 3 个事件来自横波振动。而且，可以很明显地看出这些事件都是来自于桥墩。

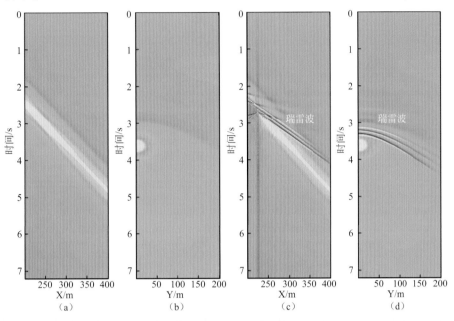

图 9-4　X 测线和 Y 测线位于地面时的正演数据

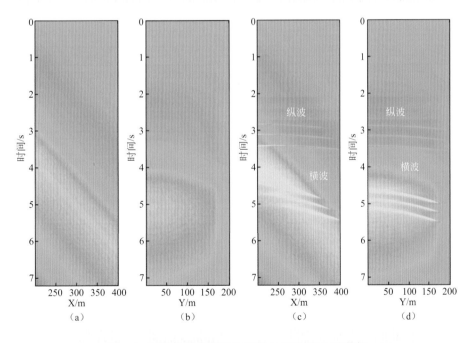

图 9-5　X 测线和 Y 测线位于地下 300m 的正演数据

接下来对比 X 测线模拟数据的频谱。图 9-6（a）显示的是图 9-4（a）和图 9-4（c）中间道的频谱。图 9-6（b）显示的是图 9-5（a）和图 9-5（c）中间道的频谱。从这些频谱图可以很清楚地看到，相比没有桥墩，有桥墩时产生的地震波具有更宽的频谱。高铁地震波场的这一特点对地震成像和监测极其重要。

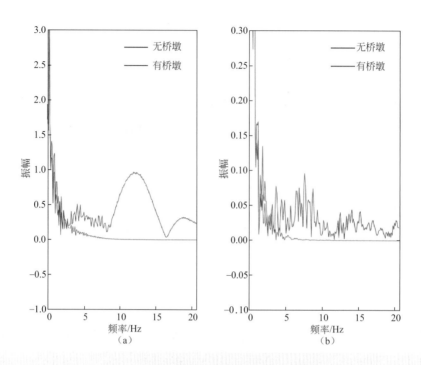

图 9-6 对比有和没有桥墩时地震数据的频谱

9.1.3.2 与实际观测对比分析

最后，通过对比理论数据和实际数据，验证所推导的高铁地震波场解析解。野外观测系统和图 9-2 中的观测系统类似。在实际观测中，X 和 Y 测线上分别有 23 个检波器，检波器间隔为 4m。图 9-7（b）和图 9-7（d）分别显示的是 X 和 Y 测线的观测数据。通过观察实际数据，笔者设置震源

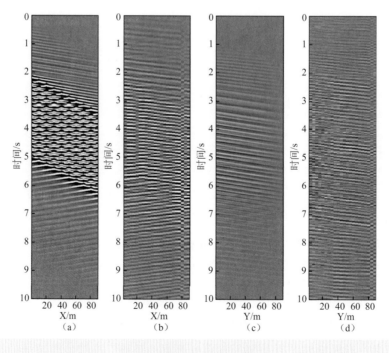

图 9-7 理论和实际数据对比

函数为

$$w_s(t) = \sum_{i=0}^{n-1} \left[f\left(t - \frac{2}{v} - i \cdot \frac{20}{v}\right) + f\left(t - \frac{18}{v} - i \cdot \frac{20}{v}\right) \right]$$

其中车厢个数 n 为 11，车厢长度为 20m。每节车厢有 2 对车轮，首尾车轮到车头的距离分别 2m 和 18m。高铁速度 v 为 75m/s。$f(t)$ 为每对车轮加载的垂直力源，设为主频为 8Hz 的雷克子波。铁轨长度为 600m，一共有 25 个桥墩，桥墩间隔为 25m。另外，模型参数设为 $v_{p0} = 459$m/s，$v_{s0} = 270$m/s，$\rho = 2100$kg/m^3，$Q = 50$。

图 9-7（a）和图 9-7（c）分别显示的是 X 测线和 Y 测线的正演数据。通过和实际数据比较可以看出，通过推导得到的波场解析解基本上能够较为准确地模拟出高铁地震的波场特征。通过调整地下介质参数和高铁震源函数，可以进一步提高观测数据的数值模拟精度。

9.1.4　小结

本节展示了高铁在行驶过程中引起的地震波远场传播理论，分别推导了高铁在地面和在高架桥上行驶时产生的地震波场的解析表达式。理论分析和数值模拟结果表明，当高铁在地面行驶，且行驶速度低于近地表介质速度时，产生的地震波很难穿透到地球深部；而当高铁在高架桥上行驶，不管行驶速度如何，产生的地震波都具有宽频特征，且能够穿透到地球深部。实际观测数据成功地验证了高铁地震波场解析解的正确性。由于中国的大部分高铁铁轨建在高架桥上，这项研究成果意味着高铁地震波可以用于地下不同尺度结构的成像和监测，包括工程尺度的近地表异常检测、中等尺度的油藏监测、和大尺度的地球深部探测。

9.2　高铁地震干涉成像

通过前一节的理论和数值分析可知，当高铁在桥墩上行驶时，能够引起强地面振动。该地震信号不仅频带宽，而且能够穿透到地球深部。如果能够有效利用这种地震信号，将会为研究地下介质结构提供重要的信息。但是，高铁地震信号具有持续性和周期性的特点，这些特点给地震成像和反演带来新的挑战。虽然在上一节笔者对高铁震源函数及地震波场进行了系统研究，并给出了相应的解析表达式，但是在实际应用中，从高铁地震波场中准确估计震源函数仍然难度很大。本节探讨的解决方案是采用地震干涉法消除震源函数的影响，产生虚炮道集，再采用常规的主动源地震数据处理、地震成像和反演技术对地下介质进行构造成像和参数反演。

地震干涉法主要分为两步：首先从接收排列中选择一道作为参考道；然后将该参考道数据和其他地震道数据进行互相关。这样就形成了以该参考道为虚炮的共炮点道集。遍历其他地震道作为参考道，可以形成以其他参考道为虚炮的共炮点道集。该方法可以将被动源地震数据转化为主动源地震数据。地震干涉法在火车引起的地震中得到了成功应用。N. 中田（N. Nakata）等（2011）和 D. A. 奎罗斯（D. A. Quiros）等（2016）相继从火车地震信号中提取出了面波和体波，并用于近地表成像。F. 贝伦吉耶（F. Brenguier）等（2019）利用火车地震信号中提取的体波对 4 千米深的活动断层进行监测。F. 贝伦吉耶（F. Brenguier）等（2020）从火车信号中成功提取出了折射波信号，并用于油藏监测。这些研究验证了火车地震信号对地下成像和监测具有重要的价值，而且证明了干涉法能够从复杂的火车地震波场中提取出有效信号。通过上一节的分析，我们已经了解到火车地震信号，尤其高铁地震信号，具有很多不同于其他被动源（比如环境噪声、汽车振动、建筑噪声等）的特征。但是，前面的研究并没有分析火车地震信号的特征对干涉法的影响。张唤兰等（2019）指出，高铁地震干涉法和常规地震干涉法的区别主要在于互相关和叠加的顺序不同，这样就导致高铁地震干涉法会引入很强的串扰噪声。但是他们并没有进一步分析串扰噪声的特征，以及串扰噪声对提取不同类型的地震波的影响。

在上一节关于高铁地震波场特征研究的基础上，本节将研究高铁地震波场特征对地震干涉法的影响，并分析何种类型的地震波可以从高铁地震波场中提取出来。为了达到这一目标，笔者首先讨论高铁地震干涉法成像的基本原理，然后从几何学角度系统分析高铁地震波场特征对提取直达波、散射波、折射波和反射波的影响，最后通过实际观测数据验证前面的分析结果，并利用提取出来的有效信号对地下介质进行成像和反演。本节的部分内容分别发表在《IEEE 地球科学与遥感快报》（*IEEE Geoscience and Remote Sensing Letters*）（Liu，et al.，2021a）和《国际地球物理杂志》（*Geophysical Journal International*）（Liu，et al.，2021c）期刊上。

9.2.1　高铁地震干涉成像的基本原理

高铁地震震源函数［式（9-4）］变换到频率域为

$$W(x_s, \omega) = \mathrm{e}^{\frac{-\mathrm{j}\omega x_s}{v_s}} W_s(\omega) \tag{9-26}$$

高铁地震波场可以看作移动震源和格林函数褶积之后求和的结果，在频率域可以表示为

$$U(x_r, \omega) = \sum_{s=1}^{N_s} G(x_r, x_s, \omega) \mathrm{e}^{\frac{-\mathrm{j}\omega x_s}{v_s}} W_s(\omega) \tag{9-27}$$

地震干涉法是一种将被动源地震数据转化为脉冲响应信号的有效方法。该方法最基本的操作是对两个不同位置 x_A 和 x_B 接收到的地震波场进行互相关。对于高铁地震波场而言，干涉法在数学上可以表示为

$$U(x_B, \omega) U^*(x_A, \omega) = \sum_{s=1}^{N_s} G(x_B, x_s, \omega) G^*(x_A, x_s, \omega) C_{ss}(\omega) +$$

$$\sum_{s=1, s \neq s'}^{N_s} \sum_{s'=1}^{N_s} G(x_B, x_{s'}, \omega) G^*(x_A, x_s, \omega) \mathrm{e}^{\mathrm{j}\omega \left[\frac{x_s}{v_s} - \frac{x_{s'}}{v_{s'}}\right]} C_{ss'}(\omega) \tag{9-28}$$

其中 $C_{ss'}(\omega)$ 为 x_s 和 $x_{s'}$ 处震源函数的互相关。当位置 x_s 和 $x_{s'}$ 重合时，$C_{ss'}(\omega)$ 退化为自相关 $C_{ss}(\omega)$。上式等号右端第一项为互相关矩阵的主对角线元素，为所有震源激发的波场互相关后求和的结果；第二项为交叉项，为不同位置处震源激发的波场互相关之后求和。张唤兰等（2019）也指出了互相关结果中存在交叉项，该交叉项为干涉法成像带来噪音，但是他们并没有进一步分析该噪音对不同类型地震波提取的影响，以及何种类型的地震波场能够从互相关结果中重建出来。

9.2.2　高铁地震干涉成像的系统分析

从式（9-28）可以看出，交叉项对干涉结果的影响取决于震源分布、高铁速度以及不同位置处震源函数的相关性。常规的被动源地震干涉法往往假设不同位置处的震源函数是互不相关的，此时，交叉项的影响可以忽略（Wapenaar, et al., 2010）。相比而言，不同位置处的高铁地震波场高度相关，因此需要进一步研究交叉项在高铁地震干涉法中的影响。事实上，对不同类型的地震波，交叉项的影响各不相同。其原因在于，对于某些特定的地震波，比如面波，任意位置激发的波场都对有效信号的恢复产生正面影响，通过多次增强之后，仍然有可能从高铁地震信号中恢复出有效的脉冲响应。下面将系统分析不同类型的地震波的干涉成像结果。为了便于分析，下面假定接收器沿着平直的高铁铁轨布置。

笔者首先分析高铁地震信号的直达波干涉成像。图 9-8（a）左边和中间的图分别描述了两条从火车到接收点 x_A 和 x_B 的直达波传播路径。接下来用地震干涉法计算这两个接收点接收到的地震波场的互相关。从图 9-8（a）中可以看出，铁轨上的每个震源都有一条从震源到接收点 x_A 的共同路径。经过互相关之后，这条共同路径将会抵消，只留下 x_A 到 x_B 的直达波路径。因此，x_A 和 x_B 波场互相关之后的结果可以看作震源位于 x_A、接收点位于 x_B 的直达波响应，并且被增强了 N_s 次，其中 N_s 为地震震源的个数。相比而言，交叉项没有被增强，因此随着震源个数的增加，交叉项的影响减小。由于高铁铁轨上的每个桥墩都可以看作震源，因此交叉项在直达波干涉法中的影响可以忽略不计。直达波干涉法成像应用十分广泛，在面波干涉法成像上应用得最为广泛。通过干涉法提取出有效的面波数据之后，可以进一步反演近地表速度结构。

另一种能够从高铁地震波场中提取出有效地震波的波类型是散射波。和直达波干涉法类似，经过互相关之后，震源到散射点 s 的共同路径被抵消，只留下散射点到接收点 x_B 和散射点到 x_A 的走时差，并且同样被增强了 N_s 次，如图 9-8（b）所示。因此，交叉项在散射波干涉法中的影响也可以忽略不计。需要注意的是，由于散射波干涉法提取的是散射波场的走时差而非物理到时，因此恢复的散射波场是非物理的，往往被称为虚散射波场或者虚绕射波场。由于高铁振动是连续的，因此很难通过褶积叠加恢复出接近物理真实的绕射波脉冲响应。但是，这种干涉法得到的虚散射/虚绕射波场仍然可以用来对近地表散射体进行成像。

另外，地震干涉法也能够从高铁地震信号中提取折射波。从图 9-8（c）中可以看出，经过互相关之后，从震源到折射点 r_1 的共同路径被抵消，只留下折射点 r_1 到接收点 x_A 的走时和折射点 r_2 到接收点 x_B 的走时之差，并加上从 r_1 到 r_2 的折射路径走时。该干涉结果对所有超过临界角的震源都是相同的，因此会被增强 N_c 次，其中 N_c 表示的是所有超过临界角的震源个数。因此，交叉项在折射波干涉法中的影响也可以忽略不计。和散射波干涉法类似，干涉之后的折射波路径是非物理的，因此往往被称为虚折射。同样地，由于高铁震源是连续激发的，因此很难恢复接近物理真实的折射波脉冲响应。尽管虚折射波数据的激发时间是未知的，但依然有可能根据虚折射波的倾角和临界点偏移距估计出折射层的速度和厚度。

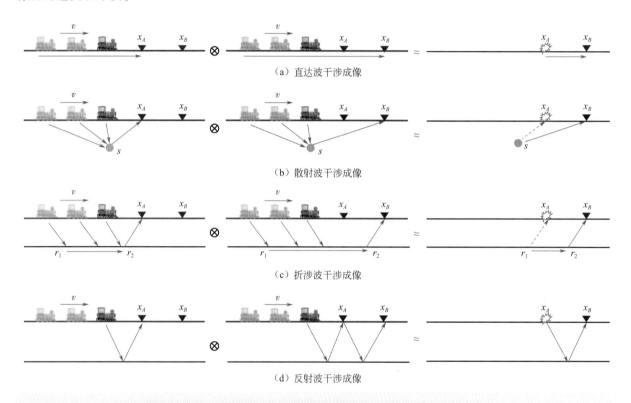

图 9-8　利用地震干涉法从高铁地震波场中提取经过地下介质的地震波

另一方面，地震干涉法很难从高铁地震信号中恢复出反射波，原因在于只有稳相点位置［图 9-8（d）中红色火车所示］附近菲涅尔带范围内的高铁震源对反射波的提取有贡献，反射波信号没有多次增强，这样很难从交叉项的噪声背景中凸显出来，因此反射波干涉法在高铁地震数据提取中获得成功的难度很大。

9.2.3　高铁地震干涉成像的应用实例

通过前面的分析，笔者从理论上证明了地震干涉法能够可靠地从高铁地震信号中提取出直达波、虚散射波以及虚折射波。为了验证理论分析结果的正确性，笔者进行了野外观测试验，观测点位于陕西省宝鸡市一段较为平直的高铁路段。图 9-9 显示的是野外试验使用的观测系统，笔者沿着高铁布置了 23 个检波器（图中的红色三角形），检波器间隔为 4m。检波器连续记录了大约半个小时的高铁地震信号，采样率为 2ms。需要注意的是，在接收排列大约 8m 的位置有一个近地表散射体，如图中的黄色箭头所示。

图 9-9（b）为记录到的地震信号，根据振动强度和信号在接收排列上的视速度，可以很容易地辨别出高铁经过时的振动信号。一共有 6 个地震事件，从上到下分别标识为事件 1 到事件 6。根据地震信号的斜率，可以看出这段记录中包含了 4 个去往东边的地震信号，分别为事件 1、2、4 和 6；以及两个去往西边的地震信号，分别为事件 3 和 5。图 9-9（c）为事件 3 的放大图。从图中可以看出，高铁地震能量强、延迟长，且具有周期性。除了高铁经过时产生的振动信号以外，高铁经过前后会出现两类平行的地震事件。根据这些事件的斜率可以判断，更早的平行地震事件，主要是高铁开往接收排列之前产生的面波信号（面波速度快于高铁行驶速度）；更晚的平行地震事件，主要是高铁离开接收排列之后产生的面波信号。图 9-9（d）显示的是图 9-9（c）所示的高铁地震信号根据高铁速度进行线性动校正并叠加后的频谱。从图中可以看出，高铁地震信号具有从 4.5~70Hz 的宽频信息。同时，在整个宽频范围内也能明显看出离散的等间隔频率响应，这些频率响应的间隔和高铁速度、车厢长度以及车厢数量有关。

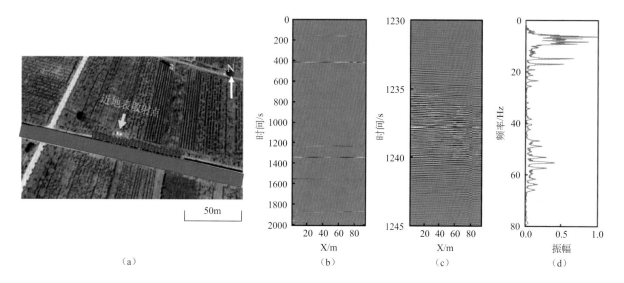

（a）　　　　　　　　　（b）　　　　　（c）　　　　　（d）

图 9-9　野外观测系统和原始记录。（a）23 个检波器（红色三角形）以 4m 为间隔均匀地平行于高铁铁轨（蓝线）布置；（b）完整的地震记录。从图中可以明显看出一共有 6 个地震事件，从上到下分别标识为事件 1 到事件 6。其中两个地震事件（事件 3 和 5）往右倾斜，表示这两个事件来自于开往东边的高铁的振动；而另外 3 个地震事件（事件 1，2，4 和 6）往左倾斜，表示这 3 个事件来自开往西边的高铁的振动；（c）事件 3 的放大图。1235s~1240s 时间窗口内的波形主要为高铁经过时的地面震动，而 1235s 之上的波形主要是来自火车开往接收排列之前激发的面波振动，1240s 之下的波形主要来自火车离开接收排列之后激发的面波振动；（d）对事件 3 中的同相轴进行频谱分析，频谱表现为宽频特征，并且在整个频带范围内表现为等间隔的分立谱

为了利用高铁地震信号探测地下结构，笔者首先采用地震干涉法从原始数据中提取脉冲响应。图 9-10（a）显示的是最终的干涉结果。从图中可以看出两种类型的地震波，分别是面波和虚散射面波。面波具有线性特征，传播速度大概为 240m/s。面波速度与从原始数据中观测的面波速度相同。而虚散射面波的特征是，虚散射表现为双曲线特征，并且在远偏移距的传播速度和面波相同。需要注意的是，散射事件的能量主要集中在负时间轴，这是因为干涉法提取的是虚散射波（时间差），而不是物理真实的散射波。前面的讨论详细描述了虚散射的几何学特征［如图 9-8（b）所示］。另外，通过

计算提取地震波场的频率，可以看出干涉法有效地消除了震源的周期效应，并且在 4.5～30Hz 都有明显的有效信号。

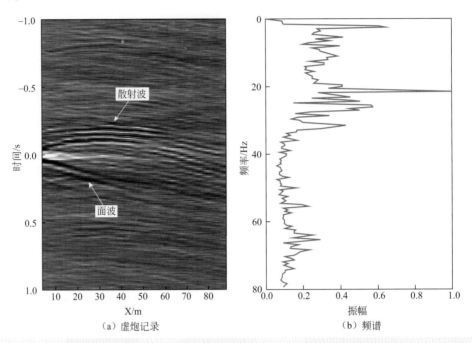

（a）虚炮记录 　　　　　（b）频谱

图 9-10　地震干涉法提取出来的面波和面波散射
频谱表现为宽频特征

下面利用提取出来的面波反演近地表横波速度。图 9-11（a）显示的是用相移法提取的相速度谱。在相速度谱上拾取频散曲线，拾取结果如图 9-11（a）中的黑色曲线所示。采用遗传算法对频散曲线进行反演，反演结果如图 9-11（b）中的蓝色曲线所示。图 9-11（b）中的红色曲线显示的是根据简单的波长-深度转换关系，从拾取的频散关系估计出的初始横波速度模型。为了验证反演结果的准确性，分别由初始速度和反演速度计算频散曲线，如图 9-11（a）中的紫色和蓝色曲线所示。对比拾取的频散曲线可以看出，反演速度模型正演的频散曲线和实际频散曲线具有很好的一致性。

下面利用提取出来的面波散射波对近地表散射体进行成像。成像所用的速度为瑞雷波的群速度（240m/s）。需要注意的是，从图 9-11（c）中可以看到 3 条几乎平行的双曲线同相轴，笔者推测瑞雷波可能发生了多次散射。这里笔者只利用一次散射对散射体进行成像。通过搜索散射点位置，并计算观测走时和理论走时的对数误差，可以得到图 9-11（d）所示的误差函数。误差函数的最小值对应的坐标就是散射点位置，如图 9-11（d）中白色五角星位置所示。该位置的坐标为（32.4，7.2），其中横坐标沿着排列方向，起点为第一个接收点位置；纵坐标为距离排列的径向距离。由虚散射成像得到的散射点位置和前述近地表位置相符［如图 9-9（a）所示］。另外，计算的理论走时和观测走时也相符［如图 9-11（c）所示］，在一定程度上验证了成像结果的合理性。

但是，目前笔者还没有从实际数据中提取出有效的虚折射波，这可能是由于当前观测范围内没有强反射界面、记录时间不够长或者观测排列太短。

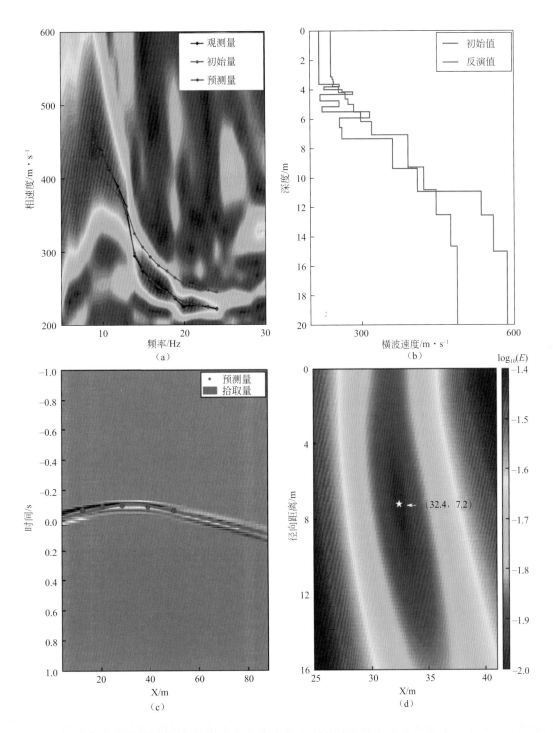

图 9-11 面波频散反演和散射面波定位：（a）相速度图。黑色、粉红色和蓝色曲线分别表示拾取、初始和预测的频散曲线；（b）波长转换法得到的初始速度模型（粉红色）以及频散反演得到的速度模型（蓝色）；（c）虚散射波同相轴以及计算（红色点）和观测（蓝色实线）得到的虚散射波走时；（d）走时误差函数，白色五角星代表的是走时误差最小时估计的散射点位置

9.2.4 小结

已有的研究工作表明，采用干涉法可以从火车引起的地面振动数据中提取有效信号并用于地下介质的成像和监测。但是，火车振动信号，尤其是高铁振动信号，具有很强的周期性，这一特征对地震干涉法的影响很少被学者研究。本节系统分析了高铁地震波场特征对干涉成像的影响。笔者通过理论分析发现，由于高铁经过时每个桥墩都可以看作震源，各个震源都可以让某些特定类型的地震波产生多次增强，地震干涉法能够从高铁地震数据中提取出特定的地震波信号。具体来说，地震干涉法能够从高铁地震数据中提取直达波、虚散射和虚折射；而受交叉项的影响，很难提取反射波。这一理论发现不仅为火车振动信号的应用提供了理论基础，而且为高铁地震信号应用于其他领域提供新的可能性。另外，本节也通过实际数据验证了这一理论发现，并进一步证明高铁地震可以用于近地表速度建模和近地表散射体成像。

致谢

感谢北京大学宁杰远教授、西安交通大学陈文超教授在本章撰写过程中给予的帮助，感谢中国科学院地质与地球物理研究所霍守东研究员提供野外地震采集仪器，感谢沙特阿美北京研发中心的吴彦博士、郭博文博士、李韬博士在本研究过程中提供的诸多有益的讨论。

中文参考文献

曹健，陈景波 . 2019. 移动线源的 Green 函数求解及辐射能量分析：高铁地震信号简化建模 . 地球物理学报，62（6）：2303-2312.

王晓凯，陈建友，陈文超，等 . 2019. 高铁震源地震信号的稀疏化建模 . 地球物理学报，62（6）：2336-2343.

张唤兰，王保利，宁杰远，等 . 2019. 高铁地震数据干涉成像技术初探 . 地球物理学报，62（6）：2321-2327.

附英文参考文献

Brenguier F，Boué P，Ben-Zion Y，et al. 2019. Train traffic as a powerful noise source for monitoring active faults with seismic interferometry. Geophysical Journal International，46（16）：9529-9536.

Brenguier F，Courbis R，Mordret A，et al. 2020. Noise-based ballistic wave passive seismic monitoring. Part 1：body waves. Geophysical Journal International，221（1）：683-691.

Chen Q，Chen L，Chen Y. 2004. Seismic features of vibration induced by train. Acta Seismologica Sinica，17（6）：715-724.

Ditzel A，Herman G，Hölscher P. 2001. Elastic waves generated by high-speed trains. Journal of Computational Acoustics，9（3）：833-840.

Fuchs F，Bokelmann G. 2017. Broadband seismic effects from train vibrations. EGU General Assenbly Conference Abstracts.

He X，Wu T，Zou Y，et al. 2017. Recent developments of high-speed railway bridges in China. Structure and Infrastructure Engineering，13（12）：1584-1595.

Herman G C. 1997. Waves generated by high-speed trains. SEG Technical Program Expanded Abstract：1913-1916.

Johnson L R. 1974. Green's Function for Lamb's Problem. Geophysical Journal of the Royal Astronomical Society，37（1）：99-131.

Krylov V V. 1994. On the theory of railway-induced ground vibrations. Journal de Physique IV，4（C5）：769-772.

Krylov V V. 2001. Noise and vibration from high-speed trains.

Liu Y，Yue Y，Li Y，et al. 2022. On the retrievability of seismic waves from high-speed-train-induced vibrations using seismic interferometry. IEEE Geoscience and Remote Sensing Letters，19.

Liu Y，Yue Y，Luo Y，et al. 2021b. The seismic broad-band signature of high-speed trains running on viaducts. Geophysical Journal International，226（2）：884-892.

Liu Y，Yue Y，Luo Y，et al. 2021c. Effects of high-speed train traffic characteristics on seismic interferometry. Geophysical Journal International，227（1）：16-32.

Nakata N，Snieder R，Larner K，et al. 2011. Shear-wave imaging from traffic noise using seismic interferometry by cross-coherence. Geophysics，76（6）：SA97-SA106.

Quiros D A，Brown L D，Kim D. 2016. Seismic interferometry of railroad induced ground motions：Body and surface wave imaging. Geophysical Journal International，205（1）：301-313.

Wang X，Wang B，Chen W. 2021. The second-order synchrosqueezing continuous wavelet transform and its application in the high-speed-train induced seismic signal. IEEE Geoscience and Remote Sensing Letters，18（6）：1109-1113.

Wapenaar K，Draganov D，Snieder R，et al. 2010. Tutorial on seismic interferometry：Part 1-Basic principles and applications. Geophysics，75（5）：75A195-75A209.

第十章
高铁地震信号的时间域成像方法研究

刘璐[1]，骆毅[2]

1. 沙特阿美北京研发中心，北京，中国，100102

2. 沙特阿美 EXPEC 高级研究中心，达兰，沙特阿拉伯，34465

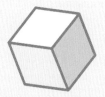

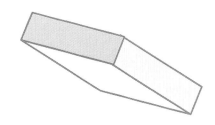

|摘要|

　　高铁地震学正在发展为一种新型的被动源地震勘探方法。它将高铁作为震源，通过接收到的地震波来分析地下构造并提取地下介质参数信息。本章首先分析了高铁震源的震动特征，并通过比较实际数据和合成数据的频谱来验证其数学表达式；之后，基于弹性波有限差分正演，计算了高铁作为震源在有桥墩情形下激发出的弹性波波场，并分析了传统地震勘探中的平面波与高铁地震学中的地震波之间的关系。进而，基于声波模拟的高铁地震波数据，提出了一套适合运动源的时间域成像方法，并通过模型测试验证了此方法的有效性。

|关键词|

　　高铁震源，时间域成像，高铁运行监测

| 引言 |

我国拥有目前世界上最大的高速铁路网（赵勇等，2017）。不同于传统地震勘探采用的震源（Liu，et al.，2018；Liu，2019），高铁震源具有可稳定重复、零成本、对环境无破坏和频谱成分丰富的特点。如果能充分利用高铁激发的地震波，进而对高铁覆盖区域进行构造成像和地下介质参数提取，将具有重要意义。

前期人们对于由火车产生的震动的研究主要集中在灾害规避，比如地震台站设计（Willmore，1979）以及城市建筑规划（Chen，et al.，2004）。之后人们逐渐将这种可重复的信号作为一种有效信号来研究。Y. 奥村（Y. Okumura）等（1991）基于 8 条铁路线上的 79 个站点观测数据，分析了观测距离、铁路结构、火车类型、火车速度、火车长度和背景扰动等因素对振动幅值的影响。洪晓慧等（2001）理论上推导了粘弹性均匀半空间介质条件下，移动点源、均匀分布式车轮、弹性分布式车轮以及火车等 4 种震源形式的波场半解析解；进而，杨永斌等（2003）研究了剪切波速度、衰减率、地层深度，以及列车车速和振动频率等参数对由火车产生的地表震动的影响。陈棋福等（2004）等采集了大秦铁路一段火车震动数据，并在时间域和频率域对数据进行了分析。

地震干涉法是一种研究由自然过程产生的环境地震波场的方法（Claerbout，1968；Schuster，2001；Schuster，et al.，2004）。D. A. 奎罗斯（D. A. Quiros）等（2016）利用干涉法恢复了线性和双曲线的同相轴信号，并且此信号与常规地震勘探时在附近路段采集到的直达波、面波和反射纵波吻合，进而生成了时间域叠加剖面，得到了第三纪沉积层的底部位置。陈国金等（2017）利用在京津铁路廊坊段采集的高铁地震数据，基于互相关的重建方法从环境噪声中重建了直达波和面波；张耘荻等（2018）通过采集公路上的震动信息，利用地震波干涉法得到了基岩的深度。刘璐等（2021）基于循环神经网络和地震干涉法反演了高铁激发的振动信号。高铁地震学作为新兴研究领域之一，在有效信号重建、震源形式、采集系统设计、震源子波估计、成像方法等方面都有待深入研究。

本章首先分析了高铁震源的特性，并同实际观测数据进行了对比验证；然后，基于模型测试分析了在连续铁轨和含桥墩铁轨环境下高铁所激发的地震波场；进而，实现了含桥墩铁轨环境下高铁震源的弹性波模拟，并提出了一套对高铁地震波进行时间域成像的方法，通过数值测试验证了成像方法的有效性。

10.1　高铁震源特性

高铁列车通常采用 8 节车厢编组，4 动 4 拖的统一动力配置形式。每节车厢长 25m，两排轨道共有 8 个轮子，轨距 1.435m。考虑到轨距较短，故高铁可近似为一个线源来分析。图 10-1 展示了高铁列车的车厢轮子配置情况。

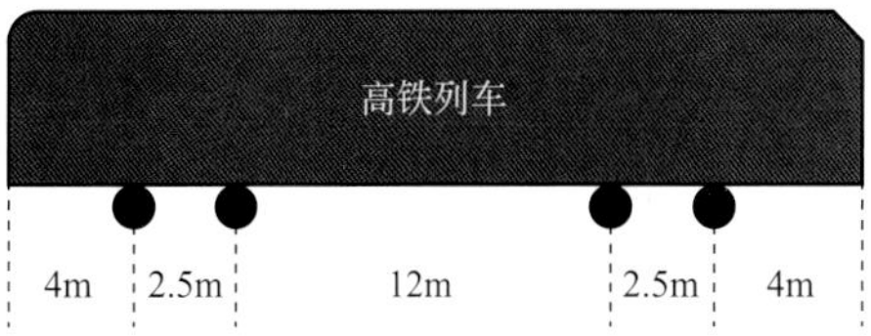

笔者假定铁轨上的质点彼此独立，那么车轮每经过一点都会激发一次震动，所以列车在铁轨上一个质点产生的震动可以表示为多节车厢和多个车轮对该点激发的累加。基于此，在位置 x 处的震源函数 $s(x,t)$ 可表示为

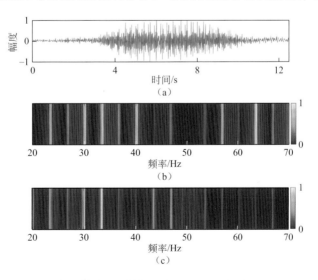

图 10-1　高铁列车配置图

$$s(x,t)=\sum_{j=1}^{N}\sum_{i=1}^{M}\delta\left[t-\frac{x_j}{v_t}-\frac{d_i(x)}{v_t}\right] \qquad (10\text{-}1)$$

其中，x_j 表示第 j 个轮子与当前车头的距离，$d_i(x)$ 表示第 i 节车厢与 x 处震源的距离，N 和 M 分别是轮子和车厢的数量，v_t 是列车行驶的速度。

为了验证式 10-1，笔者对比了式（10-1）生成的震源频谱和实际观测数据的频谱。图 10-2（a）是在深圳某铁路沿线，一检波器在铁轨附近所接收到的一段高铁激发的震动数据，图 10-2（b）是其对应的

图 10-2　实际观测数据和模拟震源对比

频率域振幅谱；之后按照标准高铁配置，即 8 节车厢，每节车厢如图 10-1 所示，列车以 300km/h 行驶，笔者依据式（10-1）生成了其对应的震源，图 10-2（c）是该震源对应的频率域振幅谱。对比图 10-2（b）和图 10-2（c）可以看出，两者皆呈现很好的周期性振荡，并且很好地吻合，这也证实了式（10-1）形式上的正确性。

10.2　高铁地震波正演

不少前人的研究都描述过火车产生的震动会随着距离增大迅速衰减（Okumura and Kuno，1991；Chen，et al.，2004），这可能是由于火车震源是一段连续震源，各个质点产生的震动彼此相消，进而导致在远处观测不到明显的震动。为了证实这个想法，笔者做了一个简单的数值测试。笔者用很小的网格来模拟轨道上的连续震源：2000 个检波器以 0.5m 为间距平行于轨道排布，轨道和检波器线的距离是 1km。图 10-3（a）是单个轮子在 $x=0$ 处激发的直达波信号。之后，火车以时速 300km/h 驶过，轨道上的质点以 0.5m 为间隔不断激发震动，这些能量叠加之后的结果如图 10-3（b）所示，可以看出其振幅相对单个轮子的能量大大削弱，这是由于震源是连续激发的，相邻质点产生的波场相干。当轨道下建有桥墩时，桥墩会作为不连续震源激发，来自不同桥墩处的波场会产生不相干的波场。之后，笔者令火车以同样的速度驶过含桥墩的轨道，桥墩间距为 25m，叠加后的能量如图 10-3（c）所示，可见能量幅值相对图 10-3（a）并没有明显变化。所以，由于震源的不连续性，含桥墩的轨道可以产生比连续震源更明显的震动。在实际观测中，由于列车对轨道上各点的激励，其振幅和相位都是不均匀的，这也会导致明显震动信号的产生。

有了高铁震源形式的表达，笔者以层状介质为模型，用有限差分方法做了含桥墩铁轨的弹性波正演模拟。模型中在 1km 处有一个平层的反射界面，桥墩间隔 10m。考虑到火车行驶过程中，不仅有水平方向的剪切摩擦力，也有垂向方向的压力，故弹性波震源的激发形式可选用爆炸源。笔者选用标准高铁配置来做震源，高铁时速 300km/h。图 10-4（a）是高铁在层状介质中激发的水平分量的波场快照，可以看出，由于高铁行驶速度相对体波传播速度很小，激发的地震波并没有形成明确的有效信号，加之震源子波的复杂性，高铁地震波场通常十分复杂。为了验证高铁地震波和传统地震勘探地震波场的关系，笔者将高铁列车作为单车厢单轮的点源来激发，并假定列车行驶速度为 3000m/s。图 10-4（b）是此高速移动点源在层状介质中激发的水平分量的波场快照，可以看出，当高铁被视作点源做高速移动时，它所激发的地震波场就变成了传统勘探中的平面波场。所以，由于高铁行驶速度远小于体波速度，导致各震源点激发的地震波无法有效叠加；而在传统地震勘探中，由于震源移动速度接近于体波传播速度，其震源所激发的地震波可以有效相干加强。地震干涉法可以从复杂的列车震动记录中提取面波和直达波等有效信号，本章则直接从列车震动记录出发，提出一套时间域的成像流程（刘璐等，2011）。

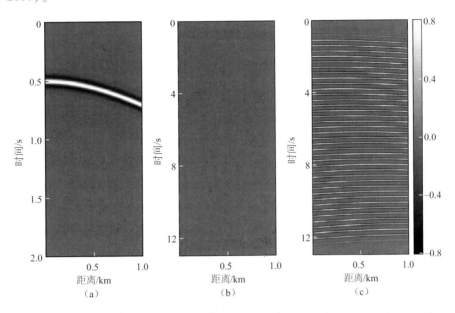

图 10-3　单轮连续激发的波场在有桥墩和无桥墩情形下的比较：（a）单轮在 $x=0$ 处激发的直达波；（b）无桥墩情形下单轮连续激发的波场；（c）有桥墩情形下单轮连续激发的波场

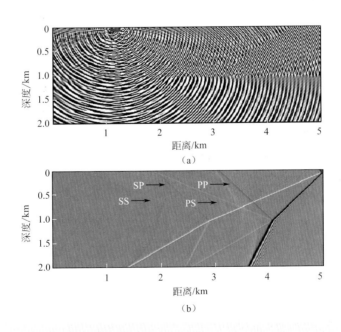

图 10-4　（a）以标准配置的高铁作为震源激发出的 15s 时刻水平分量波场快照，图中红线表示高铁当前所在位置；（b）点源超高速移动产生的 1.8s 时刻水平分量波场快照，图中红点表示当前时刻点源所在位置

10.3 高铁地震波成像

考虑到高铁地震波场的复杂性，本节只涉及基于声波方程的高铁地震波成像问题。图 10-5 是一个三层模型，模型深 3km，长 5km，背景速度 2000m/s。高铁震源采用上述标准配置，车速 300km/h，正演采用高阶有限差分模拟，记录时间 50s，时间间隔 1ms，轮子单次激发的子波采用 20Hz 雷克子波。图 10-6（a）展示的是 20s 内的正演结果，图中黄虚线标注的线性强能量区域即为列车震源加载的位置，其斜率对应的是列车行驶速度。由于其能量很强，笔者首先在假定地表速度已知的情形下去除了直达波。图 10-6（b）是去除直达波之后的反射波信号，可以看出反射能量相互干涉，但是并没有形成有效的信息，这是高铁的多车厢、多轮子在不同时间激发所导致的。

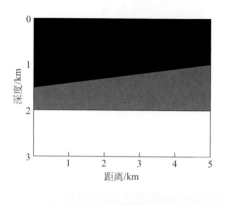

图 10-5 速度模型

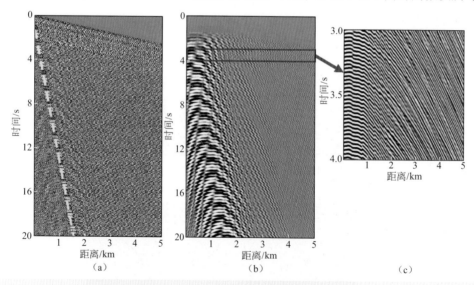

（a）　　　　　　　　（b）　　　　　　　　（c）

图 10-6 高铁震源正演数据

高铁列车震源通过复杂的震源和震源的缓慢（相对体波速度而言）移动，在简单模型中激发复杂地震波场。所以，笔者首先通过反褶积消除震源子波的影响。图 10-7（a）是反射波能量，图 10-7（b）是去除震源子波后的反射波。为了便于显示，图 10-7 及下文各图均只展示了部分数据。可以看出，图 10-7（b）中波场相对原始记录被简化，红箭头标识了来自两个反射层不同曲率的反射轴。

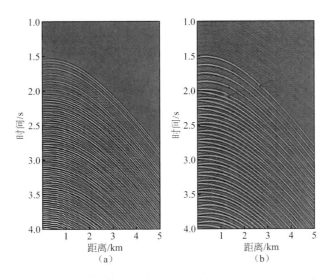

图 10-7　反褶积去震源子波效应

之后，笔者按照下述公式对反射波进行扫描叠加。

$$T(x) = tt(x_i) + \sqrt{\frac{(x-x_i)^2}{v^2} + [t_0 - tt(x_i)]^2} \qquad (10-2)$$

其中，x_i 是列车当前到达的位置，$tt(x_i)$ 表示列车从起始点行驶到 x_i 所用时间，$T(x)$ 是反射波从 x_i 到 x 处检波器的旅行时，v 是扫描的叠加速度，t_0 是自激自收时间。图 10-8（a）是经叠加速度扫描后得到的聚焦剖面。由于整个剖面是以列车的到达时间为起始进行扫描的，所以按照列车在不同观测点的到达时 $tt(x_i)$ 移动整个剖面便可得到对应的叠加剖面，如图 10-8（b）所示，两个反射轴已经出现（红色虚线），但由于存在明显的混扰噪声，这样的剖面并不令人满意。

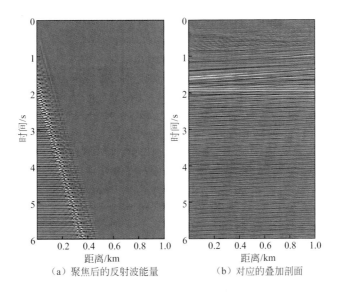

（a）聚焦后的反射波能量　　　　（b）对应的叠加剖面

图 10-8　聚焦后的反射波能量和其对应的叠加剖面

图 10-8（b）中的假象由两部分原因产生，笔者下文阐述如何压制它们。首先，是参与扫描叠加

的式 10-2 产生的假象。为了说明这个问题，笔者首先仅生成一个反射轴［如图 10-9（a）所示］，它是当火车行驶到 2.5km 时由第一个轮子激发产生的，红色实线表示给定正确速度和位置计算出来的走时曲线，其与反射轴很好地吻合。所以理想情形是扫描叠加后，此反射轴变成一个聚焦的能量点。但叠加后的剖面［如图 10-9（b）所示］是一个聚焦的能量点和一条线性假象。为了阐述其产生的原因，笔者分别在不同位置以正确速度来计算走时曲线，可以看出在远离实际反射点的位置，走时曲线都是一条平缓的曲线，近似扫描到了同一段非零的能量，故产生了这样的线性假象。基于这样的分析，笔者首先在聚焦剖面上用 FK 变换去除此线性假象，结果如图 10-10（a）。之后再按照列车走时移动整个剖面，结果如图 10-10（b）所示。对比图 10-8（b），多数线性假象已经被压制。

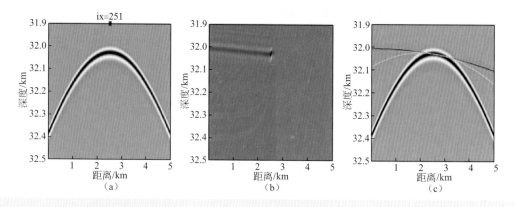

图 10-9　解释走时公式产生的假象的例子：（a）一个轮子在 2.5km 处生成的反射轴，红点是轮子当前所处位置；（b）聚焦后的剖面；（c）交叠不同走时曲线的反射轴（红线、绿线和黄线分别是用正确叠加速度在 0km、1km 和 2km 处计算的走时曲线）

其次，剩余的假象是由铁轨上不同质点产生的串扰噪声。图 10-11 是图 10-10（b）中的局部放大，可以看出假象是按照 0.12s 的周期反复，正好是列车通过一个 10m 桥墩间距所需要的时间，这就是来自不同震源的波场相互影响的结果。

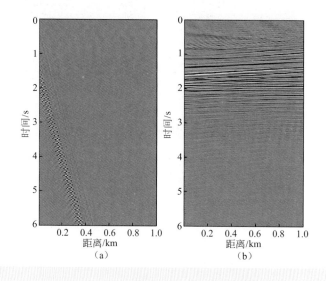

图 10-10　压制走时公式产生的假象

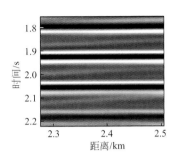

图 10-11　周期性假象

　　根据假象的周期性与列车速度之间的关系，如果铁轨上有不同速度的列车驶过，反映在叠加剖面上就代表有不同的周期性假象。笔者假定有另外两列列车分别以 200km/h 和 400km/h 的速度驶过同一段铁轨，其对应的叠加剖面显示于图 10-12（a）和图 10-12（b）中。可以看出，假象的周期性随着速度的变化而变化。之后笔者从 3 个叠加剖面中取其共有的能量，生成了最后的叠加剖面，如图 10-13 所示。本示例中仅用了 3 趟列车进行成像，若是用更多不同速度的列车信号进行成像，可以更好地消除周期性假象，进而提高最终成像精度。

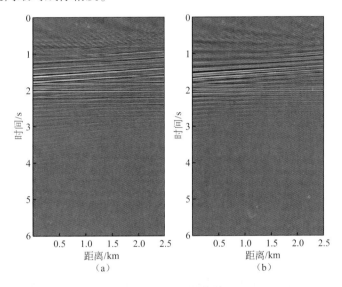

图 10-12　（a）200km/h 和（b）400km/h 的高铁所对应的叠加剖面

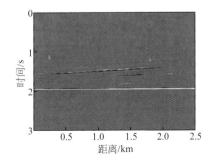

图 10-13　利用 3 列不同速度的列车作为震源得到的叠加剖面

10.4　讨论

作为人们生活中必不可少的交通工具，高铁给地球物理工作者提供了大量易采集和可重复的地震波场，充分利用这种波场并进一步获得地下介质的构造和参数信息具有重要意义。本章基于理论分析和数值测试，说明了含桥墩铁轨激发的地震波场明显强于不含桥墩铁轨对应的波场，但是需要实际资料的进一步验证。另外，基于模型测试，笔者提出了一套时间域成像方法，但若想将其应用到实际工作中，还需进一步细化和研究。第一，高铁的震源形式虽然被验证，但是如何从实际资料中提取震源的相位和振幅特征仍是关键问题，这是因为不同高铁车厢的载客量不同，会导致不同车轮在铁轨上的同一质点激发出不同振幅和相位的震动。所以，如何在实际资料中准确地预测震源子波是重要的一环。第二，用高铁产生的地震波来研究地震深部构造。在地球深部问题的研究中，高铁可以作为一个慢速移动的点源来看，这样一方面可以简化震源估计的问题，另一方面可以降低数据处理的难度，但是需要在实际资料中验证高铁产生的地震波可以穿透到地球深部并被地表接收。

10.5　结论

本章分析了高铁震源的形式，通过实际观测数据的频谱，验证了列车的震源形式是一系列轮子激发的能量的累加；基于这样的震源形式，笔者做了含桥墩轨道的高铁震源弹性波正演模拟，并认识到列车单轮超高速行驶激发的地震波场可被近似视作传统勘探中的平面波场。最后，笔者提出了一套时间域生成叠加剖面的方法，此方法的关键有三部分：反褶积去震源效应、FK 滤波压制走时公式假象，以及依据车速不同来压制周期性假象。数值测试验证了这套时间域成像方法的有效性。

中文参考文献

陈国金，郭建，张亚红，等．2017．基于环境噪声的地震响应重建方法及应用．石油物探，56（6）：798-803.

刘璐，梁光河，符超，等 . 2011. 基于 Chebyshev 多项式的弯曲射线 Kirchhoff 叠前时间偏移 . 地球物理学报，54（10）：2665-2672.

赵勇，田四明，孙毅 . 2017. 中国高速铁路隧道的发展及规划 . 隧道建设，37（1）：11-17.

附英文参考文献

Chen Q F，Li L，Li G，et al. 2004. Seismic features of vibration induced by train. Acta Seismologica Sinica，17（6）：715-724.

Claerbout J F. 1968. Synthesis of a layered medium from its acoustic trans mission response. Geophysics，33：264.

Hung H H，Yang Y B. 2001. Elastic waves in visco-elastic half-space generated by various vehicle loads. Soil dynamics and earthquake engineering，21（1）：1-17.

Liu L，Wu Y，Guo B，et al. 2018. Near-surface velocity estimation using source-domain full traveltime inversion and early-arrival waveform inversion. Geophysics，83（4）：R335-R344.

Liu L. 2019. Improving seismic image using the common-horizon panel. Geophysics，84（5）：S449-S458.

Liu L，Liu Y，Li T，et al. 2021. Inversion of vehicle-induced signals based on seismic interferometry and recurrent neural networks. Geophysics，86（3）：1-44.

Okumura Y，Kuno K. 1991. Statistical analysis of field data of railway noise and vibration collected in an urban area. Applied Acoustics，33（4）：263-280.

Quiros D A，Brown L D，Kim D. 2016. Seismic interferometry of railroad induced ground motions：body and surface wave imaging. Geophysical Supplements to the Monthly Notices of the Royal Astronomical Society，205（1）：301-313.

Schuster G. 2001. Theory of daylight/interferometric imaging：tutorial，in 63rd Conference and Technical Exhibition，European Association of Geoscientists and Engineers，Extended Abstracts，Session A32.

Schuster G T，Yu J，Sheng J，et al. 2004. Interferometric/daylight seismic imaging. Geophysical Journal International，157：838-852.

Willmore P L. 1979. Manual of Seismological Observatory Practice. Washington D. C. ：World Data Center A for Solid Earth Geophysics，1~165.

Yang Y B，Hung H H，Chang D W. 2003. Train-induced wave propagation in layered soils using finite/infinite element simulation. Soil Dynamics and Earthquake Engineering，23（4）：263-278.

Zhang Y，Li Y E，Zhang H，et al. 2018. Optimized passive seismic interferometry for bedrock detection：A Singapore case study. In SEG Technical Program Expanded Abstracts 2018：2506-2510.

第十一章
利用循环神经网络的高铁地震信号实时反演

刘璐[1]，刘玉金[1]，骆毅[2]

1. 沙特阿美北京研发中心，北京，中国，100102

2. 沙特阿美 EXPEC 高级研究中心，达兰，沙特阿拉伯，34465

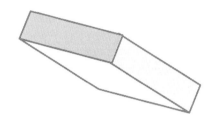

∣摘要∣

　　高铁引起的振动为被动源地震勘探提供了有用的信号，这样的信号是环保且可重复的，因此它可以提供一种经济且有效的方式来分析并监测地下构造。笔者提出了一种新的方法，它可通过实时产生一维地下剪切波速度剖面来监测铁路和公路下的介质。该方法包括两个步骤：地震干涉法和递归神经网络（Recurrent Neural Network，RNN）。地震干涉法可以利用高铁或车辆引起的振动来有效地提取面波。RNN 被设计为首先将拾取的频散曲线编码为固定长度的向量，然后将其解码为一维剪切波速度。为了模拟铁路振动，笔者首先分析了高速火车源的时变特性，并用弹性波有限差分方法实现高铁列车激发的地震波的数值模拟。然后，笔者介绍了基于 RNN 的面波频散反演方法，并使用 3D SEG/EAGE Overthurst 模型验证设计的网络结构。最后，将地震干涉法和基于 RNN 的面波反演分别应用于高铁合成数据和野外实测数据。合成数据和野外实测数据测试结果均表明，笔者提出的方法可用于实时监测公路和铁路地下介质。

∣关键词∣

　　地震干涉法，循环神经网络，道路监测

引言

勘探地震学通常采用可控震源，例如炸药或气枪，来激发地震波并对地下介质成像（Liu, et al., 2016; Liu, et al., 2018）。然而，这种可控震源是非常昂贵的。近年来我国高铁和高速公路建设发展迅猛，它们会产生可以穿透到地下介质的振动，对于科研十分经济。不同于传统的地震源，这些振动具有可稳定重复、零成本、对环境无损害和频谱成分丰富的特点。因此，利用高铁或其他车辆产生的振动信号来对地下结构成像并估计相关的地下特征将具有重要意义（王晓凯等，2019）。

前人对各种车辆引起的振动的研究主要集中在灾害避险和城市建筑规划上（Chen, et al., 2004）。逐渐地，研究人员将这些可重复的振动作为有效信号进行了研究。Y. 奥材（Y. Okumura）等在 20 世纪 90 年代曾沿着 8 条传统铁路线采集了火车激发的振动信号，并使用回归分析研究了各种因素对记录振幅的影响（Okumura and Kuno, 1991）。洪晓慧和杨永斌（2001）计算了粘弹性半空间模型对四种不同车辆的响应，这些车辆包括运动点、均匀分布的车轮、弹性分布的车轮以及模拟为一系列弹性分布的车轮的列车载荷。杨永斌等（2003）评估了剪切波速度、阻尼比、土层深度和列车速度对列车移动引起的地面响应的影响。陈棋福等（2004）在时域和频域中对火车引起的地震振动进行了处理。

地震干涉法使用信号对的互相关来重构给定介质的脉冲响应（Schuster, 2001）。许多地震干涉法相关研究都集中在自然过程产生的环境震动信号上。D. 德拉加诺夫（D. Draganov）等（2007）从环境地震噪声中提取了反射信号，这些事件与来自同一位置的主动源信号吻合。N. 中田（N. Nakata）等（2011）将交叉相干方法应用于交通噪声的地震干涉法中，并提取了体波和面波。D. A. 奎罗斯（D. A. Quiros）等（2016）将地震干涉法应用于火车引起的地震振动，以恢复铁路附近的面波和体波。在地震干涉法的应用中，面波由于能量强，可能是最可靠的有效信号。本章中，我们将利用高铁激发的振动来提取面波，进而监测铁路地下介质变化。

多种方法已经被用于面波反演进而获得剪切波速度，例如一维分层模型的频散曲线反演（Park, et al., 1998），面波波形反演（刘璐等，2013; Groos, et al., 2014; Liu, et al., 2015）和波动方程频散反演（Li, et al., 2017）。但是，目前已发表的方法可能无法提供剪切波速度的实时反演，因此它们并不是用于实时监测地下介质的合适解决方案。本章建议使用深度学习算法实时反演分层模型的频散曲线。

近年来，由于在计算机视觉和自然语言处理中的成功应用，深度学习获得了极大的重视（LeCun, et al., 2015），关于将深度学习应用于地震资料处理和解释的研究也越来越受到关注（Guo, et al., 2018; Wu, et al., 2018; Fabien-Ouellet and Sarkar, 2020）。如今，深度学习通过对大量数据集的训练和学习，建立起了输入和输出数据的抽象关系。一旦这种抽象关系被建立，正向预测将非常高效。因此，使用深度学习反演地下参数应该是实时监控地下介质的合理方案。相比之下，传统的反演方法需要进行大量正演建模，这不利于资料的实时处理（Liu, et al., 2020）。

在深度学习技术中，递归神经网络（Recurrent Neural Network，RNN）专用于处理时间序列信息。与采用独立输入的神经网络不同（Xiong, et al., 2018），当前输入的 RNN 预测取决于先前输入网络的记忆（Yin, et al., 2017）。同样，对于经典的面波频散曲线反演（Park, et al., 1998），反演的浅层速度由频散曲线的低频分量和高频分量共同决定，这使得 RNN 成为进行频散曲线反演的合适工具。另一方面，RNN 从因果序列构建连贯输出的能力是促使我们将其应用于速度反演的另一个因素。因此，RNN 可以使我们将频散曲线反演视为频率和深度维度上的顺序处理。在本章中，笔者设计了一种用于实时面波反演的 RNN 结构，将频散曲线作为输入，一维剪切波速度作为输出。

考虑到高速列车通常具有特定的车轮配置，笔者将以高铁为例来分析与铁路相关的信号，并且将上述方法直接应用于道路产生的信号。首先，笔者根据高铁震源特性模拟了由高铁震源激发的弹性波场，并应用地震干涉法提取直达波和面波。然后，笔者开发了一种基于 RNN 的频散曲线反演的新方法，并在 3D SEG/EAGE overthrust 模型上验证了该方法。最后，笔者将地震干涉法和基于 RNN 的反演方法应用于高铁产生的振动信号。

11.1 地震干涉法

地震干涉法旨在通过对现有地震记录进行互相关来生成新的地震记录，这意味着可以通过对 x_A 和 x_B 处的观测值进行互相关并沿源坐标 x 进行积分来重建格林函数 $G(x_A, \omega; x_B)$（Wapenaar and Fokkema, 2006）。此方法可以恢复高铁震动信号中的面波和直达波。道路上的每个震源都会对重建的格林函数有所贡献，因此，在足够长的时间内，积分会导致从 x_A 到 x_B 响应的多次叠加。为了验证地震干涉法对高铁信号的有效性，笔者模拟了 11 列高铁列车激发的 165s 记录，其速度范围为 250~350km/h。每列高铁列车具有 8 节车厢，每节车厢长 25m，单侧共 4 个轮子，第一个轮子距车头的距离为 4m，4 个轮子之间的间距分别是：2.5m、12m 和 2.5m。与此测试相关的地下模型尺寸为 $10^5 m^2$，恒定密度为 $2.2g/cm^3$，P 波和 S 波速度为 1000m/s 和 577m/s。从整个记录［图 11-1（a）］中可以看出，有 4 列

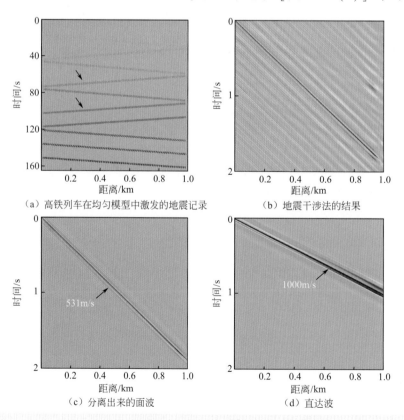

（a）高铁列车在均匀模型中激发的地震记录　　　（b）地震干涉法的结果

（c）分离出来的面波　　　（d）直达波

图 11-1　一个合成例子

高铁列车从右向左移动（黑色箭头），而另外 7 列则相反。从理论上讲，在这种情况下，地震干涉法应同时获取面波和直接波（Liu, et al., 2021），但是，在图 11-1（b）中仅可见面波，这是因为其强能量掩盖了体波。平行噪声是由不同车轮之间的串扰引起的。图 11-1（c）显示了分离出来的面波，它将用于基于 RNN 的频散曲线反演。为了证明直达 P 波也可以通过地震干涉法进行反演，笔者在图 11-1（b）上应用了倾角滤波器并获得了直达波。注意，所获取的面波和直达波的视速度分别为 531m/s 和 1000m/s，与模型参数十分吻合。

11.2　基于 RNN 的频散曲线反演

为了实时反演剪切波速度并进一步监测地下介质，笔者需要定义 RNN 结构，以反演通过地震干涉法得到的面波。考虑到与频散曲线中每个频率分量对应的速度是由从浅到深的不同的层速度共同决定的，笔者使用编码-解码结构（Cho, et al., 2014）来构造频散曲线反演的网络。

11.2.1　准备数据

笔者发现，速度分布的微小变化仅会引起频散曲线上的轻微扰动，因此可以将各速度在一个小范围内归为一组。为了准备输入输出数据，笔者生成两个速度组字典，分别指示输入和输出速度的组索引。因此，反演过程被转换为分类问题。输入字典以输入训练样本的最小值 v_{min} 和最大值 v_{max} 为界，并分成 n_i 组，每组间隔 $(v_{max}-v_{min})/n_i$。同样，笔者为输出端生成 n_o 组。通过减少权系数的数量，可以大大提高效率。适当的组间隔应随不同的地质环境而变化，如果总体速度相对高于其他地区，则组间隔可能会更大。根据笔者的测试，组间隔的经验值范围是 1~5。总的来说，输入是来自具有固定频率间隔的频散曲线的 m 个组索引 $[d_m, d_{m-1}, \cdots, d_2, d_1]$，输出是具有固定深度间隔的 n 组剪切波速度 $[v_1, v_2, \cdots, v_{n-1}, v_n]$。频散曲线是从高频到低频输入的，分别对应浅层和深层的层速度。

11.2.2　网络结构

该网络由编码器、中间向量和解码器三部分组成，如图 11-2 所示。编码器在每个频率步长处输入频散曲线的一个组索引，仅输出内部向量并丢弃编码器输出，因为笔者在处理完整多频散曲线后，需要生成剪切波速度。图 11-2 中的编码器部分由一层嵌入层和一层长短时记忆（Long Short Time Memory, LSTM）层组成。嵌入层矩阵的大小为 $n_i \times k$，k 为嵌入维度。它用于减少数据维数，查找包含地质信息的每个速度组的矢量表示。在计算方面，嵌入层通过矩阵切片避免了大规模的矩阵乘法，矩阵切片根据组索引从嵌入矩阵中选择合适的行（Mikolov，et al.，2013）。然后，将嵌入层的输出 E 作为学习长期依赖关系的序列输入 LSTM 层（Hochreiter and Schmidhuber，1997）。由于 LSTM 单元跟踪长期和短期记忆，因此具有两个输入和两个输出。在步骤 t，一个 LSTM 单元中的公式可写成

$$l_t = h(W_n[u_{t-1}, E_t] + b_n) \cdot \sigma(W_i[u_{t-1}, E_t] + b_i) \tag{11-1}$$

$$f_t = r_{t-1} \cdot \sigma(W_f[u_{t-1}, E_t] + b_f) \tag{11-2}$$

$$r_t = f_t + l_t \tag{11-3}$$

$$u_t = h(W_u f_t + b_u) \cdot \sigma(W_v[u_{t-1}, E_t] + b_v). \tag{11-4}$$

其中，u_t 和 r_t 是更新后的长度为 q 的 LSTM 短期和长期存储。l_t 和 f_t 是步骤 t 的两个临时向量。W 是大小为 $(q+k) \times q$ 的权重矩阵，而 q 是隐藏维度。b 代表偏差向量。另外，运算符·表示矢量点乘，h 表示双曲正切函数，σ 表示对数 sigmoid 函数。上述公式表明，一个 LSTM 单元的输出取决于先前的短期和长期存储器 u_{t-1} 和 r_{t-1}，以及当前输入 E_t，这使 LSTM 具有模拟输入和输出间复杂非线性关系的能力。

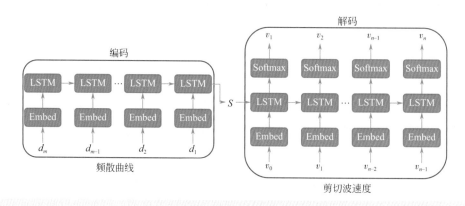

图 11-2　面波频散曲线反演的编码解码结构

编码器学习输入频散曲线，直到最后一个频率索引 m，然后将有关整个输入的信息封装为中间向量 S，该向量包含短期和长期存储器 u_m 和 r_m。之后，中间向量被传递给解码器，以便根据编码器收集的信息训练解码器以生成输出，同时剪切波速度组索引 $[v_0, v_1, \cdots, v_{n-2}, v_{n-1}]$ 传递到解码器以预测下一层的速度索引 $[v_1, v_2, \cdots, v_{n-1}, v_n]$。解码器的第一个输入 v_0 为零，它不代表任何速度组，而仅代表反演的开始。此处，解码器的目标是将输入索引移位一个，以便每个单元再预测下一个深度的组索引。对于层设置，解码器部分还使用一个嵌入层来找到不同剪切波速度的矢量表示，并应用一个 LSTM 层来存储长期信息。最后，将归一化指数（softmax）函数应用于 LSTM 层的输出 z（大小为 $1 \times n$），以计算每个速度组的概率分布 σ，而预测速度由最大概率对应的索引确定。

通过增加一层或两层 LSTM 层，笔者可以提高网络的复杂性并建立更复杂的反演关系。对于以下数值测试，笔者通过一个嵌入层和两个 LSTM 层构建编码器，并使用一个嵌入层和一个 LSTM 层构建解码器以逐格生成横波速度剖面。

RNN 通过从不同语言中发现语义准则（例如动词通常与副词连接，名词通常与形容词相邻）在自然语言处理中具有成功的应用。但是，对于速度反演，一个速度可能与任何速度值关联。因此，要建

立一个可在任何地质环境中通用的网络，这似乎是不可行的。因此，笔者建议建立一个相对较小的网络，该网络将仅在特定区域中应用。另一方面，由于本章的目标是监视高铁沿线的局部地下结构，因此构建在局部特定区域运行良好的有效网络符合我们的目标。

11.2.3　网络测试

笔者使用图 11-3 所示的 3D SEG/EAGE overthrust 模型（Aminzadeh，et al.，1997）测试了上面介绍的网络，从中均匀选择了 6400 个垂直速度剖面（占整个模型的 1%）来训练我们的网络。将原始模型的速度以 0.2 的常数系数进行缩放，从而使其接近土壤的速度（Oelze，et al.，2002），并且通过对 P 波速度进行 $\sqrt{3}$ 的缩放来形成剪切波的速度。之后，笔者对真实模型进行平滑处理以消除局部异常，否则局部的小异常体将降低网络的通用性。速度曲线的最大深度为 100m，深度间隔为 4m，即 $n_o = 25$。频散曲线的频率范围为 3~30Hz，间隔为 1Hz。频散曲线是基于反射和透射系数的方法，通过求解面波的特征值而计算出来的（Hisada，1995；Lai，et al.，2002）。笔者将输入和输出速度分别分为 175 组和 275 组，两组速度间隔均为 1.0m/s。嵌入尺寸和隐藏尺寸分别为 128 和 256。

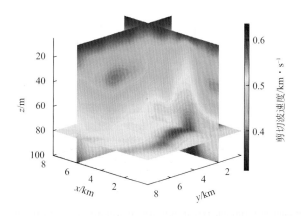

图 11-3　光滑的三维 SEG/EAGE overthrust 模型

为了避免过度拟合，笔者随后将数据集随机分为两个子集：90% 用于训练，10% 用于验证。由于反演过程被转换为速度组分类问题，因此笔者把网络使用分类交叉熵损失函数作为误差的度量。

$$L = - \sum_i \sum_j y_{ij} \log y'_{ij} \tag{11-5}$$

其中 y_{ij} 和 y'_{ij} 分别是第 j 格深度处第 i 速度组的真实概率和预测概率。

图 11-4 显示了训练期间目标函数随迭代次数的变化关系。笔者选择的最终网络来自第 72 次迭代（绿点），因为验证数据的目标函数值达到最小值。然后，笔者将训练后的网络应用到模型的 x-z 和 y-z 切片上，其速度剖面不参与训练过程。预测结果［图 11-5（b）和图 11-5（d）］与真实结果［图 11-5（a）和图 11-5（c）］非常吻合，这表明笔者的网络设计合理。另外，一旦对网络进行了良好的训练，频散曲线反演将非常高效。在此串行计算测试中，笔者使用 2.2GHz 的单 CPU 对 801 个样本做频散曲线反演，共耗时 538s，单样本反演平均耗时 0.67s。由于不同样本彼此独立，因此可以通过并行进一步提高预测

效率。利用这种高效的反演方法，笔者可以对高铁激发信号进行实时处理。接下来，笔者将基于 RNN 的反演与地震干涉法相结合，来反演合成数据和野外实际数据。

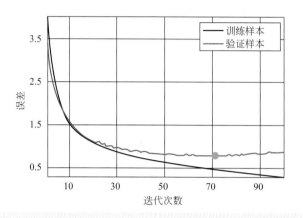

图 11-4　训练样本（黑色）和验证样本（红色）的收敛曲线

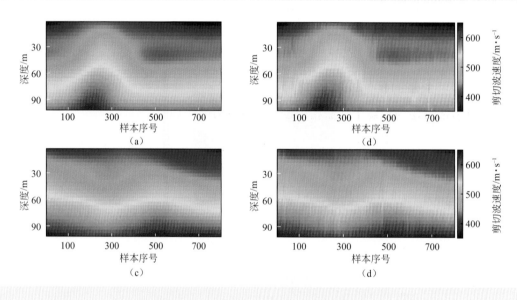

图 11-5　在 overthrust 模型上的测试结果

11.3　测试结果

　　笔者将地震干涉法和基于 RNN 的反演应用于合成数据集和野外高铁数据集。值得一提的是，为鲁棒的速度反演建立一个通用而有效的深度神经网络非常具有挑战性。这是因为该方法需要大量样本进行反演以构建复杂的网络，导致训练过程非常耗时，甚至降低了预测效率。尽管可以通过增加样本数量和网络的复杂性来增强通用性，但是在训练不曾涉及的特殊地质环境中，其预测仍然很有可能失败。因此，考虑到笔者的目的是对某个区域的地下介质进行监测，故使用来自目标区域的训练样本构建一个高效且相对简单的神经网络进行监视是可行的。

11.3.1　合成数据测试

这个例子中的速度模型［图 11-6（a）］在横向上是均匀的，尺寸为 $10^5 m^2$。该模型是从上述测试样本中随机选取的一个垂直速度剖面。笔者将经过训练的神经网络和地震干涉法应用于高铁在此区域激发的震动信号。笔者为此测试生成的数据集来自 16 列速度在 $250 \sim 350 km/h$ 的高铁列车。800 个检波器从 $0.1 \sim 0.9 km$ 均匀分布，间距为 1m，记录时间为 4 分钟，采样时间为 4ms。图 11-7 是在 500m 处的检波器所记录的信号，主导能量清楚地表明了每列火车的到达时间，但看不到有用的面波信号。通过应用地震干涉法和梯形时间窗口，笔者得到了图 11-6（b）所示的面波。然后，笔者从通过在面波上应用拉东变换生成的频散图像［图 11-6（c）］中选取了频散曲线（白色实线），再将选取的频散曲线输入到训练好的网络中，以产生预测的速度，该速度与图 11-6（d）中的真实速度非常接近。使用反演的速度生成的频散曲线［图 11-6（c）中的绿色虚线］也与拾取的曲线相匹配。因此，笔者的方法与地震干涉法相结合，可以成为使用高铁震动信号实时反演剪切波结构的可行工具。

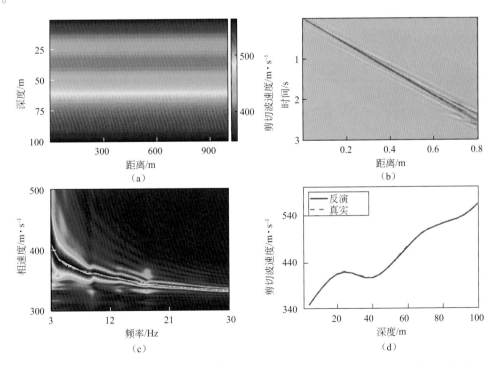

图 11-6　合成数据测试速度模型实例

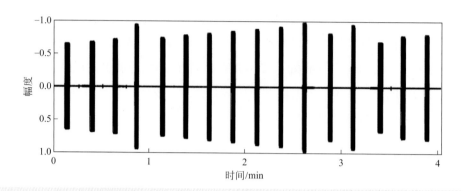

图 11-7　一个检波器所记录的高铁激发的合成信号

11.3.2　野外资料测试

为了准确地获取面波，地震干涉法要求将震源均匀地分布在整个方位角上，或将检波器布设得与震源的主方向一致（Gouedard，et al.，2008）。因此，笔者建立了两条平行于车辆行驶方向的采集线。笔者以 2ms 的时间间隔获得了一条记录，记录了 33 分钟的铁路振动和 76 分钟的路面振动。这两个记录都是从中国西北的高铁火车站附近获取的。如图 11-8 所示，与铁路平行的采集线由间隔为 4m 的 24 个接收器（蓝色三角形）组成；另一条线路与公路平行，有 30 个接收器，接收器间隔也是 4m。图 11-9 显示了公路和铁路振动 10 分钟的局部记录，可以看出分别有 7 辆公路车辆和 5 列高铁列车经过公路和铁路。线性同相轴的斜率表示车速，由于列车的高速行驶，图 11-9（b）中的斜率比图 11-9（a）中的斜率小得多。接下来，笔者将使用上文中设计好的 RNN，在两个数据集上验证网络性能。

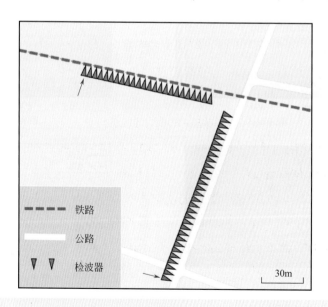

图 11-8　与铁路（灰色虚线）和公路（白色实线）平行的检波器分布示意图
两个红色箭头指向地震干涉法的参考道位置

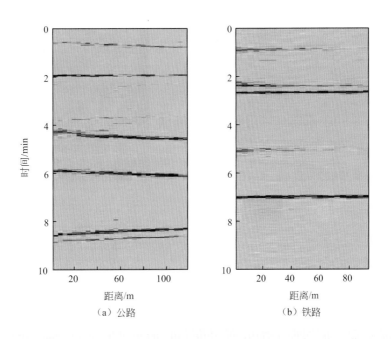

图 11-9　部分公路和铁路的震动记录

首先对原始数据进行简单的预处理，包括自动增益控制（Automatic Gain Control，AGC）和滤波，以增强有效信号并消除高频噪声。通过将参考道设置为红色箭头标记的道，笔者对高铁激发的信号应用了地震干涉法并获取了面波［图 11-10（a）］。地震干涉法是使用长度为 100s、相互重叠 50% 的移动窗口来进行计算的。使用 OpenMP 并行的代码进行该处理，计算运行时间为 12s。由于在整个采集过程中只有 7 列火车经过采集区域，因此图 11-10（a）显示了一些假象，红色箭头标记的面波代表从检波器 A 到 B 以及从检波器 B 到 A 的信号。可将这两个事件叠加，用于增强面波，进而应用拉东变换生成频散图像［图 11-10（b）］。然后，使用遗传算法来反演选取的频散曲线［图 11-10（b）中的蓝色实线］，并获得图 11-10（c）中红色虚线所示的剪切波速度曲线。然后，笔者使用如下公式，为该区域生成有意义的训练样本 S。

$$S = F[S_0 + r_0 + F'(A \cdot R)] \tag{11-6}$$

其中，向量 S_0 是遗传算法的结果；r_0 是 ［-80，80］ 范围内的随机数；A 表示一维速度向量，从地表的 350m/s 线性增加到 50m 深处的 500m/s；R 表示一个随机向量，每个元素的范围从 -0.45 ~ 0.55；算子 F 和 F' 分别是具有小窗口和大窗口的两个高斯平滑函数。

图 11-10（c）中的实线是通过式（11-6）生成的 5 条代表性速度曲线，它显示了新生成的样本能很好地反映反演结果的趋势，但也有很强的变化。为了避免"记住" S_0 并降低网络通用性，笔者丢弃 $\|S - S_0\|_2 / \|S_0\|_2$ 小于 40% 的样本。笔者生成了 12,000 张速度分布图和相应的频散曲线，以训练嵌入维数为 64、隐藏维数为 512 的网络。之后对输入相速度和输出剪切波速度进行了划分，分别分为 266 组和 349 组，并将样本分为两个子集：训练样本（90%）和验证样本（10%）。在 2.2GHz CPU 上运行的 RNN，仅需 0.68s 即可使用拾取的频散曲线生成预测的剪切波速度［图 11-10（d）］。根据预测结果计算出的频散曲线［图 11-10（b）中的绿色虚线］与拾取的曲线吻合很好。

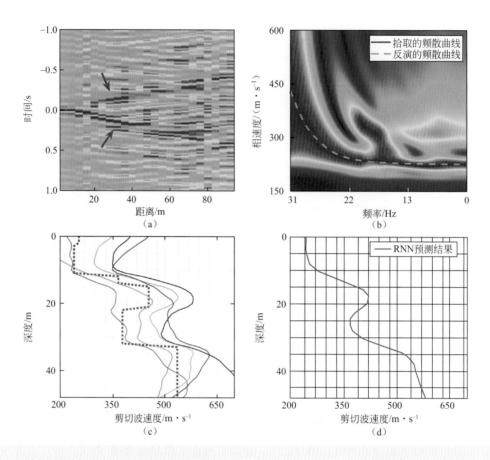

图 11-10 对实际采集的高铁震动信号的处理结果：（a）提取的面波；（b）面波的频散图，蓝色实线和绿色虚线分别是拾取和反演的频散曲线；（c）公式 11-6 生成的 5 个训练样本（红虚线是遗传算法的反演结果）；（d）RNN 反演的剪切波速度剖面

为了检查神经网络的泛化能力，笔者将网络应用于在该区域道路上采集的车辆所激发的新数据集（图 11-8 中的橙色三角形线）。地震干涉法使用长度为 120s、与相邻窗口重叠 50% 的移动窗口来计算互相关，共耗时 29s 得到图 11-11（a）所示的结果。图 11-11（a）中的结果比图 11-10（a）有更高的信

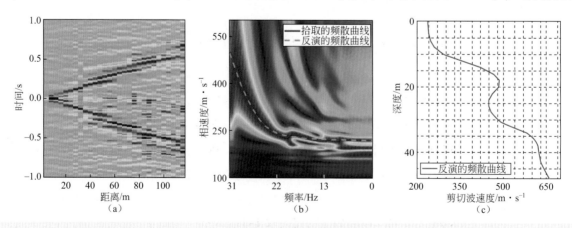

图 11-11 道路信号的反演结果：（a）提取的面波；（b）面波的频散图，蓝色实线和绿色虚线分别是拾取和反演的频散曲线；（c）RNN 预测的剪切波速度剖面

噪比，这是更长的记录长度和更多的通过车辆（在采集过程中有 14 辆道路车辆经过采集线）所引起的。同样，在拉东变换之前，笔者将两个同相轴叠加以提高面波质量。然后，笔者从频散图像中拾取了频散曲线［图 11-11（b）］，并输入 RNN，耗时 0.65s 生成了图 11-11（c）的垂直速度剖面。反演的频散曲线（绿色虚线）与拾取的曲线匹配得很好。综上所述，笔者在该区域建立了令人满意的面波频散反演网络，可用于监测局部地下变化。

11.4　讨论

面波的实时反演对于监测地下介质至关重要。神经网络通过学习地质环境，在频散曲线和剪切波速度剖面之间建立关系，为监测提供了一种可行的方法。另一方面，地震干涉法仅需要基本处理就可以有效地提取出面波信号。本章的方法可以将来自高铁的振动信号有效地转换为地下介质的横波速度结构，因此，它是监视基岩和定位铁路或道路异常区域的一种快速且有效的方法。

11.5　结论

本章基于地震干涉法和递归神经网络，提出了一种利用高铁振动信号来监测地下介质的新方法。地震干涉法可以有效地从铁路或公路上接收到的原始振动信号中提取出面波。基于递归神经网络的频散反演可以高效地反演出剪切波速度的垂向剖面。笔者通过一个高铁信号的合成数据集和两个野外实际数据，证明了该方法能够利用铁路和公路的振动信号提供实时剪切波的反演结果，这对于土木工程和监测公路、铁路的安全运行非常有意义。

中文参考文献

王晓凯，陈文超，温景充，等 . 2019. 高铁震源地震信号的挤压时频分析应用 . 地球物理学报，62（2）：2328-2335.

刘璐，刘洪，张衡，等 . 2013. 基于修正拟牛顿公式的全波形反演 . 地球物理学报，56（7）：2447-2451.

附英文参考文献

Aminzadeh F，Brac J，Kunz T. 1997. 3-D salt and overthrust models. Society of Exploration Geophysicists.

Buchen P W，Ben-Hador R. 1996. Free-mode surface-wave computations. Geophysical Journal International，124：869-887.

Chen Q F，Li L，Li G，et al. 2004. Seismic features of vibration induced by train. Acta Seismologica Sinica，17：715-724.

Cho K，Merriënboer B V，Gulcehre C，et al. 2014. Learning phrase representations using RNN encoder-decoder for statistical machine translation. Proceeding of the 2014 Conference on Empirical Methods in Natural Language Processing：1724-1734.

Draganov D，Wapenaar K，Mulder W，et al. 2007. Retrieval of reflections from seismic background-noise measurements：Geophysical Research Letters，34（4）：L04305.

Fabien-Ouellet G，Sarkar R. 2020. Seismic velocity estimation：a deep recurrent neural-network approach. Geophysics，85（1）：U21-U29.

Gouédard P，Stehly L，Brenguier F，et al. 2008. Cross-correlation of random fields：Mathematical approach and applications. Geophysical Prospecting，56：375-393.

Groos L，Schafer M，Forbriger T，et al. 2014. The role of attenuation in 2D full-waveform inversion of shallow-seismic body and Rayleigh waves. Geophysics，79（6）：R247-R261.

Guo B，Liu L，Luo Y. 2018. Automatic seismic fault detection with convolutional neural network. International Geophysical Conference，Beijing，1786-1789.

Hisada Y. 1995. An efficient method for computing Green's functions for a layered half-space with sources and receivers at close depths（part 2）. Bulletin of the Seismological Society of America 1995，85（4）：1080-1093.

Hochreiter S，Schmidhuber J. 1997. Long short-term memory. Neural computation，9：1735-1780.

Hung H H，Yang Y B. 2001. Elastic waves in visco-elastic half-space generated by various vehicle loads. Soil dynamics and earthquake engineering，21：1-17.

Lai C G，Rix G J，Foti S，et al. 2002. Simultaneous measurement and inversion of surface wave dispersion and attenuation curves. Soil Dynamics and Earthquake Engineering，22：923-930.

LeCun Y，Bengio Y，Hinton G. 2015. Deep learning. Nature，521：436-444.

Li J，Feng Z，Schuster G. 2017. Wave-equation dispersion inversion. Geophysical Journal International，208：1567-1578.

Liu L，Ding R，Liu H，et al. 2015. 3D hybrid-domain full waveforminversion on GPU. Computers and Geosciences，83：27-36.

Liu L，Vincent E，Ji X，et al. 2016. Imaging diffractors using wave-equation migration. Geophysics，81（6）：S459-S468.

Liu L，Wu Y，Guo B，et al. 2018. Near-surface velocity estimation using source-domain full traveltime inversion and early-arrival waveform inversion. Geophysics，83（4）：R335-R344.

Liu L，Duan X，Luo Y. 2020. Three-dimensional data-domain full traveltime inversion using a practical workflow of early-arrival selection. Geophysics，85（4）：U77-U86.

Liu L，Liu Y，Li T，et al. 2021. Inversion of vehicle-induced signals based on seismic interferometry and recurrent neural networks. Geophysics，86（3）：Q37-Q45.

Mikolov T，Chen K，Corrado G，et al. 2013. Efficient estimation of word representations in vector space. arXiv preprint arXiv：1301. 3781.

Nakata N，Snieder R，Tsuji T，et al. 2011. Shear wave imaging from traffic noise using seismic interferometry by cross-co-herence. Geophysics，76（6）：SA97-SA106.

Okumura Y，Kuno K. 1991. Statistical analysis of field data of railway noise and vibration collected in an urban area. Applied Acoustics，33：263-280.

Oelze M L，O'Brien W D，Darmody R G. 2002. Measurement of attenuation and speed of sound in soils. Soil Science Society of America Journal，66：788-796.

Park C B，Miller R D，Xia J. 1998. Imaging dispersion curves of surface waves on multi-channel records. SEG Technical Program Expanded Abstracts：1377-1380.

Quiros D A，Brown L D，Kim D. 2016. Seismic interferometry of railroad induced ground motions：body and surface wave imaging. Geophysical Journal International，205：301-313.

Schuster G. 2001. Theory of daylight/interferometric imaging：tutorial，in 63rd Conference and Technical Exhibition，European Association of Geoscientists and Engineers，Extended Abstracts，Session A32.

Wapenaar K，Fokkema J. 2006. Green's function representations for seismic interferometry. Geophysics，71（4）：SI33-SI46.

Wu X，Y. Shi，S. Fomel，et al. 2018. Convolutional neural networks for fault interpretation in seismic images. SEG Technical Program Expanded Abstracts：1946-1950.

Xiong W，Ji X，Ma Y，et al. 2018. Seismic fault detection with convolutional neural network. Geophysics，83（5）：O97-O103.

Yang Y B，Hung H H，Chang D W. 2003. Train-induced wave propagation in layered soils using finite/infinite element simulation. Soil Dynamics and Earthquake Engineering，23（4）：263-278.

Yin W，Kann K，Yu M，et al. 2017. Comparative study of cnn and rnn for natural language processing. arXiv preprint arXiv：1702. 01923.

第十二章
分布式光纤高铁地震面波提取与速度反演

邵婕，王一博，钟世超，姚艺，郑忆康

中国科学院地质与地球物理研究所，中国科学院油气资源研究院重点实验室，北京，100029

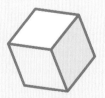

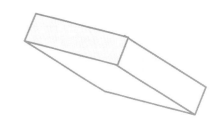

|摘要|

高铁列车在轨道上行驶时，可看成一种移动的震源，它激发的地震波可以用来获取近地表结构、监测高铁路基的安全、进行城市地下空间探测等。分布式光纤声波传感器（DAS）是近年来新发展起来的一种地震数据观测仪器，因其便捷、低成本及高密度采集等优势，已在油气勘探及天然地震等领域引起了人们的广泛关注。本章笔者对 DAS 高铁地震数据监测、地震面波干涉法处理与速度反演进行了研究。结果表明，DAS 可用于高铁地震数据的监测，它获得的高铁地震信号的信噪比较高且具有明显的分立谱特征。对 DAS 高铁地震数据进行地震波的干涉处理，可有效地消除复杂高铁列车震源的影响，提取出有效的面波信号。最后，对提取的面波数据采用多道面波分析方法提取频散曲线，可获得近地表浅层 S 波的速度结构，进而有效地验证了 DAS 高铁地震数据在近地表结构成像中的可行性与有效性。

引言

随着我国经济的持续快速发展，国内的铁路建设也随之迅猛发展，其中，高铁因其速度快、安全性高、舒适方便等优点，引起了国内外及社会各界的普遍关注。截至2020年，我国已开通多条高铁线路，里程高达3.79万千米，最高时速可达300~350km/h，成为世界上高铁铁路建设的领跑者。当高铁列车在高铁轨道上行驶时，车厢的重力作用到高铁铁轨或高架桥桥墩上，引起铁轨或桥墩的振动。这种振动通过铁轨或桥墩与地面的接触点向下传播，从而产生地震波（Takemiya and Bian，2007；曹健和陈景波，2019；张固澜等，2019）。因此，高铁列车可被看作一种震源，它激发的地震波可以用来获取近地表的介质结构，监测高铁路基的安全，进行地震预测、智慧城市地下空间探测与监测等。

与常规地震勘探中的人工炸药震源不同，高铁震源为移动震源，且它激发的地震波与高铁列车的行驶速度、列车车厢、轨道等有关（王之洋等，2020）。因此，相比于炸药震源，高铁震源要复杂得多，这给后期高铁地震数据的成像及反演带来了极大的困难。地震波干涉法是将不同检波器接收到的地震信号进行互相关，获得以某一个检波器为虚拟震源、另一个检波器为接收点的地震新波场。它可以有效地避开对复杂震源特征的研究，为高铁地震数据在近地表介质结构成像及反演中的应用带来了极大的便利（Schuster，2009）。D. A. 奎罗斯（D. A. Quiros）等（2016）对常规移动火车激发的地震数据进行了干涉处理，从中提取了面波和体波信号，最终获得了近地表的速度结构。张唤兰等（2019）研究了高铁地震数据的干涉成像技术，通过理论分析和实际高铁数据试验，证明了地震波干涉法在高铁地震数据成像中的可行性。

分布式光纤声波传感器（Distributed Acoustic Sensing，DAS）是近年来新发展起来的一种地震数据观测仪器。它是基于光纤背向瑞利散射的原理，以光纤为传感器对地震振动信号进行采集，目前已在油气勘探及天然地震等领域引起了人们的广泛关注（张丽娜等，2020；李彦鹏等，2020；周小慧等，2021；隋微波等，2021）。相比常规地震检波器，DAS具有低成本、高密度、高灵敏度等优点。尽管DAS相比于传统地震检波器的优势明显，但它在方向和灵敏度上也有其特殊性。如相比于常规三分量地震检波器，DAS只对沿着光纤轴方向的形变敏感，因此它只能接收沿光纤轴方向传播的振动，无法接受向多个方向传播的地震信号。前人已开展了对常规检波器记录高铁地震数据的干涉处理研究，在此基础上，笔者采用了DAS设备记录高铁地震数据，研究了DAS高铁地震数据的干涉处理与速度反演，验证了DAS在高铁地震数据监测中的可行性。

本章主要研究了DAS高铁地震信号的干涉处理及速度反演。首先介绍了DAS高铁地震数据采集的基本情况，并分析了DAS记录的高铁地震信号的基本特征。然后，利用地震波干涉方法对记录的高铁地震数据进行处理，从中提取了有效的面波信号。最后，对提取的面波数据采用多道面波分析方法提取频散曲线，并通过反演获得浅层的横波速度结构。

12.1 数据采集概述

本章选用数据的采集地点位于国内某高铁铁路附近，如图 12-1 所示。该区域内的高铁铁路每天都有大量的高铁列车通过，确保了最终采集的数据中包含了丰富的高铁地震事件。DAS 设备的光纤光缆按照与高铁轨道平行和垂直的方向布设。为了确保光纤光缆与地面的耦合性，在数据采集过程中，将光纤光缆浅埋在地下。高铁列车在高架桥上行驶，高架桥与测线的相对位置关系如图 12-2 所示。平行于高铁轨道方向的测线长度为 294m，垂直于高铁轨道方向的测线长度为 64m，相邻道的道间距为 2m。采集时间累计 15h，采样时间间隔为 1ms。当有高铁通过测线时，可将其看作主动源，它会激发出强能量的地震波。当没有高铁通过时，DAS 设备采集周围的环境噪声。

图 12-1　数据采集工区的卫星照片

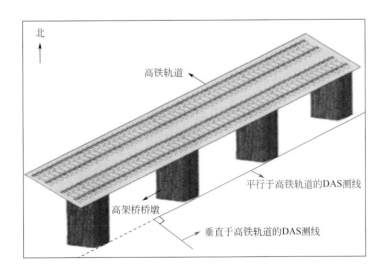

图 12-2　高铁铁轨和 DAS 测线的相对位置示意图

12.2 高铁地震数据特征分析

本节主要对 DAS 设备记录的高铁地震数据进行初步分析，主要包括有高铁经过和没有高铁经过时记录数据的波形、振幅谱和 FK 谱图特征。图 12-3 为 DAS 记录的某一个小时的高铁地震数据，其中左侧为平行于高铁轨道的 DAS 测线记录的数据，右侧为垂直于高铁轨道的 DAS 测线记录的数据。该时间内共有 15 列高铁列车通过，如图中红色箭头所示，其中第 3、4 列高铁到达测线的时间十分接近，因此二者激发的同相轴几乎重合。可以看到，当高铁列车通过时，会引起很强的振动，记录中也可以看到强能量的线性同相轴，记录数据的信噪比较高。另外，由于垂直于高铁轨道的 DAS 测线临近公路，因此，记录数据中也包含了交通噪声数据，如图中绿色箭头所示。

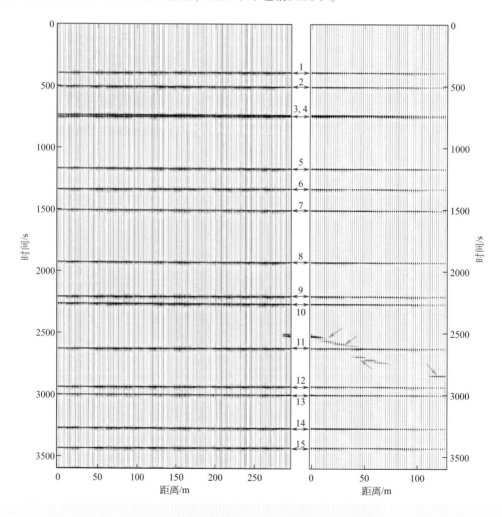

图 12-3　DAS 记录的某一个小时的高铁地震数据

由于前期已对平行于高铁轨道的 DAS 测线记录的地震数据进行了分析和处理（Shao，et al.，2022），因此，本次研究主要针对垂直于高铁轨道的 DAS 测线记录的地震数据。图 12-4 给出了图 12-3 中有高铁列车经过和无高铁列车经过时垂直于高铁轨道的 DAS 测线记录的地震数据，其中，图 12-4（a）和（b）为图 12-3 中第 2 列和第 6 列高铁列车经过时激发的地震事件的局部放大，图 12-4（c）为无高铁列车经过时记录的背景噪声数据。图 12-5 为图 12-4 中第 20 道数据的波形图和振幅谱图。图 12-6 为图 12-4 中各数据的 F-K 谱图。从上述各图中可以看出，高铁列车通过时会激发出强能量的高铁事件，且这些事件表现为线性同相轴，记录数据的振幅谱表现出分立谱特征（Fuchs and Bokelmann，2017；王晓凯等，2019）。在 F-K 谱图中，大部分能量以无穷大的视速度到达测线，表明高铁列车正经过 DAS 测线。当没有高铁列车通过时，记录数据的能量远小于高铁事件的能量，数据的频谱具有一定的频带宽度（0～15Hz）。在 F-K 谱图 [图 12-6（c）] 中，记录能量分布在由红色虚线所定义的视速度范围内。

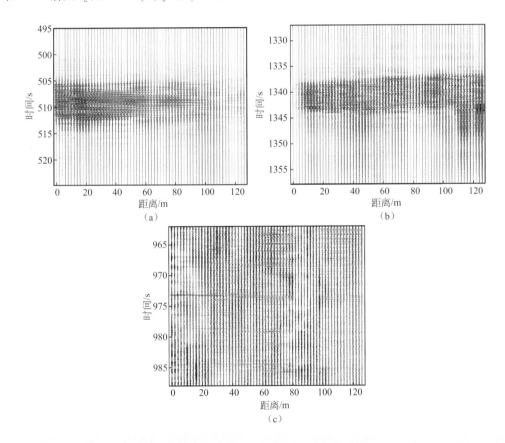

图 12-4　有高铁列车经过和无高铁列车经过时垂直于高铁轨道的 DAS 测线记录的地震数据

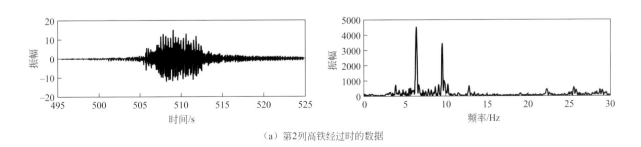

（a）第 2 列高铁经过时的数据

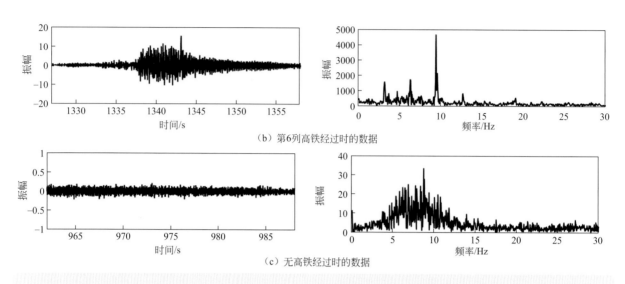

（b）第6列高铁经过时的数据

（c）无高铁经过时的数据

图 12-5　图 12-4 中第 20 道数据的波形图及振幅谱图

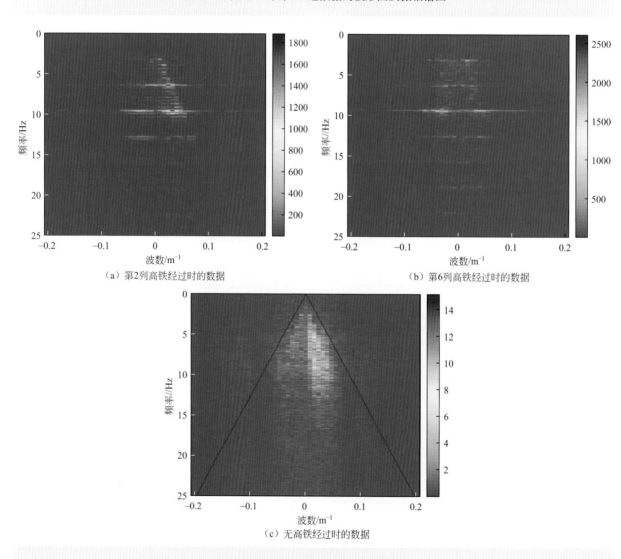

（a）第2列高铁经过时的数据　　　　　　　（b）第6列高铁经过时的数据

（c）无高铁经过时的数据

图 12-6　图 12-4 中数据的 F-K 谱图

12.3 高铁地震数据干涉处理

地震波干涉法是将不同接收位置接收到的地震信号进行互相关,从而获得两个接收位置间的波场记录(Claerbout,1968;Shao,et al.,2018)的方法。它可以有效避开对复杂震源特征的研究,且获得的波场不仅包含了原始波场的特征,还能反映出原始波场所不具备的某些特征。目前该方法已在地震数据插值(Wang,et al.,2009;Shao,et al.,2017)、面波压制(Wang and Dong,2009;Halliday,et al.,2015)和背景噪声成像(Bensen,et al.,2007)等方面得到了广泛应用。

根据互易定理和远场近似假设,频率域相关型地震波干涉法的理论公式(Schuster,2009)可表示为

$$G(\boldsymbol{B}\,|\,\boldsymbol{A},\omega)-G(\boldsymbol{A}\,|\,\boldsymbol{B},\omega)^{*}\approx2ki\int_{S}\left[\,G(\boldsymbol{B}\,|\,\boldsymbol{x},\omega)^{*}\,G(\boldsymbol{A}\,|\,\boldsymbol{x},\omega)\,\right]d^{2}x \tag{12-1}$$

其中,k为波数,$G(\boldsymbol{B}\,|\,\boldsymbol{x})$为在$\boldsymbol{x}$点激发、$\boldsymbol{B}$点接收的格林函数,$G(\boldsymbol{A}\,|\,\boldsymbol{x})$为在$\boldsymbol{x}$点激发、$\boldsymbol{A}$点接收的格林函数。图12-7为利用式(12-1)进行地震面波干涉法提取的射线路径示意图。从该图中可以看出,将检波点B处的记录波场与检波点A处的记录波场进行互相关,然后将不同背景噪声源记录的互相关结果求和,即可得到虚拟震源位于A处时B点接收的记录。

图12-7 地震波干涉法的射线路径示意图

根据式(12-1),笔者对垂直于高铁轨道的DAS测线记录的地震数据进行干涉处理,结果如图12-8所示,该虚拟炮集的虚拟震源位于0m处。图12-9是图12-8中第40道地震数据的波形图和振幅谱图。从上述结果中可以看出,提取的波场中包含着明显的面波信号。这些面波信号可用于后续的近地表结构成像和反演,从而帮助我们获取浅层的横波速度结构。

对于图12-8中提取的面波,采用多道面波分析方法进行处理(Multichannel Analysis of Surface Waves,MASW;Park,et al.,1999;Socco,et al.,2010)。图12-10为根据面波数据计算的频散能量谱,可从中提取出有效的相速度进而形成频散曲线,如图中黑色圆圈所示。对拾取的基阶频散曲线进行反演,获得的一维横波速度结构如图12-11所示,其中图12-11(a)为频散曲线的拟合结果,黑色圆圈表示从图12-10中提取的基阶频散曲线,红色曲线表示反演结果对应的频散曲线的拟合结果;图12-11(b)为横波速度反演结果。从图中可以看出,在大约10m和55m附近有明显的地层速度变化,说明该反演的速度结构与前期平行于高铁轨道的DAS测线记录的地震数据的反演结果(Shao,et al.,2022)具有一定的相似性,由此验证了反演结果的合理性。

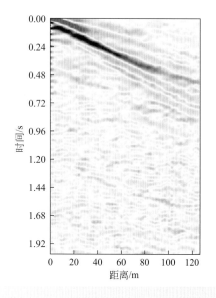

图 12-8　DAS 高铁地震记录的干涉处理结果

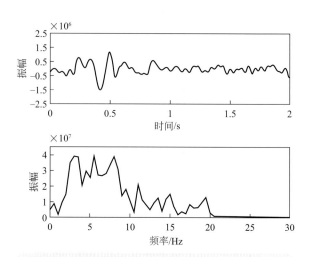

图 12-9　图 12-8 中第 40 道数据的波形图及振幅谱图

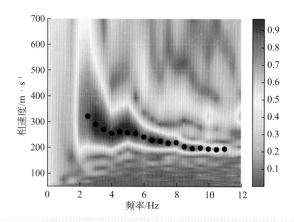

图 12-10　面波数据的频散能量谱及频散曲线提取结果

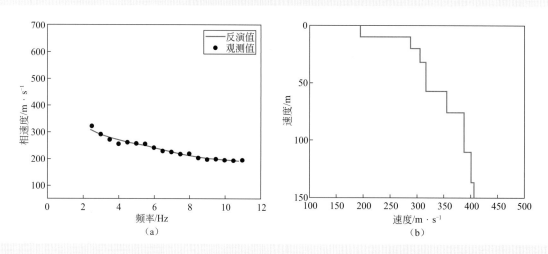

（a）

（b）

图 12-11　（a）频散曲线的拟合结果；（b）横波速度反演结果

12.4 结论与展望

本章对 DAS 记录的高铁地震信号特征进行了初步分析，并对其进行了地震波干涉处理。笔者发现，高铁列车是一种强能量的移动震源，这种震源的特征十分复杂，由它激发产生的地震信号具有分立谱特征。利用地震波干涉法对 DAS 记录的高铁地震数据进行处理，可以消除高铁移动震源的影响，提取出面波信号。采用多道面波分析方法从提取的面波信号中提取出频散曲线并反演，可获得浅层的横波速度结构。此外，本次采集的 DAS 数据的信噪比较高，验证了 DAS 设备在高铁地震数据采集中的有效性与可靠性。

中文参考文献

曹健，陈景波．2019．移动线源的 Green 函数求解及辐射能量分析：高铁地震信号简化建模．地球物理学报，62（6）：2303-2312.

李彦鹏，李飞，李建国，等．2020．DAS 技术在井中地震勘探的应用．石油物探，59（02）：242-249.

隋微波，刘荣全，崔凯．2021．水力压裂分布式光纤声波传感监测的应用与研究进展．中国科学：技术科学，51（04）：371-387.

王晓凯，陈建友，陈文超，等．2019．高铁震源地震信号的稀疏化建模．地球物理学报，62（6）：2336-2343.

王之洋，李幼铭，白文磊．2020．基于高铁震源简化桥墩模型激发地震波的数值模拟．地球物理学报，63（12）：4473-4484.

张固澜，何承杰，李勇，等．2019．高铁地震震源子波时间函数及验证．地球物理学报．62（6）：2344-2354.

张唤兰，王保利，宁杰远，等．2019．高铁地震数据干涉成像技术初探．地球物理学报，62（06）：2321-2327.

张丽娜，任亚玲，林融冰，等．2020．分布式光纤声波传感器及其在天然地震学研究中的应用．地球物理学进展，35（01）：65-71.

周小慧，陈伟，杨江峰，等．2021．DAS 技术在油气地球物理中的应用综述．地球物理学进展，36（01）：338-350.

附英文参考文献

Bensen G D，Ritzwoller M H，Barmin M P，et al. 2007. Processing seismic ambient noise data to obtain reliable broad-band surface wave dispersion measurements. Geophysical Journal International，169（3）：1239-1260.

Claerbout J F. 1968. Synthesis of a layered medium from its acoustic transmission response. Geophysics，33（2）：264-269.

Fuchs F，Bokelmann G. 2017. Equidistant spectral lines in train vibrations. Seismological Research Letters，89（1）：56-66.

Halliday D，Bilsby P，West L，et al. 2015. Scattered ground-roll attenuation using model-driven interferometry. Geophysical Prospecting，63：116-132.

Park C B，Miller R D，Xia J H. 1999. Multichannel analysis of surface waves. Geophysics，64（3）：800-808.

Quiros D A，Brown L D，Kim D. 2016. Seismic interferometry of railroad induced ground motions：body and surface wave imaging. Geophysical Journal International，205：301-313.

Schuster G T. 2009. Seismic Interferometry. England：Cambridge Press.

Shao J，Wang Y B，Xue Q F，et al. 2017. Radon-domain interferometric interpolation of sparse seismic data. SEG Technical Program Expanded Abstract：4343-4346.

Shao J，Wang Y B，Zheng Y K，et al. 2018. Transforming VSP data to surface seismic data by Radon domain interferometric redatuming. SEG Technical Program Expanded Abstracts：5432-5436.

Shao J，Wang Y B，Chen L. 2022. Near-Surface Characterization Using High-Speed Train Seismic Data Recorded by a Distributed Acoustic Sensing Array. IEEE Transactions on Geoscience and Remote Sensing，60：1-11.

Socco L V，Foti S，Boiero D. 2010. Surface-wave analysis for building near-surface velocity models-Established approaches and new perspectives. Geophysics，75（5）：75A83-75A102.

Takemiya H，Bian X C. 2007. Shinkansen high-speed train induced ground vibrations in view of viaduct-ground interaction. Soil Dynamics and Earthquake Engineering，27（6）：506-520.

Wang Y B，Dong S Q. 2009. Surface waves suppression using interferometric prediction and curvelet domain hybrid L1/L2 norm subtraction. SEG Technical Program Expanded Abstracts：3292-3296.

Wang Y B，Luo Y，Schuster G T. 2009. Interferometric interpolation of missing seismic data. Geophysics，74（3）：SI37-SI45.

第四部分　广义弹性波方程及应用

第十三章
广义弹性波方程及在高铁地震学中的应用

王之洋[1, 3, 4]，白文磊[1, 3, 4]，陈朝蒲[1, 3, 4]，李幼铭[2, 3, 4]

1. 北京化工大学，北京，100029

2. 中国科学院地质与地球物理研究所，中国科学院油气资源研究院重点实验室，北京，100029

3. 高铁地震学联合研究组，北京，100029

4. 非对称性弹性波方程联合研究组，北京，100029

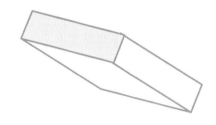

|摘要|

实测高铁地震记录显示，其中存在能量较大的旋转运动分量，且实际地震记录与经典连续介质力学理论下的合成地震记录的频谱能量分布并不能很好地匹配。这是岩土介质微结构/微缺陷相互作用产生的不均匀性效应以及高架桥桩基础周围的基岩（重固结土或岩石）受到围压和剪切作用产生的变形局部化现象所导致的。广义介质力学理论是对经典连续介质力学理论的基本假设、原理、定理或限制条件的进一步放松，可以在平衡计算效率与精度的前提下，描述介质内部复杂的微结构相互作用所导致的不同尺度的介质非均匀性。同时，广义介质力学理论也更适合于描述变形局部化等现象。本章在第二章的基础上，应用广义连续介质力学理论中的修正偶应力理论和单参数二阶应变梯度理论，推导两种广义弹性波方程，并分别在层状介质模型和复杂模型上进行数值模拟，分析两种广义弹性波方程对地震波传播的影响。同时，应用基于修正偶应力理论的广义弹性波方程对高铁通过高架桥激发的地震波进行数值模拟与响应分析，并与高铁实际地震记录进行对比，得出一些结论和认识。

|引言|

本书在第二章讨论了高架桥系统下高铁激发地震波的情况，给出了载荷模型与高架桥模型，阐述了高铁列车通过高架桥激发地震波的机制，并进行了数值模拟以及格林函数的推导。当笔者将高架桥系统下的合成地震记录与从河北省定兴县采集到的高铁列车驶过高架桥时的实际地震记录进行对比分析，发现以下两个有趣的"现象"：①与经典连续介质力学理论预测的旋转记录相比，实际采集到的旋转记录的幅度增加了 1~2 个数量级；②实际地震记录与合成地震记录的频谱能量分布并不能很好地匹配。

考虑到高架桥桩基础的地下部分插入地下几十米深，到达基岩时会受到表层低速土壤层和高速岩石层的双重约束。当高铁列车以 300km/h 的速度通过时，巨大的横向和垂向荷载会被传递到岩土介质，此时，受约束的桩将出现震荡运动。如果考虑岩土介质微孔缝隙结构的相互作用，其会使岩土介质产生不均匀性，而这种不均匀性则会引发不均匀性响应（Suiker and de Borst，2001）。这种震荡运动的能量会转化为一种新的旋转运动，而这种新的旋转运动是在广义连续介质力学理论框架下，由偶应力的引入以及岩土介质内微结构的相互作用所导致的不对称力学特征引发的。同时，桩周围的岩土介质（重固结土或者岩石）在围压和剪切力的作用下，也将出现变形局部化现象。此时的变形局部化来源于岩土介质内部初始的微结构/微缺陷（比如微孔隙/缝隙/孔洞）在荷载加载的过程中导致的介质的非均匀力学行为。在这些变形局部化区域中，岩土介质内部初始的微结构/微缺陷在荷载的作用下不可逆转地增长、贯通，继而引发新的微结构/微缺陷。概括来说，岩土介质内部的非均匀性会诱发强烈的非线性行为和局部弱化，且在变形局部化带内形成较高的应变梯度。

广义连续介质力学理论引入介质特征长度尺度参数，描述由微结构相互作用导致的介质非均匀性。同时，相比于经典连续介质力学理论，广义连续介质力学理论也更适合描述变形局部化问题。于是，笔者尝试用广义连续介质力学理论推导广义弹性波方程，对高架桥系统下的高铁激发地震波进行数值模拟与响应分析。

对于岩土介质来说，在微孔结构方面涉及多个长度尺度，可以建立微孔结构的多个长度尺度参数与介质特征长度尺度参数之间的定量关系。笔者引入介质孔缝隙特征尺度参数来表征平均颗粒直径，尝试构建广义理论下介质特征长度尺度参数与介质孔缝隙特征尺度参数之间的联系。笔者以我国水利部、交通部联合制定的粗粒土（可作为高铁路基填料）颗粒标准（$0.075mm<d<60mm$），作为介质孔缝隙特征尺度参数，通过比较高铁实际数据与广义弹性波方程得到的合成数据之间的时频域特征，建立介质特征长度尺度参数与介质孔缝隙特征尺度参数之间的定量关系，以用于广义弹性波方程的数值模拟。

本章在第二章的基础上，考虑岩土介质微结构/微缺陷相互作用所产生的不均匀性效应，以及高架桥桩基础周围基岩（重固结土或岩石）受到围压和剪切作用产生的变形局部化现象，应用广义连续介质力学理论中的修正偶应力理论和单参数二阶应变梯度理论，推导了两种广义弹性波方程，分析了两种广义弹性波方程对地震波传播的影响，并应用基于修正偶应力理论的广义弹性波方程，对高铁通过高架桥激发的地震波进行数值模拟与响应分析。

13.1 广义连续介质力学概述

经典连续介质力学理论认为，构成介质的材料点上的应力仅取决于材料点上的应变，并且假定介质的应变能密度函数中仅包含经典应变张量（位移的一阶空间导数），因此，经典连续介质力学理论也被认为是局部理论。经典连续介质力学理论采用理想化的模型，假定构成介质的材料是均匀且连续分布的，将介质材料建模为连续质量体而不是离散颗粒。然而实际上，无论是天然材料，还是人造材料，其内部总是存在复杂的微缺陷/微结构。对于岩土材料，微缺陷/微结构通常是指以微孔、微裂纹和微缝隙为特征的结构；对于金属材料，微缺陷/微结构一般是由晶体位错引起的。基于连续性假设的经典连续介质力学理论很难描述介质内部复杂的微结构相互作用，一个可行的解决方案是，用经典连续介质力学理论分别考虑介质内的每个微结构，即对每个微缺陷/微结构分别建模，但是这一方案并不能很好地平衡计算效率和建模准确性，甚至对于某些较为复杂的结构，可能会出现不适用的问题。此外，特别是对于变形局部化现象、断裂以及长程相互作用，经典连续介质力学理论并不能充分解决这些问题（Bonnell and Shao，2003；Askes and Gutierrez，2006）。值得注意的是，微缺陷/微结构是一个相对的概念，其规模会根据观察对象的变化而变化。尽管不同的观察尺度具有较为明确的边界，但是较低的观察尺度（例如，微观尺度，纳米尺度）会影响较高的观察尺度（例如，宏观尺度），反之亦然，从而导致异质性响应（Askes and Metrikine，2005）。对于岩土介质，岩石孔隙和晶粒几何形状的微观尺度差异会导致地震响应和特征的宏观尺度差异。

广义连续介质力学理论通过引入位移或者旋转的高阶空间导数项（de Borst and Muhlhaus，1992；Chang and Ma，1992；Peerlings，et al.，1996；Chang，et al.，1998；Yang，et al.，2002；Lam，et al.，2003；Kong，et al.，2009；Karparvarfard，et al.，2015；De Domenico，et al.，2019）、增加构成介质材料点的自由度（Eringen，1966，1967，1990）、考虑非局部效应（Eringen，et al.，1977；Ari and Eringen，1983；Eringen，1999，2002），丰富了经典连续介质力学理论的内容，同时通过附加的介质特征尺度参数（或更高阶常数）反映介质内的微结构特性。广义连续介质力学理论中的"广义"一词指的是对经典连续介质力学理论的基本假设、原理、定理或限制条件的进一步放松。因此，这两种理论并不是相互矛盾、相互对立的，而是相互补充和包含的关系。经典连续介质力学理论的基础是柯西（Cauchy）应力原理与基本定理，其研究的均匀各向同性介质没有内部结构、没有附加的内部自由度和内部特征尺度。而不同于经典连续介质力学理论，广义连续介质力学理论假定构成介质的材料点具有一定的体积，从而使得介质材料可以同时接受应力和力偶（应力驱动介质材料点发生平移运动，而力偶驱动介质材料点发生旋转运动）的驱动。考虑到介质材料点之间的相互作用，引入体力偶和表面力偶，应用动量守恒定律，必然导致应力张量不对称性。应力张量对称与否，是广义连续介质力学理论与经典连续介质力学理论表达的重要差异。当假设介质材料点的体积为零时，广义连续介质力学理论与经典连续介质力学理论是一致的。

广义连续介质力学理论的发展历史可以追溯到 19 世纪末。W. 佛克脱（W. Voigt）（1887）提出关于物体的一部分对其邻近部分的作用可能引起体力偶和面力偶的猜想，并认为应力张量可能是非对称的。E. 科瑟拉和 F. 科瑟拉（E. Cosserat and F. Cosserat）（1909）验证了这一猜想，并提出了科瑟拉（Cosserat）连续介质理论。之后，学者们提出了许多理论和方法，进一步扩展和丰富了经典连续介质力学理论的内容。其中，偶应力理论（Toupin，1962）、应变梯度理论（Toupin，1964）、二阶应变梯度理论（Mindlin，1965）、微极理论和微挠理论（Eringen，1966，1990）和非局部理论（Eringen and Edelen，1972；Eringen，1983）被认为是发展相对成功和应用较为广泛的理论。这些理论通过引入代表较低尺度的某些介质特征尺度参数来更准确地描述介质内的复杂微结构，相比于经典理论，这种方式可以有效节省计算资源。遗憾的是，目前这些理论还缺少公认的物理解释，以及对具有不同定义的特征尺度参数的统一理解，因此，在大规模应用中还存在一些问题。特别是在 1964 年，R. D. 明德林（R. D. Mindlin）（1964）提出了一个更广义的理论，其中包含 903 个特征尺度参数。为了进一步促进理论和方法的实际应用，学者们在有效描述微结构相互作用的前提下，采用了多种方法来减少特征尺度参数的数量。E. C. 艾凡蒂斯（E. C. Aifantis）（1999）提出了一种单参数应变梯度理论，其将应变张量的二阶梯度项作为介质应变能密度的一个附加影响。然而，E. C. 艾凡蒂斯提出的理论是一个唯象理论，其并不是直接从介质内的复杂微结构进行推导。F. 杨（F. Yang）等（2002）引入了新的平衡关系，即高阶力矩平衡关系，以约束偶应力张量，进而提出只包含一个特征尺度参数的修正偶应力理论。A. 查克拉博蒂（A. Chakraborty）（2007）提出了 Biot 多孔弹性理论的非局部扩展，该理论只包含一个特征尺度参数，同时，可以通过对比理论频散与实验观察结果实现对特征尺度参数的估计。如今，这一理论已成功地应用于骨质疏松症的诊断。王之洋等（2020）基于修正的偶应力理论（Yang, et al.，2002）推导了广义弹性波方程，并对高架桥系统中的地震波传播进行数值模拟，通过对比分析实际数据与合成地震记录，获得了反映介质特征尺度参数与微孔缝隙尺度参数之间联系的系数。到现阶段为止，根据广义连续介质力学理论框架推导弹性波方程并做数值模拟或者求解析解的研究相对较少，特别是在地震勘探的频段内。此外，现有文献中很少有将广义连续介质力学理论中的多种理论和方法纳入到统一框架中进行研究的案例。

在本章中，笔者将推导修正偶应力理论和单参数二阶应变梯度理论下的广义弹性波方程，并进行数值模拟，最后分析这两种广义弹性波方程对地震波传播的影响。

13.2　修正偶应力理论与波动方程推导

广义连续介质力学理论最基本的理论方法就是偶应力理论，其他理论方法分支都以偶应力理论为基础。E. 科瑟拉和 F. 科瑟拉（1909）验证了 W. 佛克脱（1887）关于体力偶和面力偶的猜想，提出了科瑟拉连续介质理论。在该理论中，每个组成介质的点都被看成是一个非零体积的刚性微元体，具有包括旋转和位移等 6 个自由度。R. A. 图潘（R. A. Toupin）（1962）对该理论进行了拓展，建立了完全弹性固体有限变形的本构关系。R. D. 明德林和 H. F. 蒂尔斯腾（R. D. Mindlin and H. F. Tiersten）（1962）将 R. A. 图潘（R. A. Toupin）（1962）进行了简化以及线性化处理，其假定微元体与周围宏观介质的相对旋转为零，曲率张量表示为位移的二阶梯度，建立了约束转动的偶应力理论，至此，偶应力理论的框架被基本建立起来。F. 杨等（2002）引入高阶力矩平衡理论，提出仅具有一个材料尺度参数的改进科瑟拉连续介质理论，这一理论也被称为修正偶应力理论（Park，et al.，2006；Ma，et al.，2008；Kong，et al.，2008）。A. R. 哈杰斯凡迪亚里和 G. F. 达古什（A. R. Hadjesfandiari and G. F. Dargush）（2011）提出了与 F. 杨等（2002）完全相反的偶应力理论，他们认为介质的应变能密度函数与经典应变张量以及曲率张量的反对称部分有关，而与曲率张量的对称部分无关。通过对实验数据和实际应用的分析，F. 杨等（2002）的理论更加符合物理实际（Reddy and Kim，2012；Jung，et al.，2014；Shaat，et al.，2014；王之洋等，2020）。同年，陈万吉等（2011）提出了一种新的修正偶应力理论，并将其推广到各向异性介质。

相比于传统弹性波方程的推导，偶应力理论框架下的平衡方程、几何方程、本构方程的基本形式没有改变，只是对其进行了拓展和补充。基于此逻辑推导得到的偶应力理论框架下的弹性波方程只会在传统方程的基础上增加独立自由项，其通过位移的高阶导数描述由力学不对称特征所导致的旋转运动。如果去掉此独立自由项，偶应力理论框架下的弹性波方程和传统弹性波方程会有一致的数学表达。

13.2.1　平衡方程

考虑一个体积为 V_a，边界为 S_a 的连续体。该连续体两个微元体之间的相互作用通过二者的接触表面 ds 上（单位法向量为 n_i）的表面应力矢量 $p_i^{(n)}$ 与表面力偶矢量 $m_i^{(n)}$ 传递，通常使用应力张量 σ_{ij} 和偶应力张量 μ_{ij} 来表示（Koiter，1964），如图 13-1 所示。

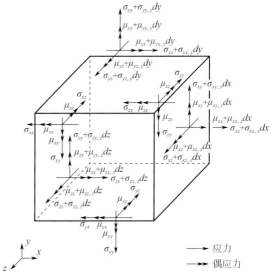

图 13-1　偶应力理论下的微元体

$$p_i^{(n)} = \sigma_{ji} n_j \tag{13-1}$$

$$m_i^{(n)} = \mu_{ji} n_j \tag{13-2}$$

应力张量 σ_{ij} 和偶应力张量 μ_{ij} 满足线动量平衡方程 [公（13-3）] 和角动量平衡方程 [式（13-4）]。

$$\frac{d}{dt} \int_{V_a} V_i dv = \oint_{S_a} p_i^{(n)} ds + \int_{V_a} F_i dv = 0 \left(= \rho \frac{\partial^2 u_i}{\partial t^2} \right) \tag{13-3}$$

$$\frac{d}{dt} \int_{V_a} \Omega_i dv = \oint_{S_a} \left[e_{ijk} r_j p_k^{(n)} + m_i^{(n)} \right] ds + \int_{V_a} \left[e_{ijk} r_j F_k + M_i \right] dv = 0 \tag{13-4}$$

其中，V_i，Ω_i 分别为线动量和角动量。F_i，M_i 分别是体力和体力偶。e_{ijk} 为置换符号。r_j 是位置矢量。u_i 为位移矢量，ω_i 为旋转矢量。

对式（13-3）和式（13-4）分别应用散度定理，将表面积分变换为体积分，则式（13-3）和式（13-4）可改写为

$$\int_{S_a} p_i^{(n)} \mathrm{d}s + \int_{V_a} F_i \mathrm{d}v = \int_{V_a} (\sigma_{ji,j} + F_i) \mathrm{d}v = 0 \left(= \rho \frac{\partial^2 u_i}{\partial t^2} \right) \tag{13-5}$$

$$\int_{S_a} \left[\mathrm{e}_{ijk} r_j p_k^{(n)} + m_i^{(n)} \right] \mathrm{d}s + \int_{V_a} \left[\mathrm{e}_{ijk} r_j F_k + M_i \right] \mathrm{d}v = \int_{V_a} \left[\mathrm{e}_{ijk} r_j (\sigma_{lk,l} + F_k) + (\mu_{ji,j} + \mathrm{e}_{ist} \sigma_{st} + M_i) \right] \mathrm{d}v$$
$$= 0 \tag{13-6}$$

式（13-6）中略去四阶微量，可以从式（13-5）和式（13-6）可以分别得到微分形式的平衡方程。

$$\sigma_{ji,j} + F_i = 0 \left(= \rho \frac{\partial^2 u_i}{\partial t^2} \right) \tag{13-7}$$

$$\mu_{ji,j} + \mathrm{e}_{ist} \sigma_{st} + M_i = 0 \tag{13-8}$$

式（13-7）和式（13-8）可分别展开为分量形式

$$\frac{\partial \sigma_{xx}}{\partial x} + \frac{\partial \sigma_{yx}}{\partial y} + \frac{\partial \sigma_{zx}}{\partial z} + F_x = 0 \left(= \rho \frac{\partial^2 u_x}{\partial t^2} \right)$$

$$\frac{\partial \sigma_{xy}}{\partial x} + \frac{\partial \sigma_{yy}}{\partial y} + \frac{\partial \sigma_{zy}}{\partial z} + F_y = 0 \left(= \rho \frac{\partial^2 u_y}{\partial t^2} \right) \tag{13-9}$$

$$\frac{\partial \sigma_{xz}}{\partial x} + \frac{\partial \sigma_{yz}}{\partial y} + \frac{\partial \sigma_{zz}}{\partial z} + F_z = 0 \left(= \rho \frac{\partial^2 u_z}{\partial t^2} \right)$$

$$\frac{\partial \mu_{xx}}{\partial x} + \frac{\partial \mu_{yx}}{\partial y} + \frac{\partial \mu_{zx}}{\partial z} + \sigma_{yz} - \sigma_{zy} + M_x = 0$$

$$\frac{\partial \mu_{xy}}{\partial x} + \frac{\partial \mu_{yy}}{\partial y} + \frac{\partial \mu_{zy}}{\partial z} + \sigma_{zx} - \sigma_{xz} + M_y = 0 \tag{13-10}$$

$$\frac{\partial \mu_{xz}}{\partial x} + \frac{\partial \mu_{yz}}{\partial y} + \frac{\partial \mu_{zz}}{\partial z} + \sigma_{xy} - \sigma_{yx} + M_z = 0$$

在经典连续介质力学中，没有考虑偶应力与体力偶的作用，即 $\mu_{ij} = 0$，$M_i = 0$，因此，可由公式（13-8）得到

$$\mathrm{e}_{ist} \sigma_{st} = 0 \tag{13-11}$$

式（13-11）表明，在经典连续介质力学理论框架下，应力张量是对称的，这就意味着应力张量有 6 个独立量。这里有 3 个平衡方程，另外 3 个方程为本构方程，6 个方程可以定解。

而在偶应力理论中，当考虑偶应力或体力偶时，切应力互等定理不成立了，这导致应力张量出现不对称性。这时，应力张量 σ_{ij} 可以分解为对称应力张量 τ_{ij} 与反对称应力张量 r_{ij} 之和。

$$\sigma_{ij} = \tau_{ij} + r_{ij}$$

$$\sigma_{ij}^s = \tau_{ij} = \frac{1}{2} (\sigma_{ij} + \sigma_{ji}) \tag{13-12}$$

$$\sigma_{ij}^a = r_{ij} = \frac{1}{2} (\sigma_{ij} - \sigma_{ji})$$

如果将式（13-12）代入式（13-7）和式（13-8），将应力张量 σ_{ij} 用对称应力张量 τ_{ij} 与反对称应力张量 r_{ij} 表示，则式（13-7）和式（13-8），可以改写为

$$\tau_{ji,j}+r_{ji,j}+F_i=0\left(=\rho\frac{\partial^2 u_i}{\partial t^2}\right) \tag{13-13}$$

$$\mu_{ji,j}+e_{ist}r_{st}+M_i=0 \tag{13-14}$$

其中，$s,t=1,2,3$。

同时基于式（13-8），建立反对称应力张量 r_{ij} 与偶应力张量 μ_{ij} 的关系式

$$r_{st}=\frac{1}{2}(\mu_{ji,j}+M_i)e_{its} \tag{13-15}$$

进一步，可以将偶应力张量 μ_{ij} 分解为偏斜部分 m_{ij} 和球量部分 $\frac{1}{3}\mu_{kk}\delta_{ij}$ 之和（Yang, et al., 2002）。

$$\mu_{ij}=m_{ij}+\frac{1}{3}\mu_{kk}\delta_{ij} \tag{13-16}$$

将式（13-15）等号两边求散度，并将式（13-16）代入，可得

$$r_{ts,t}=\frac{1}{2}(m_{ji,jt}+M_{i,t})e_{ist} \tag{13-17}$$

将式（13-12）和式（13-17）一齐代入式（13-13），可消除反对称应力张量 r_{ij}，得到只包含对称应力张量 τ_{ij} 以及偶应力张量的偏斜部分 m_{ij} 的平衡方程。

$$\tau_{ji,j}+\frac{1}{2}e_{ikt}m_{st,sk}+\frac{1}{2}e_{ist}M_{t,s}+F_i=0\left(=\rho\frac{\partial^2 u_i}{\partial t^2}\right) \tag{13-18}$$

式（13-18）即为偶应力理论框架下的平衡方程，其构建了偶应力张量、应力张量、体力偶和体力的关系。如果去除了偶应力张量和体力偶，该平衡方程就为经典理论的平衡方程。

从式（13-18）可知，偶应力张量 μ_{ij} 中的球量部分 $\frac{1}{3}\mu_{kk}\delta_{ij}$ 不影响质点动力学，可认为偶应力张量 μ_{ij} 即为偏斜张量 m_{ij}。反对称应力张量 r_{ij} 在联立方程时已经被消去。但需要注意的是，反对称应力张量 r_{ij} 肯定是不为零的。

进一步探讨偶应力张量 μ_{ij} 的对称性。F. 杨等（2002）基于连续体内偶力矩为零的假设，引入了高阶力矩平衡关系，对偶应力张量 μ_{ij} 施加了约束，见式（13-19）。

$$\int_{V_a}r_i\times(M_i+e_{ist}\sigma_{st})\mathrm{d}v+\int_{S_a}r_i\times m_i^{(n)}\mathrm{d}s=0 \tag{13-19}$$

对式（13-19）应用散度定理，可得

$$\int_{V_a}\left[r_i\times(M_i+e_{ist}\sigma_{st}+\mu_{ji,j})+e_{ist}\mu_{st}\right]\mathrm{d}v=0 \tag{13-20}$$

因为 $\mu_{ji,j}+e_{ist}\sigma_{st}+M_i=0$，可得 $e_{ist}\mu_{st}=0$，即偶应力张量 μ_{ij} 是对称的。

13.2.2 边界条件

考虑不存在体力和体力偶的单位体积元能量守恒（Hadjesfandiari and Dargush，2011）

$$\int_{V_a} \delta w \mathrm{d}v = \int_{S_a} \boldsymbol{n} \cdot \boldsymbol{\sigma} \cdot \delta \boldsymbol{u} \mathrm{d}s + \int_{S_a} \boldsymbol{n} \cdot \boldsymbol{\mu} \cdot \delta \boldsymbol{\omega} \mathrm{d}s \qquad (13\text{-}21)$$

其中，$\boldsymbol{n}$ 是方向矢量，$\delta \boldsymbol{u}$ 为虚位移矢量，$\delta \boldsymbol{\omega}$ 为虚旋转矢量，δw 为能量改变量。

因为有

$$\boldsymbol{n} \cdot \boldsymbol{\mu} \cdot \delta \boldsymbol{\omega} = \boldsymbol{n} \cdot \boldsymbol{\mu} \cdot \boldsymbol{nn} \cdot \delta \boldsymbol{\omega} + \boldsymbol{n} \cdot \boldsymbol{\mu} \cdot (\boldsymbol{I} - \boldsymbol{nn}) \cdot \delta \boldsymbol{\omega}$$

$$= \frac{1}{2} \mu_{nn} \boldsymbol{n} \cdot \nabla \times \delta \boldsymbol{u} + \boldsymbol{n} \cdot \boldsymbol{\mu} \cdot (\boldsymbol{I} - \boldsymbol{nn}) \cdot \delta \boldsymbol{\omega} \qquad (13\text{-}22)$$

其中，$\boldsymbol{nn}$，$(\boldsymbol{I} - \boldsymbol{nn})$ 分别代表法向和切向方向。

对式（13-22）等号右边第一项应用哈密顿算子，可得

$$\frac{1}{2} \mu_{nn} \boldsymbol{n} \cdot \nabla \times \delta \boldsymbol{u} = \frac{1}{2} \boldsymbol{n} \cdot \nabla \times (\mu_{nn} \delta \boldsymbol{u}) - \frac{1}{2} \boldsymbol{n} \times \nabla \mu_{nn} \cdot \delta \boldsymbol{u} \qquad (13\text{-}23)$$

并考虑表面 S_a 是光滑的，即有

$$\int_{S_a} \boldsymbol{n} \cdot \nabla \times (\mu_{nn} \delta \boldsymbol{u}) \mathrm{d}s = 0 \qquad (13\text{-}24)$$

则式（13-21）可写为

$$\int_{V_a} \delta w \mathrm{d}v = \int_{S_a} \left(\boldsymbol{n} \cdot \boldsymbol{\sigma} - \frac{1}{2} \boldsymbol{n} \times \nabla \mu_{nn} \right) \cdot \delta \boldsymbol{u} \mathrm{d}s + \int_{S_a} \boldsymbol{n} \cdot \boldsymbol{\mu} \cdot (\boldsymbol{I} - \boldsymbol{nn}) \cdot \delta \boldsymbol{\omega} \mathrm{d}s \qquad (13\text{-}25)$$

式（13-25）表明，因为 $\delta \boldsymbol{u}$ 的系数是表面 S_a 上偶应力张量的法向分量 μ_{nn} 与应力张量 σ_{ij} 的组合，因此在偶应力固体中仅仅包含 5 个边界条件，即应力矢量 $\boldsymbol{p}^{(n)}$ 的三个分量以及力偶矢量 $\boldsymbol{m}^{(n)}$ 的两个切向分量。

由式（13-25）可得到偶应力理论框架下的边界条件

$$\boldsymbol{p}^{(n)} = \left(\boldsymbol{n} \cdot \boldsymbol{\sigma} - \frac{1}{2} \boldsymbol{n} \times \nabla \mu_{nn} \right) \qquad (13\text{-}26)$$

$$\boldsymbol{m}^{(n)} = \boldsymbol{n} \cdot \boldsymbol{\mu} \cdot (\boldsymbol{I} - \boldsymbol{nn}) \qquad (13\text{-}27)$$

真实边界上一般没有力矩作用，这意味着真实边界上自然边界条件处处为零，即 $\boldsymbol{m}^{(n)} = 0$。但偶应力张量 μ_{ij} 却会在物体内部产生，因此在任意体积（包括了微元体积）的表面上存在着非零的 $\boldsymbol{m}^{(n)}$。

13.2.3　几何方程

这里仅仅考虑微小变形 $|u_{i,j}| \ll 1$ 的运动学（几何方程）。在笛卡尔坐标系中，参考构型中的两点 A（位置为 x_i）和 B（位置为 $x_i + \mathrm{d}x_i$）之间的相对位移为（Aki and Richards，2002）

$$\mathrm{d}u_i = u_{i,j} \mathrm{d}x_j \qquad (13\text{-}28)$$

位移梯度张量 $u_{i,j}$ 可分解为对称的无穷小应变张量 ε_{ij} 和反对称的无穷小旋转张量 ω_{ij} 之和。

$$\mathrm{d}u_i = u_i - u_i^0 = \varepsilon_{ij} \mathrm{d}x_j + \omega_{ij} \mathrm{d}x_j \qquad (13\text{-}29)$$

式（13-29）中，u_i，u_i^0 分别为 A 点和 B 点的位移矢量。

其中

$$\varepsilon_{ij} = \frac{1}{2}(u_{i,j} + u_{j,i}) = \begin{pmatrix} \partial_x u_x & \frac{1}{2}(\partial_y u_x + \partial_x u_y) & \frac{1}{2}(\partial_z u_x + \partial_x u_z) \\ \frac{1}{2}(\partial_x u_y + \partial_y u_x) & \partial_y u_y & \frac{1}{2}(\partial_z u_y + \partial_y u_z) \\ \frac{1}{2}(\partial_x u_z + \partial_z u_x) & \frac{1}{2}(\partial_y u_z + \partial_z u_y) & \partial_z u_z \end{pmatrix} \tag{13-30}$$

$$\omega_{ij} = \frac{1}{2}(u_{i,j} - u_{j,i}) = \begin{pmatrix} 0 & \frac{1}{2}(\partial_y u_x - \partial_x u_y) & \frac{1}{2}(\partial_z u_x - \partial_x u_z) \\ \frac{1}{2}(\partial_x u_y - \partial_y u_x) & 0 & \frac{1}{2}(\partial_z u_y - \partial_y u_z) \\ \frac{1}{2}(\partial_x u_z - \partial_z u_x) & \frac{1}{2}(\partial_y u_z - \partial_z u_y) & 0 \end{pmatrix} \tag{13-31}$$

反对称的无穷小旋转张量 ω_{ij} 对应的旋转矢量 ω_i 定义为

$$\omega_i = \frac{1}{2}e_{ijk}u_{k,j} = -\frac{1}{2}e_{ijk}\omega_{jk} \tag{13-32}$$

因此，旋转矢量 ω_i 可以通过求取位移场旋度的二分之一得到。

在假设微小变形 $|u_{i,j}| \ll 1$ 的情况下，经典连续介质力学理论下的旋转运动不造成形变（Aki and Richards，2002）。偶应力理论引入了一种假设偶应力存在而出现的新的旋转运动，使微元线段 dx_i 产生了扭转和弯曲形变，其由相邻两点 A、B 之间的相对转动 $d\omega_i$ 描述，同时引入对称的曲率张量 χ_{ij} 描述这种形变（Yang，et al.，2002）。

$$d\omega_i = \omega_{i,j}dx_j$$
$$\chi_{ij} = \frac{1}{2}(\omega_{i,j} + \omega_{j,i}) = \frac{1}{2}\left(\frac{1}{2}e_{jkl}u_{l,ki} + \frac{1}{2}e_{ikl}u_{l,kj}\right) \tag{13-33}$$

这样，在微小变形中，连续体 A 点临近 B 点的形变共有 4 种：随着 A 点的平动、相对 A 点的伸缩、相对 A 点的转动以及微元线段 $\overrightarrow{AB}$ 的扭转弯曲。

通过构建曲率张量以及应变张量与位移的关系，笔者可以推导出几何方程。相比于经典理论的几何关系，偶应力理论框架下增加了曲率张量与位移之间的关系。几何方程见式（13-34）。

$$\varepsilon_{ij} = \frac{1}{2}(u_{i,j} + u_{j,i})$$
$$\chi_{ij} = \frac{1}{2}(\omega_{i,j} + \omega_{j,i}) = \frac{1}{2}\left(\frac{1}{2}e_{jkl}u_{l,ki} + \frac{1}{2}e_{ikl}u_{l,kj}\right) \tag{13-34}$$

13.2.4　本构方程

根据虚功原理，介质应变能密度的改变量等于外部载荷通过虚位移、虚旋转所做的功，在式（13-7）两端乘以虚位移 δu_i，在式（13-8）两端乘以虚旋转 $\delta\omega_i$，并在整个体积 V_a 上积分，可得（Koiter，1964）

$$\int_{V_a} (\sigma_{ji,j} + F_i) \delta u_i \mathrm{d}v = 0 \tag{13-35}$$

$$\int_{V_a} (\mu_{ji,j} + \varepsilon_{ist}\sigma_{st} + M_i) \delta\omega_i \mathrm{d}v = 0 \tag{13-36}$$

对式（13-35）和式（13-36）应用链式求导法则以及散度定理并相加，可得

$$\int_{V_a} \sigma_{ji}\delta\varepsilon_{ij}\mathrm{d}v + \int_{V_a} \mu_{ji}\delta\omega_{i,j}\mathrm{d}v = \int_{V_a} \delta w \mathrm{d}v$$
$$= \int_{S_a} p_i^{(n)}\delta u_i \mathrm{d}s + \int_{S_a} m_i^{(n)}\delta\omega_i \mathrm{d}s + \int_{V_a} F_i\delta u_i \mathrm{d}v + \int_{V_a} M_i\delta\omega_i \mathrm{d}v \tag{13-37}$$
$$= \int_{S_a} [p_i^{(n)}\delta u_i + m_i^{(n)}\delta\omega_i]\mathrm{d}s + \int_{V_a} (F_i\delta u_i + M_i\delta\omega_i)\mathrm{d}v$$

将式（13-1）和式（13-2）代入式（13-37），并应用散度定理，将式（13-37）等号右边第一项的面积分变为体积分，可得

$$\int_{V_a} \delta w \mathrm{d}v = \int_{S_a} [p_i^{(n)}\delta u_i + m_i^{(n)}\delta\omega_i]\mathrm{d}s + \int_{V_a} (F_i\delta u_i + M_i\delta\omega_i)\mathrm{d}v$$
$$= \int_{V_a} (F_i\delta u_i + M_i\delta\omega_i)\mathrm{d}v + \int_{V_a} (\sigma_{ji,j}\delta u_i + \sigma_{ji}\delta u_{i,j} + m_{ji,j}\delta\omega_i + m_{ji}\delta\omega_{i,j})\mathrm{d}v \tag{13-38}$$
$$= \int_{V_a} [\delta u_i(\sigma_{ji,j} + F_i) + \delta\omega_i(m_{ji,j} + M_i) + \sigma_{ji}\delta u_{i,j} + m_{ji}\delta\omega_{i,j}]\mathrm{d}v$$

将平衡方程［式（13-18）］、几何方程［式（13-34）］以及式（13-12），代入式（13-38）并化简，可得功共轭关系

$$\tau_{ij} = \frac{\partial w}{\partial \varepsilon_{ij}} \tag{13-39}$$
$$m_{ij} = \frac{\partial w}{\partial \chi_{ij}}$$

对于各向同性介质，应用广义胡克定律以及功共轭条件［式（13-39）］，可得偶应力理论框架下的本构方程

$$\tau_{ij} = \lambda\delta_{ij}\varepsilon_{kk} + 2\mu\varepsilon_{ij} \tag{13-40}$$
$$m_{ij} = 2\mu l^2\chi_{ij} = 2\eta\chi_{ij}$$

其中，λ，μ 为拉梅常数，η 为反映介质微旋转运动特性的参数，$\eta = \mu l^2$，l 为介质特征尺度参数。其是平衡无量纲的应变和有量纲的曲率张量（其量纲为长度的倒数）两项间的量纲，也描述了偶应力张量和曲率张量之间的本构关系。

13.2.5　修正偶应力理论框架下的弹性波方程

对于各向同性介质，将几何方程［式（13-34）］和本构方程［式（13-40）］以及平衡方程［式（13-18）］联立，并忽略体力以及体力偶，可推导得到偶应力理论框架下的弹性波方程（Wang, et al., 2020, 2021b, 2021c）为

$$\left(\lambda+\mu\right)u_{j,ji}+\mu u_{i,jj}+\frac{1}{2}e_{ijk}\eta\left(\frac{1}{2}e_{kmn}u_{n,mllj}+\frac{1}{2}e_{lmn}u_{n,mklj}\right)=\rho \ddot{u}_i \qquad (13\text{-}41)$$

相比于传统弹性波方程，偶应力理论框架下的弹性波方程增加了独立的自由项 $\frac{1}{2}e_{ijk}\eta\left(\frac{1}{2}e_{kmn}u_{n,mllj}+\frac{1}{2}e_{lmn}u_{n,mklj}\right)$ 和其包含的介质特征尺度参数。该独立的自由项描述了一种因偶应力引入导致的力学不对称性所产生，且和介质内部的微孔缝隙特征尺度有关的旋转运动，以及其造成的位移扰动的传播。

独立自由项中的 η 是介质内部微结构相互作用导致的旋转效应的表征，如果 $\eta=0$，则旋转效应消失，偶应力理论框架下的弹性波方程就和传统弹性波方程有一致的数学表达。R. 特塞尔和 W. 博拉延斯基（R. Teisseyre and Boratński）（2003）通过理论推导证明，在颗粒介质或者有裂隙的连续体内，由于微缺陷/微结构的存在，应力或应力场会出现不对称性力学特征，由此产生一种新的旋转运动。I. P. 巴赞物（I. P. Bazant）（2002）认为金属材料的微缺陷/微结构一般由晶体的位错引起，晶体位错在纳米量级；而岩土介质的微缺陷/微结构一般是由微夹杂/微裂缝/微孔隙/孔洞等引起，尺度可以在微毫米或更高量级。黄文雄和徐可（2014）通过实验证明，介质特征尺度 l 与组成介质的材料颗粒的平均直径以及几何形状有关，同时也与变形局部化现象有关，另外还与应力集中效应有关（鲍亦兴等，1993）。如果忽略一切附加因素，介质特征尺度参数可直接被视为介质微孔缝隙特征尺度参数。相反，如果考虑组成介质的材料颗粒的几何特征、变形局部化现象以及应力集中效应，介质特征尺度参数可被视为介质微孔缝隙特征尺度参数与系数 ζ 的综合加成。系数 ζ 可通过实验获得，王之洋等（2020）通过对高铁实际数据的分析，也提取了该系数。当然，为了进一步研究介质特征尺度参数和旋转自由项的物理意义，必须结合岩石物理测量，开展对比验证研究和技术生成。

13.3 单参数二阶应变梯度理论与波动方程推导

自从 1909 年，E. 科瑟拉和 F. 科瑟拉系统地建立了以偶应力作用为主要特征的连续介质模型之后，广义连续介质力学形成了多种纳入介质特征尺度的理论方法，以修正经典连续介质力学在处理考虑介质内微结构相互作用所引发问题时的局限性，其中，应变梯度理论（Mindlin，1964，1965，1968；Ru and Aifantis，1993；Altan and Aifantis，1997；Aifantis，1999；Askes，et al.，2002；Aifantis，2011；Li and Wei，2015）是应用较为广泛的理论之一。应变梯度理论将位移场各阶梯度的所有分量纳入介质的应变能密度函数中，并结合介质特征尺度，描述介质微结构相互作用所导致的不均匀性。应变梯度理论的提出可追溯至 1964 年，R. D. 明德林（1964）基于科瑟拉理论（Cosserat，1909）提出了一个更加一般化的广义连续介质力学理论，把介质看成是由宏观物质和微观物质组成的协调变形连续体。由于该理论过于复杂，包含较多的介质特征尺度，因此，R. D. 明德林（1965，1968）假设微观变形和宏观变形相等，分别将应变的一阶梯度以及二阶梯度引入介质的应变能密度函数，先后提出了一阶应变梯度理论和二阶应变梯度理论。为了进一步减少介质特征尺度的数量，以利于实验定量标定及物理理解，E. C. 艾凡蒂斯（1999）在本构关系中引入应变的拉普拉斯算子构建等效应力张量，提出仅含有一个介质特征尺度的应变梯度理论，且在该理论中没有定义应变梯度张量的功共轭量。E. C. 艾凡蒂斯（2011）结合非局部理论（即一点的应力不仅与该点的应变有关，而且与该点一定邻域内各点的应变有关），提出非局部-梯度线弹性理论。在该理论中，如果不考虑非局部效应，非局部-梯度线弹性理论就退化为艾凡蒂斯应变梯度理论（Aifantis，1999）。由于艾凡蒂斯应变梯度理论（Aifantis，1999，2011）是一个唯象理论（phenomenological theory），不能清楚地表示介质特征尺度与微观结构的几何特征的联系（Askes, et al., 2002），H. 阿斯克斯和A. V. 梅特金（H. Askes and A. V. Metrikine）（2005）应用连续化方法，将小尺度下的离散不均匀介质转换为大尺度下的连续均匀介质，推导出包含二阶应变梯度以及介质特征尺度的等效本构关系。其中，该理论中的介质特征尺度与颗粒中心的平均距离有关（假设介质为颗粒介质）（Suiker, et al., 2001）。

相比于偶应力理论，由于应变梯度理论在应变能密度函数中引入了应变的二阶甚至二阶以上的高阶导数，因此它可以描述更小尺度的微结构相互作用（偶应力理论只引入了旋转场的一阶导数），但在计算量增大的同时，也难以解释和用实验证明引入的各种高阶量。单参数二阶应变梯度理论作为应变梯度理论的一种特例，提供了一种更加简单、灵活且易于理解的应变梯度理论（Askes and Gutierrez，2006），在该理论中，二阶应变梯度被视为应变能密度函数的附加影响。

在本节中，笔者从非局部理论出发，定义介质特征尺度参数 l 为一球形邻域的半径，推导单参数二阶应变梯度理论的本构方程，进而结合几何方程和运动微分方程，给出广义弹性波方程的数学表达式。

13.3.1 非局部理论

非局部理论认为材料微结构具有长程的相互作用，也就是介质中一点的应力状态与整个介质中诸点的应力状态有关，因此，非局部理论下，本构关系是对空间积分的形式。在某种程度上，该理论将经典连续介质力学理论推广到能够考虑介质内的尺度效应。

G. Z. 沃伊亚吉斯和R. J. 多根（G. Z. Voyiadjis and R. J. Dorgan）（2004）认为可以设置一个球形邻域，该邻域内各点的状态变量都可用 $n=0$ 处的泰勒展开表示为 $A(x+n) \approx A + \nabla A \cdot n + \dfrac{1}{2!}\nabla^2 A \cdot n \otimes n + \cdots$，并用该泰勒展开式替换非局部理论积分公式中的被积分项。

非局部理论考虑了一点邻域内所有点的状态变量对该点状态变量的加权影响。可用体积分公式表示为（Eringen，1972）

$$\tilde{A}(x) = \frac{1}{V}\int_V h(n)A(x+n)\,\mathrm{d}V \qquad (13\text{-}42)$$

其中，V 为邻域体积，一般为球形邻域，则 $V = \frac{4}{3}\pi l^3$；l 为介质特征尺度。$\tilde{A}(x)$ 为一点的等效状态变量，$A(x+n)$ 为邻域内各点的状态变量。$h(n)$ 是服从归一化条件 $\int_V h(n)\mathrm{d}V = V$ 的经验加权函数，该归一化条件确保当 $A(x+n)$ 为常数时，$\tilde{A}(x) = A(x+n)$。可以假设 $h(n) = 1$，则式（13-42）变为式（13-43）。

$$\tilde{A}(x) = \frac{1}{V}\int_V A(x+n)\mathrm{d}V \tag{13-43}$$

对 $A(x+n)$ 使用泰勒展开，可近似表示为

$$A(x+n) \approx A(x) + \nabla A(x)\cdot n + \frac{1}{2!}\nabla^2 A(x)\cdot n\otimes n + \cdots \tag{13-44}$$

将式（13-44）代入式（13-43），并将邻域积分用球体坐标 $r(0\leqslant r\leqslant l)$、$\theta(0\leqslant\theta\leqslant 2\pi)$、$\varphi(0\leqslant\varphi\leqslant\pi)$ 表示为

$$\tilde{A}(x) = \frac{1}{V}\int_0^{2\pi}\int_0^{\pi}\int_0^l \left[A(x) + r\nabla A(x)\cdot n + \frac{r^2}{2!}\nabla^2 A(x)\cdot n\otimes n + \cdots \right] r^2\sin\varphi\mathrm{d}r\mathrm{d}\varphi\mathrm{d}\theta$$

$$= A(x) + \frac{l^4}{4V}\nabla A(x)\int_0^{2\pi}\int_0^{\pi}\left[\sin\varphi n\right]\mathrm{d}\varphi\mathrm{d}\theta + \frac{1}{2!}\frac{l^5}{5V}\nabla^2 A(x)\cdot\int_0^{2\pi}\int_0^{\pi}\left[\sin\varphi n\otimes n\right]\mathrm{d}\varphi\mathrm{d}\theta + \cdots \tag{13-45}$$

其中，$n = \{\sin\varphi\cos\theta \quad \sin\varphi\sin\theta \quad \cos\varphi\}$，为球面法线向量。

根据球面法线向量的定义，可以证明所有涉及奇数梯度的项均为零。同时，$\int_0^{2\pi}\int_0^{\pi}\left[\sin\varphi n\otimes n\right]\mathrm{d}\varphi\mathrm{d}\theta = \frac{4}{3}\pi$，并只保留泰勒展开的二阶以下导数项，可得（Voyiadjis and Dorgan，2004）

$$\tilde{A}(x) = A(x) + \frac{1}{2!}\frac{4\pi l^5}{15V}\nabla^2 A(x) \tag{13-46}$$

将邻域体积 $V = \frac{4}{3}\pi l^3$ 代入式（13-46）可得

$$\tilde{A}(x) = A(x) + \frac{l^2}{10}\nabla^2 A(x) \tag{13-47}$$

式（13-47）表明，邻域内任何一点的状态变量都受到邻域内其他点的影响，而且和介质特征尺度 l 有关，其本质上是一个等效状态变量，或者非局部状态变量。

13.3.2　单参数二阶应变梯度理论下的弹性波方程

根据非局部理论的思路，笔者推导基于单参数二阶应变梯度理论的广义弹性波方程。根据式（13-47），令一点的状态变量 $A(x)$ 为应变张量 ε，非局部状态变量 $\tilde{A}(x)$ 为非局部应变张量 $\tilde{\varepsilon}$，可得

$$\tilde{\varepsilon} = \varepsilon + \frac{l^2}{10}\nabla^2\varepsilon = \varepsilon + c\nabla^2\varepsilon \tag{13-48}$$

其中，$c = l^2/10$，为二阶梯度张量的特征系数。

在弹性范围内，基于格林弹性和柯西弹性，可得本构方程的一般表达式为

$$\sigma_{ij} = C_{ijkl}\varepsilon_{kl} \tag{13-49}$$

其中，σ_{ij} 为应力张量，ε_{kl} 为应变张量，C_{ijkl} 为弹性系数张量。

如果将式（13-49）中的应变张量 ε_{kl} 替换为非局部应变张量 $\tilde{\varepsilon}_{kl}$，则可得到非局部应力张量 $\tilde{\sigma}_{ij}$ 的表达式为

$$\tilde{\sigma}_{ij} = C_{ijkl}\tilde{\varepsilon}_{kl} = C_{ijkl}(\varepsilon_{kl} + c\nabla^2\varepsilon_{kl}) \tag{13-50}$$

对于各向同性介质，式（13-50）可进一步简化为

$$\tilde{\sigma}_{ij} = \lambda(\varepsilon_{kk} + c\nabla^2\varepsilon_{kk})\delta_{ij} + 2\mu(\varepsilon_{ij} + c\nabla^2\varepsilon_{ij}) \tag{13-51}$$

其中，λ、μ 为拉梅常数。

已知运动微分方程

$$\sigma_{ji,j} + F_i = \rho\ddot{u}_i \tag{13-52}$$

其中 ρ 为介质密度，$\ddot{u}_i$ 为位移分量的二阶时间导数，F_i 为体力分量，$\sigma_{ji,j}$ 为应力的一阶导数。

将式（13-52）中应力的一阶导数 $\sigma_{ji,j}$ 替换为非局部应力的一阶导数 $\tilde{\sigma}_{ji,j}$，则可得

$$\tilde{\sigma}_{ji,j} + F_i = \rho\ddot{u}_i \tag{13-53}$$

将几何方程 $\varepsilon_{ij} = \dfrac{1}{2}(u_{i,j} + u_{j,i})$、本构方程 [式（13-51）]，代入运动微分方程 [式（13-53）] 可得

$$(1 + c\nabla^2)\left[(\lambda + \mu)u_{j,ij} + \mu u_{i,jj}\right] + F_i = \rho\ddot{u}_i \tag{13-54}$$

式（13-54）即为基于二阶应变梯度理论的广义弹性波方程（Wang, et al., 2021a），当 $c = l^2/10 = 0$，即不考虑介质内微结构相互作用时，式（13-54）即退化为传统弹性波方程

$$(\lambda + \mu)u_{j,ij} + \mu u_{i,jj} + F_i = \rho\ddot{u}_i \tag{13-55}$$

基于单参数二阶应变梯度理论推导的广义弹性波方程包含独立的自由项 $c\nabla^2\left[(\lambda + \mu)u_{j,ij} + \mu u_{i,jj}\right]$，以描述介质内微结构相互作用导致的介质不均匀性及其产生的响应。

值得注意的是，修正偶应力理论和单参数二阶应变梯度理论下的非对称性弹性波动方程具有不同的数学表达，见式（13-41）和式（13-55）。对于式（13-41），独立自由项为 $\dfrac{1}{2}e_{ijk}\eta\left(\dfrac{1}{2}e_{kmn}u_{n,mllj} + \dfrac{1}{2}e_{lmn}u_{n,mklj}\right)$；而对于式（13-55），独立自由项为 $c\nabla^2\left[(\lambda + \mu)u_{j,ij} + \mu u_{i,jj}\right]$。从两种不同的理论推导出的非对称性弹性波动方程中，独立自由项并不完全相同。独立自由项用来描述介质内部微结构的相互作用，与修正偶应力理论相比，单参数二阶应变梯度理论的应变能密度函数包含应变的更高阶空间导数，可以描述更小尺度的介质微结构相互作用所导致的介质非均匀性。

假设介质内部微结构的尺度为 l，则基于修正偶应力理论的广义弹性波方程可以反映特征尺度为 l 的微结构相互作用，而基于单参数二阶应变梯度理论的广义弹性波方程可以反映以特征尺度 l 为半径的球形邻域内更小尺度的微结构相互作用。由此，笔者可以引入多尺度微结构相互作用的概念。单参数二阶应变梯度理论可以描述更小尺度的微结构相互作用所导致的介质非均匀性，这种非均匀性对地

震记录的影响很小，但是，它可以同时影响纵波和横波的传播。另外，对地震记录的影响的大小与位移场时间/空间变化的剧烈程度有关，即当入射波和微结构尺度越接近或者介质存在剪切带时（混凝土和岩石在围压作用下，重固结土在剪切作用下，或者金属在高速冲击下，皆可形成剪切带），影响可增强。由于介质局部化变形带内应变梯度影响较大，这种更小尺度的非均匀性对地震记录的影响也会增大。

考虑变形局部化等情况，可以增强这种由高阶应变梯度描述的介质微结构相互作用所引发的不均匀性响应。在勘探领域普遍存在这种情况，如果没有这种情况，说明所述的不均匀性响应量级较小，但也是存在和可观测的。

13.4　广义弹性波方程数值模拟

在本节中，笔者分别使用修正偶应力理论和单参数二阶应变梯度理论下的广义弹性波方程，在层状介质模型和复杂模型上进行数值模拟，并将合成地震记录与使用传统弹性波方程得到的合成地震记录进行比较，分析不同理论所描述的、由微结构相互作用导致的介质不均匀性对地震波传播的影响。

13.4.1　双层介质模型

首先构建双层介质模型，如图 13-2 所示。模型大小为 $nx = nz = 400$，网格间距为 $dx = dz = 8m$。模型分为上下两层，且两层的厚度均为 1600m。模型第一层的纵波速度为 2.4km/s，横波速度为 1.3856km/s，密度为 1400kg/m³；第二层的纵波速度为 4.2km/s，横波速度为 2.4249km/s，密度为 2600kg/m³。模型第一层的介质微孔缝隙特征尺度参数为 700μm，第二层的介质微孔缝隙特征尺度参数为 300μm。采用主频为 25Hz 的雷克子波，震源位置为 $(x，z) = (1600m，0m)$，如图中红色五角星所示，时间步长 $\Delta t = 0.001s$，记录时长为 3s。为了排除数值频散和边界反射对数值模拟结果的影响，笔者采用高阶优化有限差分算子以及较好的边界条件进行数值模拟，以更好地对传统弹性波方程及广义弹性波方程的合成

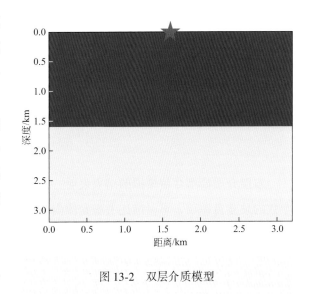

图 13-2　双层介质模型

限差分算子以及较好的边界条件进行数值模拟，以更好地对传统弹性波方程及广义弹性波方程的合成

地震记录进行对比分析。

如图 13-3 所示，首先对比分析使用传统弹性波方程和修正偶应力理论下的广义弹性波方程得到的合成波场快照。图 13-3（a）和图 13-3（d）分别为使用传统弹性波动方程得到的合成波场快照的 x 分量和 z 分量，图 13-3（b）和图 13-3（e）分别为使用修正偶应力理论下的广义弹性波方程得到的合成波场快照的 x 分量和 z 分量，图 13-3（c）和图 13-3（f）分别为图 13-3（a）和图 13-3（b）以及图 13-3（d）和图 13-3（e）直接相减的结果。从图 13-3 可以看出，由于修正偶应力理论下的广义弹性波方程中增加了包含介质特征尺度参数的独立自由项，使得不论是合成波场快照的 x 分量还是 z 分量中都出现了一些新的波场成分，这些成分可视为介质非均匀性所带来的位移扰动。在图 13-3（c）和图 13-3（f）上，可以更清晰地观察到波场的变化，这种变化仅体现在横波的传播上，而对纵波的传播没有影响。

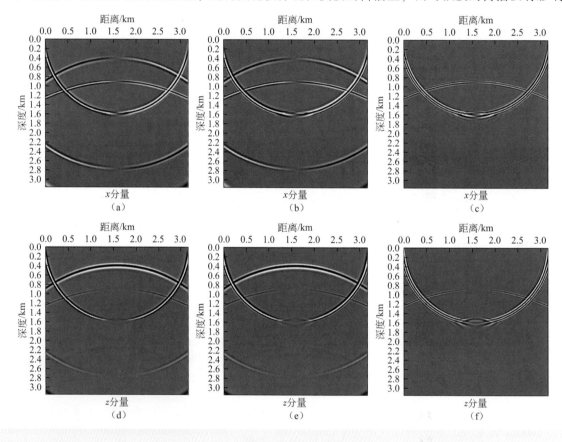

图 13-3　使用不同弹性波方程得到的合成波场快照

双层介质模型数值模拟的结果表明，修正偶应力理论下，弹性波方程中增加的包含介质特征尺度参数的独立自由项，可以描述考虑介质内部微孔缝隙结构相互作用后产生的位移扰动的传播，这种位移扰动可以在合成记录中被清晰地观察到。同时，修正偶应力理论所描述的由微结构相互作用导致的介质不均匀性对纵波传播没有影响，而使横波波场出现了新的成分，使其以频散的方式传播。

图 13-4 为使用传统弹性波方程和单参数二阶应变梯度理论下的非对称性弹性波动方程得到的合成波场快照。图 13-4（a）和图 13-4（d）分别为使用传统弹性波方程得到的合成波场快照的 x 分量和 z 分量，图 13-4（b）和图 13-4（e）分别为使用单参数二阶应变梯度理论下的广义弹性波方程得到的合

成波场快照的 x 分量和 z 分量，图 13-4（c）和图 13-4（f）分别为图 13-4（a）和图 13-4（b）以及图 13-4（d）和图 13-4（e）直接相减的结果。从图中可以发现，无论是在波场快照的 x 分量还是 z 分量里，都可以清晰地观察到由应变的二阶梯度描述的介质非均匀性所导致的位移扰动对地震波传播产生的影响，即在合成地震记录出现了新的波场成分。对比合成波场快照的差值，可以更加清晰地观察到波场的变化，这种变化不仅体现在横波的传播上，也体现在纵波的传播上。同时，在单参数二阶应变梯度理论框架下，介质内微结构的相互作用对横波的影响要明显大于对纵波的影响。

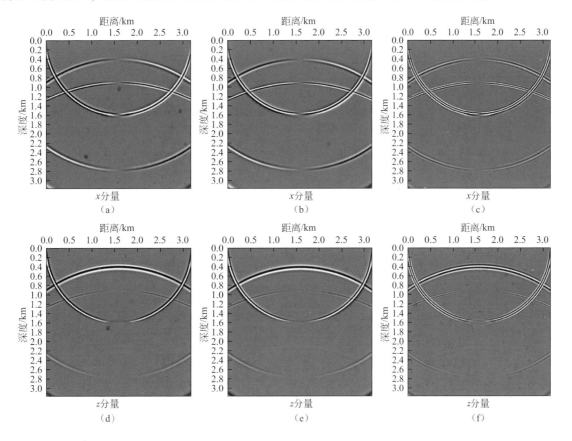

图 13-4　使用不同弹性波动方程得到的合成波场快照

接下来，笔者提取检波点 $(x, z)=(800m，400m)$ 处使用不同弹性波方程得到的合成地震记录，图 13-5（a）~（c）为使用不同弹性波方程得到的合成地震记录的 x 分量；图 13-5（e）~（g）分别为与之对应的 z 分量。蓝色线、红色线以及绿色线分别代表应用传统弹性波方程、修正偶应力理论下的广义弹性波方程以及单参数二阶应变梯度理论下的广义弹性波方程得到的单道记录。

笔者将应用不同方程得到的单道地震记录放在同一张图中，见图 13-5（d）和图 13-5（h）。从图 13-5（d）中可以看出，修正偶应力理论引入的独立自由项仅对横波和转换波的传播产生影响，此时横波和转换波中出现了新增的信息，同时，振幅和走时也发生了变化。而单参数二阶应变梯度理论通过应变的二阶梯度来描述介质内的微结构相互作用，它不仅对横波和转换波的传播产生影响，对纵波传播也有影响。即使地震记录的变化相对减弱很多，但是仍能从图 13-5（h）明显地观察到纵波、横波以及转换波的振幅和走时变化。

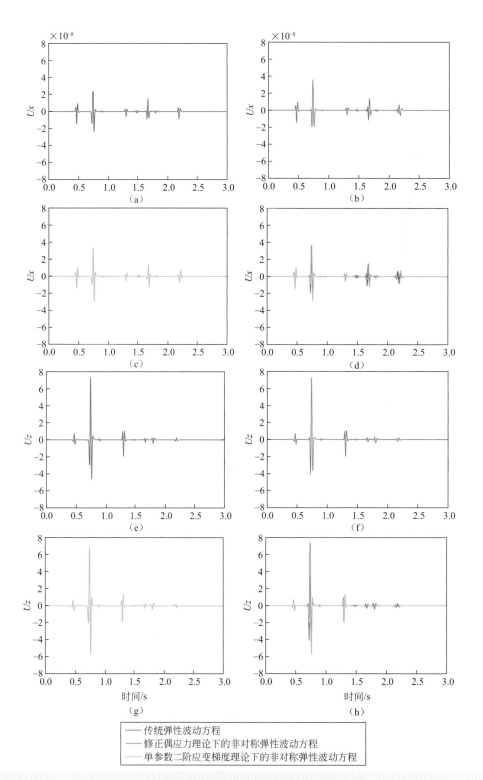

图 13-5 应用不同弹性波动方程得到的合成地震记录

(a)~(d) *x* 分量；(e)~(h) *z* 分量

此外，笔者注意到，尽管介质微孔缝隙特征尺度参数相同，但是修正偶应力理论描述的介质不均匀性对地震波传播的影响更大，这也表明，修正偶应力理论与基于非局部理论推导的单参数二阶应变梯度理论描述的是不同尺度的介质不均匀性。相比于修正偶应力理论，单参数二阶应变梯度理论可以反映更小尺度的介质非均匀性，但该介质非均匀性对地震波的影响相对要弱得多。

截取图 13-5（d）和图 13-5（h）中的 7 个区域（黑色虚线方框）进行放大，见图 13-6（b）~（h）和图 13-7（b）~（h）。可以更加明显地观察到考虑微结构相互作用时其所导致的介质非均匀性对地震波传播的影响，得到的结论与上述分析一致。

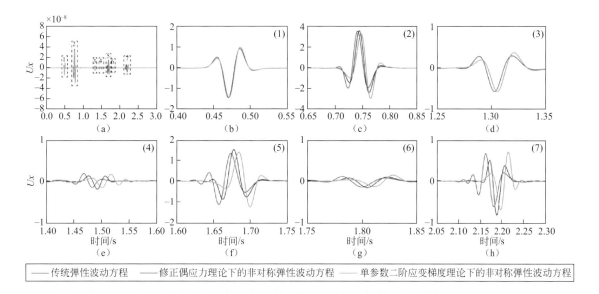

图 13-6　应用不同弹性波动方程得到的单道地震记录放大对比图（x 分量）

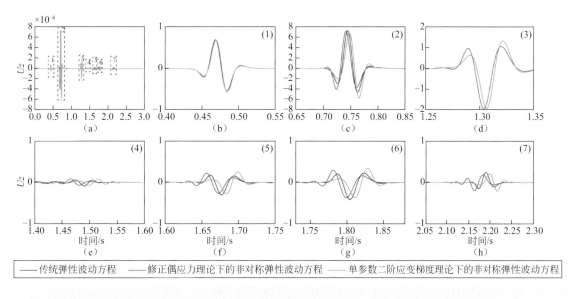

图 13-7　应用不同弹性波动方程得到的单道地震记录放大对比图（z 分量）

13.4.2　SEG/EAGE Salt 模型

其次，笔者在复杂模型上分别使用广义弹性波方程和传统弹性波方程进行数值模拟，以进一步分析考虑介质内微结构相互作用时其对地震波传播的影响。这里，笔者选择 SEG/EAGE Salt 模型，模型大小为 $nx=676$、$nz=201$，网格间距为 $dx=dz=8m$。纵波速度模型如图 13-8 所示，介质微孔缝隙特征

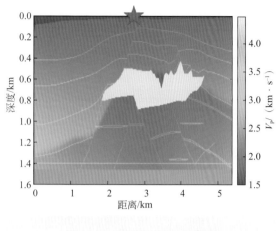

图 13-8 SEG/EAGE Salt 模型

尺度参数设置为 700μm。震源采用主频为 25Hz 的雷克子波，震源放置于图中红色五角星所示位置处，时间步长 $\Delta t=0.0005s$，记录时长为 5s。

图 13-9 是使用传统弹性波方程和修正偶应力理论下的广义弹性波方程对 Salt 模型进行数值模拟所得到的合成地震记录的 x 分量和 z 分量。图 13-9（c）是图 13-9（a）和图 13-9（b）相减之后的记录，图 13-9（f）是图 13-9（d）和图 13-9（e）相减之后的记录。笔者注意到，即使在模型更为复杂的情况下，引入旋转的空间导数描述的介质非均匀性所导致的位移扰动对地震波传播产生的影响仍然非常明显，如图

13-9 所示。相比于传统弹性波方程生成的地震记录，使用广义弹性波方程生成的记录在一些区域出现了明显的差异，笔者已经在图 13-9 中用红色箭头标出。如果将两种弹性波方程生成的地震记录相减，如图 13-9（c）和图 13-9（f）所示，便可清晰地看到，横波、面波的记录都出现了新的成分，它们产生的原因，是考虑了介质微结构相互作用后导致的介质不均匀性。

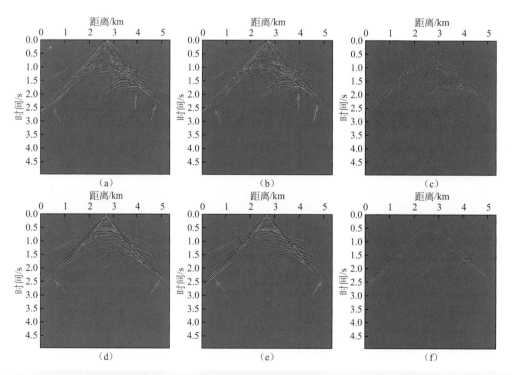

图 13-9 使用不同弹性波方程得到的合成地震记录

图 13-10 为使用传统弹性波方程和单参数二阶应变梯度理论下的广义弹性波方程在 Salt 模型上进行数

值模拟所得到的 x 分量和 z 分量的合成地震记录。图 13-10（c）是图 13-10（a）和图 13-10（b）相减之后的记录，图 13-10（f）是图 13-10（d）和图 13-10（e）相减之后的记录。相似地，对于复杂模型，通过应变的二阶梯度描述的介质非均匀性会导致位移扰动，该扰动对地震波传播的影响非常明显，见图 13-10 中红色箭头标出的位置。如果将两种弹性波方程生成的地震记录相减，如图 13-10（c）和图 13-10（f）所示，不仅横波，连面波和纵波的记录中也出现了新的成分。这表明更小尺度的介质非均匀性对纵波也有影响。

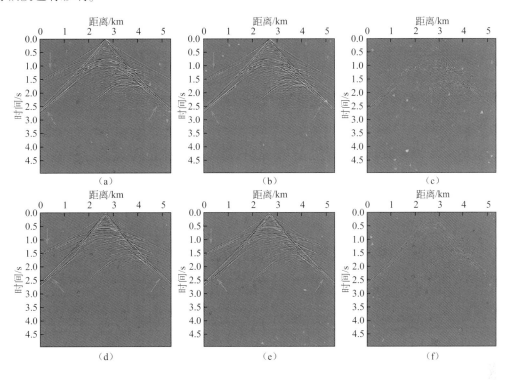

图 13-10　使用不同弹性波方程得到的合成地震记录

综上，不论是均匀介质模型还是复杂的 Salt 模型，应用广义弹性波方程进行数值模拟时，相比于传统弹性波方程的数值模拟结果，合成地震记录都出现了变化，而这种变化又与介质特征尺度参数具有非常紧密的联系。在地震勘探频段，仍然可以观察到这种由多种尺度的介质不均匀性所造成的波场响应。

13.5　广义弹性波方程及在高铁地震学中的应用

本节中，笔者使用修正偶应力理论下的广义弹性波方程对高架桥系统下的高铁激发地震波进行数值模拟，以分析广义连续介质力学理论框架下，变形局部化现象及介质内微结构相互作用对高铁通过桩基础激发地震波的影响。

如图 13-11 所示，图（a）和图（c）分别为传统弹性波方程和修正偶应力理论下的广义弹性波方程合成的高铁通过桩基础激发的地震记录，图（e）为河北省定兴县高架桥附近测得的实际地震记录，图（b）、图（d）、图（f）分别为地震记录对应的幅频响应。通过对比笔者发现，合成记录和实际记录在时间域具有相似的波形特征，而且时间域地震记录的左右两侧振幅呈现急速衰减的特征，这代表我们可以在时间域的合成记录上清楚地观察到列车驶向和驶离高架桥的过程，这与实际地震记录相符。从第二章里构建的高铁载荷模型、简化高架桥模型以及震源时间函数可知，合成地震记录可视为在不同空间位置以一定时间间隔激发的固定点源记录的线性叠加。

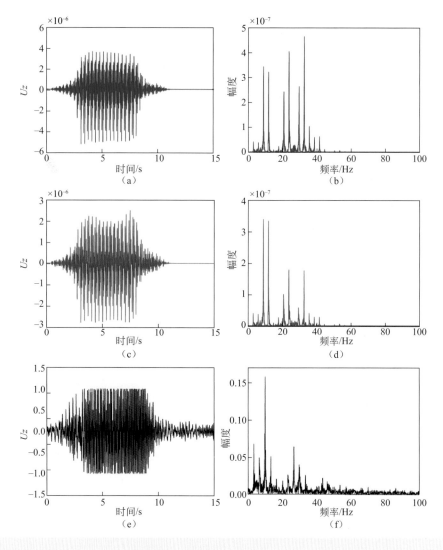

图 13-11　地震记录对比（z 分量）

对比分析各频谱会发现，当高铁列车以 300km/h 的速度通过高架桥时，实际地震记录的能量集中在多个谱峰，但主要是在以 3Hz、10Hz 和 30Hz 为中心的一定频段范围内，其中，以 10Hz 为中心的频段范围内的能量最大，这与基于修正偶应力理论的广义弹性波方程合成记录的频谱能量分布基本相符

（建模时进行了简化，不可能完全相符）。同时，这种能量分布与列车在平地行驶时激发的地震记录的频谱能量分布是不完全一样的。基于修正偶应力理论的广义弹性波方程合成的高铁通过高架桥激发的地震记录在频谱上与实际数据有很高的相似性以及可对比性。

此外，笔者注意到高铁通过高架桥桩基础激发的地震波场与列车运行速度、地层微孔缝隙特征尺度参数、检波器位置、深度衰减系数等因素有关，下一节中，笔者将研究分析各种因素对高铁通过高架桥桩基础激发的地震波响应的影响和规律。

13.6　高铁通过桩基础激发地震波响应分析

本节基于修正偶应力理论下的广义弹性波方程，讨论高铁列车通过高架桥桩基础激发的地震波的响应特征，分析高铁列车行驶速度、地层微孔缝隙特征尺度参数、检波器位置、震源类型、深度衰减系数等因素对高铁激发地震波的影响。

13.6.1　高铁列车行驶速度

首先研究高铁列车行驶速度对合成地震记录的影响。为简化分析，以合成地震记录的 z 分量为例。在数值模拟中，设地层微孔缝隙特征尺度参数为 $700\mu m$；检波器位于 $x=416m$ 处；深度衰减系数为 $\zeta=0.7$；雷克震源主频为 20Hz，其取决于高铁列车和高架桥的固有频率。长度为 448m 的高铁列车包含 16 节车厢，每节车厢的长度为 28m，列车车厢前后转向架的轴负载 G_{n1}、G_{n2} 均设为 170kN。高架桥包含 15 个桩基础，桩基础间的跨度为 28m。当高铁列车分别以 210km/h（58.3m/s）和 300km/h（83.3m/s）的速度驶过高架桥时，观察不同行驶速度对合成地震记录的影响。

如图 13-12 所示，图 13-12（a）为高铁列车行驶速度为 210km/h 所得的合成地震记录，图 13-12（b）为高铁列车行驶速度为 300km/h 所得的合成地震记录，图 13-12（c）和图 13-12（d）分别为图 13-12（a）和图 13-12（b）对应的幅频响应。从图中可明显看出，高铁列车激发地震波的合成地震记录是一系列短周期脉冲的叠加，其与高铁列车的几何特征有关，如列车的车厢数量及长度。同时，随着高铁列车的行驶速度从 210km/h 增加到 300km/h，地震波场响应的总持续时间相应减少，而合成地震记录 z 分量的能量增加。合成地震记录的频谱也有助于人们进一步理解高铁列车行驶速度对合成地震记录的影响，从图 13-12（c）和图 13-12（d）中可明显看出，合成地震记录的频谱在 30Hz 以内包含了一系列谱峰，当高铁列车以 210km/h 的速度驶过高架桥时，由于其速度较慢，故脉冲重复周期较长，频谱间隔较小。为了便于分析，可将频谱分为两个部分：0~20Hz 以及 20~30Hz。对于 0~20Hz 的频谱而言，随着高铁列车行驶速度的提升，合成地震记录幅频响应的能量主要向3Hz和10Hz附近集中，其中，3Hz左右的能量对应于车厢长度和高架桥的结构特性（Takemiya and Bian，2007），而10Hz左右的能量对应于高架桥的跨度（Chen，et al.，2010）。对于20~30Hz的频谱而言，随着高铁列车行驶速度的提升，合成地震记录幅频响应的能量主要向30Hz附近集中。

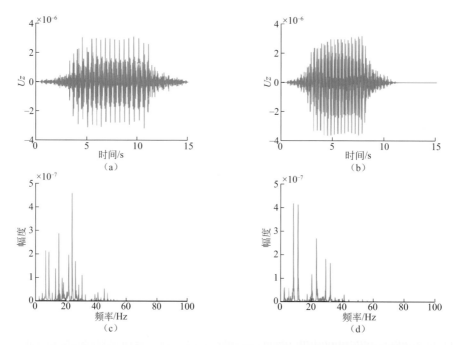

图13-12　合成地震记录对比（z分量）：（a）高铁列车行驶速度为210km/h时的合成地震记录；（b）高铁列车行驶速度为300km/h时的合成地震记录；（c）图（a）对应的幅频响应；（d）图（b）对应的幅频响应

综上所述，高铁列车通过桩基础所激发地震波的响应特征受高铁列车行驶速度影响。随着高铁列车行驶速度的增加，合成地震记录的持续时间减少，振幅能量增强，同时幅频响应的能量逐渐集中在3Hz、10Hz和30Hz左右。

13.6.2　地层微孔缝隙特征尺度参数

本节研究地层微孔缝隙特征尺度参数对高铁列车通过桩基础所激发地震波的影响。为简化讨论，假设不同深度的地层微孔缝隙特征尺度参数均相同，分别设置为300μm、500μm、700μm。

在数值模拟中，设置高铁列车行驶速度为300km/h，检波器位于$x=416$m处，深度衰减系数为$\zeta=0.7$，雷克震源主频为20Hz。仍然以合成地震记录的z分量为例，见图13-13，图13-13（a）、图13-13（b）、图13-13（c）分别表示地层微孔缝隙特征尺度参数为300μm、500μm、700μm时，高铁列车通过桩基础激发地震波所得的合成地震记录，图13-13（d）、图13-13（e）、图13-13（f）分别为图13-13（a）、图13-13（b）、图13-13（c）所对应的幅频响应。

随着地层微孔缝隙特征尺度从300μm增加到700μm，合成地震记录的振幅发生了明显的衰减。有理由相信，在引入偶应力的前提下，由于考虑介质的微结构相互作用，地层微孔缝隙特征尺度会使地震波场响应的振幅出现衰减，地层微孔缝隙特征尺度越大，衰减作用越明显。观察合成地震记录的幅频响应，可发现地层微孔缝隙特征尺度主要影响 20Hz 以上的频率成分，使其出现明显的衰减，而对于 20Hz 以下的频率成分并没有显著的影响。

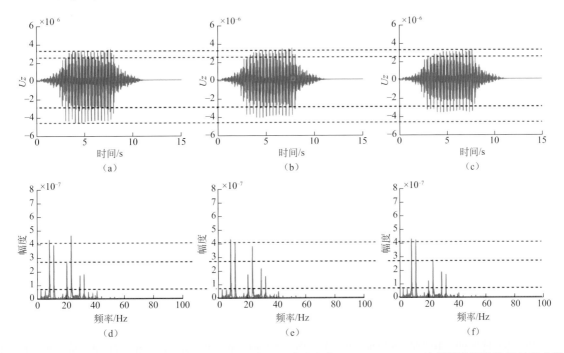

图 13-13　合成地震记录对比（z 分量，高铁列车的行驶速度为 300km/h）：（a）地层微孔缝隙特征尺度参数为 300μm 时的合成地震记录；（b）地层微孔缝隙特征尺度参数为 500μm 时的合成地震记录；（c）地层微孔缝隙特征尺度参数为 700μm 时的合成地震记录；（d）图（a）对应的幅频响应；（e）图（b）对应的幅频响应；（f）图（c）对应的幅频响应

进一步，保持其他参数不变，仅将高铁列车的行驶速度改为 210km/h，观察在不同的高铁列车行驶速度下，地层微孔缝隙特征尺度对高铁列车通过桩基础所激发地震波的影响，判断是否仍可得出相同的结论。

如图 13-14 所示，图 13-14（a）、图 13-14（b）、图 13-14（c）分别表示地层微孔缝隙特征尺度参数为 300μm、500μm、700μm 时，高铁列车通过桩基础激发地震波所得的合成地震记录，图 13-14（d）、图 13-14（e）、图 13-14（f）分别为图 13-14（a）、图 13-14（b）、图 13-14（c）所对应的幅频响应。当高铁列车行驶速度降低到 210km/h 时，合成地震记录响应持续时间增加，但笔者仍然可以得到相同的结论。

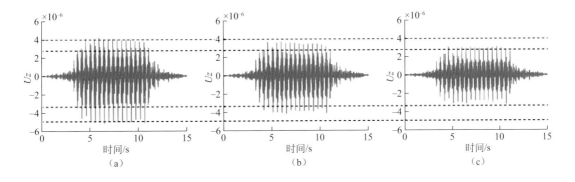

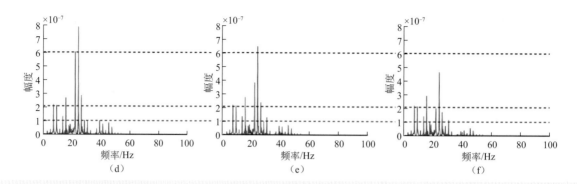

图13-14 合成地震记录对比（z分量，高铁列车的行驶速度为210km/h）：（a）地层微孔缝隙特征尺度参数为300μm时的合成地震记录；（b）地层微孔缝隙特征尺度参数为500μm时的合成地震记录；（c）地层微孔缝隙特征尺度参数为700μm时的合成地震记录；（d）图（a）对应的幅频响应；（e）图（b）对应的幅频响应；（f）图（c）对应的幅频响应

综上所述，地层微孔缝隙特征尺度会影响高铁列车通过桩基础激发地震波的波场响应。随着地层微孔缝隙特征尺度的增大，合成地震记录（z分量）在时间域中出现了明显的衰减，而在频率域，20Hz以上的频率成分也出现了明显的衰减，而20Hz以下的频率成分变化较小。

13.6.3 检波器位置

本节分析不同检波器位置对合成地震记录的影响。在数值模拟中，设高铁列车行驶速度为300km/h，地层微孔缝隙特征尺度参数为700μm，深度衰减系数为$\zeta=0.7$，雷克子波的主频为20Hz。仍然以合成地震记录的z分量为例，见图13-15，图13-15（a）表示检波器位于第8个桩基础处所得的合成地震记

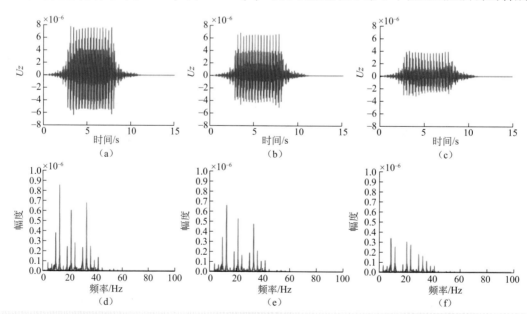

图13-15 合成地震记录对比（z分量，高铁列车行驶速度为300km/h）：（a）检波器位于第8个桩基础时的合成地震记录；（b）检波器远离第8个桩基础4m时的合成地震记录；（c）检波器远离第8个桩基础8m时的合成地震记录；（d）图（a）对应的幅频响应；（e）图（b）对应的幅频响应；（f）图（c）对应的幅频响应

录，图 13-15（b）、图 13-15（c）分别表示检波器远离第 8 个桩基础 4m、8m 时所得的合成地震记录，图 13-15（d）、图 13-15（e）、图 13-15（f）分别为图 13-15（a）、图 13-15（b）、图 13-15（c）所对应的幅频响应。显而易见，当地震波在远离桩基础的地方传播时，合成地震记录及其频谱均出现显著的衰减。观察合成地震记录的频谱也可发现，随着检波器远离桩基础，合成地震记录幅频响应的所有频率成分的能量均出现了衰减，但对于 3Hz 左右的低频成分，衰减较小。

综上所述，在不同的检波器位置，合成高铁地震记录响应的时频域特征有较大差异。随着高铁列车远离高架桥，合成地震记录在时频域都出现了明显的衰减，但其 3Hz 频率成分受影响较小。

13.6.4　震源类型

如前所述，在高铁列车的通过效应下，桩基础的地下部分会以"分级点火"的形式激发地震波，即不仅震源激发的时间不同，震源的幅值也会随深度的增加而衰减。此外，震源的类型也会显著影响波场响应的时域和频域特征。在地面系统中，可将激发地震波的震源类型设置为高斯（Gaussian）子波，而在高架桥系统中，激发地震波的震源类型主要为 20Hz 的雷克子波，其主频取决于高铁列车和高架桥的固有频率。

因此，本节讨论不同的震源类型对高铁列车通过桩基础所激发地震波的影响。在数值模拟中，高铁列车的行驶速度为 300km/h，地层微孔缝隙特征尺度参数为 700μm，检波器位于 $x=416$m 处，深度衰减系数为 $\zeta=0.7$。仍然以合成地震记录的 z 分量为例，见图 13-16，图 13-16（a）（b）分别表示激发地震波的震源类型为高斯子波和雷克子波所得的合成地震记录，图 13-16（c）表示在河北省定兴县高架桥桩基础附近测得的实际地震记录；图 13-16（d）（e）（f）分别为图 13-16（a）（b）（c）所对应的幅

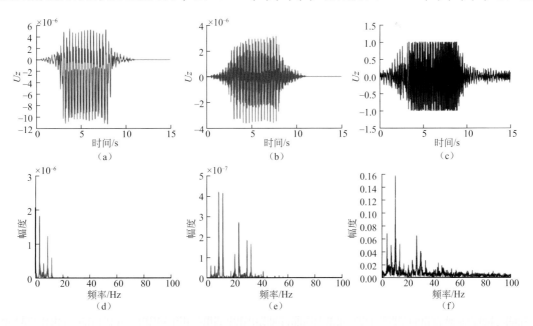

图 13-16　地震记录对比（z 分量）：（a）震源设置为高斯子波时所得的合成地震记录；（b）震源设置为雷克子波时所得的合成地震记录；（c）在河北省定兴县高架桥桩基础附近测得的实际地震记录；（d）图（a）对应的幅频响应；（e）图（b）对应的幅频响应；（f）图（c）对应的幅频响应

频响应。从图 13-16 的对比分析中可知，高斯子波下的合成地震记录，其幅频响应的能量集中于 10Hz 以内。可明显观察到，雷克子波下的合成地震记录，其幅频响应的能量集中在多个谱峰，主要在以 10Hz 和 25Hz 为中心的一定频段范围内，其中，以 10Hz 左右为中心的频段范围内的能量最大。同时，雷克子波下的合成地震记录的时间域包络形状与实际数据有更大的相关性。

综上所述，震源类型对高铁合成地震记录的影响显著。无论是时间域合成地震记录，还是相应的幅频响应，使用雷克子波作为震源所得的高架桥系统下的合成地震记录与实际数据匹配较好。

13.6.5 深度衰减系数

本节讨论不同的深度衰减系数对高铁列车通过桩基础所激发地震波的影响。在数值模拟中，设置高铁列车行驶速度为 300km/h，地层微孔缝隙特征尺度参数为 700μm，检波器位于 $x=416$m 处，雷克子波主频为 20Hz。仍然以合成地震记录的 z 分量为例，见图 13-17，图 13-17（a）、图 13-17（b）、图 13-17（c）分别表示深度衰减系数为 $\zeta=0.5$、$\zeta=0.7$、$\zeta=0.9$ 时，高铁列车通过桩基础激发地震波所得的合成地震记录，图 13-17（d）、图 13-17（e）、图 13-17（f）分别为图 13-17（a）、图 13-17（b）、图 13-17（c）所对应的幅频响应。从图 13-17 的对比分析中可知，震源的深度衰减系数会影响合成地震记录。随着震源衰减的增大（接近于 0，即随着深度的增加，"分级点火"的震源强度的衰减幅度增大），合成地震记录响应的振幅相应减小，同时，其时间域包络形状也发生变化。此外，合成地震记录幅频响应的所有频率成分的能量均有衰减，但是这种衰减远小于检波器位置改变所引起的衰减。

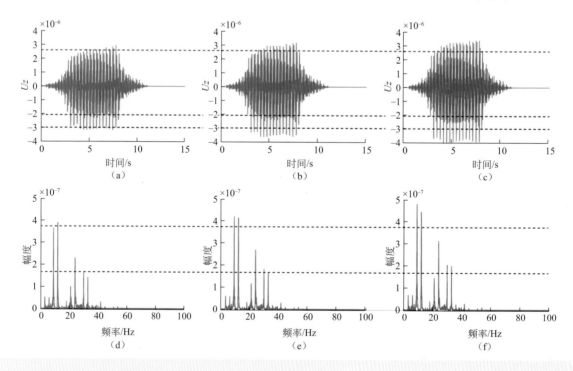

图 13-17　合成地震记录对比（z 分量）：（a）深度衰减系数 $\zeta=0.5$ 时的合成地震记录；（b）深度衰减系数 $\zeta=0.7$ 时的合成地震记录；（c）深度衰减系数 $\zeta=0.9$ 时的合成地震记录；（d）图（a）对应的幅频响应；（e）图（b）对应的幅频响应；（f）图（c）对应的幅频响应

　　综上所述，深度衰减系数影响着合成高铁地震记录的所有频率成分。随着高铁震源衰减的增大，合成地震记录的时频域也都出现了衰减，但是这种衰减远小于检波器位置改变所引起的衰减。

13.7　结论与展望

　　本章得出以下结论。

　　① 高架桥系统下高铁激发的地震波场与列车车厢数量、车厢长度、轮对负载、轮组间隔、列车自振频率、列车行驶速度、桥墩数量、桥墩间隔、插入地下的深度、地层微孔缝隙特征尺度参数等因素有关。

　　② 高架桥系统下的高铁列车激发地震波的机制，需要考虑高架桥桩基础周围的基岩（重固结土或岩石）受到围压和剪切作用产生的变形局部化现象，以及岩土介质微结构/微缺陷相互作用所产生的不均匀性效应。

　　③ 从高架桥系统下的时域地震波场中可以观察到列车驶向和驶离高架桥的过程。当列车驶向和驶离高架桥时，时间域地震记录的左右两侧振幅呈现急速衰减的特征，不论是在合成地震记录还是实际地震记录中，都可以明显观察到这一现象。

　　④ 当高铁列车以 300km/h 的速度通过高架桥时，地震记录幅频响应的能量集中在多个谱峰，但主要是在以 3Hz、10Hz 以及 30Hz 为中心的一定频段范围内。其中，以 10Hz 为中心的一定频段范围内的能量最大。

　　⑤ 高铁列车通过桩基础所激发地震波的响应特征受高铁列车行驶速度影响。随着高铁列车行驶速度的增加，合成地震记录的持续时间减少，振幅能量增强，同时幅频响应的能量逐渐集中在 3Hz、10Hz 和 30Hz 左右。

　　⑥ 地层微孔缝隙特征尺度会影响高铁列车通过桩基础激发地震波的波场响应。随着地层微孔缝隙特征尺度的增大，合成地震记录（z 分量）在时间域中出现了明显的衰减，而在频率域，20Hz 以上的频率成分也出现了明显的衰减。

　　⑦ 岩土介质的减震和衰减作用对高铁列车激发地震波的传播起着至关重要的作用。随着列车远离高架桥，不论是时间域的合成地震记录还是相应的幅频响应都出现了明显的衰减，但是合成地震记录中的 3Hz 频率成分受岩土介质的减震和滤波作用影响较小。

　　⑧ 高铁列车通过桩基础所激发地震波的波场响应，无论是时间域合成地震记录，还是相应的幅频响应，使用雷克子波作为震源所得的合成地震记录与实际数据具有更大的相关性。

⑨ 随着震源衰减的增大，合成地震记录的响应振幅相应减小，同时其时间域包络形状也会发生变化。此外，合成地震记录幅频响应的所有频率成分的能量均有轻微的衰减，但是这种衰减远小于检波器位置的改变所引起的衰减。

⑩ 介质内复杂的微结构相互作用所导致的多尺度的介质非均匀性对地震波的传播有影响，在地震勘探的频带中，会激发新的地震响应。

⑪ 在修正偶应力理论中，引入旋转的空间导数项以描述介质内复杂的微结构相互作用，使得横波在传播过程中出现物理频散，但对纵波传播没有影响。

⑫ 在单参数二阶应变梯度理论中引入二阶梯度项，可以反映更小尺度的介质内微结构相互作用，其所产生的位移扰动对横波和纵波的传播都有影响，且对横波的影响较大。

⑬ 相比于修正偶应力理论，单参数二阶应变梯度理论可以反映更小尺度的介质非均匀性，但该介质非均匀性对地震波的影响相对要弱得多。

⑭ 在广义连续介质力学理论框架下，描述介质内微结构相互作用时引入了额外的介质特征尺度参数。介质特征尺度参数是受包括组成介质的材料颗粒的几何特征、变形局部化现象以及应力集中效应等因素影响的综合参数。

中文参考文献

黄文雄，徐可. 2014. 颗粒材料 Cosserat 介质模拟中的特征长度 . // 颗粒材料计算力学会议论文集 . 兰州：兰州大学出版社，279-283.

鲍亦兴，毛昭宙，刘殿魁，等 . 1993. 弹性波的衍射与动应力集中 . 北京：科学出版社 .

王之洋，李幼铭，白文磊，等 . 2020. 基于高铁震源简化桥墩模型激发地震波的数值模拟 . 地球物理学报，63（12）：4473-4484.

王之洋，李幼铭，陈朝蒲，等 . 2021a. 基于二阶应变梯度理论的弹性波数值模拟 . 地球物理学报，64（7）：2494-2503.

王之洋，李幼铭，白文磊 . 2021b. 偶应力理论框架下的弹性波数值模拟与分析 . 地球物理学报，64（5）：1721-1732.

王之洋，李幼铭，白文磊 . 2021c. 弹性波传播中由微结构相互作用导致的尺度效应分析 . 地球物理学报，64（9）：3257-3269.

附英文参考文献

Aifantis E C. 1999. Strain gradient interpretation of size effects. International Journal of Fracture，95（1-4）：299-314.

Aifantis E C. 2011. On the gradient approach-Relation to Eringen's nonlocal theory. International Journal of Engineering Science, 49: 1367-1377.

Aki K, Richards P G. 2002. Quantitative Seismology, 2nd Ed. University Science Books.

Altan B S, Aifantis E C. 1997. On Some Aspects in the Special Theory of Gradient Elasticity. Journal of the Mechanical Behavior of Materials, 8 (3): 231-282.

Ari N, Eringen A C. 1983. Nonlocal stress field at Griffith crack. Crystal Lattice Defects and Amorphous Materials, 10: 33-38.

Askes H, Gutiérrez M A. 2006. Implicit gradient elasticity. International Journal for Numerical Methods in Engineering, 67 (3): 400-416.

Askes H, Metrikine A V. 2005. Higher-order continua derived from discrete media: continualisation aspects and boundary conditions. International Journal of Solids and Structures, 42 (1): 187-202.

Askes H, Suiker A S J, Sluys L J. 2002. A classification of higher-order strain-gradient models - linear analysis. Archive of Applied Mechanics, 72 (2): 171-188.

Bazant Z P. 2002. Scaling of dislocation-based strain-gradient plasticity. Journal of the Mechanics and Physics of Solids, 50 (3): 435-448.

Bonnell D A, Shao R. 2003. Local behavior of complex materials: scanning probes and nano structure. Current Opinion in Solid State and Materials Science, 7 (2): 161-171.

Chakraborty A. 2008. Prediction of negative dispersion by a nonlocal poroelastic theory. The Journal of the Acoustical Society of America, 123 (1): 56-67.

Chang C S, Gao J, Zhong X. 1998. High-gradient modeling for Love wave propagation in geological materials. Journal of Engineering Mechanics, 124 (12): 1354-1359.

Chang C S, Ma L. 1992. Elastic material constants for isotropic granular solids with particle rotation. International Journal of Solids and Structures, 29 (8): 1001-1018.

Chen W J, Li L, Xu M. 2011. A modified couple stress model for bending analysis of composite laminated beams with first order shear deformation. Composite Structures, 93 (11): 2723-2732.

Cosserat E, Cosserat F. 1909. Théorie des corps déformables. Hermann, Paris.

Domenico D D, Askes H, Aifantis E C. 2019. Gradient elasticity and dispersive wave propagation: Model motivation and length scale identification procedures in concrete and composite laminates. International Journal of Solids and Structures, 158: 176-190.

Borst R D, Mühlhaus H B. 1992. Gradient-dependent plasticity: Formulation and algorithmic aspects. International Journal for Numerical Methods in Engineering, 35 (3): 521-539.

Eringen A C. 1966. Linear theory of micropolar elasticity. Physics, Engineering, Materials Science, 15 (6): 909-923.

Eringen A C. 1967. Linear theory of micropolar viscoelasticity. International Journal of Engineering Science, 5 (2): 191-204.

Eringen A C. 1972. Nonlocal polar elastic continua. International Journal of Engineering Science, 10 (1): 1-16.

Eringen A C. 1983. On differential equations of nonlocal elasticity and solutions of screw dislocation and surface waves. Journal of Applied Physics, 54 (9): 4703-4710.

Eringen A C. 1990. Theory of thermo-microstretch elastic solids. International Journal of Engineering Science, 28 (12): 1291-1301.

Eringen A C. 1999. Micromorphic Elasticity. Springer New York.

Eringen A C. 2002. Nonlocal Continuum Field Theories. Springer New York.

Eringen A C, Edelen D G B. 1972. On nonlocal elasticity. International Journal of Engineering Science, 10 (3): 233-248.

Eringen A C, Speziale C G, Kim B S. 1977. Crack-tip problem in non-local elasticity. Journal of the Mechanics and Physics of Solids, 25 (5): 339-355.

Hadjesfandiari A R, Dargush G F. 2011. Couple stress theory for solids. International Journal of Solids and Structures, 48 (18): 2496-2510.

Jung W Y, Han S C, Park W T. 2014. A modified couple stress theory for buckling analysis of s-fgm nanoplates embedded in pasternak elastic medium. Composites Part B Engineering, 60 (2): 746-756.

Gudehus G. 2000. A comprehensive constitutive equation for granular materials. Journal of the Japanese Geotechnical Society, 36 (1): 1-12.

Huang W X, Xu K. 2014. Characteristic length in Cosserat media modelling of granular materials (in Chinese). //Proceedings of the Conference on Computational Mechanics of Granular Materials. Lanzhou: Lanzhou University Press, 279-283.

Jirasek M. 2004. Nonlocal theories in continuum mechanics. Acta Polytechnica, 44 (5/6): 16-34.

Karparvarfard S M H, Asghari M, Vatankhah R. 2015. A geometrically nonlinear beam model based on the second strain gradient theory. International Journal of Engineering Science, 91 (6): 63-75.

Koiter W T. 1964. Couple stresses in the theory of elasticity, Ⅰ and Ⅱ. Proceedings Series B, Koninklijke Nederlandse Akademie van Wetenschappen, 67: 17-44.

Kong S, Zhou S, Nie Z, et al. 2009. Static and dynamic analysis of micro beams based on strain gradient elasticity theory. International Journal of Engineering Science, 47 (4): 487-498.

Kong S, Zhou S, Nie Z, et al. 2008. The size-dependent natural frequency of Bernoulli-Euler micro-beams. International Journal of Engineering Science, 46 (5): 427-437.

Lam D C C, Yang F, Chong A C M, et al. 2003. Experiments and theory in strain gradient elasticity. Journal of the Mechanics and Physics of Solids, 51 (8): 1477-1508.

Li Y, Wei P J, Tang Q. 2015. Reflection and transmission of elastic waves at the interface between two gradient-elastic solids with surface energy. European Journal of Mechanics, 52: 54-71.

Ma H M, Gao X L, Reddy J N. 2008. A microstructure-dependent Timoshenko beam model based on a modified couple stress theory. Journal of the Mechanics and Physics of Solids, 56 (12): 3379-3391.

Mindlin R D. 1964. Micro-structure in linear elasticity. Archive for Rational Mechanics and Analysis, 16 (1): 51-78.

Mindlin R D. 1965. Second gradient of strain and surface-tension in linear elasticity. International Journal of Solids and Structures, 1 (4): 417-438.

Mindlin R D, Eshel N N. 1968. On first strain-gradient theories in linear elasticity. International Journal of Solids and Structures, 4 (1): 109-124.

Mindlin R D, Tiersten H F. 1962. Effects of couple-stresses in linear elasticity. Archive for Rational Mechanics and Analysis, 11 (1): 415-448.

Pao Y X, Mow C C, Liu D K, et al. 1993. Diffraction of Elastic Waves and Dynamic Stress Concentrations. Beijing: Science Press.

Park S K, Gao X L. 2006. Bernoulli-Euler beam model based on a modified couple stress theory. Journal of Micromechanics and Microengineering, 16 (11): 2355-2359.

Peerlings R H J, Borst R D, Brekelmans W A M, et al. 1996. Gradient-enhanced damage for quasi-brittle materials. International Journal for Numerical Methods in Engineering, 39: 3391-3403.

Reddy J N, Kim J. 2012. A nonlinear modified couple stress-based third-order theory of functionally graded plates. Composite Structures, 94 (3): 1128-1143.

Roscoe K H. 1970. The influence of strain in soil mechanics. Geotechnique, 20 (2): 129-170.

Ru C Q，Aifantis E C. 1993. A simple approach to sove boundary-value problems in gradient elasticity. Acta Mechanica，101：59-68.

Shaat M，Mahmoud F F，Gao X L. 2014. Size-dependent bending analysis of Kirchhoff nano-plates based on a modified couple-stress theory including surface effects. International Journal of Machanical Sciences，79：31-37.

Suiker A S J，Borst R D，Chang C S. 2001. Micro-mechanical modelling of granular material. Part 1：Derivation of a second-gradient micro-polar constitutive theory. Acta Mechanica，149（1-4）：161-180.

Teisseyre R，Boratński W. 2003. Continua with self-rotation nuclei：evolution of asymmetric fields. Mechanics Research Communications，30（3）：235-240.

Toupin R A. 1962. Elastic materials with couple-stresses. Archive for Rational Mechanics and Analysis，11（1）：385-414.

Toupin R A. 1964. Theories of elasticity with couple-stress. Archive for Rational Mechanics and Analysis，17（2）：85-112.

Voigt W. 1887. Theoretische studien über die elastizitätsverhältnisse der krystalle. Abhandlungen der Königlichen Gesellschaft der Wissenschaften Göttingen，34：3-51.

Voyiadjis G Z，Dorgan R J. 2004. Bridging of length scales through gradient theory and diffusion equations of dislocations. Computer Methods in Applied Mechanics and Engineering，193（17-20）：1671-1692.

Wang Z Y，Li Y M，Bai W L. 2020. Numerical modelling of exciting seismic waves for a simplified bridge pier model under high-speed train passage over the viaduct. Chinese Journal of Geophysics（in Chinese），63（12）：4473-4484.

Wang Z Y，Li Y M，Bai W L. 2021b. Numerical modelling and analysis for elastic wave equations in the frame of the couple stress theory. Chinese Journal of Geophysics（in Chinese），64（5）：1721-1732.

Wang Z Y，Li Y M，Bai W L. 2021c. Scale effect of microstructure interaction in elastic wave propagation. Chinese Journal of Geophysics（in Chinese），64（9）：3257-3269.

Wang Z Y，Li Y M，Chen C P，et al. 2021a. Numerical modelling for elastic wave equations based on the second-order strain gradient theory. Chinese Journal of Geophysics（in Chinese），64（7）：2494-2503.

Yang F，Chong A C M，Lam D C C，et al. 2002. Couple stress based strain gradient theory for elasticity. International Journal of Solids and Structures，39（10）：2731-2743.

第十四章
广义连续介质力学框架下高铁地震波的尺度效应

王之洋[1, 3, 4]，白文磊[1, 3, 4]，陈朝蒲[1, 3, 4]，李幼铭[2, 3, 4]

1. 北京化工大学，北京，100029

2. 中国科学院地质与地球物理研究所，中国科学院油气资源研究院重点实验室，北京，100029

3. 高铁地震学联合研究组，北京，100029

4. 非对称性弹性波方程联合研究组，北京，100029

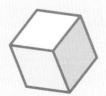

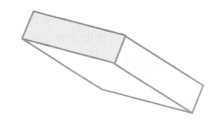

∣摘要∣

　　如果考虑介质内的微结构相互作用，地震波的传播将会出现尺度效应。这里，尺度效应是指由于考虑介质内微结构相互作用，地震记录中出现了新的波场成分，亦随着介质特征尺度参数的变化而变化。在引入多尺度微结构相互作用的前提下，修正偶应力理论与单参数二阶应变梯度理论都具有相同的介质特征尺度参数，但它们描述的是不同尺度的微结构相互作用。笔者基于这两种理论推导广义弹性波方程，通过介质的特征尺度参数和微孔隙的特征尺度参数的定量关系，给出微孔隙的特征尺度参数层状模型，并对微孔缝隙特征尺度参数模型、煤层模型以及高铁通过桩基础激发的地震波进行数值模拟，在统一框架下分析地震波传播的尺度效应，并得出一些认识和结论。

| 引言 |

在第十三章中，笔者考虑了岩土介质内的微结构相互作用以及变形局部化现象，推导了广义连续介质力学框架下的广义弹性波方程，并对高铁通过高架桥激发的地震波进行了数值模拟与响应分析。在这一章，笔者将分成两个部分描述广义连续介质力学框架下高铁激发地震波的尺度效应：首先给出地震波传播的尺度效应的定义，并引入介质特征尺度参数模型，基于广义弹性波方程进行数值模拟与尺度效应分析；其次针对高架桥系统下的高铁激发地震波的尺度效应进行分析，并给出结论。

在一大类问题中，存在并可以观察到由不同空间尺度的微结构相互作用所导致的介质非均匀响应。也就是说，微观尺度的性质可能会极大地影响宏观尺度的行为。G. 罗西奥利等（G. Roscioli, et al., 2020）指出剃须刀在日常使用中很容易被胡须磨损，并且发现板条状马氏体结构的空间变化起着关键作用，导致在刀片明显磨损之前出现了 Ⅱ-Ⅲ 型混合裂纹现象。他们认为刀片的微观结构（现代炼钢技术锻造而成的刀片内部不可避免地会出现微裂纹）导致，即使用刀片切割如人类毛发等非常柔软的材料，也会出现缺口或磨损。另外，童立洪等（Tong, et al., 2016）将广义连续介质力学理论下的非局部理论与传统 Biot 理论相结合，提出了一种非局部 Biot 理论，用于预测在考虑孔径大小和孔隙度波动影响时波传播的负频散特征。非局部理论考虑了介质微结构之间的长程相互作用，因此在该理论中，一个材料点的应力与以该点为中心的某个邻域内所有材料点的应变有关，体现了明显的非局部特征。尽管传统 Biot 理论已经成功地应用于多个领域，但将传统 Biot 理论与非局部弹性理论结合，则有助于增强 Biot 理论的普遍适用性（Lee, et al., 2007; Chakraborty, 2007）。

根据对上述研究的分析，笔者可以得到一个结论，即介质内的微结构相互作用是需要考虑的，即便有时它对宏观尺度的影响并不明显。至于如何描述微结构相互作用，经典连续介质力学理论是对每个微结构分别进行建模。随着模型变得越来越复杂，需要的计算资源也越来越多。此外，面对一些特别复杂的结构时，一些病态问题也会产生。在数值计算时，我们需要平衡模拟的准确性和计算效率，因此，对较小尺度下每一个微结构的全部细节进行计算是不可行的（Askes and Metrikine, 2005）。另一种方案是用广义连续介质力学理论描述介质内的微结构相互作用。为此，广义连续介质力学理论引入了反映介质内部微结构特征的特征尺度参数。对于地震波传播问题，如果考虑介质内的微结构相互作用，地震波的传播将会出现尺度效应。这里，尺度效应指的是考虑介质内微结构相互作用时，地震记录中会出现新的波场成分，其随着介质特征尺度参数的变化而变化。在广义连续介质力学理论框架下分析地震波的传播，即分析介质特征尺度参数对地震波传播的影响，也就是研究和分析地震波传播的尺度效应。

广义连续力学理论包含多种理论和方法的分支，其中偶应力理论（Yang and Lakes, 1982; Ottosen, et al., 2000; Chen and Wang, 2001; Park and Gao, 2006; Ji and Chen, 2010; Yin, et al., 2010; Reddy, 2011; Kumar, et al., 2013; Chen and Li, 2014; Jalali, et al., 2019）和应变梯度理论（Fleck, et al., 1994; Yang, 2005; Aifantis, 2006; Lee, et al., 2011; Akgz, 2013; Zeighampour, 2016; Murat, 2018; She, et al., 2018; Fu, 2020; Thang, 2021）是两个应用比较广泛的理论。相比于偶应力理论，由于应变能密度函数包含较高阶的应变梯度，因此应变梯度理论可以反映更小尺度的介质非均匀性，尤其是二阶应变梯度理论，被认为是最有效的梯度理论之一，即使其由于缺乏用于高

阶梯度模量的实验测量技术以及对高阶常数的物理解释招致了一些批评（Zhu，et al.，2019）。在研究过程中，笔者采用修正偶应力理论（Yang，et al.，2002；Wang，et al.，2020，2021b）与单参数的二阶应变梯度理论（Voyiadjis and Dorgan，2004；Wang，et al.，2021a）分析地震波传播的尺度效应（Wang，et al.，2021c）。由于修正偶应力理论和单参数的二阶应变梯度理论分别采用旋转梯度和应变梯度来描述微结构相互作用所引起的介质非均匀性，因此，这两个理论对介质特征尺度参数的定义是不一致的。

介质特征尺度参数取决于微结构的固有长度尺度，对于岩土介质，在孔隙微结构方面涉及多个长度尺度，例如平均粒径、平均裂缝宽度、平均孔喉半径等。在广义连续力学理论的框架内，特征长度尺度参数填补了微观结构与经典连续力学理论之间的鸿沟，丰富了经典连续力学理论的内容。然而，介质特征尺度参数依赖于理论类型，这是与传统材料常数的重要区别。在偶应力、应变梯度等理论中，介质特征尺度参数与平均颗粒直径或者其他更大的特征尺度，比如裂缝宽度/长度相关，但对于单一理论，仅能反映有限的尺度效应。增加介质特征尺度参数的数量，又会产生新的问题，比如介质特征尺度参数的标定和物理解释，影响实际应用。近期，通讯作者带队在河北省定兴县高架桥桥墩附近测得了由高铁列车激发的地震波，发现与经典连续介质力学理论预测的结果相比，旋转运动的幅度增加了1~2个数量级，同时，实际地震记录的频谱与用经典理论合成的地震记录的频谱也不能很好地匹配。考虑到高铁高架桥的桩基础会插入地下几十米深直达基岩，当高铁列车通过时，会产生振荡运动以及桩基础周围介质的变形局部化现象，这与桩基础周围土层和基岩的介质特征尺度参数密切相关（Wang，et al.，2020）。变形局部化是荷载加载过程中，岩土介质里的初始微结构/微缺陷（例如微孔隙/微缝隙/微孔洞）引起的非均匀力学行为所导致的。在这些变形局部化区域中，岩土介质里的初始微结构/微缺陷将在荷载的作用下不可逆地增长并相互连接，然后触发新的微结构/微缺陷。简而言之，岩土介质内部的非均匀性将引起强烈的非线性行为和局部弱化行为，而这些变形局部化区域中存在较高的应变梯度。与经典连续介质力学理论相比，广义连续介质力学理论更适合描述高架桥系统下的高铁激发和传播地震波的问题，因此，笔者依据广义连续力学原理推导了广义弹性波方程，并使用该方程对高铁列车激发的地震波进行了数值模拟。此外，在高铁地震学的研究工作中，笔者将两个长度尺度参数，即介质的特征尺度参数和微孔隙的特征尺度参数，引进广义弹性波方程中，并将微孔隙的特征尺度参数视为平均粒径。根据水利部和交通运输部共同制定的作为高速铁路路基填料的粗粒土的颗粒标准，笔者设置了微孔隙的特征尺度参数值再通过比较定兴县采集到的实际数据和理论合成数据的时间域和频率域特征，建立了两个长度尺度参数之间的定量关系。

在引入多尺度微结构相互作用的前提下，修正偶应力理论与单参数二阶应变梯度理论具有相同的介质特征尺度参数，但其描述的是不同尺度的微结构相互作用。笔者基于这两种理论推导广义弹性波方程，通过介质的特征尺度参数和微孔隙的特征尺度参数的定量关系，给出微孔隙的特征尺度参数层状模型，并进行数值模拟，在统一框架下分析地震波传播的尺度效应。在本章中，首先，笔者给出统一框架下的广义弹性波方程以及介质特征尺度参数的物理定义。其次，笔者在速度模型和密度模型之外，构建了微孔缝隙特征尺度参数分层模型，进行数值模拟与尺度效应分析，重点关注微孔缝隙特征尺度参数层状模型对地震波传播的影响。最后，笔者对高架桥系统下高铁激发的地震波的尺度效应进行分析，并给出结论。

14.1 统一框架下的广义弹性波方程

在第十三章中，笔者已经通过详细推导得到了修正偶应力理论和单参数二阶应变梯度理论下的广义弹性波方程。在本节，笔者将在统一框架下给出两个理论下的广义弹性波方程，同时给出基于广义弹性波方程的 SH 型横波波动方程。

首先将广义连续介质力学框架下的介质特征尺度参数以符号 l 表示，其反映介质内部的微结构相互作用。其次，从修正偶应力理论的应变能密度函数出发，推导修正偶应力下的广义弹性波方程；从非局部理论出发，推导单参数二阶应变梯度理论下的广义弹性波方程；最后，推导基于广义弹性波方程的 SH 型横波波动方程，并给出介质特征尺度参数的物理定义。

在修正偶应力理论中，应变能密度函数与传统应变张量以及旋转梯度张量有关（Yang, et al., 2002；Wang, et al., 2020, 2021b, 2021c），同时，它包含介质特征尺度参数 l，反映空间尺度为 l 的介质微结构相互作用。介质应变能密度函数表示为

$$w = \frac{1}{2}\lambda(\varepsilon_{ii})^2 + \mu\varepsilon_{ij}\varepsilon_{ij} + \eta\chi_{ij}\chi_{ij} \tag{14-1}$$

式中，ε_{ij} 为对称的应变张量，$\varepsilon_{ij} = \frac{1}{2}(u_{i,j} + u_{j,i})$。$\chi_{ij}$ 为曲率张量，$\chi_{ij} = \frac{1}{2}(\omega_{i,j} + \omega_{j,i}) = \frac{1}{2}\left(\frac{1}{2}e_{jkl}u_{l,ki} + \frac{1}{2}e_{ikl}u_{l,kj}\right)$。$\lambda$，$\mu$ 是拉梅常数，η 为反映介质微旋转运动特性的参数，$\eta = \mu l^2$。

根据式（14-1），可得应变张量 ε_{ij} 与应力张量 σ_{ij}，曲率张量 χ_{ij} 与偶应力张量 μ_{ij} 之间的功共轭关系。小变形情况下，对于各向同性介质，应用广义胡克定律以及功共轭关系，可得修正偶应力理论下的本构关系。

$$\sigma_{ij} = \lambda\delta_{ij}\varepsilon_{kk} + 2\mu\varepsilon_{ij} \tag{14-2}$$
$$\mu_{ij} = 2\mu l^2\chi_{ij} = 2\eta\chi_{ij}$$

根据修正偶应力理论，平衡方程表示如下（Wang, et al., 2020）。

$$\sigma_{ji,j} + \frac{1}{2}e_{ikt}\mu_{st,sk} + \frac{1}{2}e_{ist}M_{t,s} + F_i = 0(=\rho\ddot{u}_i) \tag{14-3}$$

式中，F_i，M_i 分别表示体力和体力偶。e_{ijk} 为置换符号。ρ 为介质密度，$\ddot{u}_i$ 为位移分量的二阶时间导数。

将本构关系［式（14-2）］以及应变张量 ε_{ij}、曲率张量 χ_{ij} 代入平衡方程［式（14-3）］中，可推出修正偶应力理论下的广义弹性波方程。

$$(\lambda+\mu)u_{j,ji}+\mu u_{i,jj}+\frac{1}{2}e_{ijk}\eta\left(\frac{1}{2}e_{kmn}u_{n,mllj}+\frac{1}{2}e_{lmn}u_{n,mklj}\right)=\rho\ddot{u}_i \tag{14-4}$$

接下来，推导单参数二阶应变梯度理论下的广义弹性波方程。

根据非局部理论（Eringen，1972；Voyiadjis and Dorgan，2004），一个材料点的状态变量，受一定邻域内的所有材料点的状态变量的影响。笔者以介质特征尺度参数 l 为半径，设置了一个球形邻域，并将状态变量限定为应变，且假设该邻域内所有材料点的应变张量对该球形领域球心位置材料点的应变张量的影响都为 1，则球心位置的材料点的非局部应变张量可表示为

$$\tilde{\boldsymbol{\varepsilon}}=\boldsymbol{\varepsilon}+\frac{1}{2!}\frac{4\pi l^5}{15V}\nabla^2\boldsymbol{\varepsilon} \tag{14-5}$$

式中，$\boldsymbol{\varepsilon}$、$\tilde{\boldsymbol{\varepsilon}}$ 分别为球心位置材料点的应变张量和非局部应变张量，V 为球形邻域的体积，$V=\frac{4}{3}\pi l^3$。将 $V=\frac{4}{3}\pi l^3$ 代入式（14-5），可得

$$\tilde{\boldsymbol{\varepsilon}}=\left(1+\frac{l^2}{10}\nabla^2\right)\boldsymbol{\varepsilon}=(1+c\,\nabla^2)\boldsymbol{\varepsilon} \tag{14-6}$$

式中，c 为二阶应变梯度张量的系数，$c=l^2/10$。

应用广义胡克定律，可得出非局部应变张量与非局部应力的本构关系

$$\tilde{\sigma}_{ij}=C_{ijkl}\tilde{\varepsilon}_{kl}=C_{ijkl}(\varepsilon_{kl}+c\,\nabla^2\varepsilon_{kl}) \tag{14-7}$$

对于各向同性介质，本构关系可以简化为以下形式

$$\tilde{\sigma}_{ij}=(1+c\,\nabla^2)(\lambda\delta_{ij}\varepsilon_{kk}+2\mu\varepsilon_{ij}) \tag{14-8}$$

已知运动微分方程

$$\sigma_{ji,j}+F_i=\rho\ddot{u}_i \tag{14-9}$$

式中，$\sigma_{ji,j}$ 为应力的一阶导数。

将式（14-9）中应力的一阶导数 $\sigma_{ji,j}$ 替换为非局部应力的一阶导数 $\tilde{\sigma}_{ji,j}$，则可得

$$\tilde{\sigma}_{ji,j}+F_i=\rho\ddot{u}_i \tag{14-10}$$

将本构关系［式（14-8）］、非局部应变表达式［式（14-6）］代入到平衡方程［式（14-10）］中，可得单参数二阶应变梯度理论下的广义弹性波方程（Wang, et al., 2021a）。

$$(1+c\,\nabla^2)[(\lambda+\mu)u_{j,ij}+\mu u_{i,jj}]+F_i=\rho\ddot{u}_i \tag{14-11}$$

单参数二阶应变梯度理论下的广义弹性波方程反映了以空间尺度 l 为半径的一个球形邻域内的介质微结构相互作用。

最后，基于广义弹性波方程［见式（14-4）和式（14-11）］，推导对应的 SH 型横波波动方程。

式（14-4）和式（14-11）的分量形式为式（14-12）和式（14-13）。

$$\rho \frac{\partial^2 u_x}{\partial t^2} = (\lambda + 2\mu) \frac{\partial^2 u_x}{\partial x^2} + (\lambda + \mu) \left(\frac{\partial^2 u_y}{\partial x \partial y} + \frac{\partial^2 u_z}{\partial x \partial z} \right) + \mu \left(\frac{\partial^2 u_x}{\partial y^2} + \frac{\partial^2 u_x}{\partial z^2} \right) +$$

$$\frac{1}{4} \eta \left(\frac{\partial^2}{\partial x^2} + \frac{\partial^2}{\partial y^2} + \frac{\partial^2}{\partial z^2} \right) \left(\frac{\partial^2 u_y}{\partial x \partial y} - \frac{\partial^2 u_x}{\partial y^2} + \frac{\partial^2 u_z}{\partial x \partial z} - \frac{\partial^2 u_x}{\partial z^2} \right)$$

$$\rho \frac{\partial^2 u_y}{\partial t^2} = (\lambda + 2\mu) \frac{\partial^2 u_y}{\partial y^2} + (\lambda + \mu) \left(\frac{\partial^2 u_x}{\partial x \partial y} + \frac{\partial^2 u_z}{\partial z \partial y} \right) + \mu \left(\frac{\partial^2 u_y}{\partial x^2} + \frac{\partial^2 u_y}{\partial z^2} \right) + \qquad (14\text{-}12)$$

$$\frac{1}{4} \eta \left(\frac{\partial^2}{\partial x^2} + \frac{\partial^2}{\partial y^2} + \frac{\partial^2}{\partial z^2} \right) \left(\frac{\partial^2 u_x}{\partial x \partial y} - \frac{\partial^2 u_y}{\partial x^2} + \frac{\partial^2 u_z}{\partial z \partial y} - \frac{\partial^2 u_y}{\partial z^2} \right)$$

$$\rho \frac{\partial^2 u_z}{\partial t^2} = (\lambda + 2\mu) \frac{\partial^2 u_z}{\partial z^2} + (\lambda + \mu) \left(\frac{\partial^2 u_x}{\partial z \partial x} + \frac{\partial^2 u_y}{\partial z \partial y} \right) + \mu \left(\frac{\partial^2 u_z}{\partial x^2} + \frac{\partial^2 u_z}{\partial y^2} \right) +$$

$$\frac{1}{4} \eta \left(\frac{\partial^2}{\partial x^2} + \frac{\partial^2}{\partial y^2} + \frac{\partial^2}{\partial z^2} \right) \left(\frac{\partial^2 u_x}{\partial z \partial x} - \frac{\partial^2 u_z}{\partial x^2} + \frac{\partial^2 u_y}{\partial z \partial y} - \frac{\partial^2 u_z}{\partial y^2} \right)$$

$$\rho \frac{\partial^2 u_x}{\partial t^2} = \left[1 + c \left(\frac{\partial^2}{\partial x^2} + \frac{\partial^2}{\partial y^2} + \frac{\partial^2}{\partial z^2} \right) \right] \left[(\lambda + 2\mu) \frac{\partial^2 u_x}{\partial x^2} + (\lambda + \mu) \left(\frac{\partial^2 u_y}{\partial x \partial y} + \frac{\partial^2 u_z}{\partial x \partial z} \right) + \mu \left(\frac{\partial^2 u_x}{\partial y^2} + \frac{\partial^2 u_x}{\partial z^2} \right) \right]$$

$$\rho \frac{\partial^2 u_y}{\partial t^2} = \left[1 + c \left(\frac{\partial^2}{\partial x^2} + \frac{\partial^2}{\partial y^2} + \frac{\partial^2}{\partial z^2} \right) \right] \left[(\lambda + 2\mu) \frac{\partial^2 u_y}{\partial y^2} + (\lambda + \mu) \left(\frac{\partial^2 u_x}{\partial x \partial y} + \frac{\partial^2 u_z}{\partial z \partial y} \right) + \mu \left(\frac{\partial^2 u_y}{\partial x^2} + \frac{\partial^2 u_y}{\partial z^2} \right) \right] \qquad (14\text{-}13)$$

$$\rho \frac{\partial^2 u_z}{\partial t^2} = \left[1 + c \left(\frac{\partial^2}{\partial x^2} + \frac{\partial^2}{\partial y^2} + \frac{\partial^2}{\partial z^2} \right) \right] \left[(\lambda + 2\mu) \frac{\partial^2 u_z}{\partial z^2} + (\lambda + \mu) \left(\frac{\partial^2 u_x}{\partial z \partial x} + \frac{\partial^2 u_y}{\partial z \partial y} \right) + \mu \left(\frac{\partial^2 u_z}{\partial x^2} + \frac{\partial^2 u_z}{\partial y^2} \right) \right]$$

在二维各向同性弹性介质中，当震源沿着 y 轴方向振动时，可激发 SH 型横波。假定介质微元体位移 $u_x = u_z = 0$，则修正偶应力理论和单参数二阶应变梯度理论下的二维 SH 型横波波动方程可表示为式（14-14）和式（14-15）。

$$\rho \frac{\partial^2 u_y}{\partial t^2} = \mu \left(\frac{\partial^2 u_y}{\partial x^2} + \frac{\partial^2 u_y}{\partial z^2} \right) + \frac{1}{4} \eta \left(\frac{\partial^2}{\partial x^2} + \frac{\partial^2}{\partial z^2} \right) \left(-\frac{\partial^2 u_y}{\partial x^2} - \frac{\partial^2 u_y}{\partial z^2} \right) \qquad (14\text{-}14)$$

$$\rho \frac{\partial^2 u_y}{\partial t^2} = \left[1 + c \left(\frac{\partial^2}{\partial x^2} + \frac{\partial^2}{\partial z^2} \right) \right] \left[\mu \left(\frac{\partial^2 u_y}{\partial x^2} + \frac{\partial^2 u_y}{\partial z^2} \right) \right] \qquad (14\text{-}15)$$

综上，通过上述的推导可知，对于修正偶应力理论下的广义弹性波方程，其包含介质特征尺度参数 l，反映空间尺度为 l 的介质微结构相互作用。而单参数二阶应变梯度理论下的非对称性弹性波动方程，则反映以空间尺度 l 为半径的球形邻域内的更小尺度的介质微结构相互作用。因此，笔者可以建立起多尺度微结构相互作用的概念。另外，对于不同的应用领域，介质特征尺度参数 l 可以有不同的定义。比如对于骨质疏松症检测，介质特征尺度参数 l 与平均小梁间距、长度或厚度等紧密相关。对于岩土介质，笔者引入介质孔缝隙特征尺度参数 l_m，并以我国水利部、交通部联合制定的高速铁路路基填料粗粒土的颗粒标准（$0.075\text{mm} < d < 60\text{mm}$）作为介质孔缝隙特征尺度参数值，通过比较高铁实际数据与由非对称性方程得到的合成数据之间的时频域特征，建立介质特征尺度参数 l 与介质孔缝隙特征尺度参数 l_m 之间的定量关系，以用于广义弹性波方程的数值模拟。

14.2　数值模拟分析

本节中，笔者在速度模型和密度模型之外，构建微孔缝隙特征尺度参数分层模型，分别使用基于修正偶应力理论和单参数二阶应变梯度理论的广义弹性波方程和相应的 SH 型横波波动方程进行数值模拟，分析考虑介质内复杂微结构相互作用所导致的地震波传播的尺度效应，并通过在不同层位设置不同的微孔缝隙特征尺度参数值，分析微孔缝隙特征尺度参数层状模型对地震波传播的影响。

14.2.1　微孔缝隙特征尺度参数模型

首先，设计一个纵波速度、横波速度、密度都均匀，微孔缝隙特征尺度参数为层状的介质模型，分别使用基于修正偶应力理论和单参数二阶应变梯度理论的非对称性弹性波动方程进行数值模拟。如图 14-1 所示，模型大小为 3.2km×3.2km，网格间距为 $dx = dz = 8m$，纵波速度为 2.0km/s，横波速度为 1.1547km/s，密度为 2600kg/m³；介质微孔缝隙特征尺度参数分为上下两层，厚度均为 1.6km。震源位置为 $(x, z) = (1600m, 0m)$，如图中红色五角星所示，采用主频为 25Hz 的雷克子波。时间步长 $\Delta t = 0.001s$，记录时长为 4s。

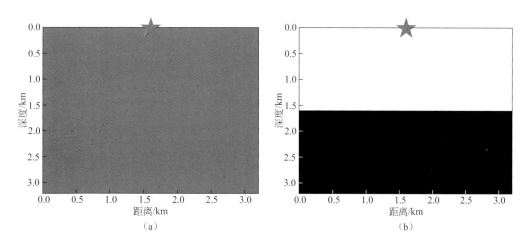

图 14-1　纵波速度、横波速度、密度都均匀，微孔缝隙特征尺度参数为层状的介质模型

首先对比分析使用基于修正偶应力理论的广义弹性波方程得到的合成地震记录，如图 14-2 和图 14-3 所示。图 14-2 为对微孔缝隙特征尺度参数均匀模型进行数值模拟后得到的合成地震记录（z 分量），设微孔缝隙特征尺度参数（上层，下层）分别为（0μm，0μm），（900μm，900μm），其中，图 14-2（c）为图 14-2（a）和图 14-2（b）的差值。从图 14-2 中可以清晰观察到，对于微孔缝隙特征尺度参数均匀模型，应用基于修正偶应力理论的广义弹性波方程进行数值模拟，合成地震记录中出现了

新的成分。在图 14-2（c）上，可以更清晰地观察到波场的变化，这种变化仅体现在横波的传播上：它使横波以频散的方式传播，而对纵波的传播没有影响，如图中蓝色箭头所示。这表明，对均匀介质微孔缝隙特征尺度参数模型进行数值模拟，地震波传播出现了明显的尺度效应。

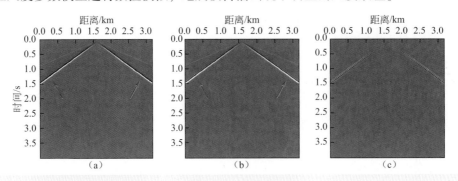

图 14-2　使用基于修正偶应力理论的广义弹性波方程得到的合成地震记录（z 分量）：（a）微孔缝隙特征尺度参数（上层，下层）为（0μm，0μm），（b）微孔缝隙特征尺度参数（上层，下层）为（900μm，900μm），（c）图（a）和（b）的差值

图 14-3 为对微孔缝隙特征尺度参数层状模型进行数值模拟得到的合成地震记录（z 分量），分别设不同的微孔缝隙特征尺度参数组合（上层，下层）为（a）（0μm，0μm），（b）（900μm，900μm），（c）（900μm，500μm），（d）（900μm，100μm），（e）（700μm，100μm），（f）（500μm，100μm），（g）（300μm，100μm），（h）（170μm，100μm）。其中图 14-3（a）和图 14-3（b）为对照组，图 14-3（c）和图 14-3（d）为保持上层的微孔缝隙特征尺度参数值不变，仅改变下层的微孔缝隙特征尺度参数值的合成记录，图 14-3（e）~（h）为保持下层的微孔缝隙特征尺度参数值不变，仅改变上层的微孔缝隙特征尺度参数值的合成记录。如图 14-3（c）~（h）所示，尽管速度和密度模型都是均匀的，但是合成地震记录仍然可以明显反映出微孔缝隙特征尺度参数层状模型的层位信息，进而确定地震波传播中出现了尺度效应，如图中红色箭头标示。同时，随着上下两层微孔缝隙特征尺度参数差异变小，合成地震记录中由于考虑介质内微结构相互作用而产生的新成分也逐渐减弱，即尺度效应减弱了。而当上下两层的微孔缝隙特征尺度参数之间的差异仅为 70μm 时，合成地震记录仍然可以清晰地反映出层位信息，如图 14-3（h）所示。这一结果表明，对于微孔缝隙特征尺度参数层状模型，应用基于修正偶应力理论的广义弹性波方程进行数值模拟，可以在合成地震记录中观察到由介质内微结构相互作用所导致的地震波传播尺度效应。横波和纵波将在微孔缝隙特征尺度参数分界面出现反射，且随着两个层位之间的微孔缝隙特征尺度参数变小，能量逐渐减弱。即使上下两层的微孔缝隙特征尺度参数之间的差异仅为 70μm，合成地震记录也可以清晰地反映分界面产生的波场记录，即地震记录对微孔缝隙特征尺度参数具有较高敏感性。

图 14-4 和图 14-5 为使用基于单参数二阶应变梯度理论的广义弹性波方程得到的合成地震记录。图 14-4 为对微孔缝隙特征尺度参数均匀模型进行数值模拟得到的合成地震记录（z 分量），设微孔缝隙特征尺度参数（上层，下层）分别为（0μm，0μm），（900μm，900μm），其中，图 14-4（c）为图 14-4（a）和图 14-4（b）的差值。同样，在合成地震记录中可以观察到，对于微孔缝隙特征尺度参数均匀模型，应用基于单参数二阶应变梯度理论的广义弹性波方程进行数值模拟，合成地震记录中出现了新

的成分，即地震波传播中出现了尺度效应。而不同于修正偶应力理论，通过对图 14-4（c）的分析可知，单参数二阶应变梯度理论描述的介质非均匀性使地震波传播出现了变化，这种变化不仅体现在横波的传播上，也体现在纵波的传播上。尽管对纵波的影响要比对横波的影响小得多，但在合成地震记录中仍然可以清晰观察到这一变化，如图中蓝色箭头所示。

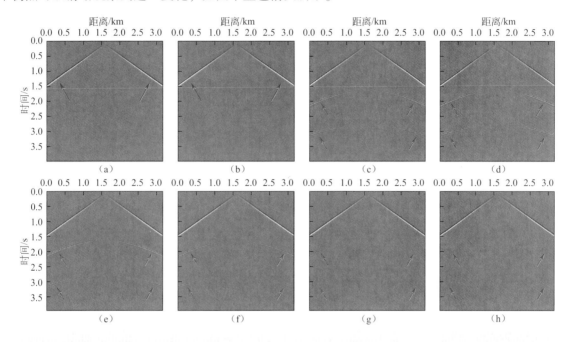

图 14-3　设置不同介质微孔缝隙特征尺度参数（上层，下层），使用基于修正偶应力理论的广义弹性波方程得到的合成地震记录（z 分量）

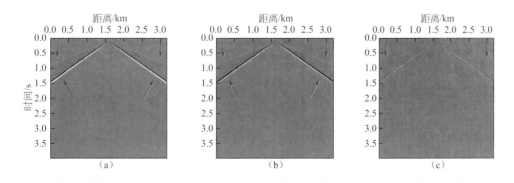

图 14-4　使用基于单参数二阶应变梯度理论的广义弹性波方程得到的合成地震记录（z 分量）：（a）微孔缝隙特征尺度参数（上层，下层）为（0μm，0μm）；（b）微孔缝隙特征尺度参数（上层，下层）为（900μm，900μm）；（c）图（a）和（b）的差值

　　图 14-5 为对微孔缝隙特征尺度参数层状模型进行数值模拟得到的合成地震记录（z 分量），分别设不同的微孔缝隙特征尺度参数组合（上层，下层）为（a）(0μm，0μm)，（b）(900μm，900μm)，（c）(900μm，500μm)，（d）(900μm，100μm)，（e）(700μm，100μm)，（f）(500μm，100μm)，（g）(300μm，100μm)，（h）(170μm，100μm)。其中图 14-5（a）和图 14-5（b）为对照组，图 14-5（c）和图 14-5（d）为保持上层的微孔缝隙特征尺度参数值不变，仅改变下层的微孔缝隙特征尺度参数值

的合成记录，图 14-5（e）~（h）为保持下层的微孔缝隙特征尺度参数值不变，仅改变上层的微孔缝隙特征尺度参数值的合成记录。如图 14-5（c）~（h）所示，当上下两层的微孔缝隙特征尺度参数值不同时，微孔缝隙特征尺度参数层状模型的层位信息同样可以在合成地震记录中清晰反映出来，如图中红色箭头所示。此外，随着上下两层微孔缝隙特征尺度参数差异变小，合成地震记录中的尺度效应也减弱了。而当上下两层的微孔缝隙特征尺度参数之间的差异仅为 $70\mu m$ 时，合成地震记录中仍然可以看到尺度效应，这清晰地反映出了微孔缝隙特征尺度参数层状模型的层位信息，如图 14-5（h）中的红色箭头所示。

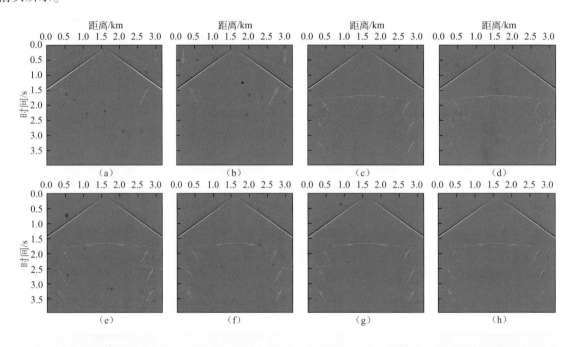

图 14-5　设置不同介质微孔缝隙特征尺度参数，使用基于单参数二阶应变梯度理论的广义弹性波方程得到的合成地震记录（z 分量）

进一步地，笔者将使用基于修正偶应力理论和单参数二阶应变梯度理论的广义弹性波方程得到的合成地震记录（z 分量）进行比较，如图 14-6 所示。图 14-6（a）和图 14-6（c）为设置微孔缝隙特征尺度参数分别为（$700\mu m$，$100\mu m$）（$170\mu m$，$100\mu m$）时，使用基于修正偶应力理论的广义弹性波方程得到的合成地震记录；图 14-6（b）和图 14-6（d）为相同参数下使用基于单参数二阶应变梯度理论的广义弹性波方程得到的合成地震记录。可以看出，当存在微孔缝隙特征尺度参数分界面时，使用基于单参数二阶应变梯度理论的广义弹性波方程得到的合成地震记录更加复杂，在分界面处出现了多种波形，如图 14-6（b）和图 14-6（d）中的红色箭头所示。同时，对比图 14-6（c）和图 14-6（d）这两种理论下的合成地震记录，可以清晰地观察分界面产生的波场记录。但是，使用基于单参数二阶应变梯度理论的广义弹性波方程得到的地震记录对微孔缝隙特征尺度参数具有更高的敏感性。

综上，修正偶应力理论和单参数二阶应变梯度理论描述的介质非均匀性，使地震波传播出现了明显的尺度效应。但是这两种理论所描述的介质非均匀性对地震波传播的影响是不同的，修正偶应力理论引入旋转的梯度描述介质非均匀性，仅对横波的传播有影响；而单参数二阶应变梯度理论引入二阶应变梯度描述更小尺度的介质非均匀性，不仅对横波传播有影响，对纵波传播也有影响，但是尺度效应相对较弱。此外，在微孔缝隙特征尺度参数分界面处，使用基于单参数二阶应变梯度理论的广义弹性波方程得到的合成地震记录更加复杂，在分界面处出现了多种波形。同时，它对微孔缝隙特征尺度参数具有更高的敏感性。

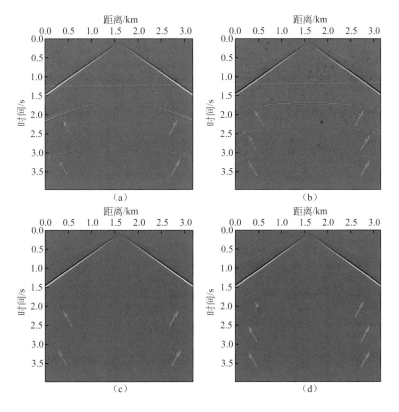

图 14-6　设置不同介质微孔缝隙特征尺度参数，使用不同广义弹性波方程得到的合成地震记录（z 分量）

14.2.2　煤层模型

本部分中，为进一步分析地震波传播的尺度效应，分别使用基于修正偶应力理论和单参数二阶应变梯度理论的 SH 型横波波动方程在煤层模型上进行勒夫（Love）型槽波数值模拟。如图 14-7 所示，设置一个大小为 100m×100m、网格间距为 $dx = dz = 1m$ 的煤层模型：模型中间层为煤层，厚度为 10m，纵波速度为 2.2km/s，横波速度为 1.2km/s，密度为 1300kg/m³；模型顶层和底层均为厚度为 95m 的围岩层，纵波速度为 3.8km/s，横波速度为 2.2km/s，密度为 2600kg/m³。震源放置于

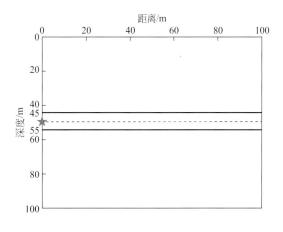

图 14-7　三层煤层模型示意图

煤层中间，$(x, z) = (0m, 50m)$，如图中红色五角星所示，采用主频为 150Hz 的雷克子波，时间步长 $\Delta t = 0.1ms$。测线布置在煤层中间，即 $z = 50m$ 处。

同样，首先构建微孔缝隙特征尺度参数均匀模型，分析微孔缝隙特征尺度参数均匀模型下的勒夫型槽波传播的尺度效应。图 14-8 为分别设微孔缝隙特征尺度参数（围岩层，煤层）为（0μm，0μm）和（300μm，300μm）时，使用基于修正偶应力理论的 SH 型横波波动方程得到的合成地震记录（y 分量），其中，图 14-8（c）是图 14-8（a）和图 14-8（b）的差值。从图 14-8 中可以清晰观察到，对于微孔缝隙特征尺度参数均匀模型，应用基于修正偶应力理论的 SH 型横波波动方程进行数值模拟，勒夫型槽波的合成地震记录中出现了新的成分，即尺度效应，如图 14-8 中红色箭头所示。在图 14-8（c）上，可以更清晰地观察到槽波传播的尺度效应。由于尺度效应的存在，槽波的频散特征也发生了变化。

之后，分别设置不同的微孔缝隙特征尺度参数组合（围岩层，煤层），分析微孔缝隙特征尺度参数层状模型下的勒夫型槽波传播尺度效应。如图 14-9 所示，微孔缝隙特征尺度参数（围岩层，煤层）分别设置为：（a）（0μm，0μm），（b）（300μm，300μm），（c）（370μm，300μm），（d）（400μm，300μm），（e）（500μm，300μm），（f）（700μm，300μm）。其中图 14-9（a）和图 14-9（b）为对照组，图 14-9（c）~（f）为保持煤层的微孔缝隙特征尺度参数值不变、仅改变围岩层的微孔缝隙特征尺度参数值的合成记录。

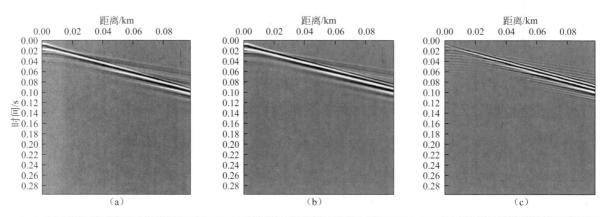

图 14-8　使用基于修正偶应力理论的 SH 型横波波动方程得到的合成地震记录（y 分量）：（a）微孔缝隙特征尺度参数（围岩层，煤层）为（0μm，0μm）；（b）微孔缝隙特征尺度参数（围岩层，煤层）为（300μm，300μm）；（c）图（a）和（b）的差值

比较图 14-9（b）与图 14-9（c）可知，当围岩层与煤层的微孔缝隙特征尺度参数值之间的差异为 70μm 时（即围岩层的微孔缝隙特征尺度参数值设为 370μm，煤层的微孔缝隙特征尺度参数值设为 300μm），合成地震记录中出现了由微孔缝隙特征尺度参数分界面所导致的波场变化，见图中红色箭头所示。但随着煤层和围岩层的微孔缝隙特征尺度参数值的差异变大，勒夫型槽波传播的尺度效应越来越弱，图 14-9（d）~（f）的合成地震记录基本没有差异。

应用基于单参数二阶应变梯度理论的 SH 型横波波动方程，对微孔缝隙特征尺度参数均匀模型进行数值模拟，分析地震波传播的尺度效应。图 14-10 为分别设微孔缝隙特征尺度参数（围岩层，煤层）为（0μm，0μm）和（300μm，300μm）时，使用基于单参数二阶应变梯度理论的 SH 型横波波动方程得到的合成地震记录（y 分量），其中，图 14-10（c）是图 14-10（a）和图 14-10（b）的差值。在图 14-10 中，同样可以清晰观察到，勒夫型槽波的合成地震记录中出现了新的成分，即尺度效应，如图 14-10 中红色箭头所示。在图 14-10（c）上，可以更清晰地观察到槽波传播的尺度效应。

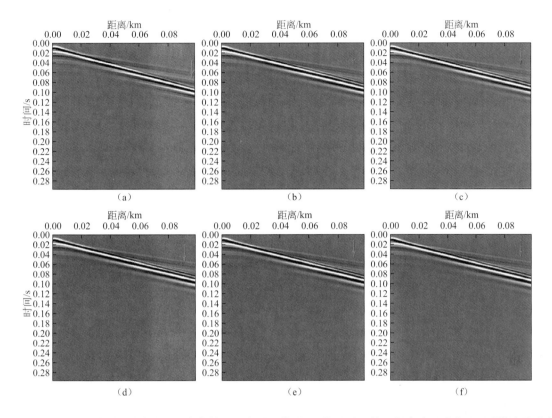

图 14-9 设置不同微孔缝隙特征尺度参数（围岩层，煤层），使用基于修正偶应力理论的 SH 型横波波动方程得到的合成地震记录（y 分量）

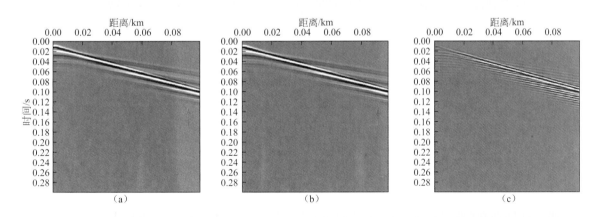

图 14-10 使用基于单参数二阶应变梯度理论的非对称性 SH 型横波波动方程得到的合成地震记录（y 分量）：（a）微孔缝隙特征尺度参数（围岩层，煤层）为（0μm，0μm）；（b）微孔缝隙特征尺度参数（围岩层，煤层）为（300μm，300μm）；（c）图（a）和图（b）的差值

进一步，对于微孔缝隙特征尺度参数层状模型，分析基于单参数二阶应变梯度理论的 SH 型横波波动方程模拟的勒夫型槽波传播的尺度效应。如图 14-11 所示，微孔缝隙特征尺度参数（围岩层，煤层）分别设置为：（a）（0μm，0μm），（b）（300μm，300μm），（c）（370μm，300μm），（d）（400μm，300μm），（e）（500μm，300μm），（f）（700μm，300μm）。其中图 14-11（a）和图 14-11（b）为对照组，图 14-11（c）~（f）为保持煤层的微孔缝隙特征尺度参数值不变，仅改变围岩层的微孔缝隙特征尺

度参数值的合成记录。

同样可以观察到，当围岩层与煤层的微孔缝隙特征尺度参数值之间的差异为 70μm 时，合成地震记录中出现了由微孔缝隙特征尺度参数分界面所导致的波场变化，见图 14-11（c）中红色箭头所示。但随着煤层和围岩层的微孔缝隙特征尺度参数值的差异变大，勒夫型槽波传播基本不受尺度效应的影响，见图 14-11（d）~（f）。

综上，不论是对微孔缝隙特征尺度参数均匀模型还是层状模型进行数值模拟，勒夫型槽波的传播都会受到尺度效应的影响。但是，随着煤层和围岩层的微孔缝隙特征尺度参数值的差异变大，勒夫型槽波传播的尺度效应并不会随之变强，而是基本保持不变。

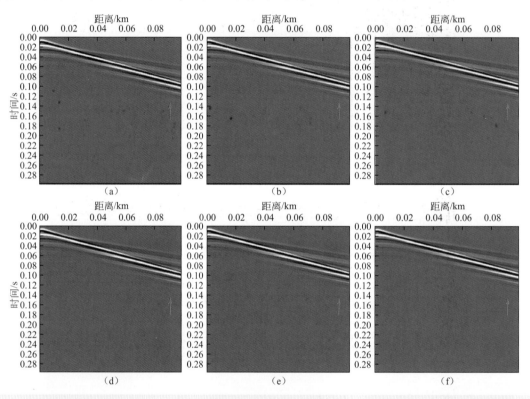

图 14-11　设置不同介质微孔缝隙特征尺度参数（围岩层，煤层），使用基于单参数二阶应变梯度理论的 SH 型横波波动方程得到的合成地震记录（y 分量）

14.3　高铁通过桩基础激发地震波的尺度效应

笔者对高铁通过桩基础激发地震波的尺度效应进行研究，通过设置不同的高铁路基下覆地层的微孔缝隙特征尺度参数值进行数值模拟，分析高铁通过桩基础激发地震波的尺度效应。选择第二章中构建的高铁高架桥模型，见图 14-12 以及震源时间函数，分别使用基于修正偶应力理论和单参数二阶应变梯度理论的广义弹性波方程进行数值模拟。

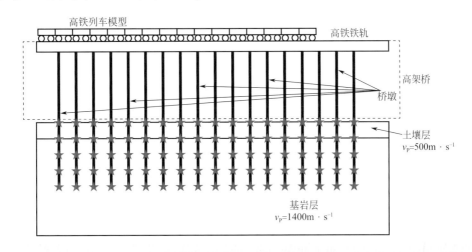

图 14-12　高铁高架桥模型

图 14-13 为使用基于修正偶应力理论的广义弹性波方程生成的地震记录的时域波形（z 分量）及对应的幅频响应，地层的微孔缝隙特征尺度参数值分别设为：（a）0μm，（b）300μm，（c）500μm，（d）700μm。图 14-13 的数值模拟结果表明，对于微孔缝隙特征尺度参数均匀模型，应用基于修正偶应力理论的广义弹性波方程进行数值模拟，合成地震记录的振幅发生了明显的衰减，尺度效应明显。随着微孔缝隙特征尺度参数值从 0μm 增加到 700μm，衰减作用越来越明显，如图 14-13（a）~（d）所示。观察对应的幅频响应，可以发现微孔缝隙特征尺度参数均匀模型主要影响 20Hz 以上的频率成分，使其出现明显的衰减，而对于 20Hz 以下的频率成分并没有显著的影响，且随着微孔缝隙特征尺度参

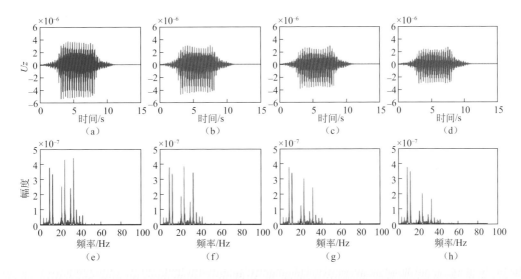

图 14-13　不同微孔缝隙特征尺度参数下，使用基于修正偶应力理论的广义弹性波方程生成的地震记录的时域波形（z 分量）及相对应的幅频响应。（e）~（h）为（a）~（d）对应的幅频响应

数值的变大，频谱能量的衰减变大。另外，高铁通过桩基础激发地震波的能量主要在 3Hz、10Hz、20Hz 和 30Hz 频率左右有几个谱峰，如图 14-13 （e）~（h） 所示。

图 14-14 为使用基于单参数二阶应变梯度理论的广义弹性波方程生成的地震记录的时域波形 （z 分量） 及相对应的幅频响应。地层的微孔缝隙特征尺度参数值同样设置为：（a） 0μm，（b） 300μm，（c） 500μm，（d） 700μm。如图 14-14 所示，对于微孔缝隙特征尺度参数均匀模型，应用基于单参数二阶应变梯度理论的广义弹性波方程进行数值模拟，合成地震记录的时域波形 （z 分量） 及对应的幅频响应基本不受影响，尺度效应很微弱。即使微孔缝隙特征尺度参数值从 0μm 增加到 700μm，在时域波形 （z 分量） 及对应的幅频响应上也看不到明显的差异。因此，单参数二阶应变梯度理论描述的更小尺度的微结构相互作用所导致的介质非均质性，对高铁通过桩基础所激发的地震波的传播影响很小，和经典理论预测的地震记录的时域波形 （z 分量） 及对应的幅频响应基本没有差别。

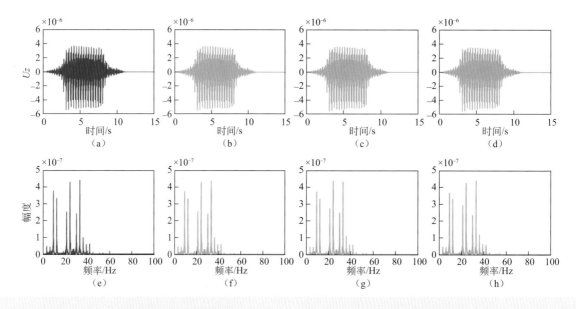

图 14-14　不同介质微孔缝隙特征尺度参数下，使用基于单参数二阶应变梯度理论的广义弹性波方程生成的地震记录的时域波形 （z 分量） 及对应的幅频响应。（e）~（h） 为 （a）~（d） 对应的幅频响应

14.4　结论与展望

本章得出以下认识和结论。

① 修正偶应力理论和单参数二阶应变梯度理论描述的介质非均匀性，使地震波传播出现了明显的

尺度效应。

② 修正偶应力理论和单参数二阶应变梯度理论所描述的介质非均匀性对地震波传播的影响是不同的：修正偶应力理论引入旋转的梯度描述介质非均匀性，仅对横波的传播有影响；而单参数二阶应变梯度理论引入二阶应变梯度描述更小尺度的介质非均匀性，不仅对横波传播有影响，对纵波传播也有影响，但是尺度效应相对较弱。

③ 在微孔缝隙特征尺度参数分界面，使用基于单参数二阶应变梯度理论的广义弹性波方程得到的合成地震记录更加复杂，出现了多种波形，同时对微孔缝隙特征尺度参数具有更高的敏感性。

④ 勒夫型槽波的数值模拟结果表明，如果考虑介质的非均匀性，槽波的传播将会出现尺度效应。

⑤ 随着煤层和围岩层的微孔缝隙特征尺度参数值的差异变大，勒夫型槽波传播的尺度效应并不会随之变强，而是基本保持不变。

⑥ 应用基于修正偶应力理论的广义弹性波方程对高铁通过桩基础激发的地震波进行数值模拟，对于微孔缝隙特征尺度参数均匀模型，合成地震记录的振幅发生了明显的衰减，尺度效应明显。随着微孔缝隙特征尺度参数值从 $0\mu m$ 增加到 $700\mu m$，衰减作用越来越明显。

⑦ 观察高铁通过桩基础激发地震波的幅频响应可以发现，微孔缝隙特征尺度参数均匀模型主要影响 20Hz 以上的频率成分，使其出现明显的衰减，而对于 20Hz 以下的频率成分并没有显著的影响，且随着微孔缝隙特征尺度参数值的变大，频谱能量的衰减变大。另外，地震波的能量主要在 3Hz、10Hz、20Hz 和 30Hz 频率左右有几个谱峰。

⑧ 单参数二阶应变梯度理论描述的更小尺度的微结构相互作用所导致的介质非均质性，对高铁通过桩基础激发地震波的传播影响很小，和经典理论预测的地震记录的时域波形（z 分量）及对应的幅频响应基本没有差别。

中文参考文献

王之洋，李幼铭，白文磊. 2020. 基于高铁震源简化桥墩模型激发地震波的数值模拟. 地球物理学报，63（12）：4473-4484.

王之洋，李幼铭，陈朝蒲，等. 2021a. 基于二阶应变梯度理论的弹性波数值模拟. 地球物理学报，64（7）：2494-2503.

王之洋，李幼铭，白文磊. 2021b. 偶应力理论框架下的弹性波数值模拟与分析. 地球物理学报，64（5）：1721-1732.

王之洋，李幼铭，白文磊. 2021c. 弹性波传播中由微结构相互作用导致的尺度效应分析. 地球物理学报，64（9）：3257-3269.

附英文参考文献

Aifantis K E, Soer W A, De Hosson J T M, et al. 2006. Interfaces within strain gradient plasticity：Theory and experiments. Acta Materialia, 54 (19)：5077-5085.

Akgz B, Civalek M. 2013. Buckling analysis of functionally graded microbeams based on the strain gradient theory. Acta Mechanica, 224 (9)：2185-2201.

Askes H, Metrikine A V. 2005. Higher-order continua derived from discrete media：Continualisation aspects and boundary conditions. International Journal of Solids and Structures, 42 (1)：187-202.

Chakraborty A. 2008. Prediction of negative dispersion by a nonlocal poroelastic theory. The Journal of the Acoustical Society of America, 123 (1)：56-67.

Chen S, Wang T. 2001. Strain gradient theory with couple stress for crystalline solids. European Journal of Mechanics, 20 (5)：739-756.

Chen W, Li X. 2014. A new modified couple stress theory for anisotropic elasticity and microscale laminated Kirchhoff plate model. Archive of Applied Mechanics, 84 (3)：323-341.

Eringen A C. 1972. Nonlocal polar elastic continua. International Journal of Engineering Science, 10 (1)：1-16.

Fleck N A, Muller G M, Ashby M F, et al. 1994. Strain gradient plasticity：Theory and experiment. Acta Metal Mater, 42 (2)：475-487.

Fu G, Zhou S, Qi L. 2020. On the strain gradient elasticity theory for isotropic materials. International Journal of Engineering Science, 154：103348.

Jalali M H, Zargar O, Baghani M. 2019. Size-dependent vibration analysis of FG microbeams in thermal environment based on modified couple stress theory. Iranian Journal of Science and Technology, Transactions of Mechanical Engineering, 43：761-771.

Ji B, Chen W J. 2010. A new analytical solution of pure bending beam in couple stress elasto-plasticity：Theory and applications. International Journal of Solids and Structures, 47 (6)：779-785.

Kumar R, Kumar K, Nautiyal R. 2013. Propagation of SH-waves in couple stress elastic half space underlying an elastic layer. Afrika Matematika, 24 (4)：477-485.

Lee H, Jung B, Kim D, et al. 2011. On the size effect for micro-scale structures under the plane bulge test using the modified strain gradient theory. International Journal of Precision Engineering and Manufacturing, 12 (5)：865-870.

Lee K I, Humphrey V F, Kim B N, et al. 2007. Frequency dependencies of phase velocity and attenuation coefficient in a water-saturated sandy sediment from 0. 3 to 1. 0 MHz. Journal of the Acoustical Society of America, 121 (5)：2553-2558.

Lopatnikov S L, Cheng H D. 2004. Macroscopic Lagrangian formulation of poroelasticity with porosity dynamics. Journal of the Mechanics and Physics of Solids, 52 (12)：2801-2839.

Murat K D. 2018. A comparative study of modified strain gradient theory and modified couple stress theory for gold microbeams. Archive of Applied Mechanics, 88 (11)：2051-2070.

Ottosen N S, Ristinmaa M, Ljung C. 2000. Rayleigh waves obtained by the indeterminate couple-stress theory. European Journal of Mechanics A/Solids, 19 (6)：929-947.

Park S K, Gao X L. 2006. A new Bernoulli-Euler beam model based on a modified couple stress theory. Journal of Micromechanics and Microengineering, 16 (11)：2355-2359.

Reddy J N. 2011. Microstructure-dependent couple stress theories of functionally graded beams. Journal of the Mechanics and Physics of Solids, 59 (11)：2382-2399.

Roscioli G，Taheri-Mousavi S M，Tasan C C. 2020. How hair deforms steel. American Association for the Advancement of Science，369（6504）：689-694.

Sahay P N. 2013. Biot constitutive relation and porosity perturbation equation. Geophysics，78（5）：L57-L67.

She G L，Yan K M，Zhang Y L，et al. 2018. Wave propagation of functionally graded porous nanobeams based on non-local strain gradient theory. European Physical Journal Plus，133（9）：368.

Thang P T，Tran P，Nguyen T T. 2021. Applying nonlocal strain gradient theory to size-dependent analysis of functionally graded carbon nanotube-reinforced composite nanoplates. Applied Mathematical Modelling，93：0307-904X.

Tong L H，Yu Y，Hu W T，et al. 2016. On wave propagation characteristics in fluid saturated porous materials by a nonlocal Biot theory. Journal of Sound and Vibration，379：106-118.

Voyiadjis G Z，Dorgan R J. 2004. Bridging of length scales through gradient theory and diffusion equations of dislocations. Computer Methods in Applied Mechanics and Engineering，193（17-20）：1671-1692.

Wang Z Y，Li Y M，Bai W L，et al. 2020. Numerical modelling of exciting seismic waves for a simplified bridge pier model under high-speed train passage over the viaduct. Chinese Journal of Geophysics（in Chinese），63（12）：4473-4484.

Wang Z Y，Li Y M，Chen C P，et al. 2021a. Numerical modelling for elastic wave equations based on the second-order strain gradient theory. Chinese Journal of Geophysics（in Chinese），64（7）：2494-2503.

Wang Z Y，Li Y M，Bai W L. 2021b. Numerical modelling and analysis for elastic wave equations in the frame of the couple stress theory. Chinese Journal of Geophysics（in Chinese），64（5）：1721-1732.

Wang Z Y，Li Y M，Bai W L. 2021c. Scale effect of microstructure interaction in elastic wave propagation. Chinese Journal of Geophysics（in Chinese），64（9）：3257-3269.

Yang F，Chong A C M，Lam D C C，et al. 2002. Couple stress based strain gradient theory for elasticity. International Journal of Solids and Structures，39（10）：2731-2743.

Yang J，Guo S. 2005. On using strain gradient theories in the analysis of cracks. International Journal of Fracture，133（2）：L19-L22.

Yang J F C，Lakes R S. 1982. Experimental study of micropolar and couple stress elasticity in compact bone in bending. Journal of Biomechanics，15（2）：91-98.

Yin L，Qian Q，Wang L，et al. 2010. Vibration analysis of microscale plates based on modified couple stress theory. Acta Mechanica Solida Sinica，23（5）：386-393.

Zeighampour H，Beni Y T，Karimipour I. 2016. Torsional vibration and static analysis of the cylindrical shell based on strain gradient theory. Arabian Journal for Science and Engineering，41（5）：1713-1722.

Zhu G，Droz C，Zine A，et al. 2020. Wave propagation analysis for a second strain gradient rod theory. Chinese Journal of Aeronautics，33（10）：2563-2574.

第十五章
介质特征尺度参数反演

朱孟权[1, 3, 4]，李幼铭[2, 3, 4]，王之洋[1, 3, 4]，张成方[1, 3, 4]

1. 北京化工大学，北京，100029

2. 中国科学院地质与地球物理研究所，中国科学院油气资源研究院重点实验室，北京，100029

3. 高铁地震学联合研究组，北京，100029

4. 非对称性弹性波动方程联合研究组，北京，100029

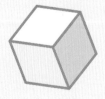

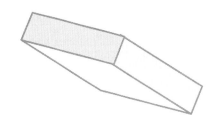

摘要

本章在广义连续介质力学理论框架下，考虑介质内微孔缝隙结构的相互作用导致的不均匀性，从高铁通过桩基础激发地震波的尺度效应出发，尝试利用全卷积神经网络对介质特征尺度参数进行反演。本章研究了一种基于全卷积神经网络的途径，直接从原始地震数据反演介质特征尺度模型的方法。使用随机增强量子粒子群优化算法进行正演模拟获得原始地震数据，将原始地震数据做预处理后作为数据集进行网络训练。在训练阶段，可以使用全卷积神经网络构建地震数据与介质特征尺度模型的非线性关系；在预测阶段，可以使用经过训练的网络从新的输入地震数据反演介质特征尺度模型。最后，对三层介质特征尺度模型和多层介质特征尺度模型进行了全卷积神经网络下介质特征尺度模型反演。

|引言|

在经典连续介质力学理论中，视介质模型为连续质量体；这对于均匀各向同性介质，没有内部结构、内部附加自由度以及内部特征尺度，应用动量矩守恒定律，将必然得到"应力张量是对称的"的结论（赵亚溥，2016）。根据经典连续介质力学理论，可推导出传统弹性波方程，此时的波动方程中不包含独立的旋转自由项以及介质特征尺度参数。严格地说，无论是自然介质还是人造介质，都具有不同尺度的复杂内部微结构，可视作理想连续统的介质是不存在的。相比于经典连续介质力学理论而言，广义连续介质力学理论（Eringen，1964，1966，1990；Mindlin and Eshel，1968；Tomar and Gogna，1992；Aifantis，1999，2011；Singh，2002；Tomar and Garg，2005；Polizzotto，2013；Auffray，2013；Madeo，2015）没有将介质视为理想的连续统（ideal continuum），而是认为介质具有复杂的内部微结构。在广义连续介质力学理论框架下，考虑偶应力或体力偶，切应力互等定理便不成立，这就导致应力张量呈现出非对称性。相比于传统弹性波动方程，基于广义连续介质力学理论得到的广义弹性波方程中，引入了应力或者应变的高阶空间导数项；这些应力与应变的高阶导数，通常都附带有不同的介质特征尺度参数。广义弹性波方程中增加了包含有介质特征尺度参数的独立自由项，这些特征尺度参数与介质微孔缝隙特征尺度有着密切的关系（Bazant，2002，2007），且与介质内部的几何结构（黄文雄，2014）以及应力扰动效应有关。在广义连续介质力学理论框架下，基于广义弹性波方程，可以分析弹性波传播中，由于考虑了介质内微孔缝隙结构的相互作用而导致的不均匀性，致使弹性波在传播过程中显现出尺度效应。也就是说，在地震记录中出现了新的波场成分，这类成分将随介质特征尺度的变化而变化。

随着计算机技术的飞速发展，计算机的计算能力获得了大幅提升。在此基础上，人工智能的出现，赋予了计算机系统从大数据中"学习"的能力（翁健，2017）。机器学习（Machine Learning，ML）是人工智能的核心，其应用涉及人工智能的各个领域。深度学习（Deep Learning，DL）是机器学习的一个新分支，在图像和语音处理中表现出卓越的识别和分类能力，因此迅速吸引了各个方面广泛的关注。在短短数年的时间里，深度学习迅速颠覆了人们原有的算法设计思路，形成了一种端到端的新模式，图像分割、语音处理、人脸识别、推荐搜索等领域都深受其影响。从本质上来看，深度学习是一种受数据驱动的算法，依赖于庞大的数据资源和强大的计算能力。相比传统的浅层网络而言，深度学习可以由浅入深、由具体到抽象地对特征进行提取，从而更加符合人类的学习认知过程。这些通过网络自动提取出的高级特征更具有代表性，能够大大提高分类的精度。深度学习网络可以"学习"输入数据和输出数据之间的复杂映射，而不是在输入数据和输出数据之间构建数学物理模型。所以，使用经过适当训练的深度学习网络，可以从输入观测数据，以实现高精度预测输出模型参数。

机器学习在地球物理学中有着悠久的应用历史。陆文凯等（1996）和刘争平等（1998）提出了基于人工神经网络（Artificial Neural Network，ANN）的反演方法。近年来，越来越多的学者对基于深度学习的地球科学问题进行了研究（Bergen，et al.，2019；Bianco，et al.，2019），包括解释断层的地质特征（Lu，et al.，2018；Wu，et al.，2019）、盐体（Di，et al.，2018；Shi，et al.，2019；Di and Al-Regib，2020）。Guo 等（2019）使用了一种双向长短期记忆循环神经网络（Recurrent Neural Network，RNN）进行地震阻抗反演。V. A. 达斯（V. A. Das）等（2019）提出利用一维卷积神经网络（Convolutional

Neural Network，CNN）解决地震波阻抗的反演问题。W. 刘易斯和 D. 维奇（W. Lewis and D. Vigh）（2017）使用卷积神经网络从带有盐体的地震图像中学习特征，生成先验模型和相应的概率图，用于生成有用的 FWI 先验模型。通过在迁移后的图像中生成盐体的概率图，再将其合并到 FWI 目标函数中来进行全波形反演。他们的测试结果表明，该方法有望通过 FWI 实现自动盐体重建。V. A. 达斯等（2019）提出使用 CNN 进行地震波阻抗反演。M. J. 朴和 M. D. 萨基（M. J. Park and M. O. Sacchi）（2020）应用 CNN 进行自动速度分析。Y. L. 吴和 G. A. 麦克梅肯（Y. L. Wu and G. A. McMechan）（2019）将 CNN 作为预处理 FWI，捕捉给定初始模型中的显著特征作为先验信息，用于 CNN 域内地震模型的函数逼近，然后在传统的全波形反演中，研究如何在具有物理意义的波动方程的工作流程中迭代更新 CNN 权值，以提供更精确的模型来最小化数据残差。以上所有方法都是将 CNN 作为具有统计意义的机器学习算法，因此它们依赖于一个大的训练数据集来减少过度拟合，以达到泛化的目的。全卷积网络（Fully Convolutional Network，FCN）的结构用更少的参数来解释多层感知，同时仍能提供良好的结果（Burger, et al., 2012）。V. A. 普济列夫（V. A. Puzyrev）等（2019）根据地震数据分别利用 CNN、FCN 和 RNN 网络进行速度模型的构建。徐鹏程等（2019）提出利用传统方法得到的结果对 U-Net 网络进行预训练，然后利用测井资料对预训练的 U-Net 网络进行微调，用于地震反演。杨芳舒和马坚伟（2019）提出利用 FCN 直接从地震数据炮记录构建地下速度模型。

笔者研究一种基于全卷积神经网络的介质特征尺度参数反演方法，旨在构建直接从原始地震数据反演介质特征尺度参数模型的方法。从高铁通过桩基础激发地震波的尺度效应出发，尝试利用全卷积神经网络对介质特征尺度参数进行反演。与基于物理模型的反演方法不同，基于全卷积神经网络的深度学习方法，是依靠数据驱动和模型驱动进行网络训练和模型预测的。它通过随机增强量子粒子群优化算法压制数值频散，基于优化有限差分格式进行数值模拟以获得地震数据炮记录，经过数据预处理后形成数据集，再输入网络中进行训练，建立地震数据与介质特征尺度参数模型的非线性关系。笔者基于三层介质特征尺度参数模型和多层介质特征尺度参数模型进行了全卷积神经网络下介质特征尺度参数模型反演，实现了由原始地震数据直接获得地下介质的介质特征尺度参数模型。

15.1 神经网络到全卷积神经网络

经典的深度学习网络前后经历了三次发展浪潮。随着深度学习概念的提出，多层神经网络的训练效率和识别正确率实现了极大的提升。随着网络的不断发展，卷积网络也出现了。卷积神经网络模拟了视觉神经元响应图像局部信息的特点，使用稀疏连接构建图像的局部感知野。相比神经网络，卷积神经网络将卷积核重复作用于整个感受野，实现了权值共享，大大减少了需要训练的参数数量，提高了训练效率。全卷积网络是以卷积神经网络为基础的一种深度卷积神经网络，是在卷积神经网络上的发展和延伸。全卷积神经网络将最后的全连接层替换为卷积层，这个改变带来了两大优势：一是卷积层比全连接层需要训练的参数更少，训练效率更高；二是将卷积神经网络中的全连接层都转化成了卷积层，将输出结果从一维向量变成了二维矩阵，找到每个像素对应的类别，实现像素级别的分类效果和语义分割的效果。

15.1.1 神经网络

15.1.1.1 神经网络的发展历史

人工神经网络的重要意义已为许多领域所确认，人们视之为智能信息处理发展的一个主流方向。自20世纪80年代中期以来，人工神经网络重新引起许多科技工作者的兴趣，成为现代非线性科学和计算智能研究的主要内容之一。它可以进行非线性处理，具有自组织性、并行处理性、层次性和系统性等特性。由于人工神经网络的信息处理机制和成功应用，实际上它已经成为智能信息处理的主要技术之一。随着人工神经网络理论的日趋成熟，它的应用也逐渐扩大和深入（李舰，海恩，2019）。

如图15-1所示，人工神经网络的发展经历了三次较大的发展。

深度学习的历史可以追溯到1943年，心理学家沃伦·麦卡洛克（Warren McCulloch）和数理逻辑学家沃尔特·皮茨（Walter Pitts）在分析、总结神经元基本特性的基础上，首次提出神经元的数学模型，即M-P神经元模型。因此，他们两人可被称为"人工神经网络研究的先驱"。1950年，图灵提出了著名的"图灵测试"，他也被称为"人工智能之父"。这些都算是人工智能的萌芽。但直到1956年，达特茅斯大学的会议上正式使用了人工智能（Artificial Intelligence）这个术语，才宣告了这个学科的诞生。正因如此，1956年也被称为"人工智能元年"。

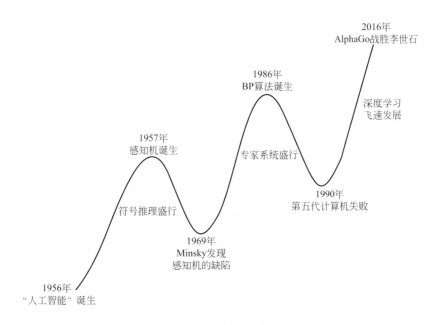

图 15-1　人工神经网络发展历程

1958 年，康奈尔大学教授弗兰克·罗森布拉特（Frank Rosenblatt）提出的"感知机"模型，第一次用算法来精确定义神经网络。这是第一个具有自组织、自学习能力的数学模型，是日后许多新的神经网络模型的始祖。

1969 年，马文·明斯基（Marvin Minsky）指出了神经网络技术的局限性。其中一个重要的理由是，传统的感知机用"梯度下降"的算法纠错时，耗费的计算量和神经元数目的平方成正比（Minsky and Papert，1969）。这造成了神经网络研究的停滞，使得相关研究进入了低谷。

1986 年，杰弗里·辛顿（Geoffrey Hinton）和大卫·鲁梅尔哈特（David Rumelhart）第一次系统简洁地阐述了反向传播算法在神经网络模型中的应用。该算法把运算量下降到只和神经元数目本身成正比，也纠正了明斯基的错误，使得神经网络的研究重新回到正轨。

1989 年，杨立昆（Yann Lecun）利用自行开发的识别系统，对美国邮政提供的手写邮政编码进行识别，错误率只有5%。此外，他还运用卷积神经网络（CNN）的技术开发出商业软件，用于读取银行支票上的手写数字（Yang，et al.，1989），在学术和商业上都取得了巨大的成功。

2004 年，加拿大高等研究院（Canadian Institute for Advanced Research，CIFAR）开始提供基金资助辛顿等人关于神经网络的研究，神经网络一词也逐渐被"深度学习"替代。辛顿等人（2006）通过6 万个手写数字数据库的图像训练神经网络，使其对 1 万个测试图像的识别错误率降到了 1.25%，深度学习在图像识别领域的优势逐渐体现出来。

2009 年，图形处理器（GPU）的发展和大数据时代的来临，为深度学习提供了发展的土壤，极大地降低了计算成本。斯坦福大学的拉贾·莱纳（Rajat Raina）和吴恩达合作发表论文，阐述了使用GPU 进行深度学习可以极大地提升速度（Rajat Raina，et al.，2009）。

2016 年，基于深度学习的 AlphaGo 战胜了顶尖棋手李世石（Silver，et al.，2016），2017 年战胜了围棋"世界第一人"柯洁，从此拉开了人工智能火热发展的序幕。1956 年被称为"人工智能元年"，到 2016 年 AlphaGo 战胜李世石时正好过了 60 年，很多人都感叹一个甲子的艰辛。

15.1.1.2 神经网络的结构

人工神经网络是模仿大脑神经网络结构和功能而建立起来的一种信息处理系统。

神经网络模型通过模仿人类神经的结构而实现，其中并无多深的数学原理，但是当神经的数目达到一定程度、网络的层数深到一定程度的时候，在解决一些分类问题时就会有奇效，这是一件非常神奇的事情。让我们先从人类的神经结构入手。神经元首先通过树突接收外界或者其他神经元传来的信号，然后由细胞体进行处理（汇总），如果总的刺激超过了某个阈值，则通过轴突向外输出。树突可以有多个，轴突只有一个。接受皮肤、肌肉等刺激的神经元称为传入神经元，传送到肌肉、腺体的称为传出神经元。从大脑神经网络的基本特征可以看出，神经元是组成神经网络最基本的单元，因此，构造一个人工神经网络，首先要构造人工神经元模型，它要有大脑神经网络的基本特征（李舰，海恩，2019）。

单个神经元模型如图 15-2 所示。神经元是一个多输入（一个神经元的多个树突与其他神经元通过突触相联系）、单输出（一个神经元只有一个轴突作为输出通道）单元，它的输入/输出都是非线性的。根据这种结构，我们可以对应地构造一个数学模型。假设该神经元细胞包含 m 个树突，每个树突 i 接收一个信号源，对应一个输入变量为 x_i，每个信号的权数为 W_i，细胞体中接收信号的累加作用可用 $\sum\limits_{i=1}^{n} x_i * W_i$ 表示。依据人类神经元的机制，这个信号只有超过某个阈值后才会被传递出去，在数学上，我们可以用激活函数来处理。设神经元的阈值为 W_0，输出信号用 y 表示，那么，细胞体的输出可表示为 $y = \sum\limits_{i=1}^{m} x_i * (W_i - W_0)$。处理后的信息可以作为输入再传到另一个神经元结构，这样就可以构成复杂的神经网络。只使用单个神经元构造的模型也被称为感知机（Perceptron），它是形式最简单的神经网络。如图 15-2 所示，有了神经细胞核的线性汇总和激活函数后，就可以用数学形式模仿一个神经元细胞的完整工作机制。把多个人工神经元按照一定的层次结构连接起来，就得到了人工神经网络（Artificial Neural Network），简称 ANN。目前这种被广泛使用的人工神经元的形式被称为 "M-P 神经元模型"，由心理学家麦卡洛克和数学家皮茨于 1943 年提出。该简称来自两位作者名字的缩写。不同的神经元层级结构对应不同的神经网络模型，比如多层前馈神经网络、递归神经网络等。

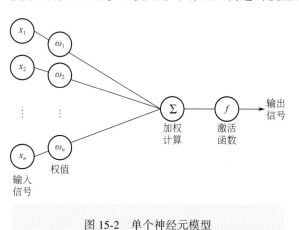

图 15-2　单个神经元模型

最简单常用的神经网络系统是前馈神经网络（Feedforward Neural Network，简称 FNN），FNN 的含义为各神经元只接受前一级的输入，并输出到下一级，只有前馈（Feed-forward）且无反馈（Feedback）。除了输入层和输出层之外，额外的中间层称为隐藏层，简称隐层。严格来说，FNN 包含单层前馈神经网络和多层前馈神经网络，前者即感知机，后者被称为多层感知机（简称 MLP），而 MLP 通常使用反向传播算法（Back-Propagation，简称 BP）进行训练，所以也被称为"BP 神经网络"。

15.1.2　卷积神经网络

深度学习是一种端到端的新型模型，它的核心在于特征学习。与传统的模式识别算法相比，它在预处理阶段减少了人为参与，无需人工设计算法来进行分类，而是使用多层的网络结构自动提取不同层次的特征。这些特征来自于海量的数据，本身具有高度的概括性，能更好地反映物体的特点。

卷积神经网络是深度学习非常成功的一个分支，它是空间上的深度神经网络，能够通过卷积运算对二维输入进行有效处理，被广泛应用于图像识别、分割、分类等计算机视觉领域的问题上。卷积神经网络的特点在于它具有特殊的网络层：卷积层能够对输入数据进行卷积运算，降低输入对平移、旋转、缩放的敏感度，提取出有效的空间特征；池化层随后进行降采样，降低数据维度，减少运算难度。降采样的过程也可以看成是特征映射的过程，它在减少数据量的同时尽量保留有效信息。卷积神经网络的参数训练采用权值共享、稀疏连接等方法，大大降低了参数的量级，在提高训练效率的同时增加了结果的可靠性。

15.1.2.1　卷积神经网络的发展历史

卷积神经网络（CNN）作为一种功能强大的非线性复函数逼近器，被广泛应用于分类、回归等任务中。CNN 的原型——神经认知机，最初是由福岛（1980）提出的。杨立昆等（1989，1990）应用CNN 识别手写邮政编码。杨立昆等（1998）正式提出了具有多个卷积层和池化层的卷积神经网络。LeNet-5 模型的提出标志着 CNN 的正式成型。在 2012 年，卷积神经网络迎来了历史突破。A. 克里热夫斯基等（A. Krizhevsky，et al.）（2012）使用 CNN 进行物体识别，提出了 AlexNet。AlexNet 的提出证明了 CNN 在复杂模型下的有效性，推动了有监督深度学习的发展。CNN 在图像识别领域的成功，使其受到了更为广泛的关注。围绕着 CNN 卷积层、池化层、全连接层，各国学者不断探索研究，提出了各种形式的改进。VGG（Visual geometry group）通过增加深度，使网络能够强化特征的选择，增加非线性描述，得到期望输出的近似表达。GoogleNet 通过 Inception 网络结构来搭建一个具有稀疏性、高计算性能的网络结构。

15.1.2.2　卷积神经网络的特点

CNN 是一种特地为二维数据设计的深层网络模型，它的特点主要在于两个方面：局部连接（Locally Connectivity）和权值共享（Shared Weights）。

所谓局部连接，即对图像中的某个区域进行卷积操作（可以设置一定的步长），用提取的特征代替该像素，可以得到一个新的矩阵，称为特征映射（Feature Map），该矩阵中的每一个元素对应一个神经元。

所谓权值共享，即在卷积层中每个神经元连接数据窗的权重是固定的，每个神经元只关注一个特性。神经元就是图像处理中的滤波器，卷积层的每个滤波器都会有自己所关注一个图像特征，即对于同一种滤波器，节点间连接的权值是相互共享的，如垂直边缘，水平边缘，颜色，纹理等，所有神经元的累加即为整张图像的特征提取器的集合。CNN 的这种网络模型模拟了实际的生物神经网络，能够有效降低权值个数，减小整体的训练复杂度。

卷积神经网络相比传统的分类方法具有以下优点：对图像进行识别时具有平移、旋转和缩放不变性；特征提取和分类过程统一进行，网络能够直接输出分类结果；权值共享技术很大程度上减少了网络内部需要训练的参数数量，使网络的计算量大大减少，泛化性能更强。

15.1.3　全卷积神经网络

卷积神经网络是人工神经网络的一种，是当前语音分析和图像识别领域的研究热点。它的权值共享网络结构仿照了生物神经网络，降低了网络模型的复杂度，且减少了权值的数量。该优点在网络的输入是多维图像时表现得更为明显，使图像可以直接作为网络的输入，避免了传统识别算法中复杂的特征提取和数据重建过程。

通常卷积神经网络在卷积层之后会接上若干个全连接层，将卷积层产生的特征图映射成一个固定长度的特征向量。经典卷积神经网络适用于图像的分类和回归任务，因为它们会得到输入图像的一个数值描述向量（概率），再根据向量得到输入图像属于每一类的概率，最终依据该向量的值确定分类结果如何。卷积神经网络的强大之处在于，它的多层网络结构可以自动学习特征，卷积层中的浅层实现对局部特征的学习，卷积层中的深层将这些局部信息进行综合，形成更加抽象的全局特征。

但是卷积神经网络也存在一些问题和不足。传统的卷积神经网络在全连接层的输出为一个向量，通过向量的值来描述预测结果，给出各类概率并从中选出概率最大的作为预测结果。一方面，这些特征使得网络对旋转、平移、缩放等变换敏感度低，有利于分类精度的提高；另一方面，它们却丢失了物体的细节信息，无法良好地对具体轮廓进行描述，更不能确定每个像素的归属。因此，需要采用一种方式获取包含更多细节和轮廓信息的输出。

针对卷积神经网络的缺陷，加州大学伯克利分校的乔纳森·朗等（Jonathan，et al.，2015）等人提出了全卷积网络。全卷积网络是以卷积神经网络为基础的一种深度卷积神经网络，是在卷积神经网络上的发展和延伸。全卷积网络和卷积神经网络的最大区别在于，它将卷积神经网络中的全连接层都转化成了卷积层。全卷积网络的存在目的是，通过对特征的处理找到每个像素对应的类别，最终实现像素级分类效果，预测每个像素点的语义标签，从而实现图像的语义分割。全卷积网络以训练集的图像真值作为学习过程中的目标，训练一个端到端的网络，让网络做像素级别的预测，直接预测标签图。

全卷积网络最主要的三个特点是：全卷积化、上采样和跳跃结构。

（1）全卷积化：

全卷积化是将网络结构中的全连接层转换成卷积层。将最终的输出从一维向量变成了二维矩阵，而对二维数据我们可以进行上采样操作，将特征图还原到原图大小。卷积化可以简化像素级分类工作的运算量，同时解除了对输入图片大小的限制，为后续的步骤提供结构支持。全卷积神经网络将最后的全连接层替换为卷积层，这个改变带来了两大优势。

①卷积层比全连接层需要训练的参数更少，训练效率更高；

②将卷积神经网络中的全连接层都转化成卷积层，将输出结果从一维向量变成了二维矩阵，找到每个像素对应的类别，最终实现语义分割的效果。

（2）上采样：

全卷积网络中的上采样过程在卷积神经网络框架（caffe）中也被称为反卷积过程。这里的反卷积与数学意义上的反卷积不同，而并不是卷积的逆过程，而可以理解为正常前向传播的倒向传递过程，是一种温和的上采样方法。直接从最小的特征图上采样到原图大小，结果通常是非常粗糙的，这就引出了全卷积网络的第三个特点——跳跃结构；

（3）跳跃结构：

跳跃结构是指全卷积网络可以综合不同池化层的特征图，把相对的信息和整体的信息进行结合，优化粗糙的输出结果。在卷积的过程中，从浅层网络中获得的特征是相对精细且局部的，而从较深的层次中可获得相对抽象且全局的特征，代表模糊的整体架构。从不同层的特征可以获得不同精度的信息，可以将从不同层上获得的特征图叠加，使相对局部的信息与整体的空间架构融合，随后再进行上采样操作，达到优化输出结果的目的。

15.2　数据集的准备

本节主要介绍基于全卷积神经网络下介质特征尺度参数反演的训练和测试中的数据集获取，具体阐述了训练集获取过程中的参数设置、数据预处理和压制数值频散方法。

15.2.1 数据集获取

在典型的 FCN 模型中，训练集由标记成对的输入图像和真值构成。为了训练有效的全卷积神经网络，需要大量训练样本。传统的计算机视觉数据集有很多，如 Caltech 101、Tiny Images Dataset、PAS-CAL-Context dataset 等。基于全卷积神经网络下介质特征尺度参数反演，需要地震数据以对应的介质特征尺度参数模型构成输入输出对，形成大量的数据对构成训练数据集。本节主要介绍了构建数据集的准备，包括数据集的模型设计和数据设计。随后，笔者使用获得的数据集来训练网络进行全卷积神经网络下介质特征尺度参数反演。

15.2.1.1　模型设计

主要包括两个模型：速度模型与介质特征尺度参数模型。首先，建立均匀速度模型，网格大小 400×400，模型大小 1600m×1600m，速度设定为 $V_p = 3.0 \text{km/s}$ 和 $V_s = 1.732 \text{km/s}$。然后，建立介质特征尺度参数模型。不同介质特征尺度参数模型对应着不同的数据，这里以一个 20 层的层状介质特征尺度参数模型为例，介质特征尺度参数的数值从上而下逐渐减小，大小为 0.11~0.27m。

速度模型和介质特征尺度模型如图 15-3 和图 15-4 所示。

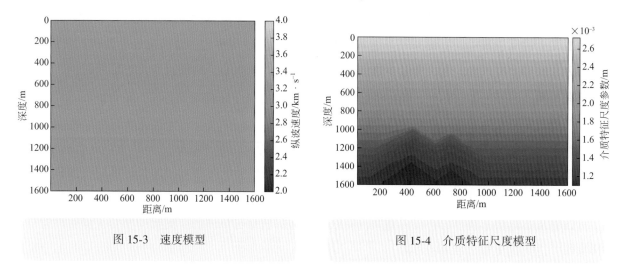

图 15-3 速度模型　　　　　　　　　　　图 15-4 介质特征尺度模型

15.2.1.2 数据设计

在地表放置震源，滚动采集，每次移动 50m，通过有限差分法生成炮记录。每个模型共计放炮 29 次。

如图 15-5 所示，集中于一个炮记录抽取数据进行展示。这是在 770m 处进行放炮的炮记录，最左边是介质特征尺度参数 $\eta=0$ 的情况下的炮记录，即没有介质特征尺度参数的情况。中间是 $\eta \neq 0$ 时的炮记录（在制作数据集时，数据集中的炮记录是 $\eta \neq 0$ 的炮记录）。为了突出二者的差异，在最右侧放出二者的差值。

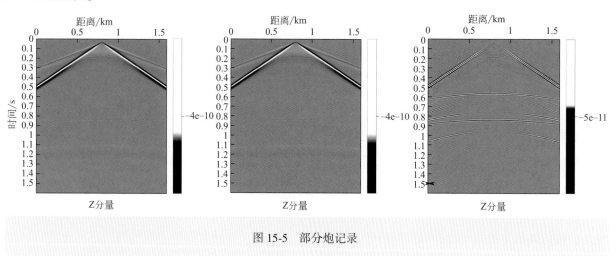

图 15-5 部分炮记录

总的来说，数据集主要包括两个部分：训练集和测试集。数据集中的每个数据对主要包括两个部分：介质特征尺度参数模型和地震数据炮记录。两者分别对应模型设计和数据设计，即训练中的输入数据和真值对。其中，数据设计中炮记录的生成主要包含 3 个关键参数，采用滚动采集的方法，炮间距 50m，共计生成 29 次炮记录。测试集与训练集的生成过程大同小异，最主要的区别是：对于同一介质特征尺度参数模型而言，测试集的炮记录不能与训练集发生重叠，即二者没有交集。

至此，数据集的制作完成，接下来要进行数据的预处理。

15.2.2 数据预处理

数据集预处理是指在将数据拿去训练之前做的变换和准备工作，比如传统的图像处理，包括高斯滤波、灰度图处理等。在基于全卷积神经网络进行直接特征尺度反演的过程中，我们需要对上一步生成的数据集进行加工处理。其中，最重要的就是进行格式转换。这是由于炮记录的数据格式是.rsf格式，而全卷积神经网络在训练时可接受的数据是.mat格式的矩阵数据。

接下来，完成数据预处理的数据集将被导入到全卷积神经网络中进行训练。

15.2.3 压制数值频散

本节提出了一种随机增强量子粒子群优化算法，并基于该算法提出了一种新的有限差分格式。该算法具有明显的收敛速度优势，可以在第200代内收敛。在相同条件下，未改进的量子粒子群算法的收敛速度远低于该算法。数值频散分析表明，基于随机增强量子粒子群算法的优化有限差分格式具有更大的频谱覆盖范围，并将精度误差控制在了有效范围之内，这意味着该算法具有更好的搜索全局精确解的能力。

笔者从三个方面对量子粒子群算法进行了改进，以达到更快的收敛速度和更准确的搜索结果。首先，在位置更新方程中加入优化系数 β，用以提高量子粒子群算法的搜索能力。然后，将扩张系数由线性下降变为非线性下降，以适应有限差分系数的搜索过程。最后，根据数值的范围将有限差分系数分为低阶和高阶两部分，进而通过设置不同的步长来提高收敛速度。

15.2.3.1 优化系数 β

为了实现更快的收敛速度和更准确的搜索结果，笔者在量子粒子群算法的迭代过程中对位置更新方程进行了优化。

在量子粒子群算法的迭代过程中，粒子的位置会不断变化，而每个粒子的位置等于一个解。这些粒子的具体位置由波函数决定，而波函数具有很强的随机性。就一个粒子而言，量子粒子群算法在下一次迭代中调整粒子的中心位置，而不是具体的位置。从本质上来讲，基于随机增强量子粒子群算法的有限差分格式的求解是一个复杂的多参数优化问题。然而，所求解的有效值域范围较小，且解相对集中。因此，对量子粒子群算法进行改进是十分有必要的，特别是在追求较快收敛速度和更准确搜索结果方面。因此，笔者在迭代过程中将优化系数 β 加入到位置更新方程中，以提高量子粒子群算法的搜索能力。优化系数 β 的公式如式（15-1）所示。

$$\beta = 1/\ln(1/u) \tag{15-1}$$

其中，u 是 0~1 的随机数。

量子粒子群算法的位置更新公式可以表示为式（15-2）。

$$X_i^j(t+1) = p_i^j(t) \pm b * \left| mbest^j(t) - X_i^j(t) \right| * \beta \tag{15-2}$$

15.2.3.2 重写扩张系数 b

扩张系数表征了非线性下降的过程。在量子粒子群算法的迭代过程中，扩张系数是唯一可以操纵的变量。所以，其重要性不言而喻。

如上所述，因所求解的有效范围小，并且相对集中。在量子粒子群算法的迭代过程中，粒子群逐渐逼近全局最优解。因此，每次迭代之间的调整要越来越小，才能找到全局最优解。从本质上来讲，调整的过程是由扩张系数决定的。所以，必须重写扩张系数 b。一般来说，膨胀系数从 1 到 0.5 线性下降。为了实现更快的收敛速度和更准确的搜索结果，笔者重写了扩张系数，使其非线性下降。重写后的扩张系数为

$$b = \exp\left[-(t/T)^n\right] \tag{15-3}$$

其中，n 是一个任意值，控制着扩张系数 b 的变化规律。t 是当前代数，T 是预先设定的最大迭代数。扩张系数随迭代次数和 n 的取值不同而变化。可见，n 是控制扩张系数曲线变化规律的一个重要值，包括某一位置的数据值和该位置的下降速度。n 的取值不同影响扩张系数，扩张系数影响 QPSO 算法的收敛速度。所以，确定 n 的值是十分重要的。

15.2.3.3 迭代步长的优化

如前所述，基于随机增强量子粒子群算法的有限差分格式的求解是一个复杂的多参数优化问题。然而，针对解的有效范围小，且解域相对集中的特点。因此，对量子粒子群算法进行改进是十分有必要的，特别是在该算法的迭代过程中。

根据基于随机增强量子粒子群算法的有限差分格式的特点，笔者提出了一种限制最大迭代步长的方法来优化量子粒子群算法的迭代过程。换句话说，该方法可防止粒子在迭代过程中出现大跳跃，这对于寻找全局最优位置，最终得到准确的搜索结果是非常重要的。通过观察有限差分格式，我们可以发现，不同阶有限差分系数的数值的数量级是不同的。有限差分系数中阶数越低，数值越大。如果最大迭代步长适用于低阶部分，则意味着最大迭代步长过大，无法限制高阶部分的迭代步长。同时，如果最大迭代步长适用于高阶部分，则意味着最大迭代步长太小，不能很好地应用于低阶部分，收敛速度将大大降低，实时性将被牺牲。为了解决这个问题，有必要将有限差分格式分为两部分：低阶部分和高阶部分。在量子粒子群算法的迭代过程中，存在两种类型的迭代步长值，分别对应有限差分系数的低阶部分和高阶部分。

迭代步长的设置如表 15-1 所示。

表 15-1 迭代步长的设置

	低阶部分	高阶部分
8 阶	0.06~0.1	—
12 阶	0.2	0.01
16 阶	0.2	0.01
20 阶	0.2	0.003
24 阶	0.2	0.002

15.2.3.4 数值频散分析

如图 15-6 所示，与传统方法进行对比，随机增强量子粒子群算法具有更大的频谱覆盖范围，并将

精度误差控制在有效范围内。通过观察图 15-6 可以看出，优化后的有限差分格式在 8 阶时的频谱覆盖率达到 56%、12 阶时达到 68%、16 阶时达到 75%、20 阶时达到 80%、24 阶时达到 82%。同时，精度误差最大值不超过 10^{-3}。这说明基于随机增强量子粒子群算法的优化有限差分格式具有更高的精度，能够更有效地压制数值频散。

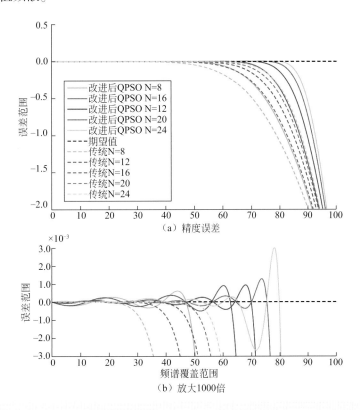

图 15-6　基于随机增强 QPSO 算法和常规算法的有限差分格式精度误差

　　图 15-7 展示了随机增强量子粒子群算法的收敛速度。可以看到，在收敛速度方面，随机增强量子粒子群算法具有明显的优势，可以在 200 代内收敛。同时，图 15-8 展示了未进行改进的量子粒子群算法的收敛速度，可以看到，该算法无法找到全局最优解。

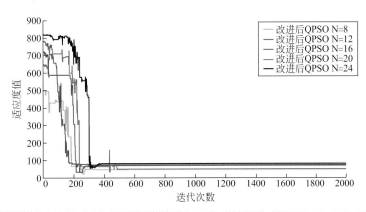

图 15-7　随机增强 QPSO 算法的适应度演化曲线

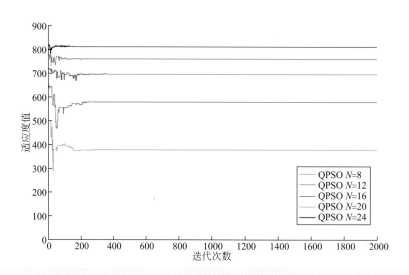

图 15-8　QPSO 算法的适应度演化曲线

15.3　介质特征尺度参数反演

本节中，笔者在进行全卷积神经网络下介质特征尺度参数反演时，主要针对层状介质特征尺度参数模型进行了反演。其中主要包括两种层状介质特征尺度参数，一种是三层模型，一种是多层模型。在本节中，笔者将详细阐述对这两种模型进行介质特征尺度参数反演的过程。

15.3.1　三层模型

对三层介质特征尺度参数模型进行第一个反演。介质特征尺度参数模型大小为 1.6km×1.6km，网格大小设置为 $dx=dz=4m$。在地表设置震源并滚动放炮，炮间距为 50m，共计获得 29 次炮记录。同时，设置速度模型为均匀速度模型，在 1.6km×1.6km 的均匀各向同性介质中进行脉冲响应。P 波速度和 S 波速度分别为 3.0km/s 和 1.732km/s，同时密度为 3000kg/m³。雷克子波的主频率为 50Hz。网格大小设置为 $dx=dz=4m$。在训练阶段，从训练数据集中随机选择地震数据记录进行训练。在每一批数据中，一次地震数据降采样后的数据点数为 400×400。设学习率为 1.0e-10。

图 15-9 为三层带有岩丘的介质特征尺度参数模型，图 15-10 为三层带有岩丘的介质特征尺度参数模型的反演结果。从两图中可以看到，预测得到的介质特征尺度参数模型和相应的介质特征尺度参数真值之间有着良好的匹配。两图中，右侧色条栏显示了介质特征尺度参数值的范围，在 0.1~0.7。全

卷积神经网络下，介质特征尺度参数反演可对介质特征尺度参数的层位反演起到较好的作用；但在岩丘的某些位置仍不够清楚，特别是岩丘较陡的位置。该问题是部分位置的照明不足造成的，太过陡峭的位置使得地震波在到达岩丘后的反射波传到模型之外而无法被检波器接收到。因此，对于照明不足的位置无法实现介质特征尺度参数的反演，即无法准确反演出相关位置信息。

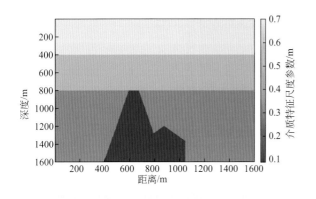
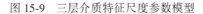

图 15-9 三层介质特征尺度参数模型

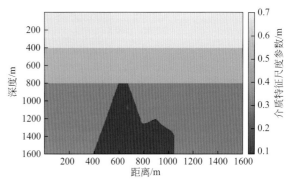

图 15-10 三层介质特征尺度参数模型反演结果

15.3.2 多层模型

在多层介质特征尺度参数模型进行第一个反演。模型大小为 1.6km×1.6km，网格大小设置为 $dx = dz = 4m$。在地表设置震源并滚动放炮，炮间距为 50m，共计获得 29 次炮记录。同时，设置速度模型为均匀速度模型，在 1.6km×1.6km 的均匀各向同性介质中进行脉冲响应。P 波速度和 S 波速度分别为 3.0km/s 和 1.732km/s，同时密度为 3000kg/m³。雷克子波的主频率为 50Hz。网格大小设置为 $dx = dz = 4m$。在训练阶段，从训练数据集中随机选择地震数据记录进行训练。在每一批数据中，一次地震数据维降采样后的大小为 400×400。设学习率为 $1.0e-10$。

图 15-11 为多层介质特征尺度参数模型，图 15-12 为多层介质特征尺度参数模型的反演结果。可以看到，全卷积神经网络下，介质特征尺度参数反演基本可以反演出多层介质特征尺度参数模型，对层位的反演可以起到较好的作用。该模型共设置了 20 层不同的介质特征尺度参数，右侧色条栏显示了介质特征尺度参数值的范围，在 $1.1×10^{-3} \sim 2.7×10^{-3}$。随着层数的增多，介质特征尺度参数也随之增多，这两者共同对介质特征尺度参数反演提出了更高的要求，进一步提升了介质特征尺度参数反演的难度。总的来说，全卷积神经网络下介质特征尺度参数反演可以基本反演出多层介质特征尺度参数模型。

如图 15-13 所示，将介质特征尺度参数模型的真值和反演得到的介质特征尺度参数的值相减，获得两者之间的差值，即全卷积神经网络下介质特征尺度参数反演结果不够完美的位置。右侧色条栏显示了差值的范围，差值的范围为 $-2.0×10^{-4} \sim 1.5×10^{-4}$。从图 15-13 中可以看出，对浅层位置的介质特征尺度参数反演仍存在一定的误差，特别是第二层的位置反演，与真实值相比误差较大。此外，对介质特征尺度参数的层位反演取得了很好的效果，实现了非常准确的层位划分。同时，对介质特征尺度参数模型较深层次的岩丘形状实现了很好的刻画，但岩丘模型的边缘信息仍存在一定的误差，这需要笔者进一步调整，实现更加精确的介质特征尺度参数模型反演。

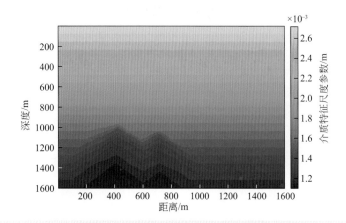

图 15-11　多层介质特征尺度参数模型

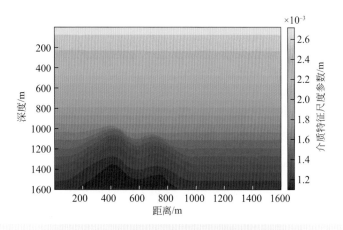

图 15-12　多层介质特征尺度参数模型反演结果

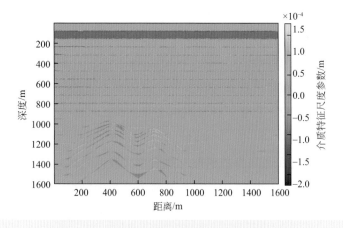

图 15-13　介质特征尺度模型与反演结果的差值

为了对预测得到的介质特征尺度参数模型的准确性进行定量分析，笔者进一步观测全卷积神经网络下介质特征尺度参数反演的结果，抽取误差图中 640m 处的误差值单道进行观察，介质特征尺度参数与深度分布图如图 15-14 所示。图中蓝色值为介质特征尺度参数预测值，红色值为介质特征尺度参数真实值。通过单道图可以更加清楚地看出全卷积神经网络下介质特征尺度参数反演结果的准确性。可见，除浅层位置外，大多数预测值与真实值匹配得很好，即在多层模型中，全卷积神经网络下的介质特征尺度参数反演可以对层位实现准确划分，同时对较深位置的岩丘形状进行反演。

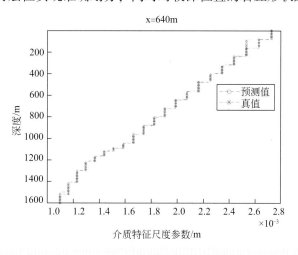

图 15-14　介质特征尺度参数模型与反演结果的差值 $x=640$m 处差值图

15.4　结论与展望

本章中，笔者研究了一种基于全卷积神经网络、直接从原始地震数据反演介质特征尺度参数模型的方法。通过分析高铁列车通过高架桥时桩基础激发的地震波，发现其存在着尺度效应，利用全卷积神经网络对介质特征尺度参数进行反演初探。基于全卷积神经网络的介质特征尺度参数反演，是基于数据驱动和模型驱动的深度学习方法进行网络训练和模型预测，而不是基于先验知识的假设，在整个过程中涉及的人工干预更少。在训练阶段，由全卷积神经网络构建地震数据与介质特征尺度参数模型之间的非线性关系。将原始地震数据制作成训练数据集输入到全卷积神经网络，为了更好地压制地震数据中数值频散对介质特征尺度参数的影响，在制作训练数据的过程中，采用随机增强量子粒子群优化算法压制数值频散。在预测阶段，可以使用经过训练的网络对新的输入地震数据反演介质特征尺度参数模型。最后，笔者对多种层状介质特征尺度参数模型进行了全卷积神经网络下的反演初探。

中文参考文献

黄文雄，徐可. 2014. 颗粒材料 Cosserat 介质模拟中的特征长度. 中国力学学会计算力学专业委员会. 颗粒材料计算力学会议论文集. 中国力学学会计算力学专业委员会；中国力学学会，2014：279-283.

李舰，海恩. 2019. 统计之美：人工智能时代的科学思维. 北京：电子工业出版社.

翁健. 2017. 基于全卷积神经网络的全向场景分割研究与算法实现. 山东大学.

赵亚溥. 2016. 近代连续介质力学. 北京：科学出版社.

附英文参考文献

Aifantis E C. 1999. Strain gradient interpretation of size effects. International Journal of Fracture，95（1-4）：299-314.

Aifantis E C. 2011. On the gradient approach - Relation to Eringen's nonlocal theory. International Journal of Engineering Science，49（12）：1367-1377.

Auffray N，Quang H L，He Q C. 2013. Matrix representations for 3D strain-gradient elasticity. Journal of the Mechanics and Physics of Solids，61（5）：1202-1223.

Bazant Z P. 2002. Scaling of dislocation-based strain-gradient plasticity. Journal of the Mechanics and Physics of Solids，50（3）：435-448.

Bazant Z P，Pang S D. 2007. Activation energy based extreme value statistics and size effect in brittle and quasibrittle fracture. Journal of the Mechanics and Physics of Solids，55（1）：91-131.

Bergen K J，Johnson P A，Hoop M V D，et al. 2019. Machine learning for data-driven discovery in solid earth geoscience. Science，363（6433）：eaau0323.

Bianco M J，Gerstoft P，Traer J，et al. 2019. Machine learning in acoustics：Theory and applications. The Journal of the Acoustical Society of America，146：3590-3628.

Das V，Pollack A，Wollner U，et al. 2019. Convolutional neural network for seismic impedance inversion. Geophysics，84（6）：R869-R880.

Di H，Shafiq M A，Wang Z，et al. 2019. Improving seismic fault detection by super-attribute-based classification. Interpretation，7（3）：SE251-SE267.

Di H，Wang Z，AlRegib G. 2018. Deep convolutional neural networks for seismic salt-body delineation. Presented at the AAPG Annual Convention and Exhibition.

Di H，AlRegib G. 2020. A comparison of seismic saltbody interpretation via neural networks at sample and pattern levels. Geophysical Prospecting，68：521-535.

Eringen A C. 1966. Mechanics of micromorphic materials. Proceedings of the 2nd International Congress of Applied Mechanics. Springer，Berlin.

Eringen A C. 1966. Linear theory of micropolar elasticity. Physics，Engineering，Materials Science，15（6）：909-923.

Eringen A C. 1990. Theory of thermo-microstretch elastic solids. International Journal of Engineering Science，28（12）：1291-1301.

Guo R，Zhang J J，Liu D，et al. 2019. Application of bi-directional long short-term memory recurrent neural network for seismic impedance inversion. 81st EAGE Conference and Exhibition 2019.

Hinton G E，Osindero S，Teh Y W. 2006. A fast learning algorithm for deep belief nets. Neural Computation，18（7）：1527-1554.

Krizhevsky A，Sutskever I，Hinton G E. 2012. Imagenet classification with deep convolutional neural networks. NIPS'12：Proceedings of the 25th International Conference on Neural Information Processing Systems-Volume 1，1097-1105.

LeCun Y，Boser B E，Denker J S，et al. 1989. Backpropagation applied to handwritten zip code recognition. Neural Computation，1：541-551.

LeCun Y，Boser B E，Denker J S，et al. 1990. Handwritten digit recognition with a back-propagation network. Advances in Neural Information Processing Systems：396-404.

LeCun Y，Bottou L，Bengio Y，et al. 1998. Gradient-based learning applied to document recognition. Proceedings of the IEEE，86：2278-2324.

Lewis W，Vigh D. 2017. Deep-learning prior models from seismic images for full-waveform inversion. SeG Technieal program Expanded Abstracts：1512-1517.

Long J，Shelhamer E，Darrell T. 2015. Fully convolutional networks for semantic segmentation. Proceedings of the IEEE Conference on Computer Vision and Pattern Recognition：3431-3440.

Liu Z，Liu J，1998. Seismic-controlled nonlinear extrapolation of well parameters using neural networks. Geophysics，63：2035-2041.

Lu W，Li Y，Mu Y. 1996. Seismic inversion using error-backpropagation neural network. Chinese Journal of Geophysics，39：292-301.

Lu P，Morris M，Brazell S，et al. 2018. Using generative adversarial networks to improve deep-learning fault interpretation networks. The Leading Edge，37：578-583.

Madeo A，Neff P，Ghiba I D，et al. 2015. Wave propagation in relaxed micromorphic continua：modelling metamaterials with frequency band-gaps. Continuum Mechanics and Thermodynamics，27（4）：551-570.

McCulloch W S，Pitts W. 1943. A logical calculus of the ideas immanent in nervous activity. Bulletin of Mathematical Biology，5：115-133.

Mindlin R D，Eshel N N. 1968. On first strain-gradient theories in linear elasticity. International Journal of Solids and Structures，4（1）：109-124.

Minsky M L，Papert S. 1969. Perceptrons：An Introduction to Computational Geometry. Cambridge：The MIT Press，3356-3362.

Park M J，Sacchi M D. 2020. Automatic velocity analysis using convolutional neural network and transfer learning. Geophysics，85（1）：V33-V43.

Puzyrev V，Egorov A，Pirogova A，et al. 2019. Seismic inversion with deep neural networks：A feasibility analysis. 81st EAGE Conference and Exhibition 2019.

Polizzotto C. 2013. A second strain gradient elasticity theory with second velocity gradient inertia - Part I. Constitutive equations and quasi-static behavior. International Journal of Solids and Structures，50（24）：3749-3765.

Rumelhart D，Hinton G，Williams R. 1986. Learning representations by back-propagating errors. Nature，323：533-536.

Raina R，Madhavan A，Ng A Y. 2009. Large-scale deep unsupervised learning using graphics processors. ICML'09：Proceedings of the 26th Annual International Conference on Machine Learning：873-880.

Rosenblatt F. 1958. The perceptron：A probabilistic model for information storage and organization in the brain. Psychological Review，65（6）：386-408.

Shi Y，Wu X，Fomel S. 2019. Saltseg：Automatic 3D salt segmentation using a deep convolutional neural network. Interpretation，7（3）：SE113-SE122.

Singh B. 2002. Reflection of plane waves from free surface of a microstretch elastic solid. Journal of Earth System Science，111（1）：29-37.

Silver D，Huang A，Maddison C J，et al. 2016. Mastering the Game of Go with Deep Neural Networks and Tree Search. Nature，529：484-489.

Tomar S K，Gogna M L. 1992. Reflection and refraction of longitudinal wave at an interface between two micropolar elastic solids in welded contact. International Journal of Engineering Science，30（11）：1637-1646.

Wu X，Liang L，Shi Y. 2019. FaultSeg3D：using synthetic datasets to train an end-to-end convolutional neural network for 3D seismic fault segmentation. Geophysics，84（3）：IM35-IM45.

Wu Y，McMechan G A. 2019. Parametric convolutional neural network-domain full-waveform inversion. Geophysics，84（6）：R881-R896.

Xu P，Lu W，Tang J，et al. 2019. High-resolution reservoir prediction using convolutional neural networks. 81st EAGE Conference and Exhibition 2019.

Yang F，Ma J. 2019. Deep-learning inversion：A next-generation seismic velocity model building method. Geophysics，84（4）：R583-R599.

第五部分　观测系统

第十六章
地震旋转量观测与六分量地震仪

操玉文，陈彦钧，朱兰鑫，阳春霞，曾卫益，张丁凡，李正斌

北京大学电子学院/区域光纤通信网与新型光通信系统国家重点实验室，北京，100871

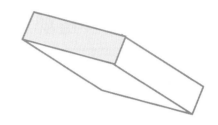

| 摘要 |

　　在地震学中，地震波在地层介质中的传播包括：平移运动、旋转运动和应变。在经典线性弹性地震学中，基于小变形和线性形变的假设，将幅值相对较小的地震旋转量忽略，仅考虑幅值较大的地震平动分量，现已在地震观测、地震勘探等领域中广泛研究和应用。但事实是，地震的旋转特性客观存在，且不容忽视。近年来，随着高精度旋转直接观测仪器的发展，地震旋转运动观测的物理地位和科学意义正在引起地学界的关注。在地震勘探中，在现有平动仪器的基础上增加旋转分量，进而组成六分量旋转地震仪，对地震波的传播、岩性分层等具有重要意义。本章综述了地震旋转运动的研究历史和发展现状，重点分析了地震旋转量观测与六分量地震仪的研究，并展示了近年来的部分地震旋转运动观测实例。笔者相信，随着旋转地震学的理论研究和观测仪器的发展，六分量观测将为地震学和地震勘探提供新的参数，促进地震学的理论及技术创新。

16.1 地震旋转量观测

在地震学中，地震波在地层介质中的传播包括：平移运动、旋转运动和应变（Aki and Richards，2002）。其中，平移运动是矢量，包含 3 个正交分量；旋转运动也是矢量，包含 3 个正交分量；应变是张量，包含 6 个分量。地震六分量观测是针对三分量平移运动和三分量旋转运动的观测。

由于地震平移运动的表现形式可以是位移、速度或加速度，在地震观测、地震勘探等领域中已有广泛研究和应用。而地震旋转运动观测正在引起地学界关注，一方面，这表明了其物理地位和科学意义（顾浩鼎和陈运泰，1988；Ferrari，2006）；另一方面，在地震勘探中，在现有平动三分量的基础上增加旋转三分量，对地震波的传播、岩性分层等具有重要意义。本章讨论地震旋转量观测与六分量地震仪，着重于地震旋转运动的观测及相关仪器方面的描述。

16.1.1 地震旋转研究历史与瓶颈

在线性弹性地震学中，基于小变形和线性形变的假设，将幅值相对较小的地震旋转量忽略，仅考虑幅值较大的地震平移分量。

但事实是，地震的旋转特性客观存在，且不容忽视。目前，可找到地震导致建筑物、墓碑等旋转的最早记录刊登于《那不勒斯科学与文学学院》（*Neapolitan Academy of Science and Letters*）上（Oldham，1899）。该刊记载了 1783 年 2 月 5 日至 3 月 28 日发生于意大利卡拉布里亚（Calabrian）的地震中两根方尖塔柱（obelisk-shaped pillars）的错动，如图 16-1 所示。图中所示方尖塔柱一根从右向左扭转，另一根则从左向右扭转，这种扭转当时被认为是地震波具有涡旋性质的证据。此后，也有不少人观察到地震中寺庙、墙壁等建筑物的旋转现象，但仅仅停留在将这一"奇怪"的现象记录下来的层面，并没有进行深层次的分析。1862 年，罗伯特·马莱（Robert Mallet）发现地震中建筑物的坍塌方向、物体的移动或旋转，可用于确定震中和震源，是早期利用地震旋转运动信息研究地震属性的研究方法（Mallet，1862）。

1783 年意大利卡拉布里亚地震的旋转记录引起了许多学者的关注，地震科学家开始研究与地震观测仪器相关的设计和测试。由于地震的旋转分量幅值非常小，受限于仪器灵敏度，长期以来对地震观测仅停留于平移运动的测量。直至 1875 年，佛罗伦萨西梅尼亚莫（Ximeniano）地震观测台站主任 P. 菲利波·切齐（P. Filippo Cecchi）使用熏烟纸设计制造出了第一台专门用于测量地震旋转运动的电动地震仪，可收集与地震运动（包括平移和旋转）、余震次数、强度、间隔时间、每一次余震的持续时间长度等信息。该仪器用于意大利佛罗伦萨（Florence）、都灵（Turin）、福贾（Foggia）等地的观测台站中。然而，在 1887 年 2 月 23 日发生的地震中，这台地震仪仅观测到了平移东西分量，并未记录到包括地震旋转分量在内的其他地震分量（Denza，1887）。此后，该仪器进行了再版优化，并继续运行了数年。遗憾的是，运行期间没有观测到地震波的旋转分量。

图 16-1　1783 年意大利卡拉布里亚地震中两根错动的方尖塔柱（Ferrari，2006）

由于关于地震旋转分量观测仪器的研究一直未有大的进展，对于现代地震旋转的研究开展得也较晚。1912 年，B. B. 戈利岑（B. B. Golitsyn）提出了一种使用两个相同摆结构测量旋转的方法（Golitsyn，1912）；1969 年，D. A. 卡林和 L. I. 西曹诺夫（D. A. Kharin and L. I. Simonov）基于该原理制造了一个双摆系统，并在一次强震中记录到了地震的平移运动分量和旋转运动分量（Kharin and Simonov，1969；Graizer，2009）。该仪器将两个相同的摆结构置于同一轴上，并让它们在同一平面上移动。如果仅有纯地震平移运动，两个摆结构将产生完全相同的响应；而如果存在旋转，摆的响应则是相反的。这一方法原理虽然非常简单，却是使用多摆系统测量旋转和平移运动的经典方法之一，为后来者提供了研究思路和原型。此后，法雷尔（Farrell）制造了一个陀螺式旋转地震计，1968 年 4 月 9 日伯雷戈（Borrego）地震（M6.5）期间，他观测到离震源 115km 的加利福尼亚州拉荷亚（La Jolla）发生了小于 1 厘米的静态位移和小于 0.5 微弧度的旋转（Farrell，1969）。

除天然地震旋转分量的观测外，还有学者对人工源地震进行了观测。1976 年，捷克地震科学家 Z. 德罗西特和 R. 泰西尔（Z. Droste and R. Teisseyre）在不同方位布置平动地震仪阵列，捕获到了来自附近矿山岩爆的地震旋转分量。1991 年，V. M. 格雷泽（V. M. Graizer）利用地震台站的传感器，直接观测到地震在测点引起的旋转，记录到两次核爆炸在南北方向引起的旋转运动和平移运动。1994 年，R. 尼博尔（R. Nigbor）使用商用旋转传感器 MEMS（Micro-Electro-Mechanical System）直接观测到测点地面的旋转运动和平移运动，并在千吨级爆炸中观测到了显著的近场旋转运动，其在 1km 处幅度为 660 微弧度。

近 20 年来，随着捷联式陀螺仪在地震观测中的应用，地震旋转运动的观测灵敏度大大提升。建成于 2001 年 10 月 5 日的环形激光陀螺仪 G-ring 位于德国巴伐利亚（Bavaria）的维策尔（Wettzell）大地观测站，它捕获到 2003 年 9 月 25 日发生于日本北海道的十胜–隐歧（Tokachi-oki）地震（M8.1），并对比了该地震的平移分量和旋转分量，这是由远处大地震引起的绕垂直轴旋转运动且与平移运动形态一致的观测记录第一次为媒体所报道（Igel，et al.，2005）。

现代地震旋转运动研究的发展取决于旋转运动观测仪器的发展。伊格尔（Igel）等结合实际观测案例，对地震旋转观测仪器/传感器的基本性能进行了如下规定（Sollberger，et al.，2020）。

（1）在较宽频带范围内具有较高灵敏度，适应 $10^{-14}\mathrm{rad/s} \sim 1\mathrm{rad/s}$ 范围的地面旋转运动测量。

（2）必须对线性平移运动不敏感。

（3）自噪声水平需要与温度变化无关。

（4）必须对磁场变化稳定。

目前可用于地震旋转观测的仪器/传感器有：机械摆式（Solarz，et al.，2004）、微机电式（D'Alessandro，et al.，2019）、电容-电化学式（Evans，et al.，2016）、光学扭秤式（Madziwa-Nussinov，et al.，2012）、激光陀螺仪式（Igel，et al.，2020）和光纤陀螺式（de Toldi，et al.，2017；Bernauer，et al.，2018；Li，et al.，2019）等。其中，完全满足上述条件的是双偏振光纤陀螺仪。

为推动旋转地震研究，李·赫德纳特和埃文斯（Lee，Hudnut and Evans）等于2006年2月16日召开了一个关于旋转地震学的小型研讨会。会后，埃文斯和李与几个积极研究旋转运动的小组进行了联系，并成立了国际旋转地震学工作组（International Working Group on Rotational Seismology，IWGoRS），以促进研究旋转运动及其应用，并分享基于公开网络环境下所得的经验、数据、软件和结果等（Lee，et al.，2009）。任何人都可以通过 http://www.rotational-seismology.org 加入 IWGoRS，订阅邮件，并在论文发表、书籍出版、观测数据、链接等方面提供共享。相信在众多学者的共同努力下，关于旋转地震的研究将进一步向前推进，进而被广泛运用于地震学、地震工程学和大地测量学等领域。

16.1.2　地震旋转观测方法与仪器概况

16.1.2.1　地震旋转分量理论描述

地震学中通常使用经典线性弹性理论来描述物体的形变，对于有3个自由度的无穷小形变体，指定一点 x 的位移为 $u(x)$，那么其极近点 $x+\delta x$ 的位移 $u(x+\delta x)$ 可以用3个平动分量、6个应变分量及3个旋转分量来表示（Nolet，1980），具体可以写为

$$u(x+\delta x) = u(x) + \epsilon\delta x + \omega \times \delta x \tag{16-1}$$

式中，$\varepsilon_{ij} = \dfrac{1}{2}\left(\dfrac{\partial u_x}{\partial x_j} + \dfrac{\partial u_j}{\partial x_i}\right)$ 代表应变张量，有6个分量；$\omega_{ij} = \dfrac{1}{2}\left(\dfrac{\partial u_i}{\partial x_j} - \dfrac{\partial u_j}{\partial x_i}\right)$ 代表旋转张量，包含3个分量；∂ 表示位移在 X、Y、Z 方向的导数。根据旋转张量的表达式可以得出结论：如果拥有完整的位移信息量，可以通过计算得到旋转向量，反之，可以通过测量地面的旋转分量来补充缺失的位移信息（Igel，et al.，2014）。

根据胡克定理，自由表面的旋转分量有

$$\frac{\partial u_y}{\partial x_z} = -\frac{\partial u_z}{\partial x_y}, \quad \frac{\partial u_x}{\partial x_z} = -\frac{\partial u_z}{\partial x_x} \tag{16-2}$$

即旋转张量可以表示为

$$\begin{pmatrix} \omega_x \\ \omega_y \\ \omega_z \end{pmatrix} = \begin{pmatrix} (\partial u_z)/(\partial x_y) \\ -(\partial u_z)/(\partial x_x) \\ \dfrac{((\partial u_y)/(\partial x_x)-(\partial u_x)/(\partial x_y))}{2} \end{pmatrix} \qquad (16\text{-}3)$$

它表明在地面绕两个水平轴的旋转量和倾斜量是一致的（Huang，2003）。

当地震震源的距离足够远时，地震波可以被看作平面波。在这种情况下，沿 x 方向以相速度 c 传播的在 y 方向振动的平面波位移表示为

$$u_y(x,t)=f\left(\frac{\omega}{c}x-\omega t\right) \qquad (16\text{-}4)$$

进一步可以推导出

$$a_y(x,t)=\ddot{u}_y(x,t)=\omega^2 f''(kx-\omega t) \qquad (16\text{-}5)$$

$$\Omega(x,t)=\frac{1}{2}\nabla\times[0,\dot{u}_y,0]=\left[0,-\frac{1}{2}k\omega f''(kx-\omega t),0\right] \qquad (16\text{-}6)$$

式中，$a_y(x,t)$ 表示水平位移加速度，$\Omega(x,t)$ 表示垂直旋转角速度，由此可见

$$\frac{a_y(x,t)}{\Omega(x,t)}=-2c \qquad (16\text{-}7)$$

从该表达式中能够获取的信息有：对于同一测量位置，a. 水平位移加速度和垂直旋转角速度的相位相同，b. 水平位移加速度和垂直旋转角速度的幅值比为 $-2c$。此结论是地震勘探中单点层析成像的重要理论依据。

16.1.2.2　地震旋转分量的观测仪器

目前测量地震旋转分量的方法有两种（Spudich，et al.，1995）：第一种是利用观测到的平动分量通过计算间接获取旋转分量，主要有两点差分法、行波法、频域法及有限差分法等；第二种是通过对旋转运动敏感的传感器直接测量，最常见的有基于流体的传感器（如电化学传感器、磁流体传感器等）及基于萨格纳克（Sagnac）效应的环形激光陀螺仪和光纤陀螺仪（Schmelzbach，et al.，2018）。

（1）阵列间接测量

在很长一段时间内，由于没有合适的直接测量地震旋转运动的仪器，因此间接测量方法是主要手段。间接测量一般采用平移运动传感器组成阵列，基于前述地震旋转分量和平移分量的关系式，通过有限差分法计算出测量点的旋转分量，如图16-2是一个典型的立体型地震仪阵（Brokešová and Málek，2015）。

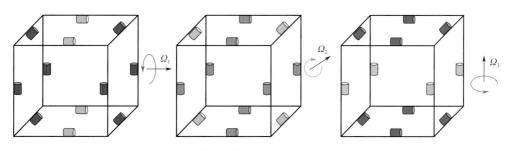

图16-2　立体型地震仪阵列模型

上述模型中，对 4 个垂直放置的平移分量单分量检波器的输出，取平均后得到 Z 轴垂直方向的平动分量；对 8 个水平放置的传统检波器输出取平均后得到 X 轴和 Y 轴两个水平方向上的平动分量，结合自由表面旋转张量的表达式，即可计算出 X、Y、Z 轴三个方向上的旋转分量。

通过平移分量检波器组合阵列的方式具有以下几个特点：a. 频带较窄，一般范围是 1~50Hz，而地震监测对频带的需求为 0.001~100Hz，低频特性较差；b. 测量精度为 100nrad/s 的量级，而从强震到远震，地震波的幅值范围为 0.01nrad/s~1rad/s，这种测量方法适合近-中远程地震旋转量观测；c. 阵列对旋转运动和平移运动均敏感，计算出的旋转分量受到平动信号的干扰，与真实信号有出入。

（2）基于流体的传感器

目前基于流体的传感器主要有两种。一种是电化学旋转地震仪，如图 16-3（a）所示。其原理是，当外界存在旋转信号时，仪器中液体及带电粒子的运动状态会发生改变，从而引起电流或电压的变化，通过测量电流或电压的变化量就可以实现对旋转地震信号的采集（孙丽霞等，2020）。另一种是磁流体旋转地震仪（Pierson，et al.，2016），如图 16-3（b）所示。磁流体旋转地震仪和电化学旋转地震仪的原理相似，在外部施加旋转信号的情况下，流体和磁场之间的相对运动会产生可测量的径向电流。基于流体的传感器制作工艺简单，价格低廉，但是环境适应性较差，容易受到环境温度和磁场的影响，精确度难以保证，同时，仪器的工作频带、动态范围及测量精度均无法完全达到地震旋转分量测量的要求。

(a)

(b)

图 16-3　（a）电化学旋转地震仪及（b）磁流体旋转地震仪

（3）激光陀螺仪

激光陀螺仪（Schreiber，et al.，2009）的工作原理基于萨格纳克（Sagnac）效应。萨格纳克（Sagnac）效应是一种相对论效应，指任一形状的光路相对惯性空间存在转动时，沿相反方向传播的两束光波绕行一周再回到初始点，它们会存在一个相位差或时间差。激光陀螺仪的基本元件是环形谐振腔，萨格纳克（Sagnac）效应使得谐振腔器中顺时针方向与逆时针方向简并的激光谐振模式分裂，产生频率差，其大小为

$$\Delta f = \frac{4A}{\lambda L} \cdot \omega \qquad (16-8)$$

式中，A 为谐振腔的面积，P 为腔体的周长，λ 为激光的波长，ω 为旋转角速度。由此可以看出，环形激光陀螺仪的谐振腔面积和周长之比值决定了传感器的比例系数，进一步决定了激光陀螺仪的分辨率。因此，在制作高精度激光陀螺仪时，需要选择较大的谐振腔面积和周长之比值，及较短的激光工作波长。

目前，位于德国维策尔（Wettzell）大地观测站的 G-Ring 是世界上最稳定和灵敏度最高的激光陀螺仪，也是性能最好的陀螺仪，如图 16-4 所示。

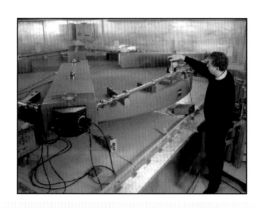

图 16-4　4m×4m 的超大环形激光陀螺仪 G-Ring

环形激光陀螺仪的灵敏度高，动态范围大，低频特性表现良好，但造价昂贵、体积庞大、维护困难，很难大规模地应用到地震旋转运动的观测中。鉴于光纤陀螺仪建造简单、携带方便、满足近场至远场地震旋转量观测，环形激光陀螺仪有可能被光纤陀螺仪取代。

（4）光纤陀螺仪

光纤陀螺仪的基本原理与激光陀螺仪相同，但它具有通过提高光纤线圈匝数来增强萨格纳克（Sagnac）效应的优势，能够在较小的体积下达到较高的精度。图 16-5 展示了目前性能较为优秀且技术相对比较成熟的光纤陀螺仪，从左至右分别为商用的 BlueSeis-3A 型光纤旋转地震仪、北大超大环单分量光纤旋转地震仪、波兰的 FOSREM 光纤旋转地震仪及霍尼韦尔的光纤陀螺仪。

图 16-5　四个典型的光纤陀螺仪

利用光纤陀螺仪制造的旋转地震仪，在分辨率、动态范围及工作频带上能够达到从地震近场到远场测量地震旋转分量的要求，且其体积小巧、携带方便、对平移运动不敏感、环境适应性强，现已开始应用于地震观测。

16.1.3　地震观测趋势——六分量观测

尽管人们观察到地震波的旋转分量引起的旋转运动已经有几个世纪了，地震学理论中也表明了旋转分量的存在，还从现象和理论两个角度阐述了监测地震旋转分量的必要性，但是由于缺乏观测旋转运动的仪器，现代观测地震学仍以测量平移运动和应变为主。

近几十年来，旋转地震学的理论研究和观测仪器有了更大的发展，学术界和工程界也开始重视六分量观测（三分量平动观测加三分量旋转观测），六分量共点测量将为地震学和地震勘探提供新的参数，促进地震学的理论及技术创新。2019 年 9 月，在中国台湾召开的第 5 届国际旋转地震学大会上，有近 40% 的主题报告和墙报讨论六分量地震学及其应用。目前，六分量观测可以预见的重要意义如下。

16.1.3.1　地震六分量观测

上节中提到，若想描述一个无穷小形变体的运动状态，需要知道三分量平移运动、三分量旋转运动以及六分量应变运动。三分量平移运动和六分量应变运动早已纳入传统地震学的常规监测，而三分量旋转运动长期被忽视，因此，提出六分量观测（如图 16-6 所示）对完善地震运动的观测具有重要的指导意义。

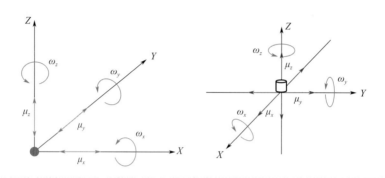

图 16-6　六分量观测示意图

16.1.3.2　单点六分量观测

单点六分量观测相较于平动三分量阵列测量具有两个明显的优势。首先，它能够解决地震仪阵列规模呈几何增长的问题，仅用单测点数据就可以进行类似平动地震仪阵列的信号处理，实现稀疏地震数据采集，这将大大提高地震勘探、地质灾害监测的效率；其次，对于较为恶劣的安装环境，如海底、钻孔、城市、山区、矿井、行星表面等非平原地区，六分量单点观测能够降低安装难度，节约时间和降低成本。另外，根据位移加速度和旋转角速度的幅值可以确定水平相速度，实现单站点地震层析成像，为研究地下结构提供支持（Bernauer, et al., 2012）。

16.1.3.3　波场分离

拉梅定理表明，位移场 u 可以用向量 $\boldsymbol{\Phi}$ 和向量 $\boldsymbol{\Psi}$ 表示为（Aki and Richards, 2002）

$$u = \nabla \boldsymbol{\Phi} + \nabla \times \boldsymbol{\Psi} \tag{16-9}$$

其中，$\nabla \boldsymbol{\Phi}$ 和 $\nabla \times \boldsymbol{\Psi}$ 分别被称为 P 波和 S 波。等式两边同时求旋度，可以得到

$$\nabla \times u = \nabla \times \nabla \times \boldsymbol{\Psi} \tag{16-10}$$

该表达式表明，在各向同性均匀弹性介质中，旋转分量是以 S 波的形式出现。因此，如果通过观测获取到旋转分量，就可以分离出波场中的 P 波和 S 波。

另外，对于不同的横波类型，例如沿垂直方向旋转的勒夫波和沿水平方向旋转的瑞利波（如图 16-7 所示），均可以实现波场分离。通过六分量观测能够明确地分辨出地震波的类型，这是传统的三分量平动监测完全无法实现的，分离出的 S 波能够显著改善地震勘探的效果（刘庚等，2020）。

除此之外，六分量观测还能够实现震源分析（确定震源位置及震源反演）、倾斜矫正、介质散射特征分析与地震波色散特性、无源地震勘探以及建筑结构的基础监测等，应用领域十分广泛，如图 16-8 所示（Guattari，et al.，2019）。六分量观测极大地扩展了地震观测的范围，为现有的勘探方法提供了改进思路，将会是地震观测的必然趋势。

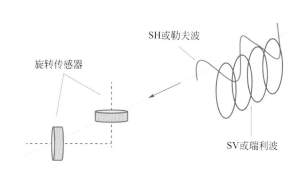

图 16-7 六分量观测分离瑞利波和勒夫波

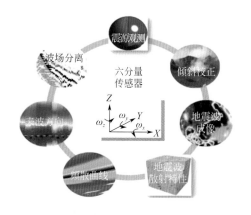

图 16-8 六分量观测的应用

16.2 光纤六分量地震仪

16.2.1 光纤六分量地震仪原理

16.2.1.1 光纤环路中的萨格纳克（Sagnac）效应

光纤六分量地震仪是一种敏感角速率的光纤传感器，它实际上是一个基于萨格纳克效应的环形干涉仪，萨格纳克效应是法国学者 G. 萨格纳克（G. Sagnac）研究发现的（张桂才，2008）。

如图 16-9 所示，将同一光源发出的一束光分解为两束，让它们在同一个环路内沿相反方向循行一周后会合，然后在屏幕上产生干涉。当环路平面内有旋转角速率 Ω 时，屏幕上的干涉条纹将会发生移动，这就是萨格纳克效应，这种由旋转引起的相位变化称为萨格纳克相移 ϕ_s。

为了定量地描述萨格纳克相移 ϕ_s 与旋转角速率 Ω 之间的关系式，将图 16-9 中光纤环路拿出来单独考虑，如图 16-10 所示圆形光纤环路。假设该环路半径为 R，具有 N 匝光纤线圈。当光纤环路静止时 ［图 16-10 （a）］，光波沿环路顺时针方向的传输时间为

$$t_{cw} = N \cdot 2\pi R / c \tag{16-11}$$

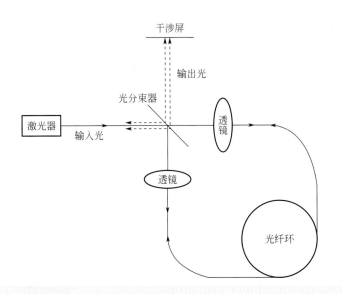

图 16-9　萨格纳克干涉仪

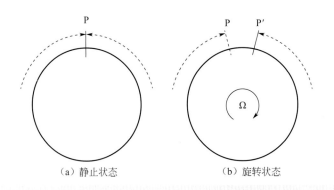

（a）静止状态　　　　　　　（b）旋转状态

图 16-10　圆形光纤环路的萨格纳克效应

沿环路逆时针方向的传输时间为

$$t_{ccw} = N \cdot 2\pi R/c \tag{16-12}$$

显然

$$t_{cw} = t_{ccw} \tag{16-13}$$

这里假定光在真空中传播，速度为 c，也就是说两束光的出射位置与汇合位置相同。而当光纤环路以角速度 Ω 旋转时［图 16-10（b）］，光波在光纤环路内传播 N 匝后回到出射点，此时的出射点位置已经发生移动，从 P 到 P′，光纤环路的切向速度为

$$v = \Omega \cdot R \tag{16-14}$$

在转速较小的情况下，根据经典力学中的多普勒效应近似有（基于光速不变原理，严格推导需用相对论理论，表达式一致）

$$c_{cw} = c + \Omega R \tag{16-15}$$
$$c_{ccw} = c - \Omega R$$

对应的传输时间分别为

$$t_{cw}=\frac{N\cdot 2\pi R}{c_{cw}}=\frac{N\cdot 2\pi R}{c+\Omega R}$$

$$t_{ccw}=\frac{N\cdot 2\pi R}{c_{ccw}}=\frac{N\cdot 2\pi R}{c-\Omega R}$$

（16-16）

则顺时针和逆时针光波之间的相位差为

$$\phi_s=\frac{2\pi c}{\lambda}(t_{ccw}-t_{cw})=N\cdot 2\pi R\cdot\frac{2\pi c}{\lambda}\cdot\frac{2\Omega R}{c^2-\Omega^2R^2}$$

由于 $c^2\gg\Omega^2R^2$，则

$$\phi_s=N\cdot 2\pi R\cdot\frac{2\pi c}{\lambda}\cdot\frac{2\Omega R}{c^2-\Omega^2R^2}\approx N\cdot 2\pi R\cdot\frac{2\pi}{\lambda}\cdot\frac{2\Omega R}{c}$$

$L=2\pi NR$，则光纤环路的萨格纳克相移与旋转角速率之间的关系可简化为

$$\phi_s=\frac{4\pi RL}{\lambda c}\cdot\Omega$$

（16-17）

式中，L 为光纤长度，R 为光纤环的半径，λ 为光源的波长，c 为真空中的光速。

由式（16-17）可以发现，通过检测萨格纳克相移即可算出旋转角速率。同时，在不改变检测能力的前提下，可以通过增加光纤长度的方法来检测更小的旋转角速率。

光纤环路中的萨格纳克相位非常小。一般精度的光纤陀螺仪的萨格纳克相位在 $10^{-6}\sim10^{-8}$rad，比光波在光纤中的传输相位小很多，需要克服许多噪声。其中，光纤环路的偏振涨落噪声是最主要的噪声，其次是温度梯度噪声、瑞利散射噪声、背向反射噪声等。

图 16-11 所示为光纤六分量地震仪互易性结构的全光纤形式，整个光路由全光纤波导结构组成：光源采用带光纤尾纤的半导体激光器，光分束器采用单模光纤耦合器。这种结构称为"最小互易性结构"，它的作用是抑制光波在光纤环中的偏振涨落噪声。

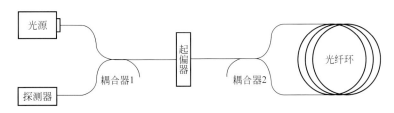

图 16-11　最小互易性光路结构

根据最小互易性结构原理，光纤六分量地震仪按偏振控制方法可以分成保偏型（图 16-12）和消偏型（图 16-13）两大类。保偏型结构中，所有光路及元器件都需要保偏。光纤环耦合器采用保偏耦合器（PMDC），光纤环采用保偏光纤（PMF）。实际使用中，环内需要引入一个相位调制器。为了简化结构，人们常把起偏器、PMDC、相位调制器用一个 Y 波导集成光路（Y-IOC）来代替。光源端的耦合器也可以用光环行器替代，以减少光路总衰减。同时，为了保证起偏器对光波的功率衰减是稳定值（3dB），在光源和起偏器前往往要加入一个消偏器（DP）。

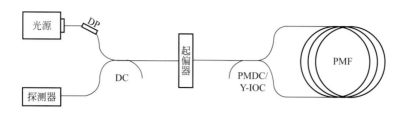

图 16-12　保偏结构示意图

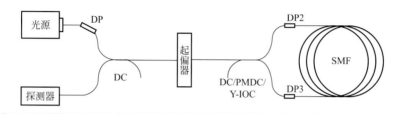

图 16-13　消偏结构示意图

消偏结构相较于保偏结构成本较低，光纤环采用单模光纤环，环内有一到两个消偏器。消偏器的主要作用是消除环内非互易光的相干性，以保证返回检测端口的光波中偏振噪声（PN）误差已被消除。消偏结构的设计具有一定灵活性，现在比较常用的设计是光纤环耦合器用保偏耦合器或者 Y 波导集成光路，即仍然采用保偏器件，入环之后再消偏（Blake，et al.，1992）。

16. 2. 1. 2　开环解调与闭环解调

按照响应线性化方法分类，光纤六分量地震仪可分为开环型和闭环型。

开环方法的基本原理是利用探测器输出既有萨格纳克相移的正弦函数也有其余弦函数这一特点，通过模拟或数字信号处理电路，获得旋转引起的相移。

闭环方法是在敏感环中加入一个电光控制元件，即在两束反向传播的光波之间引入一个非互易相移响应旋转输入，并补偿旋转引起的萨格纳克相移。

16. 2. 2　光纤六分量地震仪

2012 年，菲利克斯·伯纳尔（Felix Bernauer）等人，2020 年，大卫·索尔伯格（David Sollberger）、海纳·伊格尔（Heiner Igel）等人提出应用于地震学的旋转运动传感器必须对平移运动、温度变化和磁场变化不敏感，并且在频段 $0.001 \sim 100 \mathrm{Hz}$ 内可测量到 $10^{-9} \mathrm{rad/s}$ 的旋转信号；而在工程应用领域，则需要在频段 $10^{-2} \sim 10^{2} \mathrm{Hz}$ 内量程达到 $1 \mathrm{rad/s}$ 级（Jaroszewicz，et al.，2016）。

由于光学陀螺具备只对旋转运动敏感、无运动转子、动态范围宽等特点，在旋转测量中具有突出的优势。首先，运用于旋转地震学的光学传感器是环形激光陀螺仪（RLG），例如新西兰 C-Ⅱ（Stedman，1997）、GEO（Rowe，et al.，1999）、德国 G-ring（Schreiber，et al.，2001）等，其中 G-ring 是目前旋转运动观测精度最高的激光陀螺仪，其对地球自转观测精度可达 10^{-9} 量级，灵敏度 $9 \times 10^{-11} \mathrm{rad/s/\sqrt{Hz}}$、最大可测角速率 $1 \mathrm{rad/s}$、频带 $3 \times 10^{-3} \sim 10 \mathrm{Hz}$，如图 16-14（a）（Schmelzbach，et al.，2018）所示。

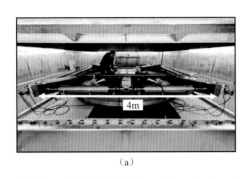

（a）　　　　　　　　　　　　　　　（b）

图 16-14　（a）G-ring 装置；（b）BlueSeis-3A 装置

光纤陀螺仪（FOG）是激光陀螺仪外的另一种光学角速度传感器，近年来成为旋转地震领域的热点之一。法国 iXblue 公司是国际上高精度导航定位领域的知名公司之一，对光纤陀螺仪的研发和生产具有丰富经验。2016 年 iXblue 公司发布了宽频带高精度三分量光纤陀螺仪 BlueSeis-3A 的样机参数，这是首款面向旋转地震方向的商用光纤陀螺仪，如图 16-14（b）。

BlueSeis-3A 是一种基于保偏光纤陀螺仪的结构，采用闭环解调电路，通过检测输出信号的相位将其反馈至相位调制器，使工作点保持在最大灵敏度附近，相对于开环结构具有更大的动态范围和标度因数线性度。

自噪声是旋转地震仪能探测的最小角速率，可用短时噪声和长时漂移表征，但在地震学中更加关注仪器的短时噪声，常用根功率谱密度或者阿兰标准差体现，单位 $\mathrm{rads^{-1}}/\sqrt{\mathrm{Hz}}$。BlueSeis-3A 在安静环境下，在频段 $10^{-3}\sim50\mathrm{Hz}$ 范围内根功率谱密度平坦，自噪声 $20\sim30\mathrm{nrads^{-1}}/\sqrt{\mathrm{Hz}}$。图 16-15 是 BlueSeis-3A 的三个分量与德国商用陀螺 LCG、电化学陀螺 R1、磁浮陀螺 ATA 的根功率谱密度的对比（Bernauer, et al., 2018）。在阿兰标准差曲线中，如图 16-16（Bernauer, et al., 2018），相关时间 $\tau=1\mathrm{s}$ 时 X、Y、Z 三个分量的短时噪声幅值分别为 $15\mathrm{nrads^{-1}}$、$13\mathrm{nrads^{-1}}$、$15\mathrm{nrads^{-1}}$。

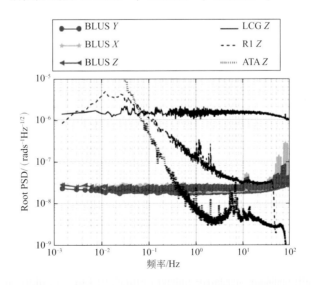

图 16-15　BlueSeis-3A、LCG-Demonstrator、电化学陀螺 R1、磁浮陀螺 ATA 的自噪声谱

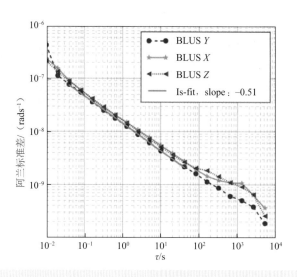

图 16-16　BlueSeis-3A 三个分量的阿兰标准差曲线

旋转地震仪的标度因数线性度是输出角速率与输入角速率之间的比例因子，常以 ppm（百万分之一）为单位进行表示。测试结果如图 16-17（Bernauer, et al., 2018），图 16-7（a）是测试结果中均值和标准差；图 16-17（b）中，实线是 1000ppm，虚线是 100ppm。在角速率为 $0.175 \sim 0.873 \mathrm{rads}^{-1}$ 时，标度因数非线性度水平保持在 $-12 \sim 8$ppm 内，满足地震学的性能要求。

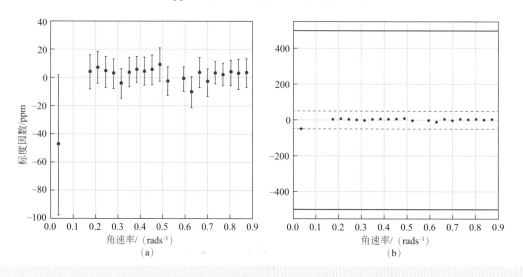

图 16-17　BlueSeis-3A 标度因数随输入角速率的变化

表 16-1 中将激光陀螺仪 G-ring、光纤陀螺仪 LCG 和 BlueSeis-3A 的主要性能进行了对比。表 16-2 是已公布的商用 BlueSeis-3A 性能参数。

表 16-1　G-ring、LCG 与 BlueSeis-3A 性能对比

参数	G-ring	LCG	BlueSeis-3A
灵敏度（$\mathrm{rads}^{-1}/\sqrt{\mathrm{Hz}}$）	9×10^{-11}	6.3×10^{-7}	2×10^{-8}
频段（Hz）	$3 \times 10^{-3} \sim 10$	$DC \sim 10^{2}$	$DC \sim 10^{2}$

续表

参数	G-ring	LCG	BlueSeis-3A
最大角速率（rads^{-1}）	1	—	0.1
动态范围（dB）	280	—	135
尺寸（mm×mm×mm）	16m^2	278×102×128	300×300×280

表 16-2　BlueSeis-3A 详细性能参数

性能指标

自噪声（rad/s/$\sqrt{Hz}$）	10^{-3}Hz	10^{-2}Hz	10^{-1}Hz	1Hz	10Hz	100Hz
	1. 10^{-7}	2. 10^{-8}	2. 10^{-8}	2. 10^{-8}	2. 10^{-8}	1. 10^{-7} [1]

角度随机游走	<15. 10^{-9} rad/s $\sqrt{Hz}$（50μ°$\sqrt{h}$）
带宽	Flat from DC to 100Hz
静态角速度准确度	<5μrad/s　　　　（1°/h）
航向飘移	< 4°×secant（lat）[2]
标度因数稳定性	<1% guaranted for life
校准	Not needed
启动时间	<1 minute

工作范围/环境

正常工作/存储的温度范围	−10 to 50℃／−40 to 80℃
角速度动态范围	100 000 μrad/s
允许的倾斜角度	Any
加速度敏感性	None
压力敏感性	None
平均无故障时间	100,000hours

外观特性

防护等级	IP66
尺寸（长×宽×高）	300×300×280mm
重量	20kg

接口

硬件接口	以太网+RS232/422 串行接口+1 个 TTL 输入脉冲来输出 PPS（精确时间信号）
输出协议	miniSEED（TCP/UDP）
输入协议	用于时间戳的 NMEA（ZDA）/NTP/PTP
数据输出速率	Up to 200 Hz
供电/功耗	24 VDC／<20W
人机接口	基于 Web 的配置界面

（1）可选附加功能：开环过程可在 10~100Hz 频率范围内保持 2e^{-8} rad/s/$\sqrt{Hz}$的平坦自噪声，但长时性能不保证，需要校正。

（2）secant（lat）表示所在温度的余弦值倒数。

16.2.3　双偏振光纤陀螺仪

如前文所述，在光纤陀螺仪中，偏振互易性是保证准确探测萨格纳克相移的重要基础，因此绝大部分光纤陀螺仪都采用了基于单个偏振态的最小互易结构以保证偏振互易性。尽管该结构具有简单、稳定、可靠的特点，也是目前光纤陀螺仪研制的主流技术，但保偏光纤具有相互正交的两个偏振态，最小互易结构仅能利用其中的一个偏振态工作。如何充分利用两条正交通道以达到更高性能，如适应温度变化、磁场变化、高精度、高灵敏度等，也是光纤陀螺仪研究领域中的热点之一。对于监测地震旋转运动的传感器，其对便携性、可靠性、灵敏度、动态范围和响应频带都有特殊的要求。双偏振光纤陀螺仪为满足这些要求提供了全新的思路，相对一般的单偏振结构更有优势，本节将详细介绍分析双偏振光纤陀螺仪结构。

16.2.3.1 双偏振光学方案

目前，双偏振光纤陀螺仪主要有两种设计方案：一种是可以称为"光路串行倍增"的双偏振光纤陀螺仪结构，另一种则是并行光路双偏振光纤陀螺仪结构。

串行偏振光纤陀螺仪结构是使光纤中的光在一个偏振态传输后，进入另一个偏振态继续传输，从而实现"倍增"光纤的效果，提高光纤陀螺仪的灵敏度。此类研究中，Honeywell 公司（Chen and Strandjord，2006）和浙江大学（Wu，et al.，2018）的研究者分别提出了基于偏振分束器、偏振分束合束器（PBS/C）和法拉第旋转镜的方案。图 16-18 展示了一种基于偏振分束器的方案。这类方案中，在两个偏振态中传播的光的确起到了"倍增"光纤长度的效果。实验结果表明，角随机游走可以降低 1/2，但是两偏振态之间的交叉耦合噪声无法消除，光纤陀螺仪的偏振互易性不能完全保证，因此其零偏稳定性会受到较大影响。图 16-19 是浙江大学研究组的双偏振光纤陀螺仪阿兰标准差曲线，从中可以看到在 10^2 s 附近的噪声凸起，证明其中的偏振非互易噪声难以消除；在 C. J. 陈和 L. K. 斯特兰德（C. J. Chen and L. K. Strand jord）（2006）的结果中，也有类似的噪声凸起。这种利用双偏振来"倍增"光纤长度的方案是对光纤陀螺仪结构的有益探索，在对灵敏度要求高、对零偏性能要求不是很高的地震旋转观测场景，它是制作地震勘探传感器的一种选择。

但这种方案不是严格意义的双偏振方案，同时需要对温度变化、磁场变化的敏感特性进行深入研究。

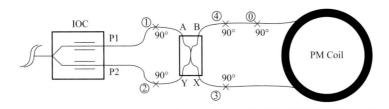

图 16-18 一种"倍增"光纤环的双偏振光纤陀螺仪

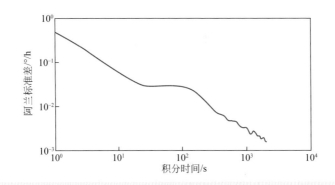

图 16-19 "倍增"光纤环的双偏振光纤陀螺仪的阿兰标准差曲线

另一种是并行双偏振方案，它利用光学器件的相互配合，让光纤陀螺仪中的光同时在两个偏振态上传播。相比"倍增"光纤的串行方案，由于两个偏振态之间的光学噪声是互补的，因此它可以通过光学补偿等方法保证更好的偏振互易性。该方案由北京大学课题组提出，是采用两套调制解调器件构建的双偏振光纤陀螺仪方案（Yang，et al.，2012），其具体结构如图 16-20 所示。

在该结构中，光源经过耦合器分光之后，利用两个环形器和多功能集成光学芯片（multi-functional integrated optical chip，MIOC）对光源产生的消偏光进行起偏、分光和调制，两组线偏光经 PBS/C 引入光纤环中，在正交的偏振轴中进行相向传播，经过各自的 MIOC 和环形器，后由探测器 PD1 和 PD2 进行光信号探测解调。在该结构中，两路输出结果的偏振非互易误差相反，可以通过补偿消除，继而提高光纤陀螺仪的性能，同时两路信号还具有噪声抑制、温度磁场不敏感等特点（Liu，et al.，2017；Luo，et al.，2017），因此特别适合用于旋转地震仪。

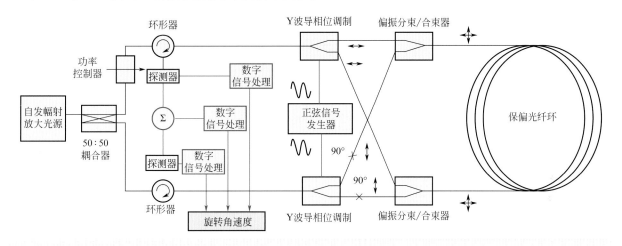

图 16-20　基于保偏光纤环的双偏振光纤陀螺仪光路结构

16.2.3.2　并行双偏振结构特点

（1）光学补偿特性

下面利用琼斯（Jones）矩阵来对双偏振补偿现象进行理论解释（Pavlath and Show，1982；Wang，et al.，2014）。假设光源输出的光的偏振度为 d_0，则其场强可以表示为

$$\boldsymbol{E}_0 = \begin{bmatrix} E_{0x}(t) \\ E_{0y}(t) \end{bmatrix} e^{j\omega_0 t} = \begin{bmatrix} \sqrt{1+d_0} \\ \sqrt{1-d_0} \end{bmatrix} E_0(t) e^{j\omega_0 t} \tag{16-18}$$

式中，ω_0 为光波频率，d_0 为偏振度。

$$d_0 = \frac{I_{0x} - I_{0y}}{I_{0x} + I_{0y}}, \quad -1 \leqslant d_0 \leqslant 1 \tag{16-19}$$

而 Y 波导中两路的起偏可以分别用琼斯矩阵表示为

$$\boldsymbol{P}_x = \begin{bmatrix} 1 & 0 \\ 0 & 0 \end{bmatrix}, \quad \boldsymbol{P}_y = \begin{bmatrix} 0 & 0 \\ 0 & 1 \end{bmatrix} \tag{16-20}$$

假设两路损耗相同，且其中一路增加了 ΔL 的延迟用以消除相干性，则经历起偏与合光之后的光波场场强可以表示为

$$\boldsymbol{E}_i = \begin{bmatrix} \sqrt{(1+d)/2}\, e^{-j\beta \Delta L} \\ \sqrt{(1-d)/2} \end{bmatrix} e^{j\omega_0 t} \tag{16-21}$$

式中，d 为 i 点处的偏振度。

需要说明的是，该式为计算方便对光强进行了归一化处理。而在光纤环中也是存在偏振态变化的，光纤环顺指针和逆时针传播方向琼斯矩阵可以分别表示为

$$\boldsymbol{M}_r^+ = \begin{bmatrix} C_{r1} & C_{r2} \\ C_{r3} & C_{r4} \end{bmatrix}, \quad \boldsymbol{M}_r^- = \begin{bmatrix} C_{r1} & C_{r3} \\ C_{r2} & C_{r4} \end{bmatrix} \tag{16-22}$$

式中 C_{r1}，C_{r2}，C_{r3}，C_{r4} 为与器件偏振性质有关的复数。

在没有偏振耦合的理想情况下，顺时针光波与逆时针光波绕环一周后的相位差理论值为 $\varphi_r = \varphi_s + \Delta\varphi(t)$，其中 $\Delta\varphi(t)$ 为调制器引入的动态相位偏置，φ_s 为萨格纳克相移。经历以上过程，两路光波返回到互易端时可以表示为

$$\boldsymbol{E}_r^+ = \boldsymbol{M}_r^+ \boldsymbol{E}_i \mathrm{e}^{\mathrm{j}\varphi_r}, \quad \boldsymbol{E}_r^- = \boldsymbol{M}_r^- \boldsymbol{E}_i \tag{16-23}$$

代入有

$$\boldsymbol{E}_r^+ = \begin{bmatrix} C_{r1}\sqrt{(1+d)/2}\,\mathrm{e}^{-\mathrm{j}\beta\Delta L} + C_{r2}\sqrt{(1-d)/2} \\ C_{r3}\sqrt{(1+d)/2}\,\mathrm{e}^{-\mathrm{j}\beta\Delta L} + C_{r4}\sqrt{(1-d)/2} \end{bmatrix} \mathrm{e}^{\mathrm{j}\omega_0 t} \mathrm{e}^{\mathrm{j}\varphi_r} \tag{16-24}$$

$$\boldsymbol{E}_r^- = \begin{bmatrix} C_{r1}\sqrt{(1+d)/2}\,\mathrm{e}^{-\mathrm{j}\beta\Delta L} + C_{r3}\sqrt{(1-d)/2} \\ C_{r2}\sqrt{(1+d)/2}\,\mathrm{e}^{-\mathrm{j}\beta\Delta L} + C_{r4}\sqrt{(1-d)/2} \end{bmatrix} \mathrm{e}^{\mathrm{j}\omega_0 t} \tag{16-25}$$

在两个偏振态上分别检测光强，可以得到

$$\begin{aligned} I_{rx} &= < |\,\boldsymbol{E}_{rx}^+ + \boldsymbol{E}_{rx}^-\,|^2 > \\ &= I_{rx0} + <\boldsymbol{E}_{rx}^{+*}\boldsymbol{E}_{rx}^-> + <\boldsymbol{E}_{rx}^{-*}\boldsymbol{E}_{rx}^+> \\ &= I_{rx0} + |\,C_{r1}\,|^2(1+d)\cos\varphi_r + (1-d)\,|\,C_{r2}C_{r3}\,|\,\varGamma(z_{r23})\cos(\varphi_r + \varphi_{r23}) \end{aligned} \tag{16-26}$$

$$\begin{aligned} I_{ry} &= < |\,\boldsymbol{E}_{ry}^+ + \boldsymbol{E}_{ry}^-\,|^2 > \\ &= I_{ry0} + <\boldsymbol{E}_{ry}^{+*}\boldsymbol{E}_{ry}^-> + <\boldsymbol{E}_{ry}^{-*}\boldsymbol{E}_{ry}^+> \\ &= I_{ry0} + |\,C_{r4}\,|^2(1-d)\cos\varphi_r + (1+d)\,|\,C_{r2}C_{r3}\,|\,\varGamma(z_{r23})\cos(\varphi_r - \varphi_{r23}) \end{aligned} \tag{16-27}$$

式中，I_{rx0}，I_{rx0} 为直流分量；$\varGamma(z)$ 是光源相干度；z_{ij} 是 $C_{ri}C_{rj}^*$ 引入的等效双折射光程差；φ_{rij} 是 $C_{ri}C_{rj}^*$ 的相位差。

从上式可以看到，信号理论值 φ_r 产生了符号相反的变化（$+\varphi_{r23}$ 与 $-\varphi_{r23}$）。为了更直观明显地看到是否存在补偿效应，可以将信号改写成如下形式。

$$I_{rx} = I_{rx0} + q_{rx}\cos\varphi_r + p_{rx}\sin\varphi_r = I_{rx0} + \sqrt{(q_{rx}^2 + p_{rx}^2)}\cos(\varphi_r - \Delta\varphi_{rx}) \tag{16-28}$$

$$I_{ry} = I_{ry0} + q_{ry}\cos\varphi_r + p_{ry}\sin\varphi_r = I_{ry0} + \sqrt{(q_{ry}^2 + p_{ry}^2)}\cos(\varphi_r - \Delta\varphi_{ry}) \tag{16-29}$$

两式相加可以得到

$$I_r = I_{r0} + \sqrt{(p_{rx} + p_{ry})^2 + (q_{rx} + q_{ry})^2}\cos(\varphi_r - \Delta\varphi_r) \tag{16-30}$$

其中

$$\Delta\varphi_r = \arctan\frac{p_{rx} + p_{ry}}{q_{rx} + q_{ry}} \tag{16-31}$$

$$p_{rx} = -(1-d)\,|\,C_{r2}C_{r3}\,|\,\varGamma(z_{r23})\sin\varphi_{r32} \tag{16-32}$$

$$p_{ry} = (1+d) \mid C_{r2}C_{r3} \mid \Gamma(z_{r23}) \sin\varphi_{r32} \tag{16-33}$$

$$q_{rx} = \mid C_{r1} \mid^2 (1+d) + (1-d) \mid C_{r2}C_{r3} \mid \Gamma(z_{r23}) \cos\varphi_{r32} \tag{16-34}$$

$$q_{ry} = \mid C_{r4} \mid^2 (1-d) + (1+d) \mid C_{r2}C_{r3} \mid \Gamma(z_{r23}) \cos\varphi_{r32} \tag{16-35}$$

可以发现 p_{rx} 与 p_{ry} 具有相反的符号，并且当 $d=0$ 时，$p_{rx}+p_{ry}=0$，即 $\Delta\varphi_r$ 为 0，这意味着偏振误差得到了很好的补偿。这一过程可以是在光域中补偿后再解调，又或者是解调后在电域补偿。从式中可以看出，关键是要保证 $d=0$，而 $d=(Ix-Iy)/(Ix+Iy)$，这意味着从耦合器出来的两路光强度达到完全一致时，偏振非互易误差将补偿为 0。

（2）温度变化、磁场变化适应性

光纤是一种对环境变化极其敏感的介质波导，当环境温度发生变化时，光纤截面上会产生额外的热应力，光纤纤芯会产生微小形变，导致光纤内部产生额外的双折射，偏振交叉耦合系数发生变化，从而产生热致偏振非互易误差。

基于摩尔（Mohr）模型（Sakai and Kimura，1981；Huang，et al.，1994），纤芯椭圆度变化 Δe 引起的额外双折射与偏振交叉耦合的关系可以表示为

$$\beta_{x,y} = \beta_i \pm e\cos(2\phi_t z) F_1(v) \quad (i=1,2) \tag{16-36}$$

$$\kappa_{12} = -\phi_t F_2 - je\sin(2\phi_t z) F_1(v) \tag{16-37}$$

其中，$F_1(v)$ 是与归一化频率有关的函数，$\beta_{x,y}$ 是传输模式 e_x 和 e_y 的传输常数，κ_{12} 是偏振传播模式之间的偏振交叉耦合系数。ϕ_t 是光纤发生扭转时单位长度上的扭转率，F_2 是与杨氏模量、光弹系数和折射率相关的函数。

在光纤中传播的光是两个正交偏振分量的叠加，可以表示为

$$E_x(z) = \frac{1}{4B} \left[(B+\Delta\beta) e^{-j\beta_1 z} + (B-\Delta B) e^{-j\beta_2 z} \right] E_x^{in} + j\frac{\kappa_{12}}{4B} (e^{-j\beta_1 z} - e^{-j\beta_2 z}) E_y^{in} \tag{16-38}$$

$$E_y(z) = j\frac{\kappa_{21}}{4B} (e^{-j\beta_1 z} - e^{-j\beta_2 z}) E_x^{in} + \frac{1}{4B} \left[(B-\Delta\beta) e^{-j\beta_1 z} + (B+\Delta B) e^{-j\beta_2 z} \right] E_y^{in} \tag{16-39}$$

其中，$\beta_{1,2} = \dfrac{(\beta_x+\beta_y)}{2} \pm B$，$B = \left[(\Delta\beta)^2 - \kappa_{12}\kappa_{21} \right]$，$\Delta\beta = (\beta_x-\beta_y)/2$，为温度变化对两路偏振分量的影响。为了验证理论分析的正确性，笔者进行了仿真和实验，结果如图 16-21。

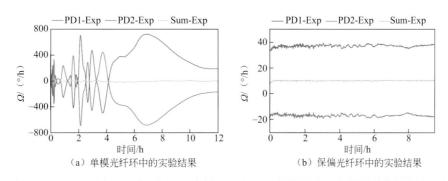

（a）单模光纤环中的实验结果　　　（b）保偏光纤环中的实验结果

图 16-21　热致 PN 误差两路输出及补偿输出实验结果图

从实验结果可以看出，仿真与实验吻合度很高，说明分析模型是正确的；即使温度变化，双偏振轴工作的补偿效果依然存在且有效。为了减小热致 PN 误差的影响，应减小光纤环截面上的热平衡达到时间，即应用截面积更小的细径光纤抑制热致 PN 相位误差。

除了对温度的补偿特性，2017 年刘攀等人对双偏振结构在法拉第磁效应中的补偿机制也进行了研究和讨论（Liu，et al.，2017）。该部分的工作基于图 16-22 所示的结构，研究了沿光纤径向的磁场引起的偏振非互易误差可以通过双偏振光纤陀螺仪的光学补偿效应进行补偿的机制，并进行了实验验证，实验结果如图 16-23 所示。结果表明，双偏振结构的光学补偿机制能够显著降低磁致非互易相位误差。

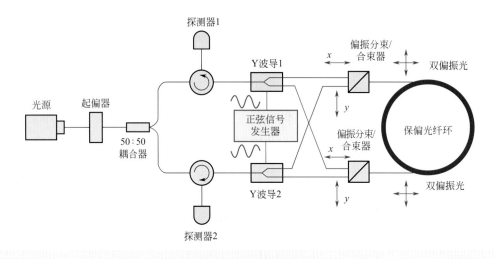

图 16-22 相对强度噪声补偿光路结构

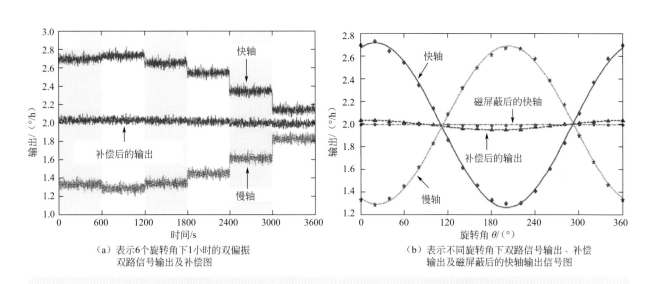

（a）表示6个旋转角下1小时的双偏振
双路信号输出及补偿图

（b）表示不同旋转角下双路信号输出、补偿
输出及磁屏蔽后的快轴输出信号图

图 16-23 偏振光纤陀螺仪磁致非互易相位误差补偿实验结果

（3）光源相对强度噪声抑制

双偏振结构的另一个特点是可利用两路信号进行噪声联合处理。其中，与旋转地震仪关系密切

的是对光源相对强度噪声（RIN）的抑制。RIN 从统计角度看属于短时噪声，来自于光谱中不同频率成分的随机相拍，是光源中的基本噪声之一（Lefevre，et al.，2014）。光源相对强度噪声不能通过改进光源设计或者优化制造工艺抑制，因此又称残余相对强度噪声（excess RIN），主要影响光纤陀螺仪的短时随机游走性能（Burns，et al.，1990；Guattari，et al.，2016）。用于消除光源 RIN 的双偏振光纤陀螺仪光路结构如图 16-24 所示（He，et al.，2020）。与图 16-22 中的结构不同，它在光源与耦合器分光前增加了起偏器，并且去除了光路中的延时环，使得两路光来自同一偏振态，并且保证进入探测器 PD1、PD2 的光信号中的 RIN 来自光源的同一时刻，这样具有强相关性，才能更好地消除 RIN。

两个 PD 上的输出为

$$I_1 = \alpha_1 I_0 \left\{ 1 + \cos\left[\phi_{s1} + \phi_{m1}(t) \right] \right\} \tag{16-40}$$

$$I_2 = \alpha_2 I_0 \left\{ 1 + \cos\left[\phi_{s2} + \phi_{m2}(t) \right] \right\} \tag{16-41}$$

这里，I_0 是光源的光强，可以表示为 $I_0 = \overline{I_0} + I_0^{\mathrm{RIN}}$，$\phi_{s1}$，$\phi_{s2}$ 是两个偏振态上的萨格纳克相位，由于萨格纳克效应与波导的折射率和色散无关，有 $\phi_{s1} = \phi_{s2} = \phi_s$。陀螺上的调制相位 $\phi_{m1}(t)$，$\phi_{m2}(t)$ 是幅度相同、相位相反的正弦信号。

$$\phi_{m1}(t) = \phi_0 \sin(2\pi f_m t) \tag{16-42}$$

$$\phi_{m2}(t) = -\phi_0 \sin(2\pi f_m t) \tag{16-43}$$

ϕ_0 是调制信号的幅度，也就是调制深度，f_m 是调制频率。经上式代入后，通过贝塞尔（Bessel）函数展开，可以得到

$$I_1(t) = \alpha_1 I_0 \left\{ \begin{array}{l} 1 + \left[J_0(\phi_0) + 2\sum_{n=1}^{\infty} (-1)^n J_{2n}(\phi_0)\cos(2n\omega_m t) \right] \cos(\phi_s) \\ + 2\sum_{n=0}^{\infty} (-1)^n J_{2n+1}(\phi_0)\cos\left[(2n+1)\omega_m t \right] \sin(\phi_s) \end{array} \right\} \tag{16-44}$$

$$I_2(t) = \alpha_2 I_0 \left\{ \begin{array}{l} 1 + \left[J_0(\phi_0) + 2\sum_{n=1}^{\infty} (-1)^n J_{2n}(\phi_0)\cos(2n\omega_m t) \right] \cos(\phi_s) \\ - 2\sum_{n=0}^{\infty} (-1)^n J_{2n+1}(\phi_0)\cos\left[(2n+1)\omega_m t \right] \sin(\phi_s) \end{array} \right\} \tag{16-45}$$

其中，J_n 是 n 阶第一类贝塞尔函数。光纤陀螺仪的输出可以通过谐波解调法得到。假设光纤陀螺仪工作在静止状态，即 $\phi_s \approx 0$，光纤陀螺仪的角随机游走与调制频率处的信噪比成反比。在笔者关心的频带内，RIN 可以看作白噪声（Zheng，et al.，2018），其噪声频谱可由式（16-46）表示。

$$\mathrm{PSD}_{\mathrm{RIN}} \approx \mathrm{PSD}_{\mathrm{RIN}}(0) = \int_0^{+\infty} \hat{p}_u^2(w)\,\mathrm{d}w \tag{16-46}$$

这里，$\hat{p}_u(w)$ 是入射光的归一化光谱密度。所以，调制频率处的噪声幅度为

$$A_{N,i} = \alpha_i I_0 \sqrt{ 2\left\{ \left[1 + J_0(\phi_0) \right]^2 + 2\sum_0^{\infty} J_{2n}^2(\phi_0) \right\} B_e \mathrm{PSD}_{\mathrm{RIN}} } \tag{16-47}$$

其中，$i = 1$，2 代表两个通道；B_e 是陀螺的探测带宽。调制频率处的信号幅度为

$$A_{N,i} = 2\alpha_i I_0 J_1(\phi_0) \sin(\phi_s) \tag{16-48}$$

所以，在调制频率处，RIN 导致的信噪比为

$$\text{SNR}_i = \frac{2 J_1(\phi_0) \sin(\phi_s)}{\sqrt{2\left\{[1+J_0(\phi_0)]^2 + 2\sum_0^\infty J_{2n}^2(\phi_0)\right\} B_e \text{PSD}_{\text{RIN}}}} \tag{16-49}$$

将两路信号在光域或者电域功率均衡，即 $\alpha_1 = \alpha_2$，相减及相加的结果分别为

$$I_{\text{odd}}(t) = \left\{[I_1(t) - I_2(t)]\right\}/2 \tag{16-50}$$

$$= 2I_0 \sum_{n=0}^\infty (-1)^n J_{2n+1}(\phi_0) \cos[(2n+1)\omega_{mt}] \sin(\phi_s)$$

$$I_{\text{even}}(t) = \left\{[I_1(t) + I_2(t)]\right\}/2 \tag{16-51}$$

$$= I_0\left[1 + J_0(\phi_0) + 2I_0 \sum_{n=0}^\infty (-1)^n J_{2n}(\phi_0) \cos(2n\omega_{mt}) \cos(\phi_s)\right]$$

式（16-50）中只留下了调制频率的奇次谐波。在相减后的结果 $I_{\text{odd}}(t)$ 中，直流项和调制频率的偶次谐波都被减掉了，所以 RIN 被消除到很小。在解调过程中，调制频率处的信号幅度从 $I_{\text{odd}}(t)$ 中得到，2、4 次谐波的幅度从 $I_{\text{even}}(t)$ 中得到，用于光源光强和调制深度的反馈。因此，双偏振光纤陀螺仪中的 RIN 可以被消除。

图 16-24　超大旋转地震仪

（4）双偏振方案效果

北大旋转地震仪团队利用自主研发的双偏振方案研制出了国内首台旋转地震仪并运用到实际案例中去。其中超大旋转地震仪灵敏度为 $3.5 \times 10^{-9}\,\text{rad/s}/\sqrt{\text{Hz}}$，尺寸为直径 50cm、高度 10cm，如图 16-24 所示。

此外，该团队研制出了便携型三分量旋转地震仪 DP-Rots-3C，可广泛运用于地震勘探等领域，其具体的性能指标如表 16-3 所示，实物图如图 16-25 所示。图 16-26 为 DP-Rots-3C 中单分量光纤系统 PSD（噪声功率谱密度）曲线图，表明了双偏振方案带来的性能提升。图中，在光纤环尺寸相同的前提下，蓝色和黄色曲线代表原有单偏振传统方案的灵敏度，红色曲线代表双偏振方案的灵敏度。

表 16-3　DP-Rots-3C 性能指标

参数	DP-Rots-3C
灵敏度（$\text{rads}^{-1}/\sqrt{\text{Hz}}$）	2×10^{-8}
频段（Hz）	$0.001 \sim 125$
最大角速率（rads^{-1}）	5
动态范围（dB）	160
尺寸（mm×mm×mm）	$210 \times 210 \times 200$

图 16-25 三分量旋转地震仪 DP-Rots-3C

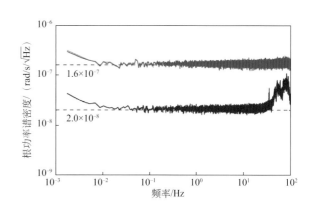

图 16-26 DP-Rots-3C 中单分量 PSD 对比图

16.2.4 六分量地震仪测试与标定

16.2.4.1 六分量地震仪测试与标定

对于飞行器等的姿态测量，一般采用姿态捷联测量法。姿态捷联测量是将三分量平动传感器和旋转角速度传感器正交排列，直接固接在被测对象上，通过平动传感器和旋转传感器来确定被测对象的姿态，也被称为捷联式惯性测量。地震六分量测量与飞行器姿态测量类似，同样采用捷联式惯性测量法对地震六分量传感器进行测试和标定。下面以三轴石英加速度计和三轴光纤陀螺仪构建六分量地震仪为例，描述测试和标定原理和方法。

根据 GJB 2426A—2004《光纤陀螺仪测试方法》（王巍等，2004）与 JJF 1427—2013《微机电（MEMS）线加速度校准规范》的相关规定，参照 iXblue 公司发布的测试参数、测试流程和数据处理方法（Bernauer, et al., 2018），将六分量地震仪的主要测试指标分为确定性误差和随机误差两类。确定性误差主要包括标度因数、零偏及失准角三个指标，随机误差主要指传感器的各种噪声项，如白噪声（表征传感器输出白噪声大小的参数是随机游走系数）、量化噪声等。

（1）标度因数

标度因数是指加速度计/光纤陀螺仪的输出量与输入量的比值，理想情况下，用传感器的输出乘以标度因数即可得到加速度/角速度的真实值。衡量标度因数稳定度的指标共有 4 个：标度因数非线性度、标度因数不对称性、标度因数重复性及标度因数温度灵敏度（张桂才，2008）。

（2）零漂

零漂是指加速度计/光纤陀螺仪的输出偏离其零偏均值的大小，通常用标准偏差或均方根差表示。零漂表征了传感器的长期稳定性。

（3）失准角

理论上，三轴石英加速度计/三轴光纤陀螺仪的三个轴应该是相互正交的，但实际上由于机械工艺限制以及安装误差，会存在小的偏移，这个偏移的角度定义为失准角。

（4）噪声

自噪声决定了传感器可检测的最小振幅，通常用 PSD（功率谱密度）来量化，表征了传感器的短期特性。在地震仪的应用中，短期噪声是最为关键的指标。

16.2.4.2　确定性误差标定

标定是以六分量地震仪中三轴石英加速度计及三轴光纤陀螺仪的输出作为观测量，通过编排静态位置实验和角速率标定实验，充分激励六分量地震仪中的各项误差；在获取每组实验的输出数据后，依据相应的算法求解得出对应的标度因数、零偏及失准角，并将确认的性能参数应用到补偿技术中，从而提高系统的准确度（Aggarwal，2010）。

为了对六分量地震仪中的确定性误差进行标定及补偿，首先需要对六分量地震仪进行建模，得到仪器输出与标度因数、零偏及失准角之间的关系。

三轴光纤陀螺仪的静态模型可以表示为

$$\begin{pmatrix} F_{gx} \\ F_{gy} \\ F_{gz} \end{pmatrix} = \begin{pmatrix} k_{gx} & k_{gx}E_{gxy} & k_{gx}E_{gxz} \\ k_{gy}E_{gyx} & k_{gy} & k_{gy}E_{gyz} \\ k_{gz}E_{gzx} & k_{gz}E_{gzy} & z \end{pmatrix} \cdot \begin{pmatrix} \omega_x \\ \omega_y \\ \omega_z \end{pmatrix} + \begin{pmatrix} B_{gx} \\ B_{gy} \\ B_{gz} \end{pmatrix} \tag{16-52}$$

式中，$\omega_x,\omega_y,\omega_z$ 分别为光纤陀螺 X、Y、Z 三个轴上的角速度输入；F_{gx},F_{gy},F_{gz} 分别为 X、Y、Z 三个轴上的陀螺输出；k_{gx},k_{gy},k_{gz} 分别为 X、Y、Z 三个轴上的标度因数；$E_{gxy},E_{gxz},E_{gyx},E_{gyz},E_{gzx},E_{gzy}$ 为失准角，E_{gij} 表示 j 轴角速度输入对 i 轴的影响；B_{gx},B_{gy},B_{gz} 分别为 X、Y、Z 三个轴的陀螺常值误差。

同理，可以得到三轴加速度计的静态模型为

$$\begin{pmatrix} F_{ax} \\ F_{ay} \\ F_{az} \end{pmatrix} = \begin{pmatrix} k_{ax} & k_{ax}E_{axy} & k_{ax}E_{axz} \\ k_{ay}E_{ayx} & k_{ay} & k_{ay}E_{ayz} \\ k_{az}E_{azx} & k_{az}E_{azy} & z \end{pmatrix} \cdot \begin{pmatrix} a_x \\ a_y \\ a_z \end{pmatrix} + \begin{pmatrix} B_{ax} \\ B_{ay} \\ B_{az} \end{pmatrix} \tag{16-53}$$

式中，a_x,a_y,a_z 分别为加速度计 X、Y、Z 三个轴上的角速度输入；F_{ax},F_{ay},F_{az} 分别为 X、Y、Z 三个轴上的加速度输出值；k_{ax},k_{ay},k_{az} 分别为 X、Y、Z 三个轴上的标度因数；$E_{axy},E_{axz},E_{ayx},E_{ayz},E_{azx},E_{azy}$ 为失准角，E_{aij} 表示 j 轴加速度输入对 i 轴的影响；B_{ax},B_{ay},B_{az} 分别为 X、Y、Z 三个轴的加速度零偏。

一般采用速率实验标定标度因数及失准角（赵新强等，2014），标定时需要将陀螺仪和加速度的 X、Y、Z 三轴分别以东北天坐标系的基准固连在高精度转台上（如图 16-27 所示），并且在各轴朝天时控制转台，并分别进行顺时针和逆时针的整圈采样。

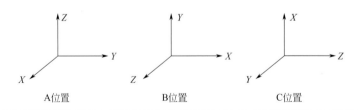

图 16-27　六分量地震仪安装示意图

由此可以得到光纤陀螺仪的标度因数表达式为

$$k_{gx} = \frac{\overline{F}_{3gx}^+ - \overline{F}_{3gx}^-}{2\omega}, \quad k_{gy} = \frac{\overline{F}_{2gy}^+ - \overline{F}_{2gy}^-}{2\omega}, \quad k_{gz} = \frac{\overline{F}_{1gz}^+ - \overline{F}_{1gz}^-}{2\omega} \tag{16-54}$$

光纤陀螺仪的失准角为

$$E_{gxy} = \frac{\overline{F}_{2gx}^+ - \overline{F}_{2gx}^-}{2\omega k_{gx}}, \quad E_{gxz} = \frac{\overline{F}_{1gx}^+ - \overline{F}_{1gx}^-}{2\omega k_{gx}}, \quad E_{gyx} = \frac{\overline{F}_{3gy}^+ - \overline{F}_{3gy}^-}{2\omega k_{gy}}$$

$$E_{gyz} = \frac{\overline{F}_{1gy}^+ - \overline{F}_{1gy}^-}{2\omega k_{gy}}, \quad E_{gzx} = \frac{\overline{F}_{3gz}^+ - \overline{F}_{3gz}^-}{2\omega k_{gz}}, \quad E_{gzy} = \frac{\overline{F}_{2gz}^+ - \overline{F}_{2gz}^-}{2\omega k_{gz}} \tag{16-55}$$

式中，$\overline{F}_{igj}^+$ 表示在 i 位置（i 的取值有 A、B、C），光纤陀螺仪 j 轴的顺时针采数的平均值；$\overline{F}_{igj}^-$ 表示在 i 位置（i 的取值有 A、B、C），光纤陀螺仪 j 轴的逆时针采数的平均值。

一般采用位置实验（赵新强等，2014）标定零偏，在 A、B、C 位置分别进行静止采样，计算一段时间内的输出平均值；再控制转台旋转 180 度进行静止采样，计算相同时间内的输出平均值，由此可以得到三轴光纤陀螺仪的零偏为

$$B_{gx} = \frac{E_{gxy}(N_{1x} + N_{2x}) - E_{gxz}(N_{3x} + N_{4x})}{2}(E_{gxy} - E_{gxz})$$

$$B_{gy} = \frac{E_{gyx}(N_{1y} + N_{2y}) - E_{gyz}(N_{5y} + N_{6y})}{2}(E_{gyx} - E_{gyz}) \tag{16-56}$$

$$B_{gz} = \frac{E_{gzx}(N_{3z} + N_{4z}) - E_{gzy}(N_{5z} + N_{6z})}{2}(E_{gzx} - E_{gzy})$$

式中，N_{ij} 表示 j 轴在 i 位置的静态采数平均值，$i = 1, 3, 5$ 代表 A、B、C 位置，$i = 2, 4, 6$ 分别代表 A、B、C 位置旋转 180 度后的位置。

关于位置实验还有一种较为常用方法，即 24 位置法（全振中等，2012）。该方法是在采集到 24 个位置的输出值后，根据最小二乘法对参数进行拟合。该方法步骤较为复杂，但是精度更高，具体不在此赘述。标定完成后，在地震仪的实际使用过程中，可以根据标定出的模型系数对仪器的输出进行误差消除。

16.2.4.3　随机误差测试

阿兰方差分析（EL-SHEIMY, et al., 2008）是美国国家标准局提出的一种数据处理方法，后被广泛应用于各类传感器的随机误差特性分析，能够非常直观、细致地表征旋转地震仪中光纤陀螺仪及加速度计的各种噪声源和噪声特性，是测量和评价旋转地震仪随机误差的重要手段。

阿兰方差是一种在时域上分析频域特性的方法，能够从时域数据中定量辨识出各种噪声。具体做法为将地震仪静置一段时间（以小时为单位），把获取到的时域数据进行"数组生成-相邻数组的平均值相减-计算群方差"的数据处理，就可以在双对数坐标系下拟合出群方差与时间的曲线图，即阿兰方差曲线。传感器中各类随机误差在图中的对应关系可以参见图 16-28，关于更多阿兰方差的细节，大家可以参考艾尔-施米（EL-SHEIMY）等（2008）的相关文献。

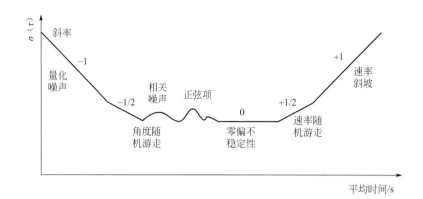

图 16-28　阿兰方差图

16.3　观测实例

16.3.1　BlueSeis-3A 观测实例

　　萨布丽娜·凯尔（Sabrina Keil）等（Keil, et al., 2020）在慕尼黑市的地热井 SWMHK 附近和 BRUD 台站分别进行了单站平移和转动六分量测试，计算勒夫波和瑞利波散射曲线，与平移的水平与垂直分量频谱比（HVSR 或 H/V）技术相结合，减少了该微区域地下的分层结构反演结果的模糊性。图 16-29 是单台站 SWMHK 附近 BlueSeis-3A 的 3 个转动分量和 Trillium Compact 地震仪 3 个平动分量的测试根功率谱密度。将旋转勒夫波频散估计计算法（Rotational Love Dispersion Estimation, ROLODE）应用于记录的数据，可以估计各频带的相速度。对每个频带用模态作为估算的相速度，KDE 函数对应的标准差作为相关误差，可以得到完整的勒夫波和瑞利波的散射曲线，如图 16-30。图中，在较低频率范围（<5Hz）内旋转运动的散射曲线下降，原因可能是城市的噪声频谱中缺乏较低的频率或旋转分量强度太小未被记录。将地震旋转分量的频散曲线与 H/V 比值相结合，可以解决在较低频率范围内旋转运动强度低的问题。然后将这些频散曲线与 H/V 比值进行联合反演，将反演约束为三层模型，便得到了最可靠的纵波和横波速度剖面，如图 16-31。

　　与阵列设置相比，使用 Trillium Compact 地震仪和 BlueSeis-3A 旋转传感器组成六分量地震仪的单站方法，在测量和施工上非常简单，尤其是在城市地区进行观测时。这种方法估算出的速度模型与井眼岩性之间具有良好的相关性，表明了它的潜力。

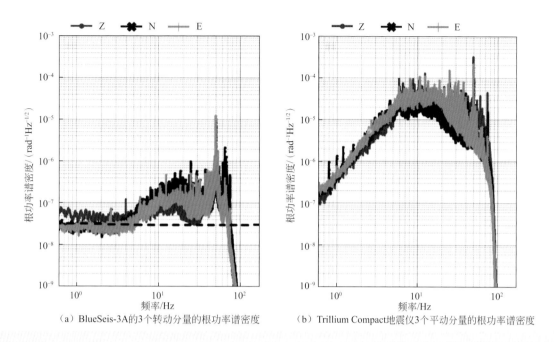

（a）BlueSeis-3A的3个转动分量的根功率谱密度　　（b）Trillium Compact地震仪3个平动分量的根功率谱密度

图 16-29　台站 SWMHK 测得的 BlueSeis-3A 三个转动分量和 Trillium Compact 地震仪三个平动分量的根功率谱密度

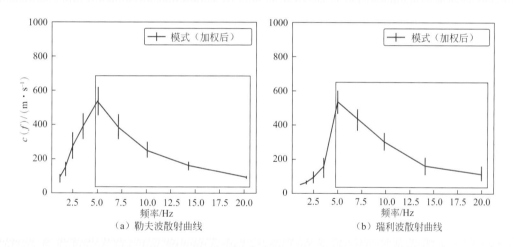

（a）勒夫波散射曲线　　　　　　　　　　（b）瑞利波散射曲线

图 16-30　用 ROLODE 法估计台站 SWMHK 的勒夫波和瑞利波散射曲线

16.3.2 · 双偏振六分量地震仪观测实例

　　双偏振六分量地震仪由北京大学旋转地震仪团队研制，已记录到了数次天然地震的地震波旋转分量和人工地震旋转信号。

16.3.2.1　地震台站观测

　　2018 年 9 月 12 日，位于陕西蒲城的中国科学院国家授时中心长波电台地下硐室的双偏振旋转地震仪记录到在汉中市宁强县出现的 M5.3 级地震旋转信号，震源离旋转地震仪 300km。图 16-32 展示了记录到的旋转信号，从图中可以看出，旋转信号信噪比较高，清晰有效。2019 年 12 月 05 日，在唐山市发生了 M4.5 级地震，位于北京市白家疃的国家地震观象台记录到了地震的旋转信号，旋转地震仪距离震源

175km。图 16-33 展示了记录到的旋转信号，从图中可以看出，旋转信号信噪比较高，清晰有效。

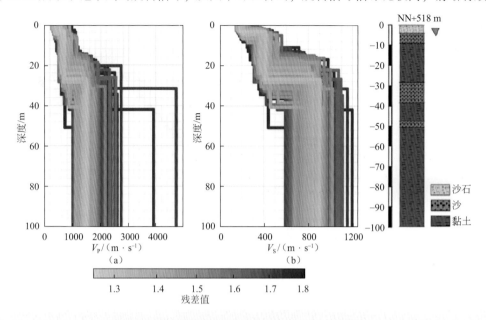

图 16-31　BRUD 站的三层纵波和横波速度剖面

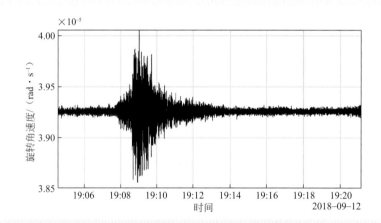

图 16-32　宁强县 M5.3 级地震的旋转信号

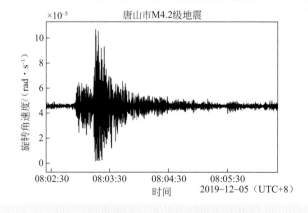

图 16-33　唐山市 M4.5 级地震的旋转信号

16.3.2.2　福建气枪源实验

2017 年 6 月 22 日，中国地震局地球物理研究所和福建省地震局组织了人工震源实验，该实验在山美水库的水中放置了气枪，通过释放气枪中的压缩气体产生人工震源。北大的超大六分量地震仪原型在岸边记录了人工震源引起的旋转地震，其中，超大旋转地震仪水平放置，测量的旋转分量沿地面法向。实验中，气枪每 3 分钟激发一次。图 16-34 展示了在 2 次激发中，超大六分量地震仪记录到的地震波旋转分量，从图中可以看出测得的旋转分量一致性很高，说明旋转信号的确是由气枪激发导致的，超大六分量地震仪记录到的信号有效。

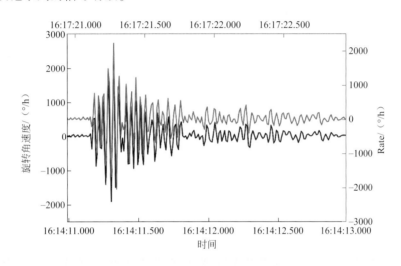

图 16-34　山美水库人工震源地震波的旋转分量

图 16-35 展示的是在实验中，将在同一地点观测到的地震波的垂直旋转角速度与根据震源方位计算得到的水平位移加速度进行对比，发现两者相关性很高，验证了 16.1.2.1 所提到的六分量观测理论模型，以及垂直旋转角速度与水平位移加速度具有相同相位。进一步根据前文式（16-4）~式（16-7）验证两者关系。首先，实验得到正交的水平分量（东西、南北）的加速度，通过计算水平面中任一方向的水平位移加速度，并与垂直旋转角速度对比，相关性最高的方向就是震源方向。图 16-36 展示了利用上述思路寻找震源方向的结果。从图中可以看出，实际测得的震源方向为 160°，且相关性最大的点也集中在 160°附近，表明该方法是可行的。这说明，对于引入地震波旋转分量的六分量地震观测，

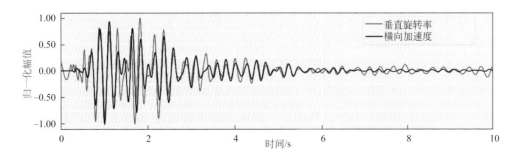

图 16-35　山美水库人工震源地震波平移分量与旋转分量对比

靠单点传感器就可以得到震源的方向。图 16-37 展示的是利用水平位移加速度与垂直旋转角速度计算相速度 c 得到的结果，笔者选取相关性 0.7 以上的数据段进行计算，可以看到在相关性较高的部分，相速度 c 大约为 3.5km/s，符合测点所在地层的波传播速度。

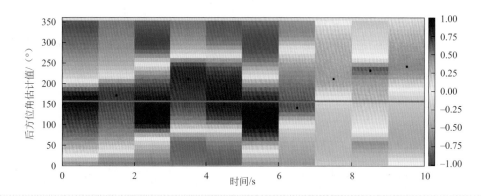

图 16-36　利用地震波旋转分量估算震源方位角

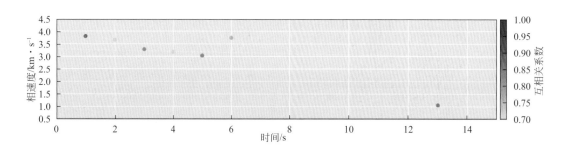

图 16-37　利用地震波旋转分量估算相速度

16.3.2.3　定兴与曲阜高铁地震观测

除了气枪震源实验，北大旋转地震仪团队于 2019 年 9 月 7 日联合高铁地震联合研究组在河北省保定市定兴县进行了高铁震源信号监测。我国高铁建设虽然起步较晚，但在国家的大力支持下发展速度迅猛，截至 2020 年底我国的高铁总里程已经突破 39000 千米。高铁除了方便了人们的日常出行、货物运输等，在行驶过程中还会产生频谱丰富的振动信号。以往对高铁振动的研究集中在其对地震台站监测的干扰以及对铁路附近建筑物的破坏方面，很少将列车振动视为一种震源，用于探测地下结构的研究，而宁杰远、包乾宗（2019）等研究者证明了该信号可视为定期产生的人工震源信号，可以为地质勘探、结构检测、资源勘测等提供新的手段。

团队将一台六分量地震仪和速度检波器放置在距离高铁高架桥约 10 米的位置，图 16-38 展示了测试点捕获的高铁地震信号。从图中可以看出，相邻两个箭头的时间间隔均约为 0.3s，说明该段波形存在一定的周期性；同时，在该段信号中，指示信号周期的箭头数量为 16 个，正好对应列车的 16 节车厢，可以认为该测试列车的车厢每 0.3s 通过一节。考虑到我国动车组车厢的长度约为 25m，便可以求得列车行驶速度约 300km/h，与高铁地震学团队得出的此区间高铁列车的行驶速度相一致（王晓凯等，2019）。同时，对比旋转分量与平移分量能发现，它们具有很强的一致性，这不仅证明高铁信号中含有旋转成分，还说明两种分量之间具有一定的相关性，在后续协同处理中将能释放更多维度的信息。

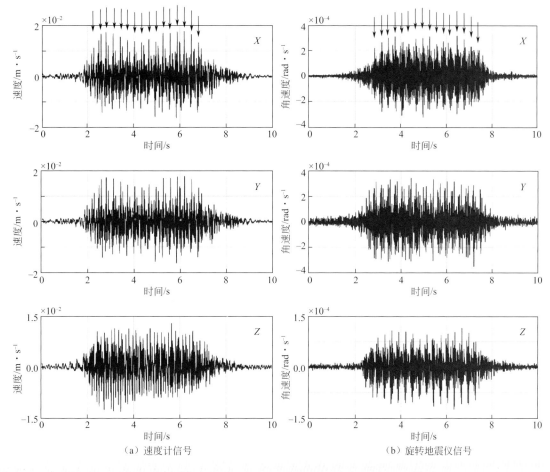

（a）速度计信号　　　　　　　　　　　（b）旋转地震仪信号

图 16-38　高铁地震信号

2019 年 1 月 14 日，北大旋转地震仪团队将三分量旋转地震仪放置于曲阜段高铁的高架桥墩下进行观测。某一列高铁列车产生的震源信号的振幅谱曲线如图 16-39 所示，其中，（a）~（c）分别为南北分

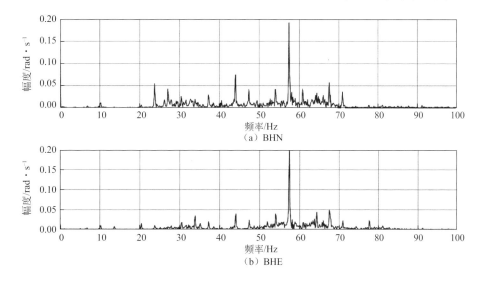

（a）BHN

（b）BHE

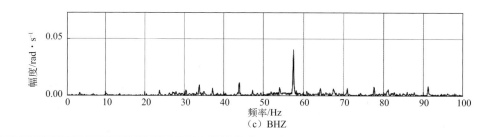

图 16-39　一趟高铁列车经过时三分量旋转地震仪接收的高铁地震信号振幅谱

量（BHN 分量）、东西分量（BHE 分量）和垂直分量（BHZ 分量）的高铁地震信号，分立谱间距大都为 3.33Hz，由此可求得当时高铁列车速度约为 270km/h。可以看出，团队截取的信号能量主要分布在 20~80Hz，且垂直分量相较于水平分量旋转信号能量较低，这可能与高铁信号的波特性相关，值得进一步研究。

中文参考文献

包乾宗，许杰，许明瑞．2019．高铁地震信号时频特征对比分析．北京大学学报（自然科学版），5．

顾浩鼎，陈运泰．1988．旋转在地震学中的意义．东北地震研究，（2）：1-9．

刘庚，刘文义，路珍，等．2020．地面运动旋转分量观测综述——以中国台湾地区旋转运动观测为例．地球物理学进展，35（2）：422-432．

全振中，石志勇，王毅．2012．捷联惯导在线标定技术．现代电子技术，35（9）：128-131．

孙丽霞，王赟，杨军，等．2020．旋转地震学的研究进展．地球科学．

王晓凯，陈建友，陈文超，等．2019．高铁震源地震信号的稀疏化建模．地球物理学报．

王巍，魏丽萍，张桂才，等．GJB 2426A-2004．光纤陀螺仪测试方法．

张桂才．2008．光纤陀螺仪原理与技术．北京：国防工业出版社．

赵新强，晁代宏，宋来亮．2014．基于单轴速率转台的角速度传感器标定方法．传感器与微系统，（1）：57-60．

附英文参考文献

Aggarwal P. 2010. MEMS-Based Integrated Navigation. Sheimy.

Aki K，Richards P. 2002. Quantitative Seismology，2nd Ed. University Science Books.

Bernauer F，Wassermann J，Guattari F，et al. 2018. BlueSeis3A：Full characterization of a 3C broadband rotational seismometer. Seismological Research Letters，89（2A）：620-629.

Bernauer F，Wassermann J，Igel H. 2012，Rotational sensors—a comparison of different sensor types. Journal of Seismology，16（4）：595-602.

Bernauer M，Fichtner A，Igel H. 2012. Measurements of translation，rotation and strain：new approaches to seismic processing and inversion. Journal of Seismology，16（4）：669-681.

Blake J N，Szafraniec B，Feth J R，et al. 1992. Progress in low cost interferometric fiber optic gyros. Proceedings of SPIE-The International Society for Optical Engineering，1694：188-192.

Brokešová J，Málek J. 2015. Six-degree-of-freedom near-source seismic motions II：Examples of real seismogram analysis and S-wave velocity retrieval. Journal of Seismology，19（2）：511-539.

Burns W K，Moeller R P，Dandridge A. 1990. Excess noise in fiber gyroscope sources. IEEE photonics technology letters，2（8）：606-608.

Chen C，Strandjord L K. 2006. Fiber optic gyroscope sensing loop doubler. United States Patent 7034946.

D'Alessandro A，Scudero S，Vitale G. 2019. A review of the capacitive MEMS for seismology. Sensors，19（14）：3093.

Toldi E D，Lefèvre H，Guattari F，et al. 2017. First steps for a Giant FOG：Searching for the limits. 2017 DGON Inertial Sensors and Systems（ISS）：1-14.

Denza F. 1887. Alcune notizie sul terremoto del 23 febbraio 1887. Tipografia S. Giuseppe degli Artigianelli.

Droste Z，Teisseyre R. 1976. Rotational and displacemental components of ground motion as deduced from data of the azimuth system of seismograph. Publications of the Institute of Geophysics，Polish Academy of Sciences，97：157-167.

EL-Sheimy N，Hou H，Niu X. 2008. Analysis and modeling of inertial sensors using Allan variance. IEEE Transactions on Instrumentation and Measurement，7（1）：140-149.

Evans J R，Kozák J T，Jedlička P. 2016. Developments in new fluid rotational seismometers：Instrument performance and future directions. Bulletin of the Seismological Society of America，106（6）：2865-2876.

Farrell W E. 1969. A gyroscopic seismometer：measurements during the Borrego Earthquake. Bulletin of the Seismological Society of America，59（3）：1239-1245.

Ferrari G. 2006. Note on the historical rotation seismographs//Earthquake Source Asymmetry，Structural Media and Rotation Effects. Springer：367-376.

Golitsyn B B. 1912. Lectures on seismometry. St. Petersburg，Russian Academy of Sciences.

Graizer V M. 1991. Inertial seismometry methods. Izvestya，Physics of the Solid Earth，27（1）：51-61.

Graizer V. 2009. Tutorial on measuring rotations using multipendulum systems. Bulletin of the Seismological Society of America，99（2B）：1064-1072.

Guattari F，Toldi E D，Garcia R F，et al. 2019. Fiber optic gyroscope for 6-component planetary seismology. International Conference on Space Optics-ICSO 2018.

Guattari F，Moluçon C，Bigueur A，et al. 2016. Touching the limit of FOG angular random walk：Challenges and applications//2016 DGON Intertial Sensors and Systems（ISS）：1-13.

He D，Cao Y，Zhou T，et al. 2020. Sensitivity enhancement through RIN suppression in dual-polarization fiber optic gyroscopes for rotational seismology. Optics Express，28（23）：34717-34729.

Huang W P. 1994. Coupled-mode theory for optical waveguides：an overview. Journal of the Optical Society of America A，11（3）：963-983.

Igel H，Schreiber U，Flaws A，et al. 2005. Rotational motions induced by the M8.1 Tokachi-oki earthquake，September 25，2003. Geophysical Research Letters，32（8）：L08309.

Igel H，Schreiber K U，Gebauer A，et al. 2021. ROMY：A multicomponent ring laser for geodesy and geophysics. Geophysical Journal International，225（1）：684-698.

Igel H，Bernauer M，Wassermann J，et al. 2014. Seismology，rotational，complexity. Encyclopedia of complexity and systems science：1-26.

Jaroszewicz L，Kurzych A，Krajewski Z，et al. 2016. Review of the usefulness of various rotational seismometers with laboratory results of fibre-optic ones tested for engineering applications. Sensors，16（12）：2161.

Keil S，Wassermann J，Igel H. 2021. Single-station seismic microzonation using 6C measurements. Journal of Seismology，25：103-114.

Kharin D A，Simonov L I. 1969. VBPP seismometer for separate registration of translational motion and rotations. Seismic Instruments，5：51-66.

Lee W H K，Igel H，Trifunac M D. 2009. Recent advances in rotational seismology. Seismological Research Letters，80（3）：479-490.

Lefevre H C. 2014. The fiber-optic gyroscope. Artech house.

Li Y，Cao Y，He D，et al. 2019. A portable fiber optic gyroscope based on giant single mode fiber coil for seismology rotation sensing. Geophysical Research Abstracts，21. ISSN：1029-7006.

Liu P，Li X，Guang X，et al. 2017. Drift suppression in a dual-polarization fiber optic gyroscope caused by the Faraday effect. Optics Communications，394：122-128.

Luo R，Li Y，Deng S，et al. 2017. Compensation of thermal strain induced polarization nonreciprocity in dual-polarization fiber optic gyroscope. Optics express，25（22）：26747-26759.

Madziwa-Nussinov T，Wagoner K，Shore P，et al. 2012. Characteristics and response of a rotational seismometer to seismic signals. Bulletin of the Seismological Society of America，102（2）：563-573.

Mallet R. 1862. Great Neapolitan Earthquake of 1857：The First Principles of Observational Seismology as Developed in the Report to the Royal Society of London of the Expedition Made by Command of the Society Into the Interior of the Kingdom of Naples，to Investigate the Circumstances of the Great Earthquake of Demember 1857. Chapman and Hall.

Nigbor R. 1994. Six-degree-of-freedom ground-motion measurement. Bulletin of the Seismological Society of America，84（5）：1665-1669.

Nolet G. 1980. Quantitative seismology，theory and methods. Earth Science Reviews，17（3）：296-297.

Oldham R D. 1899. Report of the great earthquake of 12th June，1897. Office of the Geological survey.

Pavlath G A，Shaw H J. 1982. Birefringence and polarization effects in fiber gyroscopes. Applied Optics，21（10）：1752-1757.

Pierson B，Laughlin D，Brune R. 2016. Advances in rotational seismic measurements. SEG Technical Program Expanded Abstracts：2263-2267.

Rowe C H，Schreiber U K，Cooper S J，et al. 1999. Design and operation of a very large ring laser gyroscope. Applied Optics，38（12）：2516-2523.

Sakai J，Kimura T. 1981. Birefringence and polarization characteristics of single-mode optical fibers under elastic deformations. IEEE Journal of Quantum Electronics，17（6）：1041-1051.

Schmelzbach C，Donner S，Igel H，et al. 2018. Advances in 6C seismology：Applications of combined translational and rotational motion measurements in global and exploration seismology. Geophysics，83（3）：WC53-WC69.

Schreiber K U，Hautmann J N，Velikoseltsev A，et al. 2009. Ring laser measurements of ground rotations for seismology. Bulletin of the Seismological Society of America，99（2B）：1190-1198.

Schreiber U，Schneider M，Rowe C H，et al. 2001. Aspects of ring lasers as local earth rotation sensors. Surveys in Geophysics，22（5-6）：603-611.

Solarz L，Krajewski Z，Jaroszewicz L R. 2004. Analysis of seismic rotations detected by two antiparallel seismometers：spline function approximation of rotation and displacement velocities. Acta Geophysica Polonica，52（2）：197-218.

Sollberger D，Igel H，Schmelzbach C，et al. 2020. Seismological processing of six degree-of-freedom ground-motion data. Sensors，20（23）：6904.

Spudich P，Steck L K，Hellweg M，et al. 1995. Transient stresses at Parkfield，California，produced by the M 7. 4 Landers earthquake of June 28，1992：Observations from the UPSAR dense seismograph array. Journal of Geophysical Research Atmospheres，100（B1）：675-690.

Stedman G E. 1997. Ring-laser tests of fundamental physics and geophysics. Reports on progress in physics，60（6）：615-688.

Wang Z，Yang Y，Lu P，et al. 2014. Optically compensated polarization reciprocity in interferometric fiber-optic gyroscopes. Optics express，22（5）：4908-4919.

Wu W，Zhou K，Lu C，et al. 2018. Open-loop fiber-optic gyroscope with a double sensitivity employing a polarization splitter and Faraday rotator mirror. Optics letters，43（23）：5861-5864.

Yang Y，Wang Z，Li Z. 2012. Optically compensated dual-polarization interferometric fiber-optic gyroscope. Optics letters，37（14）：2841-2843.

Zheng Y，Zhang C，Li L. 2018. Influences of optical-spectrum errors on excess relative intensity noise in a fiber-optic gyroscope. Optics Communications，410：504-513.

第十七章
分布式光纤振动传感在铁路行业的应用

SIGL Thomas[1]，杨峰[2]

1. ITK Engineering GmbH，Ruelzheim 76761，德国
2. 巴黎分布传感和自动控制公司（invisensing. io），Cachan 94230，法国

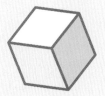

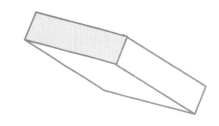

| 摘要 |

本章概述分布式光纤振动传感在铁路行业中比较突出的应用及其发展潜力，如列车定位、车轮缺陷检测、铁路基础设施监测以及障碍物检测等，并针对不同应用场景面临的各种挑战，给出一些通用的策略。

|引言|

　　分布式光纤振动传感（Distributed Acoustic Sensing，DAS）技术现已广泛用于石油和天然气工业、防盗、测漏和钻井监测，以及勘探地震学等领域。在DAS中，解调仪单元与光纤光缆连接，使其变成连续的全分布式声学传感器。解调仪向光纤光缆中发送相干光脉冲，这些光脉冲通过光纤中的背向瑞利散射回传到解调仪中。外部的声波信号会改变和调制背向散射脉冲内的干涉信号，借助适当的信号解调算法，我们可以实时地测量声学事件，并以全分布的方式将信号对应到光缆的某个位置。全分布的含义是：光缆可视作由一系列等间距、离散的声学传感单元组成，于光缆沿线检测到的声波事件可以对应到这些传感单元中的某一个或几个上。常见的DAS系统可以监测80km以上的距离，空间分辨率为0.5~10m，这使得实时覆盖长距离的铁路线路成为可能，为它在铁路行业的多种应用奠定了基础。

17.1 DAS 在铁路行业的应用

自 2012 年以来，铁路行业对 DAS 的关注度显著提高，它也成为研究热点，各种应用领域均有涉及（图 17-1）这些应用领域可归纳为四类：列车的实时定位、铁路基础设施状况监测、车轮缺陷检测（如车轮扁平疤）和轨道障碍物检测。每一类应用都涵盖了一系列更具体的应用。

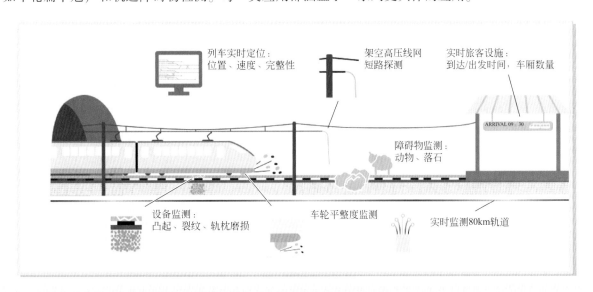

图 17-1　DAS 在铁路行业的应用

以实时列车定位为例，DAS 可以成为动车组安防信号系统的一部分。通过与其他测量系统（如 GPS）的融合提高系统精度和稳定性。例如，DAS 在隧道、山区或森林深处的铁路路段极具价值，因为 GPS 定位在这些路段因信号欠佳而无法正常工作。在乘客信息系统和维护领域中，基于 DAS 的定位应用也具有非常大的优势。德国铁路公司（Dentsche Bahn AG，简称 DB）在柏林–德累斯顿轨道上进行的一项长期课题研究（Lämmerhirt and Pöppel-mann，2020）表明，一个完全基于 DAS 定位的实时延误信息系统，能够识别 99% 的延误信息，且误差范围在 15s 内。在铁路维护领域，DAS 定位可用于基于列车运行动态的预测性维修诊断，以优化维修团队的配置。

关于车轮缺陷检测的研究也表明，车轮缺陷，特别是车轮扁平疤，可以应用 DAS 系统，借助对声波信号的特征噪声分析进行检测和分类。现存的 WILD 系统（Wheel Impact Load Detector，车轮冲击载荷检测仪）由一系列应变片组成，它的主要缺点是对车轮扁平疤的测量准确度取决于相对应变片的撞击点，因此有可能导致漏检。而使用 DAS 时，由于本次测量依赖对声学噪声的测量，因此无论轮扁疤在哪里撞击轨道，都可以被检测到，大幅降低了漏检率。

与车轮缺陷的检测原理类似，DAS 也能够通过其特征噪声检测出钢轨上的缺陷，如下陷或裂缝（Vidović，et al.，2019）。此外，它还可以检测到滑坡造成的钢轨变形（Klug，et al.，2016）。DAS 另一个非常有潜力的应用在于检测道床道碴磨损，它可实现道床的预测性维护，或者评估维护任务的作业质量（Vidović，et al.，2019）。

此外，DAS 也可以应用在非轨道相关的领域，例如在基础设施监测组中，它可以用来检测架空电缆的短路位置（Grünberger，et al.，2015）。

轨道上的障碍物，如动物或落石，是列车行驶面对的巨大危险源之一。无论是列车司机，还是雷达、视频等列车上自带的安检系统，都无法完全排除所有轨段的险情。而 DAS 可以用来填补障碍物检测的盲区，提高火车行驶的安全水平，例如检测落石的能力（Akkerman and Prahl，2013）。DAS 可以对不同类型的障碍物进行监测，有很大的发展潜力。

除了以上四类主要应用，DAS 在防电缆盗窃监测上的应用也日趋成熟。与障碍物检测类似，DAS 可以检测到轨道上的入侵者和非法挖掘行为，以实现电缆防盗。

DAS 在铁路相关应用中还具有成本优势。由于通信需求，光纤通常已被铺设在轨道旁边的电缆井中。在这种情况下，DAS 的安装成本仅限于连接解调仪和数据处理单元；另外，由于光缆在电缆井中受到保护，因此维护成本相当低；最后，DAS 只用一台解调仪就可以应用于多个领域，也可以变相降低成本。

17.2　DAS 在铁路行业应用面临的技术挑战

17.2.1　影响 DAS 信号的因素

如何处理 DAS 信号、如何分析 DAS 信号并从中提取出关键信息是 DAS 应用于铁路行业面临的最大技术挑战，其根本原因在于影响 DAS 信号的因素很多。大多数 DAS 的应用都是基于测量轮轨的相互作用。车轮和钢轨接触点的作用在钢轨-枕木-道碴组成的系统中引起振动，这种振动通过声波经土壤传到光缆。因此，被测量信号里包含多种效应。由于动态系统相当复杂，提取与具体应用相关的信号，是 DAS 应用开发的一大挑战。图 17-2 展示了一列匀速行驶的火车在四个不同测量段的 DAS 时间序列信号及其频谱，频谱特征的差异清晰可见（见彩色框）。

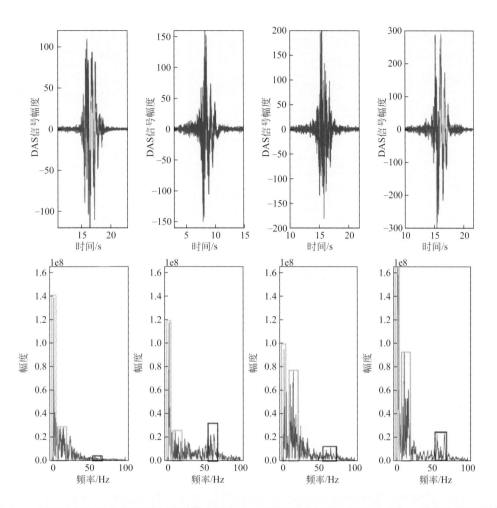

图17-2　一列匀速行驶的火车在四个不同测量段的 DAS 时间序列信号和频谱的对比，频谱特征的差异清晰可见（见彩色框）

从列车方面来看，影响 DAS 信号的主要因素是轴距、载荷以及列车速度（Kouroussis，et al.，2014）；从基础设施的角度来看，主要影响因素是轨道-枕木-道碴以及声波在土壤传播过程中的衰减。一般情况下，低频声波在土壤中的传播效果要好得多。在大多数测量段，光纤被铺设在距铁轨约 1.5m 的电缆井中，300~400Hz 以上的声波很难与 DAS 信号中的噪声区分开来。此外，DAS 信号还会受到车轮和钢轨表面特性的影响。由于车轮缺陷、轨道上的裂缝或下沉，以及车轮和轨道之间的摩擦，在列车加速/减速时，可在 DAS 信号上观测到峰值（Kouroussis，et al.，2014）。最后，由于钢轨-枕木-道碴组成的动态系统在每个区段具有不同的特性，因此不同区段之间的 DAS 信号也会有很大差异，在算法开发的过程中必须考虑这一因素。由于动态系统十分复杂，很难为其建立动态模型，并将这些模型参数化。解决这个问题的方法之一是应用机器学习：通过学习每个区段的特征传递函数，可以建立一个 DAS 轨道轮廓（图17-3）。这个 DAS 轨道轮廓不仅可以用来标定每段的 DAS 信号，还可以将列车和特定的轨道对应上。

虽然影响 DAS 应用的因素很多，但是结合不同的情况开发不同的算法，再结合机器学习，基本上可以消除这些因素的影响，从而逐步实现 DAS 在铁路工业中的应用。

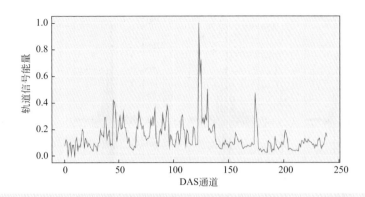

图 17-3 应用 DAS 建立的轨道轮廓图例，可用于对能量信号做强度标定

17.2.2　光纤光缆到列车轨道的映射

在已有的铁路线中，用于通信的光纤光缆早已安装完毕，当赋予这些光纤新的 DAS 传感功能时，除了上述影响因素，还有光缆并不总是平行于铁路轨道的问题（图 17-4）。另外，由于维护原因，部分

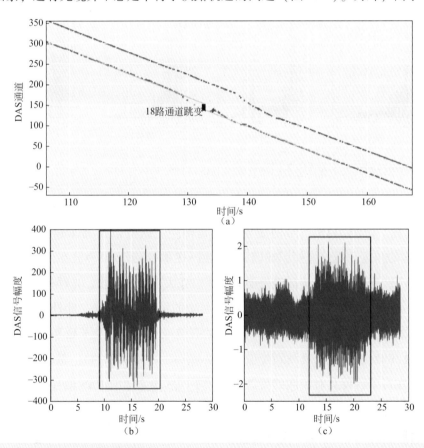

图 17-4　（a）一列火车经过时采集到的 DAS 信号瀑布图（横轴：时间；纵轴：DAS 通道）。红条标示着因光纤布线跳跃导致 DAS 信号在 18 个通道有跳变

（b）与铁轨平行（接近布线跳跃位置）的 DAS 信号

（c）非平行于铁轨段的 DAS 信号

光缆或缠绕在线圈上，或穿过铁路交叉口，或穿过铁路建筑物，或绕过障碍物等，也会影响 DAS 信号。最后，光缆的走向并不总是固定的，也可能因施工和维护而改变。因此，建立光纤光缆到列车轨道的映射是非常重要的。也就是说，DAS 系统检测到的事件必须对应到轨道上的特定位置。特别是涉及到定位应用时，一个精确的映射尤为重要。

创建这种映射主要有三种方法。第一种方法是应用定点敲击，即在轨道上选定某个位置引起振动，在 DAS 信号中检测到，再将其对应到 DAS 段；第二种方法是让参考列车在整条轨道上行驶，其位置由另一个系统（如 GPS）确定。可以在 DAS 信号中跟踪参考列车，通过比较 DAS 和参考系统的时间点来生成映射。这一方法需要通过参考系统精确测量列车位置。然而，参考系统并不总是可靠的。例如，当列车在隧道中行驶时，可能没有 GPS 信号。这两种方法都需要人工操作，每次安装 DAS 和改变光缆线路后都要重新操作，建立映射；都依赖于 DAS 系统对振动的良好响应。第三种方法是列车在常规轨道行驶过程中，通过对 DAS 信号的分析建立图谱，借助算法识别出被跟踪列车出现位置跳跃的区段。通过分析这些区段的 DAS 信号，可以识别出与轨道不平行的区段。这种方法可以用机器学习实现，并在列车行驶过程中进一步完善。下面我们针对不同应用及其面临的挑战做具体分析。

17.2.3　列车定位

使用 DAS 进行定位的基础是精确检测列车边缘，即列车前后轴的位置。通过跟踪算法将检测到的各段边缘分配给列车，同时借助卡尔曼滤波等方式更新列车的位置（图 17-5）。使用跟踪算法主要是为了过滤检测到的边缘中的异常值，而定位精度取决于边缘检测的质量。

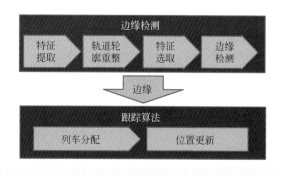

图 17-5　列车定位的基本算法流程图

除了边缘检测的精度外，时间延迟也是衡量一个定位算法质量的关键指标。时间延迟是指火车边缘出现在某个位置的时刻与该位置成为算法输出的时刻之间的时间差。对一个算法来说，即使它的定位精度在 5m 以下，但如果只能以 5s 的时间延迟输出定位信息，仍然不能满足列车行驶安全要求，只能用于非安全相关性的应用，例如乘客实时信息系统。

列车作用在动态系统轨枕-道碴上所产生的振动能量与列车的速度直接相关（Ju, et al., 2009）。在较低的速度下，检测到的列车 DAS 信号可能会被传感系统自身的噪声所覆盖（图 17-6）。因此，在较低的速度下，实现精确的边缘检测是一个巨大的挑战。但是，通过列车跟踪算法，低速或静止的列车也可以被跟踪而不丢失，但通常精度较低。

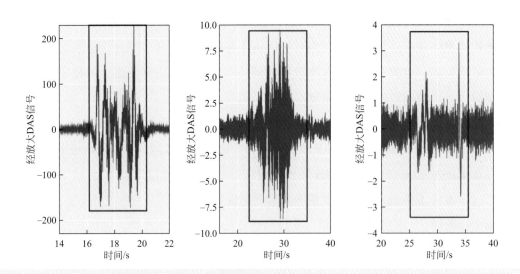

图 17-6　列车行驶速度不同时的 DAS 信号（左：126km/h；中：62km/h；右：29km/h）

另一个挑战是来自外部的干扰，例如建筑工地噪声、靠近铁轨的交通和其他铁轨上经过的列车，都会干扰 DAS 信号，增加边缘检测的难度。这就需要使用单独的信号特征，它们对特定列车的边缘检测具有针对性。图 17-7 展示了相比于基于能量的检测算法，使用信号特征作边缘检测的优越性。

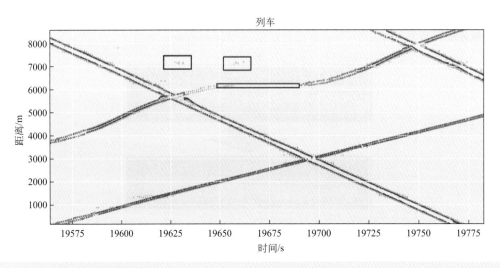

图 17-7　用于列车定位的 DAS 瀑布图。黄色对应的是基于能量的检测算法，蓝色是基于列车特征信号的边缘检测算法。红框表示外部噪声，蓝框表示车站。在此区间，因列车低速行驶，边缘检测变得不精确

除了列车的纵向位置，了解列车所在的轨道也很重要。确定轨道的方法之一，是使用轨道 DAS 轮廓图（17.2.1）。每条钢轨与光缆的距离都不同，这就导致了衰减的显著差异，尤其是在较高频率的频谱中。同时，每根钢轨都有自己的局部表面特性和在轨枕–道碴系统里的特征行为。通过记录每根钢轨在轨道轮廓中的局部差异，可以将其作为特征来确定列车所在的钢轨。

以边缘检测算法为例来进行进一步的说明。边缘检测的一种方法之一是利用信号能量在选定的频

段内进行检测。这种方法比较容易实现，对于基本的边缘检测来说是个不错的选择。缺点是，各频段的信号能量取决于列车组成、轮面和列车动态。例如，不同的轴距会产生不同的特征频率（Kouroussis，et al.，2014）。为了使这一边缘检测算法适用于不同类型的列车，频段必须足够宽，这就降低了检测精度，也使算法容易受到外部噪声源的影响。

另一种方法是基于现代机器学习方法，在 DAS 信号中学习表示列车边缘的复杂模式。这些模式大多数时候是不需要解释的，因此不能对应特定的物理效应。虽然这些方法非常有前景，但在收集训练数据方面有很大的挑战。为了避免训练数据出现偏差，必须记录不同 DAS 段、不同列车、不同速度的数据。此外，在一条轨道上训练的算法是否可以移植到另一条轨道上尚有待验证。由于至少有一部分训练数据需要被标记，所以事先需要一个精确的列车定位系统。而在许多情况下并不具备这样的系统，或者会造成额外的成本。

第三种方法是在线记录列车行驶过程中列车边缘的训练数据。在这一方法中，列车边缘是由一个更通用但不太精确的检测算法或 GPS 这样的外部系统来提供的。如果 DAS 定位只在部分轨道上（例如在隧道中）取代 GPS，那么这种方法是适用的。在记录了足够多的训练数据后，通过提取边缘的特征，可进一步应用 DAS 进行列车定位。如果算法限制在少量特定特征上，只需要提取几个片段的训练数据（图 17-8 红框标示区域）就可以用于边缘检测和提取（图 17-8）。

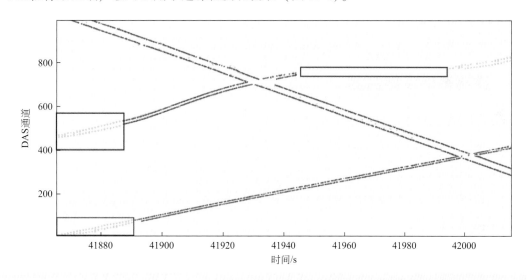

图 17-8　多列车的 DAS 定位瀑布图。基于能量的边缘检测算法（黄色）用于提取列车特定特征。这些特征被用于特定列车边缘检测算法（蓝色）。蓝框表示车站。红框标示区域对应的是几个片段的数据，用于提取列车特定特征

17.2.4　车轮缺陷检测

目前广泛使用的车轮缺陷检测系统由一系列应变片组成，通过测量车轮对轨道的作用力的峰值实现检测。由于此峰值取决于车轮和应变片的撞击点位置，即使运用由多个应变片组成的阵列，亦会出现漏检。而 DAS 系统测量的是缺陷引起的声学噪声，而不是其峰值力，因此不会漏检。在 DAS 信号

中，可测量出诸如车轮扁平疤引起的周期性峰值等特征噪音（图17-9）。

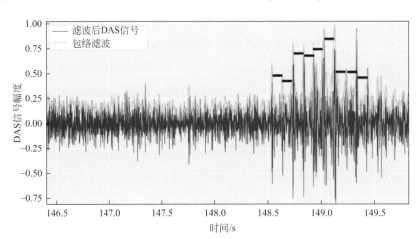

图17-9 车轮扁平疤引起的特征噪音。在DAS信号中可以看到以车轮周长为周期（红色）的峰值变化

DAS系统面临的一大挑战是如何对缺陷的严重性做定量刻画。例如，轮扁疤的严重性由其在轨道上的峰值力来定义。由于测量段之间的局部差异，为实现定量测量，需要做局部校正。局部校正可以通过DAS轨道轮廓图（图17-3）或使用列车中已知的参考信息来完成。例如，可以使用机车的重量来校正测量信号。由于车轮缺陷的多样性和复杂性，建议使用机器学习方法。训练数据可以通过维修现场的真实测量数据来收集。通过与维修现场建立实时反馈环，即可用在线学习持续改进算法。

17.2.5 铁路基础设施监测

用DAS对铁路基础设施的监控集中在两个方面：一是轨道表面的损伤监测，比如裂缝和轨面塌陷；二是道床的下沉和变形监测。轨道表面损伤会导致火车行驶过程中的DAS信号出现峰值。由于在每一个轮轴驶过缺陷处时，DAS都能测量到峰值，因此可以看到一个特征振动信号。与车轮缺陷的检测一样，可以使用机器学习方法来识别这些特征信号。训练数据需要真实测量数据，这些数据可以由维修车或人工检测提供。

道床下沉和变形的原因是列车通过轨道结构时，列车载荷作用使道床产生了振动，在一定的振动加速度下，道床中的石碴会向四周扩散，导致支承轨枕的道床变形，使得轨枕下沉，钢轨也会偏离其垂直线（Kowarik, et al., 2020）。为了解决这一问题，必须定期对道床、道碴进行整修。道碴的密实化降低了声波信号的衰减，使轮轨间的相互作用得到了更好的传递。实验研究表明，捣固作业前后测得的DAS信号会有显著差异（Vidović and Landgraf, 2019）。因此，DAS可以用来确定捣固作业的质量，还可监测道碴密实度随时间的变化，以便对捣固作业进行规划。

17.2.6 利用DAS进行障碍物检测

由于雷达、激光雷达或视频系统无法覆盖整个轨道，因此，对轨道上的障碍物进行路侧检测，可以从总体上提高铁路运营的安全性，这在自动驾驶的背景下变得尤为重要。例如，如果检测到动物或落石等障碍物，自动驾驶系统可以降低行驶速度至安全值。在这个领域，DAS 有很多优势，最大的优势在于可以实时监测长距离的轨道。

DAS 最早的应用之一是检测轨道上的落石（Akkerman and Prahl，2013），这对穿越山区的轨道路段非常重要。尽管可检测的障碍物数量很多，并且在检测落石方面也取得了初步成功，但障碍物检测领域并没有像列车定位或铁路基础设施监控等领域一样得到重视，其应用潜力尚有待开发。

17.3　结论

分布式光纤声波传感（DAS）技术在铁路行业拥有广阔的应用潜力。该技术的优势在于可对长距离（直至 80km）进行全分布的实时监测，测量范围大，安装和维护成本低，并且可由一台解调仪完成多种应用，这些优点表明 DAS 在铁路行业具有极大的应用潜力。

展望未来，尽管现有 DAS 列车实时定位算法可适用于 80%～90% 的情形（定位误差在 10m 以内），但相关定位系统必须稳定地覆盖整个轨道，而且 DAS 对于低速行驶列车的定位尚不准确，还需要增加其他传感系统进行协助。因此，需对 DAS 系统在安全等级高的应用领域展开研发。在轮毂缺陷检测领域，DAS 在检测轮毂扁平方面的潜力得到了展现，下一步需解决尺度定量校准的问题。在铁路基础设施监测方面，DAS 的最大潜力可能是在压载磨损检测方面。通过对长距离轨道的实时监测，可预测捣固作业的必要性，从而让人们更好地进行线路维修作业；还可以分析捣固作业的质量。障碍物检测领域尚有很多潜力未被开发。DAS 能够在长距离内实时检测障碍物，可用来提高列车在轨道行驶的安全性，成为自动驾驶的重要支柱之一。

DAS 的其他应用，如向乘客提供实时列车信息等，也已经从可行性研究走向试点项目与实际测试阶段。相信在不久的未来，围绕 DAS 技术的更多应用创新将跃升为成熟的工业解决方案，令人翘首以待。

致谢

本文作者杨峰感谢法国国家投资银行（Bpifrance）对光纤分布传感项目的支持。

附英文参考文献

Akkerman J，Prahl F. 2013. Fiber Optic Sensing for Detecting Rock Falls on Rail Rights of Way，AREMA.

Grünberger F，Hemetsberger M，Lancaster G. 2015. Kurzschlusserkennung und Lokalisierung mittels Frauscher Tracking Solutions Kurzschlussortung，Bundesministerium für Verkehr，Innovation und Technologie ÖBB-Infrastruktur AG.

Ju S H，Lin H T，Huang J Y. 2009. Dominant frequencies of train-induced vibrations. Journal of Sound and Vibration，319（1-2）：247-259.

Klug F，Lackner S，Lienhart W. 2016. Monitoring of railway deformations using distributed fiber optic sensors. Engineering，Environmental Science.

Kouroussis G，Connolly D，Verlinden O. 2014. Railway-induced ground vibrations - a review of vehicle effects. International Journal of Rail Transportation，2（2）：69-110.

Kowarik S，Hussels M，Chruscicki S. 2020. Fiber optic train monitoring with distributed acoustic sensing：Conventional and Neural Network Data Analysis. Sensors，20（2）：450.

Lämmerhirt A，Pöppelmann D. 2020. DB Systel GmbH.

Vidović I，Landgraf M. 2019. Fibre optic sensing as innovative tool for evaluating railway track condition？. International Conference on Smart Infrastructure and Construction.

附　录
利用开源网络的搭建说明

1. Caffe 框架搭建

全卷积神经网络下介质特征尺度反演初探是在 Caffe（Convolutional Architecture for Fast Feature Embedding）深度学习框架上实现的，它是一种快速特征嵌入的卷积结构。Caffe 深度学习框架是 2014 年由伯克利大学视觉与学习中心（Berkeley Vision and Learning Center，BLVC）发布的它为研究者和开发者提供了一个纯净简洁的框架，包含了目前主流的深度学习算法和先进的参考模型。Caffe 框架底层主要使用了 C++库进行开发，通过调用 Python 和 MATLAB 接口，用来训练主流的卷积神经网络结构和一些结构性的深度学习算法，本文涉及的实验使用的是 Python 接口。

本章所使用的系统为 Linux，版本为 Centos7。表 1 列出了本章使用的计算机的硬件配置。

表 1　计算机硬件配置

名称	型号
处理器	Intel i3-9100
内存	8G
显卡	GTX1050Ti

Caffe 深度学习框架主要的依赖软件包括 CUDA、cuDNN、Python 等。表 2 列出了本章使用的各个软件的版本以及下载地址。

表 2　主要软件

名称	版本	下载地址
CUDA	10.1	https://developer.nvidia.com/cuda-toolkit-archive
cuDNN	7.6.5	https://developer.nvidia.com/rdp/cudnn-archive
Python	3.7	https://www.python.org/getit/
Caffe	无	https://github.com/BVLC/caffe

接下来是训练中关键文件和关键参数的设置。Caffe 中主要通过 . py 文件构建网络框架和完成训练，通过 . prototxt 文件实现全卷积神经网络模型的参数设置。关键文件如表 3 所示。

表 3　训练关键文件

名称	作用
solver. py	网络训练
infer. py	网络预测
net. py	网络结构设置
trainval. prototxt	网络训练参数
test. prototxt	网络测试参数
solver. prototxt	模型主要参数

首先是 solver. py 文件。solver. py 文件是训练全卷积神经网络进行的主文件，主要定义的是卷积神经网络的训练策略。

infer. py 文件是进行预测的主文件，用于预测阶段的模型设置。

net. py 是全卷积神经网络若干个层的模型框架。在 Caffe 中，net. py 设置网络的各层结构，随后读入 . prototxt 的模型框架参数设置。net. py 中的 Init 函数用于初始化数据和卷积层，同时也会调用前馈和反馈函数。

trainval. prototxt 和 test. prototxt 中分别存储训练过程和测试过程中的网络结构参数。在每层结构中可以看到若干参数，top 定义了这层输出的数据，bottom 代表的是上层输入数据，kernel_size 代表的是卷积核的大小，stride 是步长，pad 是补边大小。

solver. prototxt 文件中的每行都定义了训练过程中的一个参数。max_iter 为最大迭代次数；base_lr 为学习率，设置为 1×10^{-10}；snapshot 为每两千次迭代保存一次训练过程中的参数。

2. 网络结构设置

本书实现介质特征尺度反演的方法是基于全卷积神经网络的深度学习网络。全卷积神经网络是以卷积神经网络为基础的一种深度卷积神经网络。网络训练过程相较于传统的基于区域特征的图像语义分割更加简单有效，不需要前期包含目标图像的区域搜索，也不需要在后期对区域进行合并等操作。同时，全卷积神经网络采用了跳跃层的结构进行局部信息和全局信息的融合，提高了语义分割准确率。

全卷积神经网络的结构如图 1 所示。

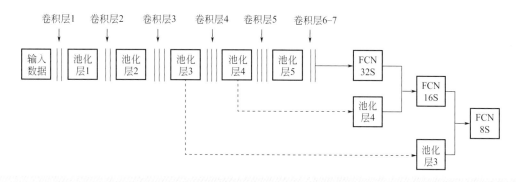

图1　全卷积神经网络的结构

2.1　输入层

首先，输入层接收经过预处理的数据库输入数据。第一步，输入层网络对获得的数据进行边内补边，以防止在卷积过程中无法准确获取边缘的信息。对于传统的彩色图片而言，输入数据是二维像素矩阵，不同的RGB图层数据分别通过三个不同的通道进入网络，但这不是绝对的形式。在处理不同数据时需要对不同的原始数据进行预处理，通过预处理可以根据数据自身的特点进行针对性调整，以获得更好的训练结果。此外，预处理还包括诸如转换数据格式等任务。在介质特征尺度反演时，输入经过数据预处理的地震记录进行训练。

具体来说，地震数据炮记录数据集经过数据预处理，即从.rsf转换为.mat矩阵格式，在nyud_layers.py中读入数据。介质特征尺度模型作为真值输入到网络中进行训练，作为学习目标，在nyud_layers.py中读入数据。

2.2　卷积层

在卷积层，每个神经元的输入与上一层的局部感受野区域相连，通过卷积核对该局部感受野区域进行特征提取。同时每层卷积层使用一组相同的卷积核，以达到权值共享，减少了神经网络模型需要计算的参数，提高训练的效率。在训练过程中，共计进行七层卷积。其中前五层卷积层后设置最大值池化层，最后两层主要增加图像的特征图（feature map）。

传统的经典激活函数，如S型曲线函数（Sigmoid）激活函数和曲线正切函数（TanH）激活函数分别由公式（1）和公式（2）所示，在人工神经网络中使用较多。TanH是Sigmoid的变种，不同的是它把实值得输入压缩到-1~1的范围，因此它基本上是0均值的。但是它同样存在梯度饱和的问题。

$$f(x) = \frac{1}{1+e^{-x}} \tag{1}$$

$$f(x) = \tanh(x) = \frac{e^x - e^{-x}}{e^x + e^{-x}} \tag{2}$$

由于修正线性单元（ReLU）在近些年的研究中表现出色，ReLU激活函数正在逐渐取代传统的激活函数。与Sigmoid、TanH等需要计算指数的激活函数相比，ReLU激活函数计算复杂度更低。ReLU

计算激活值是通过阈值，大大减少了训练时间，并且对于随机梯度下降的收敛有极大的加速作用。本章在全卷积神经网络模型训练中采用了 ReLU 激活函数。

ReLU 函数如公式（3）所示。

$$f(x) = \max(0, x) \tag{3}$$

三种激活函数图像如图 2 所示。

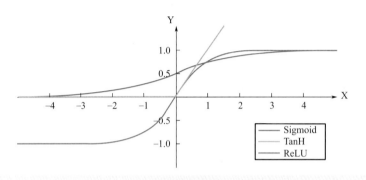

图 2　激活函数

2.3　池化层

池化层主要负责对数据的大小进行调整，通过池化层函数使某一空间位置的相邻输出的总体特征来代替该位置的具体输出，并在下一层的网络中使用总体输出进行计算。常见的池化层函数包括均值池化、最大值池化和随机值池化等。全卷积神经网络中的池化层是最大值池化。在前五层卷积层后，每经过一层卷积层设置一层最大值池化层，即共设置五层最大值池化层，每层池化层将数据的大小缩小一半，经历五次后为最初的 1/32。

2.4　反卷积层

反卷积（deconvolution）又被称为反向卷积、转置卷积（transposed convolution）。这里的反卷积与数学意义上的反卷积不同，它并不是卷积的逆过程，而可以理解成前向传播的逆过程，即倒向传递过程。

随着卷积过程的不断进行，卷积层对输入数据的特征进行刻画。但是池化层在不断地缩小特征映射的大小，输入的数据变得越来越小，经过五层卷积后长宽变为最初输入数据的 1/32，这需要反卷积层进行逆向操作，将特征重新映射到原来的图像大小上，通过上采样（upsampling）来恢复原数据大小以进行预测，即通过反积来实现数据的上采样。

如图 3 所示，图中为进行反卷积运算的过程。蓝色为输入数据，选择一个大小为 2×2 的输入，补边大小为 2；

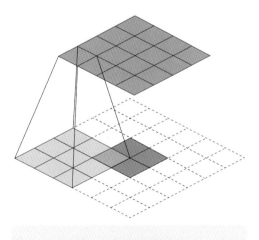

图 3　反卷积运算过程

灰色为卷积核，卷积核大小 3×3，步长为 1；输出数据为绿色，输出数据大小为 4×4。

2.5　跳级结构

由于全卷积神经网络最大值池化层的存在，随着网络的深入，输入数据形成的特征图大小会不断减小。直接由最小特征图上采样到原图大小，结果通常是非常粗糙的，而且会导致细节信息丢失，分类不细致、不精确。如果完全依据前面层的细节信息，前面层的像素分类结果又没有后层的精确，会降低分类准确度，所以需要跳级结构来增加分类结果的准确性。将最后一层的预测（有更丰富的全局信息）和更浅层（有更多的局部细节）的预测结合起来，这样可以在遵守全局预测的同时进行局部预测。通过将不同卷积层的结果进行特征融合，随着融合次数的增多，网络的层数也随之变多，最终实现更加准确的分类结果。

具体来说，经过卷积的特征图直接通过反卷积操作后，若是获得与输入数据一样大小的输出，则它将特征图直接放大了 32 倍，称之为 FCN32s，这样做的结果无疑是粗糙的，缺少局部的细节信息，我们可以通过跳级结构来提高精度：先通过反卷积将特征图放大两倍，再与第四次卷积之后的特征图进行对应相加，之后再对累加结果执行上采样操作放大 16 倍，这就是 FCN16s。而得到 FCN8s 的过程与此类似，相当于在 FCN16s 基础上的改进。经过上述操作的特征图累加后没有直接上采样到原图像尺寸，而是再一次放大两倍，与第三次卷积的特征图相加后，再把相加结果放大 8 倍，获得与原图大小一致的输出。FCN8s 对三个不同卷积层得到的特征图都进行了充分利用，将局部信息与整体空间架构相结合，因此输出的精度也是最高的。

总的来说，通过融合不同池化层的结果以及调整最终反卷积的上采样数，可以形成不同的网络结构。在全卷积神经网络中，根据不同放大倍数可以分为三类——FCN8s、FCN16s 和 FCN32s。本书进行介质特征尺度反演时采用的是 FCN8s 的网络结构。

后 记

高铁地震学，源于实际，启于观测，兴于合作，达于超越。从中国科学院李幼铭研究员最早建议大家考虑高铁安全行驶问题开始，到实现系列突破、展现良好应用前景，并在国内外产生广泛影响，高铁地震学的发展过程完整地体现了一个学科从无到有的过程。

短短四年内，高铁地震学联合研究组发起了多次国际、国内学术讨论会，发表了大量高质量的学术论文，在高铁地震波场理论、高铁震源信号特征、近地表成像及反演等方面取得了一系列研究进展，证实了高铁列车行驶中不断激发的路基/路桥振动是研究地球内部介质结构和物性的优质震源，开启了利用高铁振动信号研究地球内部结构并服务于重大社会需求的新篇章。

首先，高铁地震学发端于高铁地基安全监测的实际需求。随着研究的深入，大家发现，高铁振动在探测和监测地下结构方面有广泛的用途，在高铁安全行驶、资源和能源勘探、地震减灾等领域均有良好的应用前景，因此吸引了科学家的广泛关注和参与。

同时，高铁地震学研究自一开始就是基于第一手观测资料的。2018 年 1 月 29 日至 30 日，北京大学紧急召集已经准备度寒假的同学，集结深圳，在广深高铁段开展高铁地震数据采集。采集到的数据成为之后相当长一段时间内高铁地震学研究的基础数据。之后，北京大学、中国科学院、河北省地震局、长安大学、西安交通大学、沙特阿美等单位又合作/分别进行了多次高铁地震观测，收集到了丰富的观测资料，为高铁地震学的快速发展提供了必要条件。2019 年 8 月 24 日至 27 日，在河北定兴的密集高铁地震学台阵观测中，研究人员同时加入了旋转三分量和 DAS 观测，一方面开启了地震观测平动、旋转和应变相结合的野外高铁地震数据采集新模式；另一方面有力地推动了广义连续介质力学理论体系在高铁地震学研究中的应用，实现了研究团队在科学认知上的跨越式提升。

在研究过程中，大家进行了深入交流，这种交流是跨单位、跨行业、跨学科的，学科交叉、融合的优势在研究过程中体现得淋漓尽致。特别值得一提的是，2018 年 10 月李幼铭研究员组织了别具一格的高铁地震学微信平台全球 500 人大讨论，议题集中于高铁地震的激发问题及其周期性特征。李幼铭研究员组织老、中、青三代学者，通过延续半个月的全时段讨论，极大地深化了大家对高铁地震信号的认识。

高铁地震学的研究过程是一个精诚合作的过程。研究过程中，大大小小的会议开过无数次，大家都毫无保留地交换思路、交流技术，极大地促进了高铁地震学的发展。2018 年 11 月 22 日，"高铁地震学研究协调办公室"正式在中国科学院地质与地球物理研究所挂牌，标志着高铁地震学联合研究组正式成立。研究组中的每个人虽然属于不同的单位，但都认为自己是高铁地震学发展道路上的一员，全力合作，突破了一个又一个技术难题。需要特别提及的是，新冠疫情期间，在李幼铭研究员的倡导、领导和帮助下，北京化工大学王之洋教授研究组基于广义连续介质力学的"非对称性弹性波方程"研究高铁地震波场，取得了突破性研究成果，完美地诠释了"精诚所至，金石为开"的含义。

《高铁地震学引论》的内容涵盖了新学科所依托的新原理，新方法，新技术，尤其是在高铁研究过程中提出的、具有广泛应用前景的非对称性波动方程及相关应用技术。这一研究涵盖了分属两类并存经典力学框架的两套方程。这两套方程的关联性是显而易见的。当王之洋教授提出的非对称性弹性波方程中的尺度因子趋于零时，属于广义连续介质力学框架的非对称性波动方程便自然地回归于连续介质力学框架的弹性波方程。当然，非对称性波动方程的优越性也是显而易见的，因为广义连续介质力学框架囊括了介质内部实际存在的精细结构对波场的影响，可以在现有计算条件下更好地表达高铁震源所激发的复杂地震波场。

抽丝剥茧精心探，

格物致知求本源。

精诚合作出经典，

服务人类是本愿。

有人说："良好的开端是成功的一半。"也有人说："行百里者半九十。"365 天，每天都有 24 小时，但"逝者如斯夫，不舍昼夜"，令人欣慰的是，我们已经取得了一个又一个重要研究成果。所有的今天都将成为过去，所有的明天将会变成今天。看多了一个个成为昨天的今天，也就懂得了如何珍惜现在。我们今后要做的，就是奋力前行！

宁杰远（北京大学教授）

二○二一年十月十八日